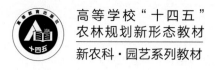
高等学校"十四五"
农林规划新形态教材

新农科·园艺系列教材

园艺概论

主编　徐　强　何燕红
编者　（按姓名拼音排序）

范燕萍（华南农业大学）　　　何燕红（华中农业大学）

黄　凰（华中农业大学）　　　黄　科（湖南农业大学）

蒋芳玲（南京农业大学）　　　李翠英（西北农林科技大学）

梁　颖（华中农业大学）　　　刘兴安（沈阳农业大学）

马兆成（华中农业大学）　　　齐明芳（沈阳农业大学）

宋洪元（西南大学）　　　　　宋　丽（安徽农业大学）

吴巨友（南京农业大学）　　　徐　强（华中农业大学）

杨成泉（西北农林科技大学）　姚玉新（山东农业大学）

张常青（中国农业大学）

中国教育出版传媒集团
高等教育出版社·北京

内容提要

本书图文并茂地介绍了园艺学基本理论、新技术和新知识，全书共13章，分别是绪论、水果与常见果树种类、蔬菜与常见蔬菜种类、花卉与常见花卉种类、茶与常见茶叶种类、园艺产品品质与安全、园艺植物品种改良、园艺植物栽培管理、园艺产品采后生物学、园艺植物应用与装饰、设施园艺、智慧园艺和康养园艺。

本书系统地介绍了人们日常生活中经常遇到的园艺产品类型，以及园艺生产的主要过程，还涉及园艺发展的前沿领域。本书采用了大量园艺植物和园艺产品的高质量图片，增强了可读性；融入了园艺植物的发展历史和园艺人的故事，使园艺更有文化；追踪了国内外尤其是中国在园艺学领域的最新研究成果，展现了园艺领域的前沿动态。

本书可以作为园艺学和农业领域相关专业本科生和研究生的教材，也可以供非园艺专业学生和园艺爱好者参考。

图书在版编目（CIP）数据

园艺概论 / 徐强，何燕红主编 . —北京：高等教育出版社，2023.5
ISBN 978-7-04-059058-6

Ⅰ. ①园… Ⅱ. ①徐… ②何… Ⅲ. ①园艺—概论—教材 Ⅳ. ① S6

中国版本图书馆 CIP 数据核字（2022）第 131526 号

Yuanyi Gailun

策划编辑　孟　丽　　责任编辑　陈亦君　　封面设计　李　琳　梁　浩　张　楠　　责任印制　韩　刚

出版发行	高等教育出版社	网　　址	http://www.hep.edu.cn
社　　址	北京市西城区德外大街4号		http://www.hep.com.cn
邮政编码	100120	网上订购	http://www.hepmall.com.cn
印　　刷	涿州市星河印刷有限公司		http://www.hepmall.com
开　　本	787mm×1092mm 1/16		http://www.hepmall.cn
印　　张	22.25		
字　　数	520千字	版　　次	2023年5月第1版
购书热线	010-58581118	印　　次	2023年5月第1次印刷
咨询电话	400-810-0598	定　　价	69.90元

数字课程（基础版）

园艺概论

主编 徐 强 何燕红

登录方法：

1. 电脑访问http://abook.hep.com.cn/59058，或手机扫描下方二维码、下载并安装Abook应用。
2. 注册并登录，进入"我的课程"。
3. 输入封底数字课程账号（20位密码，刮开涂层可见），或通过Abook应用扫描封底数字课程账号二维码，完成课程绑定。
4. 点击"进入学习"，开始本数字课程的学习。

课程绑定后一年为数字课程使用有效期。如有使用问题，请点击页面右下角的"自动答疑"按钮。

 Abook

园艺概论

　　本数字课程与纸质教材一体化设计、紧密配合。数字课程的资源包括拓展阅读、视频资源、图集等版块，充分运用多种形式的媒体资源，丰富知识的呈现形式，拓展教材内容。本数字课程在提升课程教学效果的同时，力图拓宽学生的知识面。

用户名：　　　　　密码：　　　🖵　　验证码：　　　　**5360** 忘记密码？ **登录** 注册

http://abook.hep.com.cn/59058

扫描二维码，下载Abook应用

序

园艺是农业的重要分支，园艺产品包含果、菜、花和茶四大类。伴随着人类社会的发展，人们消费园艺产品越来越多，园艺与人们的生活也越来越密切。我国具有悠久的园艺生产、消费和文化传播历史。新时代，我国园艺实现了翻天覆地的变化，极大丰富了国民的"果盘子""菜篮子""花房子"，同时带动了农民增收，夯实了乡村振兴的产业基础。我国园艺植物产值占种植业的 50% 以上，在农业及农村经济中处于支柱地位。我国全面跨入小康社会，园艺产品，特别是水果和蔬菜，在人们饮食结构中的比例不断上升。据中国营养学会推荐，在营养均衡的膳食结构中，园艺产品约占一半。总之，园艺已成为乡村振兴的产业依靠，建设美丽乡村的重要元素，人们日常生活必需品的来源和休闲康养的产业。

为满足园艺产业的人才需求，我国有近百所院校设置园艺专业，培养园艺专业人才；这些学校以及没有此专业的学校开设了"园艺概论"作为专业选修课或通识课。该课程是园艺专业学生的专业入门课，同时又是非园艺专业学生熟悉园艺专业的窗口。《园艺概论》打破了传统园艺相关教材的呈现形式，以简洁的文字概括地展示了园艺学知识体系，涉及果树、蔬菜、花卉、茶叶等园艺植物的分类、育种、栽培和采后处理技术，同时增加了智慧园艺、康养园艺等新发展方向的内容。将园艺历史、园艺文化和园艺研究相关内容融入其中，传统中不失现代；立足现实中又包含对未来发展方向的前瞻；该书图文并茂，采用大量图片和数据表格，具有很好的可读性，生动形象地展示园艺之美。该书是一本与时俱进、适应园艺产业发展和园艺人才培养的教科书。

很高兴《园艺概论》即将出版，希望这本书能让园艺专业的学生、从业人员以及园艺爱好者对园艺的理解有一个形象而美好的开端。

邓秀新

中国工程院院士
华中农业大学园艺林学学院教授
2022 年 3 月 16 日

前言

为了满足我国园艺产业人才培养需求，2021年，我们组织了全国主要的园艺学教学科研院校的一线教师，启动《园艺概论》教材编写工作。本教材呈现出以下特点：首先，本教材主要面向园艺专业大学一年级学生和非园艺专业的学生，因此本教材呈现出"通专结合，科普为主"的特点，既体现专业性，成为园艺专业的入门级教材；又能起到科普宣传的效果，吸引更多人投身园艺事业。其次，在保证教材的系统性和结构性的前提下，尽可能增加趣味性和可读性，如各章节增加园艺人物故事或是园艺科学故事，用大量形象的图片和翔实的数据表格替代复杂的文字讲解。最后，还要考虑如何让教材有"温度"，这也是《园艺概论》的创新之处。教材的"温度"主要通过发扬与传承园艺文化来体现，譬如引入与园艺植物相关的诗词、节日、礼节等内容；此外，在章节设置时注重体现园艺的过去、现在和未来，用园艺和人类社会协同发展的脉络，呈现出园艺在人类生活中的"温度"。

本教材共13章，其中第一章为绪论，介绍园艺产业、园艺产品特点、园艺的历史与未来等内容（徐强编写）；第二章至第五章以主要园艺作物为对象，分别介绍了水果与常见果树种类（李翠英、杨成泉编写）、蔬菜与常见蔬菜种类（黄科编写）、花卉与常见花卉种类（何燕红、梁颖编写）、茶与常见茶叶种类（宋丽编写）；第六章为园艺产品品质与安全（姚玉新编写）；第七章至第十章分别介绍园艺植物品种改良（宋洪元编写）、园艺植物栽培管理（吴巨友、蒋芳玲编写）、园艺产品采后生物学（张常青编写）和园艺植物应用与装饰（范燕萍编写）；第十一章为设施园艺，介绍了设施在园艺产业中的重要性、发展历程、主要类型，重点介绍了我国自主研发的日光温室（齐明芳、刘兴安编写）；第十二章和第十三章分别是园艺与信息化技术、休闲康养交叉产生的新发展方向，即智慧园艺（黄凰编写）和康养园艺（马兆成编写）。

本教材编写过程中得到了邓秀新院士、李天来院士和邹学校院士的指导，华中农业大学园艺林学学院大力支持了本教材出版，闫佳琪、郑日如、章莉、王媛媛和赵凯歌等教师在本教材编写过程中提供了宝贵素材，本教材编写过程中得到了国内各兄弟院校和众多教师、同学的帮助与支持，在此一并表示感谢。由于编者水平有限，加之时间仓促，疏漏之处在所难免。恳请读者在使用过程中给予批评和指正，以便再版修订时改进。

徐 强

2022年2月于武汉狮子山

目 录

第一章 ❀ 绪论

第二章 ❀ 水果与常见果树种类

    第一节   水果的概念和特点 14

    第二节   果树分类 18

    第三节   代表性果树 22

第三章 ❀ 蔬菜与常见蔬菜种类

    第一节   蔬菜的概念和特点 43

    第二节   蔬菜分类 47

    第三节   代表性蔬菜 51

第四章 ❀ 花卉与常见花卉种类

    第一节   花卉的概念和特点 70

    第二节   花卉分类 73

    第三节   代表性花卉 80

第五章 ❀ 茶与常见茶叶种类

    第一节   茶的起源与特征 97

    第二节   茶树基本特征 103

    第三节   茶叶的分类及加工 110

    第四节   茶叶品鉴 117

第六章 ❀ 园艺产品品质与安全

    第一节   园艺产品品质 131

    第二节   园艺产品品质形成

              与调控 138

    第三节   园艺产品安全 145

第七章 ❀ 园艺植物品种改良

    第一节   品种的概念及内涵 157

    第二节   园艺植物主要育种

              目标 161

    第三节   园艺植物种质资源 163

    第四节   园艺植物品种改良的

              主要途径 167

第八章 ❀ 园艺植物栽培管理

    第一节   种植园的规划设计 188

    第二节   种植园的建设 197

    第三节   园艺植物的繁殖与

              栽植 201

    第四节   园艺植物栽培管理 211

第九章 ❀ 园艺产品采后生物学

第一节　园艺产品采后品质
　　　　保持　　　235
第二节　园艺产品采后生理 238
第三节　园艺产品采后技术 248

第十章 ❀ 园艺植物应用与装饰

第一节　园艺植物应用与装饰
　　　　的基本原理　　258
第二节　园艺植物应用　263
第三节　露地花卉装饰　269
第四节　室内花卉装饰　273

第十一章 ❀ 设施园艺

第一节　设施园艺的概念和
　　　　重要作用　　283
第二节　设施园艺发展历史、
　　　　现状与趋势　287
第三节　我国主要设施类型、
　　　　性能与应用　291
第四节　设施主要环境调节 301

第十二章 ❀ 智慧园艺

第一节　智慧园艺的概念和
　　　　内涵　　　311
第二节　园艺信息获取与
　　　　分析　　　312
第三节　生产智能化　319
第四节　经营和服务智慧化
　　　　　　　　　327

第十三章 ❀ 康养园艺

第一节　康养园艺的概念和
　　　　内涵　　　334
第二节　味道与营养　335
第三节　芳香与健康　338
第四节　触觉与体验　341

第一章

绪论

一、园艺产业的特征
二、园艺产品的特点
三、园艺历史与文化
四、我国园艺产业与研究的现状
五、我国园艺产业的发展趋势与热点

园艺包括果树、蔬菜、花卉和茶，种类多样，为人类健康提供了各种营养元素和生理活性物质。2021年联合国设立"国际果蔬年"，突出果蔬在人类营养和食品安全中的重要作用。园艺是当今农业最为活跃的领域之一，在长期发展过程中表现出集科学、技术和文化于一体的特征，未来也将在人类美好生活中扮演更重要的角色。

《辞源》中称"植蔬果花木之地，而有藩者"为"园"，《论语》中称"学问技术皆谓之艺"，因此栽植蔬果花木之技艺，谓之园艺。园艺英文单词为horticulture，来源于拉丁文hortus（意为"园地"）和culture（意为"栽培"）的组合。园艺科学（horticulture science）是研究园艺植物种质资源、生长发育规律、栽培管理和采后保鲜与技术的科学。

我国园艺植物栽培历史悠久，相传神农氏时期我国的先民就开始种植园艺植物 [如白菜类（*Brassica* spp.）]，《诗经》中，也有对桃（*Prunus persica*）、芍药（*Paeonia lactiflora*）等许多园艺植物的描述。我国地域辽阔，人口众多，园艺植物产量和产值高，在国民经济中占有重要地位。改革开放40多年来，我国的蔬菜种植面积增长了6倍，至2019年达到2 086万 hm^2。果树产业也迅速发展，2019年全国果树种植面积达1 227万 hm^2，增长了近7倍。随着我国全面建成小康社会，人们对优质、安全和营养的园艺产品需求日益迫切，园艺产业发展欣欣向荣，同时也面临高质量发展和升级转型的挑战。

一、园艺产业的特征

1. 园艺产业是满足人们美好生活需要的重要产业

园艺产品包括水果、蔬菜、花卉、茶叶等，其中蔬菜和水果是人们日常生活必不可少的食物。园艺产品主要提供维持人类健康所需的次生代谢物、维生素等生理活性物质，以及矿物营养和食用纤维等。在中国营养学会编制的中国居民平衡膳食餐盘中，园艺产品占日常膳食之比超过 50%。随着人们对绿色健康的蔬菜和水果的要求越来越高，促进了风味浓郁、营养健康的高端特色水果和蔬菜品种迅速发展。花卉等观赏园艺植物具有改善生态环境、美化生活空间的重要作用，广泛地应用于城乡建设中，为人们营造了美观、生态的居住空间。茶原产于中国，是中国的特色产业，有着悠久的历史和文化。随着人们对健康饮品的追求不断提升，茶因其丰富的营养和独特的功效受到越来越多人的喜爱。家庭园艺、康养园艺等更个性、更具功能性的园艺产业也在蓬勃发展中。

2. 园艺产业是劳动密集型产业

园艺产品从育种、栽培到成为商品以及销售等全过程要经历许多环节。园艺产品的种植多为田间种植，生长周期较长，对劳动力的需求大。园艺产品栽培管理需要肥料、农药、设施等生产资料，并由此孕育出一大批相关企业。园艺产品的加工、贮运、销售等环节涉及物流、质量控制、营销、包装等多个方面，同样需要大量人力物力，因此园艺产业可消化转移大量的农村社会劳动力，解决许多城乡居民的就业问题。据统计，水果和蔬菜的生产、贮藏、加工、运输、销售，可带动近 2 亿人就业。

3. 园艺产业是技术与艺术的结合

科技的发展与高新技术运用促进了园艺产业发展。培育优良品种、种苗快速繁殖和研发优质高效栽培技术是园艺产业发展的重要方向。从园艺植物到园艺产品、从田间到餐桌，其间要经过很多环节。产业的需求促进了高新技术的发展，许多高新技术都运用到园艺产品的生产上。以无土栽培（soilless culture）为例，无土栽培是指不运用天然土壤而用营养液或营养液加固体基质栽培植物的方法。无土栽培不需要土壤，大大地扩展了农业生产的空间，对于土地资源有限的国家或地区有着重要的意义；同时，无土栽培通过人工提供营养物质，可以减少病虫害和农药污染，获得绿色、高产、高质的园艺产品。此外还有生物技术的运用，组织培养（tissue culture）是指利用植物细胞的全能性，从植物体分离出组织、器官或细胞等，在无菌条件下接种在含有各种营养物质及植物激素的培养基上进行培养，以获得再生植株或具有经济价值的其他产品的技术。组织培养可以实现无性系大量繁殖，如兰花、香蕉等园艺植物均已运用组织培养技术大量繁殖，理论上 100 m^2 的培养室每年可生产上百万株种苗；组织培养还可用于获得无病毒苗木，在园艺生产实践中被广泛应用。随着生物技术的发展，细胞工程、基因工程、基因编辑等技术成为改良园艺品种、创造新种质的捷径，使得人们可以根据需求改造园艺植物，特别是基因编辑可以精准改良植物性状，在园艺领域有广阔应用潜力。2021 年，日本批准了富含 γ- 氨基丁酸的基因编辑番茄上市，γ- 氨基丁酸是一种被认为有助于放松身体和降低血压的物质。

艺术性对于园艺产品和园艺产业的价值越来越重要。外观和新颖性是吸引消费者的重要因素，园艺产品往往具有新、奇、特和美的特点，观光农业、农旅结合的园艺产业对艺术设计也有更高的要求。园艺是最古老的艺术门类之一，是连接自然、植物和人类的纽带。园艺植物种类繁多，而且因为被人类长期利用，园艺植物被赋予了各种文化特殊性。通过巧妙搭配园艺植物、美化环境，可以满足美丽城市、美丽乡村建设所需。

4. 园艺产业是乡村振兴的重要支撑

园艺植物是重要的经济作物，我国园艺植物产值约占种植业总产值的50%。园艺植物经济效益高，一般园艺植物每亩地收益5 000元以上，特色园艺植物甚至达到2万～3万元。发展园艺产业是我国当前农业产业结构调整的重要方向之一，是各地发展乡村经济、增加农民收入的重要途径。园艺植物种植区域遍布全国、种类多样、种植面积大且适应性强，适合在山区、丘陵、滩涂等土壤瘠薄区域生产。园艺产业发展可以和乡村发展紧密结合，融合科学元素，推进高效益高附加值产品研发。我国是园艺产品生产和消费第一大国，园艺产业发展历史悠久，形成了多种园艺文化。产业基础、文化基础以及我国培养的各种园艺人才都将有利于园艺产业发展。

二、园艺产品的特点

1. 园艺产品的多样性

园艺植物是一类用作食用和观赏的植物，狭义上包括果树、蔬菜、花卉和茶。据统计，全世界有果树约2 800个种，蔬菜约1 000种，已经商品化的观赏植物约8 000种，已发现的可以制茶的植物380余种。园艺产品因园艺植物的种类繁多和用途多样而具有多样性（图1-1）。

图1-1 多样的园艺产品（柑橘、甘蓝、月季和茶园）

依据植物的形态分类，园艺植物可分为木本和草本。木本既有高大的乔木，如苹果（*Malus pumila*）；也有中等高度的灌木，如茶（*Camellia sinensis*）；也有低矮的藤本，如紫藤（*Wisteria sinensis*）、猕猴桃（*Actinidia chinensis*）等；草本植物如三色堇（*Viola tricolor*）等。

依据生活周期的长短，园艺植物可分为多年生植物、二年生植物和一年生植物。多年生植物有柑橘（*Citrus reticulata*）等，二年生植物有白菜等，一年生植物有番茄（*Solanum lycopersicum*）等。

依据食用或观赏植物器官种类不同，园艺植物可分为食/观根植物、食/观茎植物、食/观叶植物、食/观花植物和食/观果植物等。食/观根植物有番薯（*Ipomoea batatas*）、萝卜（*Raphanus sativus*）等，食/观茎植物有荷花（学名莲，*Nelumbo nucifera*）、马铃薯（学名阳芋，*Solanum tuberosum*）、荸荠（*Eleocharis dulcis*）等，食/观叶植物有白菜、菠菜（*Spinacia oleracea*）、红枫（*Acer palmatum* 'Atropurpureum'）等，食/观花植物有月季（*Rosa hybrida*）、菊花（*Chrysanthemum morifolium*）、牡丹（*Paeonia × suffruticosa*）等，食/观果植物包括大多数的水果等。

2. 园艺产品的鲜嫩性

蔬菜、水果和花卉均属于鲜活商品，新鲜的花卉和果蔬常常具有鲜艳的色泽、独特的风味和丰富的营养。园艺产品多数情况下是在鲜嫩状态下被利用的，越是新鲜价值越高，因此园艺产品采摘后如何保持新鲜是重要的研究领域。目前中国物流运输系统日益完善，冷链保鲜技术也在不断发展。

3. 园艺产品的季节性和地域性

园艺产品具有鲜明的季节性。不同的园艺植物在不同的季节成熟，不同的气候条件下种植不同的园艺植物。尽管随着栽培技术的不断提升，设施栽培使得很多园艺植物可以周年生产，但是大部分的园艺植物都是在自然条件下生长的，具有明显的季节特性。园艺产品往往还具有地域性，如赣南脐橙、洛川苹果、库尔勒香梨，洪山菜薹等等。优良品质的形成由品种特性和当地特殊气候相辅相成来实现。

4. 园艺产品营养丰富

园艺产品富含维持人体正常生命活动需要的各种营养物质。根据中国营养学会编著的《中国居民膳食指南（2022）》，每人每天要食用 300～500 g 蔬菜类食物、200～350 g 水果类食物，园艺产品处于中国居民平衡膳食宝塔的第二层，可见其富含营养。枣、猕猴桃、柑橘、辣椒、番茄等都含有丰富的维生素。豆类和绿叶蔬菜中含有较多的维生素 E，茶叶中也含有各种维生素。一些蔬菜和水果中还含有人类必需的微量元素，如大蒜、洋葱、杏仁含有硒；每天食用足够的水果和蔬菜可以避免人体缺素，保持身体健康。

三、园艺历史与文化

1. 园艺历史

园艺历史悠久，在农业发展的早期阶段已产生了丰富的园艺植物。考古发现，中国在石器时代已开始栽培白菜、葫芦等。仰韶文化遗址中出土了公元前 5 000 年至公元前 3 000 年的榛子、栗子、松子和蔬菜种子。早在公元前 3 000 年，古埃及开始栽培无花果（*Ficus carica*）、葡萄（*Vitis vinifera*）。公元前 2 000 多年，《禹贡》中记录"橘""柚"为夏代大禹的贡品。到了周代，人们把一些植物种植在了藩篱保护的园圃中，把这些植物独立出来，形成了具有特色的园艺植物。公元前 11 世纪至公元前 6 世纪，《诗经》记载有 132 种植物，包括桃、李（*Prunus salicina*）、杏（*Prunus armeniaca*）、枣（*Ziziphus jujuba*）、栗（*Castanea mollissima*）、榛（*Corylus heterophylla*）等果树，葫芦、芹（学名旱芹，*Apium graveolens*）、韭菜（学名韭，*Allium tuberosum*）、菱属（*Trapa* spp.）等蔬菜，以及梅（*Prunus mume*）、兰、竹、菊、杜鹃（*Rhododendron simsii*）、山茶（*Camellia japonica*）和芍药等花卉。

秦汉时期，园艺产业发展迅速，中西方交流频繁。西汉汉武帝时期，张骞出使西域，给欧洲带去了中国的茶、桃、梅、白菜、萝卜、甜瓜（*Cucumis melo*）和百合（*Lilium* spp.）等，将葡萄、核桃（学名胡桃，*Juglans regia*）、苹果、石榴（*Punica granatum*）、黄瓜（*Cucumis sativus*）、西瓜（*Citrullus lanatus*）和芹菜等引入中国。《史记》中记载，"安邑千树枣，燕秦千树栗。蜀汉江陵千树橘……此其人皆与千户侯等"，表明园艺植物种植产生了很好的经济效益。《汉书》中记录了冬天在室内种植韭菜、葱（*Allium fistulosum*）等植物，说明汉代已有了温室栽培的雏形。同时，园艺技术也逐渐成熟。公元前 1 世纪《氾胜之书》记载了瓠子（*Lagenaria siceraria*）靠接生产大瓠，果熟后做容器或水瓢。公元 5～6 世纪，《齐民要术》记录了嫁接技术和枣、桃、白梨（*Pyrus bretschneideri*）等 17 种果树与 31 种蔬菜的精细栽培和贮藏加工技术，极大促进了园艺产业的发展。

唐宋时期，文化经济繁荣，有《本草拾遗》《平泉山居草木记》《茶经》《荔枝谱》《橘录》《梅谱》等园艺专著传世，代表了当时世界上园艺研究的最高水准。明清时期，中国从海上丝绸之路引进了芒果（学名杧果，*Mangifera indica*）、菠萝（学名凤梨，*Ananas comosus*）、西洋梨（*Pyrus communis*）、欧洲甜樱桃（*Prunus avium*）、番茄、辣椒（*Capsicum annuum*）、洋葱（*Allium cepa*）、马铃薯、南瓜（*Cucurbita moschata*）等果树蔬菜，将柑橘（*Citrus reticulata*）、柚（*C. maxima*）、甜橙（*C. sinensis*）、牡丹、菊花、山茶等传入其他国家。其中，原产中国的柑橘、猕猴桃、大白菜、牡丹经传播成为世界范围内重要的园艺植物。《花镜》对花卉栽培做了系统的总结，记载了 352 种观赏植物，并采用了实用分类法。《广群芳谱》记载了 100 多种栽培及野生蔬菜，其依据生长环境和食用部位分类的方法至今沿用。

中国是享誉世界的"园林之母""花卉王国"，花卉资源丰富。正如威尔逊先生在他的《中国——园林之母》写的那样："中国的确是园林的母亲，因为在一些国家中，我们的花园深深受惠于她所具有的优质品位的植物，从早春开花的连翘（*Forsythia suspensa*）、玉兰（*Yulania denudata*），夏季开花的牡丹、蔷薇，直到秋天开花的菊花……显然都是中国贡献给世界园林花卉的丰富资源，倘若中国原产的花卉全部撤离而去的话，我们的花园必然为之黯然失色"。

2. 园艺文化

园艺产品与人类文化紧密地联系在一起，不断与思想、情感、民俗等相融合，形成了独特的园艺文化。

中国最早的诗歌总集《诗经》中记载了"投我以木桃，报之以琼瑶"。在周代人们已经将果实、花木用于社交礼仪，通过植物来表达感恩之情。战国时期的诗人屈原在《九章》中写道："后皇嘉树，橘徕服兮。受命不迁，生南国兮"，既是对柑橘高尚品格、矢志不渝的赞扬，也是借物言志，表达诗人对真理的热爱和对国家的忠贞。在《红楼梦》中，43 种园艺植物被用于人名，暗示着人物的性格和命运。园艺植物已被人类赋予了不同的象征意义并融入中国传统节日中，产生了独特的民俗活动（表 1-1）。

表 1-1　作为中国节日符号的园艺植物及相关民俗活动（欧阳巧林，2013）

节日	园艺植物	相关民俗活动
春节	橘树、桃花、水仙花	购买或种植橘树、桃花、水仙花
三月三	荠菜	食用
端午节	菖蒲、艾、白芷	挂菖蒲、艾、白芷，开展斗草游戏
中秋节	桂花、菊花	赏桂花、菊花
重阳节	茱萸、菊花	佩戴茱萸、登高插茱萸、赏菊花、咏菊花、饮菊花酒

许多果实都形成了自己的文化象征，比如，摆放柑橘象征大吉大利，石榴象征着"多子"，桃象征着"多寿"，佛手（*Citrus medica* 'Fingered'）象征着"福寿"，"杏林"指代"医学界"，"杏坛"指代"教育界"，"梨园"指代"戏曲界"。

园艺植物一直广受文人墨客青睐，从诗词作品中可见一斑。陶渊明的《桃花源记》描绘了人们心中的理想生活之地，以桃花源表达心中的美好向往。杜甫的"夜雨剪春韭，新炊间黄粱"中描述的虽是家常便饭，但体现了老朋友间的淳朴友情。朱彝尊的"桃花落后蚕齐浴，竹笋抽时燕便来"展现了生机勃勃的乡村景色。白朴的"云收雨过波添，楼高水冷瓜甜，绿树阴垂画檐"是夏日中不可多得的清凉，使人神清气爽。"折花逢驿使，寄与陇头人。江南无所有，聊赠一枝春"，一枝梅花便是陆凯与范晔两人友谊的见证。"只恐夜深花睡去，故烧高烛照红妆"，苏轼钟情于海棠，爱花更惜花，特地点燃高烛观赏，不忍心让海棠独自栖身于幽暗之中。

茶文化博大精深，以茶会友，以茶赠礼，以茶修身养性。杜耒的"寒夜客来茶当酒，竹炉汤沸火初红"，白居易的"无由持一碗，寄与爱茶人"，均以茶待客表敬意，寓情谊。元稹曾经写过一首别出心裁的宝塔诗《茶》。

茶。
香叶，嫩芽。
慕诗客，爱僧家。
碾雕白玉，罗织红纱。
铫煎黄蕊色，碗转曲尘花。
夜后邀陪明月，晨前独对朝霞。
洗尽古今人不倦，将知醉后岂堪夸。

人们依靠果蔬充饥果腹，获取丰富营养；观赏花卉愉悦心情；以茶会友。一花一叶虽然渺小，却是蕴藏着生命的精彩。园艺既给了人们物质的支持，也在精神上塑造着人们的品格，融入了无限的感情寄托。园艺文化润物细无声，在点滴生活中带来一捧清新，亲近自然，如沐春风。

四、我国园艺产业与研究的现状

1. 我国园艺产业现状

园艺产业已经成为我国最具活力的农业产业之一。据统计，2019 年我国园艺产业的总产值约为 3.5 万亿元，占农业总产值的 50% 左右。我国也是世界园艺生产大国，果树、蔬菜、花卉和茶的种植面积与产量均居世界第一。2019 年，我国果树种植面积为 1 227 万 hm²，产量为 2.7 亿 t，约占世界总产量的 30%；蔬菜种植面积为 2 086 万 hm²，产量为 7.2 亿 t，约占世界总产量的 50%；茶园面积为 310 万 hm²，茶叶产量为 277 万 t，约占全球茶叶总产量的 40%（表 1-2）；花卉种植面积为 176 万 hm²。

表 1-2 2019 年我国主要园艺植物的产量与改革开放初期（1979 年）的对比（国家统计局，1979，2019）

园艺植物	1979 年产量 /10⁴ t	2019 年产量 /10⁴ t
柑橘	58.16	4 584.54
苹果	286.88	4 242.54
梨	143.79	1 731.35
葡萄	12.56	1 419.54
香蕉	7.45	1 165.57
西瓜、甜瓜	—	7 679.80
蔬菜	—	72 102.56
茶叶	27.71	277.72

我国果树的种植面积与产量稳中有增，排在前 6 位的分别是柑橘、苹果、梨、桃、葡萄和香蕉。主要果树的优势生产区布局基本形成。如我国的柑橘产业可划分为 5 个优势产业带和两个特色基地。5 个优势产业带为：浙 - 闽 - 粤、赣南 - 湘南 - 桂北、鄂西 - 湘西、长江上中游和西江流域；两个特色基地为：陕西汉中、云贵。如我国的苹果产业主要布局在西北黄土高原与环渤海沿岸，这两大产区的苹果产量占我国苹果总产量的 80% 以上。近年来西南冷凉高地的苹果产业蓬勃发展，逐渐成为苹果的特色产区。主要果树新品种的选育和推广工作取得了显著成效，品种结构进一步优化。果树优质高效绿色生产关键技术得到大面积推广，果实品质显著提升。设施果树栽培技术发展迅速，主要栽培树种包括葡萄、草莓（*Fragaria × ananassa*）、桃和欧洲甜樱桃等，一些南方果树如今也"现身"在北方地区温室中（图 1-2）。

图 1-2 北方地区温室无土栽培的草莓（高红胜摄）

蔬菜产业在园艺产业中一直占据重要地位。综合考虑地理、气候、区位优势等因素，《全国蔬菜产业发展规划（2011—2020 年）》将我国的蔬菜产区划分为六大区：华南与西南热区冬春蔬菜区、长江流域冬春蔬菜区、云贵高原夏秋蔬菜区、黄土高原夏秋蔬菜区、北部高纬度夏秋蔬菜区和黄淮海与环渤海设施蔬菜区，并且重点建设 580 个蔬菜产业重点县（市、区），这些规划目前已经形成。在蔬菜生产技术方面，设施栽培目前发展迅速，与之配套的无土栽培和立体栽培技术也得到了广泛应用。随着农业大数据、人工智能、LED 光源的研究和发展，智能化温室也得到了快速发展，人们可以在办公室内对温室环境进行动态监测与管理，从而精准地控制植物生长。

我国花卉产业历史悠久。近年来随着人民生活水平的提高以及精神需求的增长，花卉产业发展快速，我国已经成为世界最大的花卉生产国和重要的花卉消费国。我国花卉生产区域分布广泛，基本形成了以云南、广东、北京、辽宁等省市为主的鲜切花生产区，以广东、四川、湖北、云南等省市为主的盆栽植物生产区，以江苏、浙江、河南、山东等省市为主的观赏苗木生产区，以山东、湖南、云南、四川等省市为主的食用与药用花卉生产区。我国花卉栽培种植技术也在不断进步，与先进国家的差距正逐步缩小。花卉交易市场日趋活跃，大型花卉与苗木交易市场不断涌现，普通花卉超市和网上花卉销售平台的数量也在不断增加，花卉消费正在被越来越多的人所接受。

我国是茶的故乡，茶树种植范围北起山东蓬莱，南至海南三亚；东起台湾东海岸，西至西藏林芝，划分为华南区、西南区、江南区和江北区四个产茶大区。茶叶主产省有福建、云南、贵州、湖北、四川、湖南、浙江、安徽等。近年来，茶叶生产呈现出从东部地区往西部地区转移、从平地往高山转移、从发达地区往次发达地区转移的变化趋势。我国茶叶品类齐全，包括绿茶类、黄茶类、黑茶类、白茶类、乌龙茶类和红茶类六大类，其中绿茶产量约占总产量的 60%，为绝对主力。进入 21 世纪以来，我国茶产业全面发展，茶园面积、茶产量和产值均快速增长，龙头企业快速发展，品牌的影响力也与日俱增。在深加工方面，开发出了茶饮料、茶多酚、茶食品、茶日化用品、茶保健品等深加工产品，经济效益显著提升。

2. 我国园艺科学基础研究现状

我国已经成为园艺科学研究领域最活跃的国家之一。文献计量学分析结果表明，2010—2020 年间，我国园艺学科在国际同行认可期刊上的发文量逐年增加，总发文量及果树、蔬菜、花卉、茶等园艺植物发文量均位居世界第一（占比 20.69%），超过美国（占比 16.57%）发文量，体现了我国园艺科学基础研究水平的快速提升。目前，我国科学家在园艺植物的基因组学领域活跃；在器官发育、品质形成、繁殖与生殖、采后生物学等方面取得了重要进展；利用细胞工程、分子标记等生物技术以及杂交育种开展优良基因的定向转移，培育出了一批优质高产多抗的园艺植物新品种（系）和新种质。

（1）种质资源研究

种质资源又称遗传资源，它是育种创新和产业发展的基础资源。在一代代园艺学家的努力下，我国收集和保存了丰富的种质资源，这为园艺科学基础研究工作的深入开展以及园艺产业可持续发展奠定了良好基础。目前，我国已收集了 2.3 万余份果树资源，包括许多野生、半野生和农家种等濒危资源，建立了 21 个国家级果树种质资源圃；蔬菜方面，已收集保存蔬菜种质资源约 3.8 万份，发掘、创新出了大批在实践中被应用的优异种质和骨干亲本；确立了 70 个国家花卉种质资源库，有效保护和利用了花卉资源；收集了 3 550 份茶树种质资源，建立了全球最丰富的茶树种质资源库。

（2）基因组学与功能基因组学

基因是控制遗传性状的基本单位，如果实的大小、花卉的颜色等，都是由一个个基因所控制的。基因组则包含了一个物种所有的遗传信息，是当之无愧的"生命密码"。获得一个物种的基因组信息，对科学家深入研究该物种的起源和驯化历史，以及一些重要性状的形成至关重要。目前，由我国科学家主导完成基因组测序的重要园艺植物包括甜橙、白梨、中华猕猴桃、欧洲甜樱桃、黄瓜、西瓜、马铃薯、白菜、番茄、梅花、荷花、菊花脑（*Chrysanthemum nankingense*）、桂花（学名木樨，*Osmanthus fragrans*）、蜡梅（*Chimonanthus praecox*）和茶树等。通过对基因组信息的研究，人们揭示了一些园艺植物进化历史，并发掘了很多重要的功能基因。利用基因组信息，科学家提出了目前栽培苹果的进化路线：新疆的野生塞威士苹果（学名新疆野苹果，*Malus sieversii*）沿着古丝绸之路向西传播，逐渐演化诞生了西洋栽培苹果（*M. domestica*）；沿丝绸之路向东与山荆子（*M. baccata*）等野生苹果杂交演化成了苹果（*M. pumila*）。在柑橘中，多胚是一个有趣的生物学现象，即一颗种子中除了含有受精卵发育形成的合子胚，还有多个珠心细胞发育成的珠心胚，因此也是无融合生殖的一种。我国科学家以柑橘原始种、野生种和栽培种的基因组为基础，发现了控制柑橘孢子体无融合生殖的关键基因 *CitRWP*，并开发出了分子标记应用于育种。

（3）品质形成机理

我国科学家在园艺产品色泽、苦味、酸味等品质形成机理方面取得突破性进展。以番茄为例，我国科学家首次揭示了番茄风味主要来源于糖类、酸和挥发性小分子等 33 种物质，涉及 49 个基因，为培育"美味番茄"提供了遗传框架。对黄瓜苦味物质的研究中，发现 9 个基因控制葫芦素的生物合成，鉴定了控制果实和叶片苦味形成的"主开关"基因。对柑橘风味的研究发现，柑橘果实富含柠檬酸和维生素 C，从野生到栽培过程中，柑橘风味的变异主要源自柠檬酸含量显著下降，实现了适宜人类口感的糖酸比；柑橘果实柠檬酸含量变化主要由于转座子跳跃到一系列转运子基因或者其调控的转录因子导致；柑橘果实维生素 C 的积累与半乳糖醛酸途径的关键基因扩增和特异表达相关。对柑橘色泽的研究则发现，柑橘果实也有富集各种类胡萝卜素的突变体，目前共鉴定了调控果实类胡萝卜素积累的 7 个调控因子，共同靶向类胡萝卜素合成的限速酶基因——八氢番茄红素合成酶基因（*PSY*），明确了果实色泽调控的一个枢纽。利用这些研究结果以及发现的关键基因，可以开发分子标记实现对果实品质的设计育种。

3. 我国园艺产业面临的问题

（1）园艺种业的自主创新亟待提高

我国园艺产业近期推广的高品质品种过度依赖进口，重大品种自主培育能力明显不足。2019 年，我国蔬菜、花卉等园艺植物种子进口额占农作物种子总进口额的 67%。高端优质蔬菜品种的种子约 50% 来自国外；一二年生草本花卉优异品种的种子约 80% 来自国外；百合和郁金香（*Tulipa gesneriana*）种球基本都是荷兰进口。系统梳理和深度评价我国的园艺资源、发掘重要育种亲本、提高育种效率和研发高效育种技术是我国园艺产业高质量发展必须要解决的问题。

（2）园艺生产布局需要进一步优化

经过多年发展，我国园艺产业在总体布局上逐步优化，但仍然存在着一些问题。以蔬菜产业为例，我国蔬菜生产布局呈现出集中趋势，一旦生产集中区域发生大型自然灾害，会对产品的正常供给产生极大影响。例如，2018年山东寿光等地的洪灾直接影响到北京等城市的蔬菜供应。各主要蔬菜产区之间生产分工也不尽合理，在生产旺季同时上市容易形成恶性竞争，造成价格偏低，影响农民收益。此外，我国在推动乡村振兴的过程中，应该极力避免"一窝蜂"的发展模式，提倡"一村一品"等模式错位发展，发展适合当地气候的特色园艺产业。

（3）园艺产品质量需要进一步标准规范

在个体户分散经营的生产模式下，园艺产品的生产很难做到标准化和规范化。经营个体之间种植管理水平的差异以及不同地区间资源禀赋的差异，都会导致园艺产品的质量参差不齐。为了追求产量，过量施用化肥和农药的现象仍然存在，这不仅对园艺产品的质量安全产生影响，还对生态环境造成破坏。因此，园艺产品一方面在生产过程中需要进一步规范操作流程，同时需要在园艺产品产后分选分级过程中加大研发力量，根据质量严格分级。园艺产品质量的稳定性有利于品牌的塑造。

（4）对毁灭性病害基础研究需要加强

病害是园艺生产中的一大威胁，不仅会造成园艺植物减产和品质下降，而且防治病害所使用的农药还会带来食品安全的隐患。多数病害可以通过使用农药进行控制，然而有一些病害在生产上还缺乏有效措施加以应对，往往对生产造成毁灭性打击。例如，柑橘黄龙病是全世界毁灭性最强、最难防控的柑橘病害，目前存在没有抗原、黄龙病菌无法离体培养以及主要通过木虱传播等问题。未来需要跨学科整合柑橘资源育种、植物病理学以及昆虫学的研究力量来集中攻关，才有可能取得对重大病害防治的突破。

（5）保鲜和流通体系不健全

园艺产品由于其鲜活消费的特点，对流通环节的要求较高。目前我国在园艺产品贮存和运输环节的冷链建设投入相对不足，加上我国园艺产品采后保鲜技术还不发达，从而造成了流通过程中产品损耗较大。据资料显示，我国柑橘一年的损耗量就超过韩国、日本的全国产量。此外，我国园艺产品从田间到消费者的流通过程中要经过多个环节，还未形成高效便捷的流通体系，这一方面增加了运输成本，另一方面也会带来产品损耗，不利于产业发展。

五、我国园艺产业的发展趋势与热点

（1）园艺新品种的自主创新

我国园艺种质资源丰富度堪称世界之最，但过去利用率不高。在知识产权竞争日益激烈的背景下，以及我国提出的"种业振兴"等政策下，我国科学家已经意识到种质资源以及创制自主知识产权品种的重要性。同时我国在园艺植物基因组学以及生物技术的研究水平居国际一流，结合种质资源的优势，未来 5～10 年将会产生一大批品种，有望获得具有自主知识产权的突破性品种。

（2）园艺产品优质化和安全化

随着经济社会的发展和人民生活水平的提高，消费者对园艺产品的需求正朝着"好看、好吃、健康"的方向发展，园艺产品的品质已经成为市场竞争力的核心。因此，未来园艺植物的生产过程将更加注重产品的安全和优质。绿色园艺和有机园艺也将会得到大力发展，绿色园艺产品和有机园艺产品的消费将会成为人们新的消费主张。

（3）资源利用最优化

资源包括自然资源和种质资源。我国幅员辽阔，各地区的自然条件存在较大差异，而园艺植物的生长发育和品质形成受气候和土壤等自然因素的影响较大。科学规划和布局生产区域，因地制宜地选择园艺植物的类型和品种，充分利用优越的自然条件和植物的种质优势，是我国未来园艺产业提质增效的重要手段。

（4）园艺产业发展多元化

传统园艺产业功能较为单一，园艺产品的生产仅满足了人们的物质生活需求。随着社会的进步，园艺产业的功能也在朝着多元化方向发展。近年来，随着家庭园艺、休闲园艺和康养园艺等新兴园艺产业的兴起，园艺产业满足精神生活的文化功能、改善环境的生态功能以及康复身心的医疗功能得到更广泛关注。

（5）园艺产业智能化

随着劳动力的短缺以及资源和环境压力的增加，应用和推广高新技术，提高园艺生产的智能化水平，进而节约生产成本和提高生产效率必将成为一种趋势。目前，新一代信息技术与人工智能加快发展并深度融合，这种态势为园艺智能化提供了有力的技术支撑。尤其是在设施园艺领域，各种智能化装备正逐渐投入应用，包括嫁接机器人、采摘机器人、喷药机器人、除草机器人等。植物工厂近几年得到快速发展，其通过集成智能化设备完成对环境的精准控制，使植物工厂内的园艺植物不受或很少受自然条件制约，从而可以实现周年连续生产。未来，完全通过数字化连接各种智能生产装备而形成的智慧园艺将是设施园艺发展的最高阶段。

思考题

1. 园艺植物主要有哪些种类？

2. 与大田作物相比，园艺植物有哪些特点？

3. 试列举与园艺有关的诗词，并阐述其主要描述了园艺植物的什么特点？

4. 在满足人民美好生活的巨大需求下，你认为园艺产业有哪些机遇？

参考文献

E. H. 威尔逊. 中国——园林之母 [M]. 胡启明，译. 广州：广东科技出版社，2015.

程智慧. 园艺概论 [M]. 2 版. 北京：科学出版社，2017.

崔大方. 园艺植物分类学 [M]. 北京：中国农业大学出版社，2011.

邓秀新，王力荣，李绍华，等. 果树育种 40 年回顾与展望 [J]. 果树学报，2019，36（4）：514-520.

景士西. 园艺植物育种学总论 [M]. 北京：中国农业出版社，2010.

欧阳巧林. 中西方节日中的植物花卉民俗文化 [J]. 武汉纺织大学学报，2013，26（5）：88-91.

DUAN N, BAI Y, SUN H H, et al. Genome re-sequencing reveals the history of apple and supports a two-stage model for fruit enlargement [J]. Nature Communications, 2017, 8 (1): 1-11.

SHANG Y, MA Y S, ZHOU Y, et al. Biosynthesis, regulation, and domestication of bitterness in cucumber [J]. Science, 2014, 346 (6213): 1084-1088.

WANG X. XU Y T, ZHANG S Q, et al. Genomic analyses of primitive, wild and cultivated citrus provide insights into asexual reproduction [J]. Nature Genetics, 2017, 49 (5): 765-772.

第二章

水果与常见果树种类

第一节　水果的概念和
　　　　特点
第二节　果树分类
第三节　代表性果树

　　水果营养丰富，是人们生活中必不可少的食品之一，在改善膳食结构、提高人们生活质量上起着重要作用。水果分布广泛、种类繁多、形状各异、色泽艳丽、风味独特，深受消费者喜爱，是餐前饭后食用及待客的常备品。水果生产的经济效益较高，在农业生产中具有十分重要的地位，素有"一亩园十亩田"之说。如今，水果产业已成为农民致富和乡村振兴的中坚力量。随着经济的发展、人们生活水平的提高，观光果园、休闲农业、水果盆景逐渐成为国内外水果产业发展的新趋势，充分体现出水果生产带来的生态和文化价值。

水果的概念和特点

一、水果概念

水果，通常指产自果树且可以生食的果实，大多数味甜或酸甜。也有一些供食用的果实含水分很低，称之为干果。通俗讲，能生产水果或者干果的植物统称果树。大多数水果产自栽培果树，但也有少数水果来源于野生果树。

二、水果特点

1. 种类繁多，性状多样化

水果种类繁多，性状千变万化。据估计，全世界大约有果树（包括能食用而未在生产中栽培的野生树种）60科2 800种左右，其中较为重要的果树约有300种，主要栽培的果树约70种。仅中国现有果树（包括原产和引进）就有约59科158属670余种，品种数以万计。例如，全世界葡萄品种有8 000多个，苹果品种有9 000余个，桃品种有3 000多个。不同的水果，甚至同一水果的不同品种，从果形、色泽、风味、香气、质地、硬度等多方面，均表现出非常丰富的遗传多样性（图2-1）。常见的水果有苹果（*Malus pumila*）、柑橘类（*Citrus* spp.）、梨（*Pyrus* spp.）、桃（*Prunus*

图2-1 柑橘果实的多样性

persica）、欧洲甜樱桃（*Prunus avium*）、枣（*Ziziphus jujuba*）、核桃（*Juglans regia*）、葡萄（*Vitis vinifera*）、猕猴桃（*Actinidia chinensis*）、香蕉（*Musa acuminata*）、菠萝（*Ananas comosus*）、荔枝（*Litchi chinensis*）、芒果（学名杧果，*Mangifera indica*）等几十个种类，仅作水果的柑橘类就包括甜橙（*C. sinensis*）、柑橘（*C. reticulata*）、柠檬（*C. × limon*）、柚（*C. maxima*）、葡萄柚（*C. paradisi*）以及金柑（*C. japonica*）等多个种类。水果类型的多样化，使市场中的果品琳琅满目，以此满足消费者的不同需求。

2. 营养丰富，功能多样化

水果营养丰富，风味适口，可满足人们的食用需求。水果既富含脂肪、蛋白质、糖类、矿物质、维生素和食物纤维素等6大类营养素，又含有可增进食欲和愉悦身心的多种特殊物质。不过，不同种类的水果其营养成分的含量也有差别。多数新鲜水果含水分85%～90%，含糖9%～25%，干果脂肪含量可达到50%～70%，杏仁和榛子的蛋白质含量20%～25%，粮食类水果的淀粉含量

拓展阅读 2-1
水果中的主要
营养成分及
代表性水果

20%～60%。水果含糖类较蔬菜多，主要以双糖或单糖形式存在，是人们获取能量的主要来源之一。水果中的有机酸如柠檬酸、苹果酸、酒石酸等含量比蔬菜丰富，能刺激人体分泌消化液，增进食欲，有利于消化，同时对维生素C的稳定性有保护作用。水果中广泛存在维生素A、维生素B、维生素C、维生素E等多种维生素，是人体维生素的重要来源之一。水果含有丰富的膳食纤维，能促进肠道蠕动，尤其水果含较多的可溶性膳食纤维——果胶，具有降低胆固醇的作用，能预防动脉粥样硬化，还能与肠道中的有害物质如铅结合，使其排出体外。此外，水果中还含有黄酮类物质、香豆素、D-柠檬萜等具有特殊生物活性、有益于人体健康的化学物质。水果中的多种矿物质是人体代谢中的必要物质。

3. 分布广泛

果树适应性较强，世界五大洲均产水果，寒带、温带、亚热带、热带地区分布有不同生态适应型的果树。我国北起黑龙江，南到海南，西自新疆，东至台湾，各省（自治区、直辖市）都有多种水果种植。因生态环境条件差异，北方以种植落叶果树为主，如苹果、梨、葡萄、桃、猕猴桃、枣等；南方以种植常绿果树为主，如柑橘、枇杷（*Eriobotrya japonica*）、香蕉、菠萝、芒果、杨梅（*Morella rubra*）、荔枝、龙眼（*Dimocarpus longan*）等，也有梨、桃、葡萄、苹果等落叶果树的栽培。黑龙江、内蒙古北部的寒温带以及涵盖长城以北、内蒙古大部和准噶尔盆地的中温带地区，冬季寒冷，主要栽培耐寒果树；台湾、广东、云南的南部及海南地处热带，主要栽培热带常绿果树；暖温带、亚热带地区分布着众多落叶果树和常绿果树；而青藏高原垂直温度带常绿果树和落叶果树均有分布。各种果树在生长过程中，逐渐适应了不同的自然环境条件，产生了不少变种和生态型，使得水果的分布更为广泛。水果生产一般不与粮、棉争地，山地、丘陵、盆地、高原、平原、滩涂等均可生产水果。

4. 多年生，一种多收

大多数果树属于多年生植物，种植以后可以多年收获水果，少则几年，多则几十上百年，甚至上千年。如苹果经济寿命可达40～50年，广西的千年荔枝树也依然可以实现丰产。果树一般每年开花结果一次，果实一年一熟，而有的则可以多次开花多次结果，果实一年多熟。例如，苹果、梨、荔枝、枇杷、柚、甜橙、柑、橘、桃、杏（*Prunus armeniaca*）、李（*Prunus salicina*）、猕猴桃、柿（*Diospyros kaki*）等水果，一年只收获一次；而柠檬、金柑、杨桃（学名阳桃，*Averrhoa carambola*）、嘉宝果（*Plinia cauliflora*）等水果，一年可多次采收成熟果实，甚至能实现周年供应鲜果；对香蕉、菠萝而言，植株一年只开花结果一次，收获果实一次；而由吸芽长出的植株作为接替株，继续生长并可开花结果，从而实现一种多收。

5. 经济价值较高

总体来看，水果生产的经济效益较高，是农作物的5～10倍。通常，水果每亩总收入为1万～3万元，一些高端优质水果、名品或稀有水果售价更高，每亩总收入可达到6万～10万元甚至更高，通过设施栽培生产的促早、延迟、反季节水果，往往可以获得不错的经济收益。果树经济寿命长，每年均可生产水果，持续经济效益好。此外，果树树形各异、姿态优美，花美丽芳香、美化环境，具有很好的观赏价值，可促进生态文明建设和旅游经济发展。

三、水果日常利用

1. 鲜食

水果在人类饮食结构中占有重要的地位，随着人们生活质量的提升和健康观念的加强，水果在日常饮食中的占比日益增加，而鲜食是水果最为常见的食用形式。人们在享受水果可口的风味、怡人的香气、丰富的汁液、令人惬意的口感的同时，获得了充足的糖类、矿物质、维生素、蛋白质、脂肪等营养物质。可以说，水果既满足了人们对多种营养的需求，有助于维持良好合理的膳食结构，又提升了人们的生活水平和质量。

2. 加工

加工不仅可以在一定程度上防止水果败坏，降低水果原料的损失，延长食用期，还能扩展水果的利用方式，满足人们对不同果品形式的喜好，提升水果的应用价值。水果制成的果干、果酱、罐头、果汁、果醋、果酒等，日益受到人们的钟爱。尤其是果汁，因果汁中含有水果的各种营养成分（如糖类、酸、矿物质、维生素及芳香物质等），其风味独特且有一定的附加功效，是当今一种健康又时尚的饮料；加之制作方法简单，原料多样化，如今已经走进了平常百姓家庭。通常，适于榨汁的水果汁液较多（如葡萄、柑橘、菠萝、苹果等），或者汁液较少但风味特殊（如山楂等）。葡萄酒是世界上最古老的饮料之一，是世界上产量最大、普及最广的单糖酿造酒。制干和腌渍也是水果常见食用形式之一，例如葡萄干、杨梅干、猕猴桃干、柿饼、枣干和梨脯等，既能延长水果贮存时间，又能减少营养物质的损失。

3. 烹饪

利用水果做菜或糕点等食品，风味独特且营养均衡。将水果与肉类、海鲜、蔬菜等搭配，施以各种烹饪技法，可改变食材风味、口感，同时有助于食物的消化和营养物质的吸收。例如，用菠萝汁、橙汁腌制牛肉，可改善牛肉外观与质地；用菠萝、甜橙、无花果、苹果等烹饪菜肴，有助于蛋白质和矿物质的消化吸收。大多数水果适合与新鲜细嫩的肉类一起烹饪，如鱼肉、鸡肉、鸭肉等。水果入菜的方式多种多样，蒸、炖、炒、拌等均可，可以根据不同水果的特点做出种类丰富的水果菜肴，如板栗炖鸡、拔丝苹果、水果沙拉等。在制作糕点、面食时，水果也是常用品之一，如水果蛋糕、水果派、水果面包等。可以说，现代生活中，水果既"上得厅堂"又"下得厨房"。

4. 水果营养成分及其特殊用途

水果含有多种对人类健康有益的营养成分及生理活性物质，包括维生素、纤维素、蛋白质、葡萄糖和生物碱等，这些物质也被开发成多种产品，如苹果膳食纤维素、苹果多酚和果胶。水果入药，可以起到预防和治疗一些疾病的作用。例如，柑橘中含有挥发油、类黄酮、柚皮苷、柠檬苦素等成分，其果实、橘皮、橘络等都是优良的中药材。陈皮（即橘皮）就是一种常见保健品，能理气健胃、燥湿化痰；枳壳（一种酸橙）常入药，湖南、江西、重庆、浙江等地均有生产；化州橘红（柚类的一种）也可入药。枇杷和梨均有润肺止咳的功效。山楂具有健胃消食的功效。龙眼核多酚能促进烫伤伤口愈合，具有收缩创面、杀菌的作用，已成为很多烫伤药物的成分。

5. 日化用品加工

水果作为多种天然活性物质和次生代谢物质的载体，在日化用品中的应用日益增多。核桃、苹果、柑橘、葡萄、石榴、草莓等水果型滋养霜、沐浴露、身体乳、护发素等产品，也逐渐成为日用品市场上的畅销产品。蓝莓（学名笃斯越橘，*Vaccinium uliginosum*）果实含有花色苷、黄酮类、熊果酸、熊果苷等成分，具有抗氧化、美白、除皱、护发等多种功效，近年来已开发出含蓝莓成分的护发素、洗发露、精油、口红等一系列日化产品。

四、水果文化

在中华文明的历史长河中，水果扮演着重要角色，承载了人们对美好生活的向往。水果文化是劳动人民智慧的结晶，古人对水果的热爱，使水果成为民间文化描绘、歌颂的对象。除日常的食用文化之外，水果文化的表现形式还包括民谣、谚语、典故、谜语、诗词、传说等。特别是梨、桃、榴梿、荔枝、石榴、香蕉、山竹和猕猴桃等水果，其独特的文化内涵寄托着人们美好的祝福与愿望（表 2-1）。

表 2-1　水果雅称及其文化内涵

水果	雅称	文化内涵
梨	百果之宗	分离、纯情
桃	百果之冠	生育、吉祥、长寿
榴梿	热带果王	留恋
荔枝	果中之王	承诺、欣欣向荣
石榴	水晶珠玉	多子多福、富贵、吉祥、繁荣
香蕉	美颜水果	招财进宝、追求、智慧、相思
山竹	果中皇后	纯洁的爱
猕猴桃	保健奇果	美好甜蜜的爱情、祝福对方

京剧中的《梨花颂》广为流传，当年唐玄宗在梨园亲自教授三百名乐工演奏乐曲，后世京剧演员自称梨园弟子。樱桃在古代作为珍贵果品，常用于祭祀先人、赏赐重臣、宴请大臣等活动中，唐代还形成了进士及第时以樱桃宴客的风俗，称为"樱桃宴"。橘蕴含丰富的文化内涵，有"陆绩怀橘""千头橘奴""橘生南国，受命不迁"等典故。荔枝因杨贵妃而被注入了政治色彩，千古绝句"一骑红尘妃子笑"所暗喻的讽刺腐败之意，使千百年来的读者为之动容。桃是福寿的象征，常作为祝寿的礼品；桃符则是历史悠久的汉族民俗文化组成之一，最早的桃符是画着神荼、郁垒二神的桃木板用以驱邪，五代时人们在桃木板上书写对联，其后书写于纸上并演变成了今天的春联。唐代狄仁杰门生众多，后世衍生出以"桃李满天下"来形容所栽培的后辈或所教的学生很多。石榴（*Punica granatum*）和葡萄虽是由汉代张骞出使西域经丝绸之路才带回我国，但两者也在中华文化中颇具特色。石榴在唐代是美丽女子与纯洁爱情的象征，而边塞古诗"葡萄美酒夜光杯，欲饮琵琶马上催"展

现了唐代灿烂的葡萄酒文化，也表现了将士们百战百胜、所向披靡的愿景。

在保护、继承、传播、弘扬传统水果文化的基础上，水果文化和水果产业发展到现阶段，已经成为文化和经济建设不可或缺的部分。今后，水果文化和水果产业也将继续对我国经济、社会、文化的发展起到巨大的促进作用。

第二节　果树分类

果树种类繁多，性状各异。为了便于研究和栽培利用，常根据生长特性、果实构造、生态适应性等对果树进行分类，这种分类的方法属于园艺学分类法。园艺学分类法虽不如植物学分类法严谨，但在果树研究、栽培和利用上具有实用价值，是生产中常用的分类方法。

一、生长特性分类

1. 根据冬季叶幕特点分类

（1）落叶果树（deciduous fruit tree）

叶片在冬季全部脱落，第二年春季重新长出，有明显的生长期和休眠期（图2-2）。主要种类有苹果、梨、桃、李、柿、枣、核桃、葡萄、猕猴桃、无花果（*Ficus carica*）、山楂（*Crataegus pinnatifida*）、栗（*Castanea mollissima*）、樱桃等。一般而言，我国北方栽培的果树大多是落叶果树。梨、桃、葡萄、李、梅（*Prunus mume*）、柿、枣、无花果等果树，在我国南方、北方均有栽培，但在南方栽培时叶片仍然在秋、冬季脱落。

图 2-2　落叶果树苹果
A. 生长期；B. 休眠期

（2）常绿果树（evergreen fruit tree）

叶终年常绿，冬季不集中落叶，春季新叶长出后老叶逐渐脱落，在年周期活动中无明显的休眠期（图2-3）。主要种类有柑橘、枇杷、荔枝、龙眼、芒果、榴莲（*Durio zibethinus*）、椰子（*Cocos nucifera*）、香蕉、菠萝、槟榔（*Areca catechu*）等。一般而言，多在我国南方栽培的果树都是常绿果树。但多在我国北方栽培或野生的果树，如红松（*Pinus koraiensis*）、华山松（*P. armandii*），以及越橘（*Vaccinium vitis-idaea*）是常绿果树。

图 2-3　常绿果树芒果
A. 夏季状态；B. 冬季状态

2. 根据植株形态分类

（1）乔木果树（arbor fruit tree）

有明显的主干，树体高大或较高大（图2-4A）。如苹果、梨、李、荔枝、柿、枣、核桃、椰子、波罗蜜（*Artocarpus heterophyllus*）、榴莲等。

（2）灌木果树（bush fruit tree）

树冠低矮，无明显主干，从地面分枝，呈丛生状（图2-4B）。如石榴、欧洲醋栗（*Ribes reclinatum*）、无花果、刺梨（学名缫丝花，*Rosa roxburghii*）、树莓（学名山莓，*Rubus corchorifolius*）等。

（3）藤本果树（liana fruit tree）

藤本果树的枝干称为藤或蔓。茎细长，蔓生，不能直立，依靠缠绕或者攀缘在支持物上生长（图2-4C）。如葡萄、猕猴桃、百香果（学名鸡蛋果，*Passiflora edulis*）等。

图 2-4　果树植株形态
A. 乔木果树（苹果）；B. 灌木果树（石榴）；C. 藤本果树（葡萄）；D. 草本果树（菠萝）

（4）草本果树（herbaceous fruit tree）

具有草质茎，多年生（图2-4D）。如香蕉、菠萝、草莓（*Fragaria × ananassa*）等。

二、果实构造分类

1. 仁果类（pulp fruit）

果实主要由子房和花托共同发育而成，属于假果。此类果树多属蔷薇科，如苹果、梨、山楂、枇杷等。混合花芽，子房下位。果实的外层是肉质化的花托，占果实的绝大部分，外中果皮肉质化，内果皮革质化，子房发育为果心，果心中有多粒种子（图2-5）。食用部分主要为花托发育而成的部分。果实大多耐贮运。

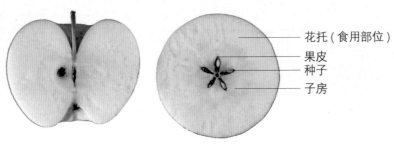

花托（食用部位）
果皮
种子
子房

图2-5 苹果果实构造图

2. 核果类（drupe fruit）

果实由子房发育而成，属于真果。花为子房上位，果实有明显的外、中、内三层果皮，子房外壁形成较薄的外果皮，中壁发育成可食用的果肉（中果皮），内壁形成木质化、坚硬的果核（内果皮）（图2-6）。果核内一般有一枚种子。常见的有桃、李、樱桃、杏（*Prunus armeniaca*）、杨梅、枣、橄榄（*Canarium album*）、芒果等。

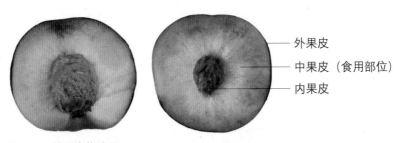

外果皮
中果皮（食用部位）
内果皮

图2-6 桃果实构造图

3. 浆果类（berry fruit）

花为子房上位，果实大多富含浆液，外果皮膜质化或革质化，中、内果皮及胎座柔软多汁，为可食用部分，通常籽多（图2-7）。如葡萄、猕猴桃、火龙果（学名量天尺，*Hylocereus undatus*）、柿、香蕉、杨桃、番木瓜（*Carica papaya*）、欧洲醋栗、蓝莓、番石榴（*Psidium guajava*）等。

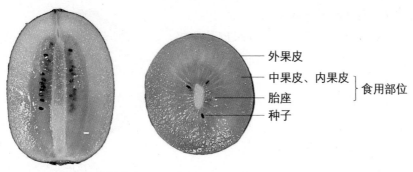

图 2-7 猕猴桃果实构造图

外果皮
中果皮、内果皮 } 食用部位
胎座
种子

4. 柑果类（citrus fruit）

柑橘的果实称为柑果，由子房发育而成，为真果。花为子房上位，子房外壁发育成革质具油胞的外果皮，中壁分化成白色疏松呈海绵状的中果皮，内壁形成膜瓣状的内果皮、称为囊瓣，有多浆的汁胞（汁囊）为可食用部分（图 2-8）。这类果树包括芸香科枳属、柑橘属、金橘属、黄皮属的多个种类。

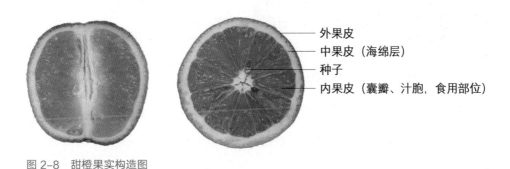

图 2-8 甜橙果实构造图

外果皮
中果皮（海绵层）
种子
内果皮（囊瓣、汁胞，食用部位）

5. 坚果类（nut fruit）

果实或种子外皮具有坚硬的外壳，核内有仁，食用部分为种子的子叶或胚乳（图 2-9）。如开心果（学名阿月浑子，*Pistacia vera*）、核桃、银杏（*Ginkgo biloba*）、扁桃（*Prunus communis*）、板栗、腰果（*Anacardium occidentale*）、夏威夷果（学名澳洲坚果，*Macadamia integrifolia*）等。

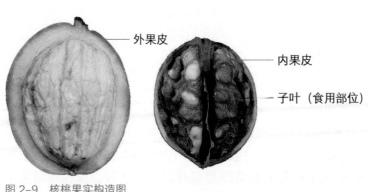

图 2-9 核桃果实构造图

外果皮
内果皮
子叶（食用部位）

6. 荔果类（lycopodium fruit）

果实为真果，花为子房上位。外果皮革质化，是果壳。食用部分为假种皮，是由胚珠的珠被外细胞发育而成（图2-10）。如龙眼、荔枝、红毛丹（*Nephelium lappaceum*）、山竹（学名莽吉柿，*Garcinia mangostana*）。

7. 聚复果类（polycarp fruit）

果实大多是由密集的小花或多果聚合或多心皮聚合形成的复果（图2-11），需热量等级高或

很高，适宜于热带种植。如菠萝、波罗蜜、面包树（*Artocarpus altilis*）、番荔枝（*Annona squamosa*）、刺果番荔枝（*Annona muricata*）、草莓等。

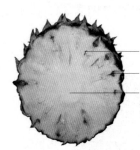

外果皮
中果皮
种子
假种皮
（食用部位）

图2-10　荔枝果实构造图（李伟才摄）

肉质的苞片、子房（食用部位）
退化花痕迹
肉质的花序轴（食用部位）

拓展阅读 2-2
果树的生态
适应性分类

图2-11　菠萝果实构造图（孙伟生摄）

第三节　代表性果树

一、落叶果树

1. 苹果

【学名】*Malus pumila*

【别名】柰、西洋苹果

【英名】apple

【科属】蔷薇科苹果属

【产地及分布】苹果原产欧洲中部、东南部，中亚西亚和中国新疆，是古老的栽培果树。中世纪前，苹果主要在寺庙中栽培，后由古希腊人和古罗马人传至西欧。16世纪后传至美洲，到18世纪中叶开始培育苹果品种。研究认为，现代栽培苹果的祖先种是新疆塞威士苹果（*Malus sieversii*），在其野生种沿古丝绸之路向西传播的过程中，东方

苹果（*M. orientalis*）、欧洲森林苹果（*M. sylvestris*）等多种源基因大规模渗入，果实质地增强，酸度降低，果实大小发生改变，逐渐演化形成当今的世界栽培苹果（西洋苹果，*M. domestica*）；而新疆塞威士苹果在向东传播中，与亚洲的原生苹果属植物山荆子（*M. baccata*）等发生了天然杂交，经过驯化产生了中国早期的绵苹果（*M. pumila*）。

目前，苹果产量居全球落叶果树首位，有80多个国家（地区）生产苹果，五大洲均有苹果分布，主产区分布在北纬34°～60°的区域。亚洲是世界上最主要的苹果产区，但大多数生产国单产较低，质量较差；欧洲、美洲、大洋洲国家单产高、品质好。中国、美国、土耳其、波兰、印度、伊朗、意大利、智利、法国、俄罗斯、德国、巴西等国都是苹果主产国，年产量超过100万t。世界苹果品种有9 000多个，但主栽的品种仅有100多个，主要有元帅系、'金冠'（图2-12A）、富士系、'澳洲青苹'、嘎啦系、'乔纳金'等。'红元帅'原产美国，又名'蛇果'，目前已有第5代变异类型（图2-12B），统称元帅系，是世界广泛栽培的苹果品种。'富士'是日本以'国光'为母本，'元帅'为父本杂交选育的苹果品种，果肉甜脆，耐贮运；其变异类型和杂交选育品种众多，统称富士系，而着色系则统称'红富士'（图2-12C）。富士系是我国和日本主栽的苹果品种。

我国已有2 200多年的苹果栽培历史。大约1871年，西洋苹果最早在山东烟台引种栽培；1933年，青岛从美国引进'红星''金冠'等品种。我国是苹果生产大国，种植面积和产量均居世界第一位，产量占世界总产量的50%以上。目前，陕西、山东、辽宁、河北、山西、甘肃、河南、宁夏、四川、云南、西藏、吉林、新疆、贵州等省（自治区）均有栽培，已形成渤海湾产区、黄土高原产区、黄河故道产区和西南冷凉高地产区4大主产区，其中渤海湾产区和黄土高原产区是两大优势主产区。山东烟台、陕西洛川、甘肃静宁和天水、新疆阿克苏等地，都是著名的苹果产地。常见品种主要有富士系、元帅系、嘎啦系、'蜜脆'（图2-12D）等，其中以富士系苹果栽培最多，产量占我国苹果总产量的70%以上。近年来我国自主选育了一系列优良的苹果新品种，如'秦脆'（图2-12E）'瑞雪''鲁丽''华硕'等。

图2-12 苹果代表品种
A. '金冠'；B. 元帅系第5代'天汪一号'；C. 富士系'长富2号'；D. '蜜脆'；E. '秦脆'

【形态特征】落叶乔木，树体高大，可达15 m以上，干性强（图2-13A）。树干灰褐色，单叶互生，叶缘有圆钝锯齿，幼时两面有毛。伞房状聚伞花序，子房下位，每花序3～7朵，中心花先开（图2-13B）。花蕾红色或粉红色，花瓣白色或浅粉色，花冠直径3～5 cm，萼片宿存。雄蕊20枚，花柱5枚。大多数品种自花不育，需种植授粉树。果实圆锥形、圆形、扁圆形或圆柱形，为假果，果肉主要由花托发育而成（图2-13C）。花期

视频资源 2-1
苹果高值利用
技术创新与实践

图 2-13　苹果的形态特征
A. 植株；B. 花；C. 果实

4—5 月，果成熟期 7—10 月。

【应用】苹果是温带重要水果之一，果实营养丰富，酸甜适口。苹果除供鲜食外，可加工成果汁、罐头、果干、果酒、果醋、果酱、脆片等产品，还可用于烹饪制作菜肴，如苹果派、拔丝苹果等。苹果具有一定的药用价值，果实富含天然抗氧化剂类黄酮，有益于心脑血管健康。苹果叶、花、果中含有多种活性成分，提取后可用于化妆品行业，有养颜护肤的功效。

2. 梨

【学名】*Pyrus* spp.

【别名】快果、果宗、玉乳、蜜父

【英名】pear

【科属】蔷薇科梨属

【产地及分布】梨属植物在全世界有 30 多种，原产亚洲、欧洲和非洲，我国是世界栽培梨的三大起源中心之一，已有 3 000 多年的栽培历史。目前全世界 80 多个国家（地区）有梨的栽培，主要产于中国、美国、意大利、西班牙、阿根廷、德国、日本等国。世界栽培梨有 5 个种：白梨（*Pyrus bretschneideri*）、沙梨（*P. pyrifolia*）、新疆梨（*P. sinkiangensis*）、秋子梨（*P. ussuriensis*）和西洋梨（*P. communis*）（图 2-14）。欧洲、美洲、非洲、大洋洲均栽培西洋梨，主栽品种有'巴梨''茄梨''红安久''宝斯克'等 30 余个品种；东亚各国以栽培秋子梨、白梨、沙梨为主，日本主栽沙梨，西洋梨主要栽培于较冷凉的地区。

我国是世界生产梨最多的国家，产量占世界总产量的 65% 左右。梨在我国分布广泛，从黑龙江到广东，自西北内陆至东南沿海都有梨的栽培。白梨、沙梨、西洋梨、秋子梨、新疆梨在我国均有种植，但以白梨和沙梨栽培较多。白梨主要分布于渤海湾、华北平原、黄土高原、川西、滇东、南疆等地，果肉为脆肉型，石细胞少，如'早酥''砀山酥'（图 2-14A）'鸭梨'等品种。沙梨主要分布于长江流域以南各省区及淮河流域一带，华北和东北也有栽培，果面多锈褐色，果肉为脆肉型，石细胞较多，如'苍溪梨''黄花梨''丰水'（图 2-14B）'幸水'等品种。西洋梨主要在西北地区、华北地区和黄河故道栽培，果形多葫芦形，果柄短，果肉为软肉型，需要后熟食用，代表品种有'巴梨''贵妃梨'和

'鲜美'（图 2-14C）。秋子梨主要在纬度较高的内蒙古和东北地区栽培，果实小，果肉为软肉型，需要后熟食用，具有浓郁香气，以'南果梨'（图 2-14D）和'京白梨'品质最优。新疆梨［主要是'库尔勒香梨'（图 2-14E）］则主要在新疆地区栽培，果实较小，味甜多汁，但果心大。

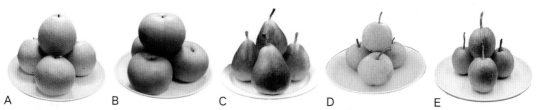

图 2-14　梨代表品种
A. 白梨'砀山酥'；B. 沙梨'丰水'；C. 西洋梨'鲜美'（刘建龙摄）；D. 秋子梨'南果梨'（张彩霞摄）；E. 新疆梨'库尔勒香梨'

【形态特征】落叶乔木，高 5 ～ 15 m（图 2-15A）。叶片近圆形或椭圆形或卵形至宽卵形，叶缘具尖锐或圆钝锯齿，叶片上下两面无毛或嫩时具绒毛，不久脱落或仅叶背沿中脉有柔毛。伞形总状花序，花 4 ～ 9 朵，花白色，子房下位，边缘花先开。花直径 1.5 ～ 3.5 cm，雄蕊 20 枚，花柱 5 或 4 枚。果实为假果，果肉主要由花托发育而成。果实卵形、倒卵形或近球形，果面多绿色、黄绿色、黄色或浅褐色，萼片脱落、半脱落或宿存（图 2-15B）。心室 4 ～ 5 个。花期 4—5 月，果成熟期 7—10 月（图 2-15C）。

【应用】梨被誉为"百果之宗"。梨树春天开花，满树雪白，树姿优美，在园林中可用来观花、观果，也常用于庭园观赏。果实细脆多汁，以鲜食为主，此外还可加工成果汁、罐头、果酒、果醋、果脯等，也可用于烹饪制作菜肴，如雪梨虾仁、冰糖雪梨汤等。梨具有润肺清心、止咳祛痰的保健作用。梨木还是优良木材。

图 2-15　梨的形态特征
A. 植株；B. 花；C. 果实

3. 桃

【学名】*Prunus persica*

【别名】普通桃、毛桃、桃子

【英名】peach

【科属】蔷薇科桃属

【产地及分布】桃是分布最广的温带重要果树之一，原产于中国陕西、甘肃、西藏高原地带。桃在中国有4 000多年的栽培历史，大约在汉武帝时期通过中亚细亚传到波斯（今伊朗），后传至世界各地。目前全世界有70多个国家（地区）栽培桃，主要产区分布于南北纬30°～40°之间，中国、意大利、西班牙、美国、希腊等国均是桃的主产国。除普通桃外，作为果树栽培的变种主要有油桃（*Prunus persica* var. *nucipersica*）和蟠桃（*P. persica* var. *compressa*）。全世界桃品种有3 000个以上，根据生态适应性可分为南方品种群、北方品种群和欧洲品种群。桃类型多样，有毛桃、黄桃、油桃、蟠桃等（图2-16）。中国是世界上桃栽培面积最大、产量最高的国家，产量占世界桃总产量的65%以上。我国桃产地广泛分布于北纬23°～45°之间，主产地有山东、河北、河南、湖北、陕西、甘肃、四川、北京、天津、江苏、浙江等省（直辖市），著名的桃品种有'山东肥城佛桃''浙江奉化水蜜桃''山东临沂黄桃''新疆蟠桃''四川龙泉水蜜桃'等。

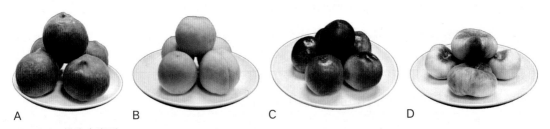

图2-16　桃代表类型
A. 毛桃；B. 黄桃；C. 油桃；D. 蟠桃

【形态特征】落叶小乔木，高4 m左右，干性较弱（图2-17A）。寿命较短，一般20年以后树体就开始衰弱。冬芽常2～3个簇生，中间为叶芽，两侧为花芽。叶正面无毛。花先于叶开放，直径2.5～3.5 cm，花瓣粉红色，极少白色（图2-17B）。雄蕊20～30枚，花药绯红色。果实卵形、宽椭圆形或扁圆形，果面淡绿白色至橙黄色，阳面常具红晕，果面密被短柔毛或无毛，缝合线明显（图2-17C）。果肉白色、浅绿白色、黄色、橙黄色或红色，多汁，有香味，味甜或酸甜。核大，单核，离核或粘核。花期3—4月，果成熟期6—9月。

【应用】桃果实味道鲜美，营养丰富，以鲜食为主，亦可加工成罐头、果汁、果酒、果酱、果脯等。桃仁可入药，具有活血祛瘀、润肠通便、止咳平喘的功效，甜仁还可食用。桃胶经提炼可用于颜料、塑料、医学等领域。桃花、叶、果还可提取活性成分，用于化妆品行业，生产沐浴露、润肤乳、香水、护手霜等产品。桃树花期早，花色美，可供观赏。

图 2-17　桃的形态特征
A. 植株；B. 花；C. 果实（赵彩平摄）

4. 葡萄

【学名】*Vitis vinifera*

【别名】蒲桃、葡桃、草龙珠、全球红、山葫芦

【英名】grape

【科属】葡萄科葡萄属

【产地及分布】葡萄是世界最古老的果树树种之一，原产亚洲西南部及邻近的各国，包括土耳其、伊朗、格鲁吉亚、叙利亚、埃及、希腊等国。大约 3 000 年前，葡萄沿地中海西传至意大利和法国，2 000 多年前传到中国，15 世纪以后传到南非、澳大利亚和新西兰等国，19 世纪以来，葡萄在全球各洲广泛栽培。目前，全世界 90 多个国家（地区）生产葡萄，西班牙、法国、意大利、土耳其、美国、伊朗、阿根廷、中国、智利等国都是主产国，约 95% 集中分布在北半球，欧洲是葡萄生产中心。根据地理分布和生态特点，葡萄可分为 3 个种群：欧亚种群（欧亚种）、东亚种群（东亚种）和美洲种群（美洲种）。欧亚种葡萄（*Vitis vinifera*）是世界上著名的鲜食、酿酒和加工葡萄品种最多的一个种，其产量占葡萄总产量的 80% 以上，品质优但抗病力较弱；美洲种群中的美洲葡萄（*V. labrusca*）抗病性较强，主要用于砧木、制汁或酿酒。现代栽培中，欧美杂交种葡萄日益增多，代表品种有'巨峰''玫瑰香''夏黑'等。全世界 80% 的葡萄用于加工，20% 用于鲜食。

西汉张骞出使西域，于公元前 125 年从大宛国（位于今乌兹别克斯坦境内）将葡萄带回长安，中国才开始了欧亚种葡萄的栽培。目前，中国是世界最大的鲜食葡萄生产国和消费国，有 28 个省（自治区、直辖市）生产葡萄，从寒冷的东北地区到南方温暖的广西、贵州等地都有葡萄种植。中国主要葡萄产地包括新疆、陕西、云南、河北、山东、辽宁、江苏、浙江、河南、广西、山西等省（自治区），新疆吐鲁番、山东烟台、云南弥勒等地是著名葡萄产地。中国葡萄以鲜食为主，占总产量的 80% 以上，主要品种有欧亚种'红地球''玫瑰香''无核白''克瑞森'等，以及欧美杂交种'巨峰''茉莉香'等（图 2-18）。

【形态特征】落叶木质藤本（图 2-19A），小枝有卷须。叶 3～5 浅裂或中裂，叶缘具深锯齿，叶无毛或被疏柔毛或密被茸毛。圆锥花序，长 10～20 cm，与叶对生，基部分枝发达（图 2-19B）。花蕾倒卵圆形，花小，高 2～3 mm，花瓣 5 枚，白色，雄蕊 5 枚，雌

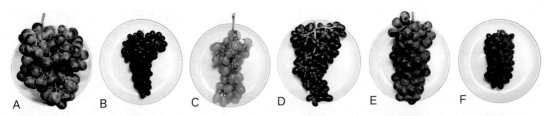

图 2-18 鲜食葡萄代表品种
A.'红地球';B.'玫瑰香';C.'无核白';D.'克瑞森';E.'巨峰';F.'茉莉香'

图 2-19 葡萄的形态特征
A. 植株;B. 花;C. 果实

蕊 1 枚,花柱短。果实球形或椭圆形,直径 1.5 ~ 2 cm(图 2-19C)。花期 4—5 月,果成熟期 7—9 月。

【应用】葡萄柔软多汁,营养丰富,除鲜食外,可用于加工成果汁、果干、果酒等,还可用于制作糕点、面包等食品。葡萄含有丰富的白藜芦醇,有利于保护心血管;鲜葡萄中的黄酮类化合物,能防止形成胆固醇斑块,对心血管也有保护作用;葡萄富含的维生素 B_{12}、肌醇等,有益于防治贫血、降低血脂、软化血管等,因而具有较好的医疗保健功效。葡萄蔓生,易于整形,棚架、篱架栽培均可,其叶、穗、果的形色各异,极具观赏价值,适合于庭院、休闲农庄、观光采摘园等种植,可美化环境,具有很好的生态效益。

5. 中华猕猴桃

【学名】*Actinidia chinensis*

【别名】羊桃、羊桃藤、藤梨

【英名】kiwi fruit

【科属】猕猴桃科猕猴桃属

【产地及分布】猕猴桃原产中国,猕猴桃在唐代就已用作庭院绿化栽植,诗人岑参曾描述"中庭井阑上,一架猕猴桃"的庭院美景。长期以来,猕猴桃一直处于野生状态。1904 年,新西兰女教师玛丽·弗雷泽(Mary Fraser)将猕猴桃带回国种植。1940 年,新西兰北岛几个果园的猕猴桃已有可观的产量,并逐渐得到人们重视。20 世纪 80 年代,猕猴桃逐渐发展成为一个世界性的新兴果树。目前,世界五大洲 23 个国家(地区)栽培猕猴桃,主产国有中国、意大利、新西兰、伊朗、希腊、智利、土耳其、法国、美国、葡萄牙等。栽培价值较高的猕猴桃属植物有中华猕猴桃（*Actiridia chinensis*）、软枣猕猴桃（*A. arguta*）和毛花猕猴桃（*A. eriantha*），中华猕猴桃是最主要的经济栽培种，其下主要有 2 个变种：中华猕猴桃原变种（*A. chinensis* var. *chinensis*）和美味猕猴桃（*A. chinensis* var. *deliciosa*）。根据果肉颜色，猕猴桃可分为绿肉、红肉和黄肉 3 类（图 2-20），以绿肉猕猴桃栽培最多，著名品种有'海沃德''秦美'等。

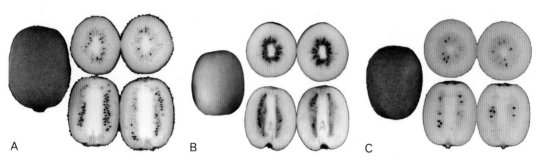

图 2-20　猕猴桃代表品种（涂美艳摄）
A. 绿肉品种'海沃德'；B. 红肉品种'红阳'；C. 黄肉品种'金艳'

　　我国是猕猴桃生产大国，种植面积和产量均居世界第一，分布于 21 个省（自治区、直辖市），居前 6 位的是陕西、四川、贵州、湖南、江西和河南。陕西猕猴桃产量约占全国的 40%，位居全国第一。我国以美味猕猴桃栽培最多，分布广泛，代表品种有'海沃德''徐香''翠香'等；其次为中华猕猴桃原变种，主要分布在偏南且海拔更低的地区，代表品种有'红阳''脐红''Hort16A'等；软枣猕猴桃和毛花猕猴桃有少量栽培。

　　【形态特征】大型落叶藤本（图 2-21A）。幼枝被有灰白色茸毛或褐色长硬毛或铁锈色硬毛状刺毛，老枝时秃净或留有断损残毛，髓白色至淡褐色，片层状。叶纸质，边缘具小齿，腹面无毛或少量软毛或散被短糙毛，背面密被茸毛。聚伞花序，花 1～3 朵，花初开时白色，后变淡黄色，有香气，直径 1.8～3.5 cm，花瓣多 5 片。雌雄异株，雄蕊极多，子房球形，直径约 5 mm，密被金黄色茸毛或刷毛状糙毛，花柱狭条形，多数（图 2-21B）。果近球形、圆柱形、倒卵形或椭圆形，黄褐色，长 4～6 cm，被茸毛、长硬毛或刺毛状长硬毛，成熟时秃净或不秃净，宿存萼片反折（图 2-21C）。花期 5—6 月，果成熟期 8—10 月。

图 2-21　猕猴桃的形态特征
A. 植株；B. 花（王南南摄）；C. 果实（王南南摄）

【应用】猕猴桃柔软多汁，质地鲜嫩，酸甜可口，风味鲜美，营养丰富，其维生素 C 含量很高，每 100 g 果肉维生素 C 含量可达 100～420 mg，也含有较高的钾和钙含量（每 100 g 果肉含钾 240～260 mg、钙 35～56 mg），是人们十分喜爱的水果之一，已经跻身于世界主流消费水果之列。果实除鲜食外，还可加工成果干、果酒、果汁、果酱、罐头、蜜饯等。猕猴桃是富含膳食纤维的低脂肪果品，具有减肥健美之效。猕猴桃汁对预防心脑血管疾病有一定作用，对消化系统疾病也具有一定疗效。猕猴桃树体形态优美，叶形独特且大，花量多，果形奇特，适宜庭院、长廊栽植，具有很高的观赏价值，是庭院、农庄、观光园绿化美化的优良树种。

6. 枣

【学名】*Ziziphus jujuba*

【别名】枣子、大枣、刺枣、红枣

【英名】jujube

【科属】鼠李科枣属

【产地及分布】枣原产中国，栽培历史有 3 000 年以上。枣是中国最具特色和优势的果树树种之一，在亚洲、欧洲和美洲常有栽培。中国是世界上最大的枣生产国与消费国，种植面积和产量占世界 98% 以上。中国的枣多生长于海拔 1 700 m 以下的山区、丘陵或平原，主产于山东、河北、山西、陕西、河南、新疆等北方几省（自治区），新疆成为近年来中国枣种植面积增长最快的地区。根据用途，栽培枣品种常分为制干、鲜食、兼用、蜜枣 4 类。常见的鲜食枣品种有'子弹头''冬枣''赛蜜酥 1 号'等（图 2-22），其中'冬枣'是一个优质晚熟鲜食品种，皮薄而脆，肉多味甜，著名产地有山东沾化、陕西大荔。制干品种有'金丝小枣''相枣'等，兼用品种有'骏枣''灰枣'等，蜜枣品种有'义乌大枣'等。

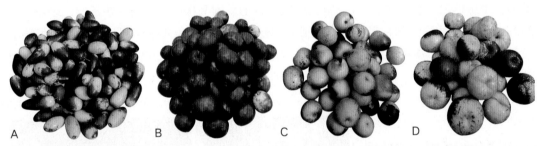

图 2-22　枣代表品种（郝庆摄）
A. '子弹头'；B. '赛蜜酥 1 号'；C. '冬枣'；D. '蟠冬枣'

【形态特征】落叶小乔木，稀灌木（图 2-23A）。有长枝、短枝和无芽小枝（即新枝），呈"之"字形曲折。当年生小枝绿色，下垂，单生或 2～7 个簇生于短枝上。叶纸质。花黄绿色，两性，较小，5 基数，无毛，单生或 2～8 个密集成腋生聚伞花序。花瓣倒卵圆形，与雄蕊等长，花盘厚，肉质，圆形，5 裂，子房与花盘合生，2 室，每室有 1 胚珠，花柱 2 半裂（图 2-23B）。果实矩圆形或长卵圆形，长 2～3.5 cm，直径 1.5～2 cm，成熟时红色或深红色（图 2-23C），果肉厚，味甜。花期 5—7 月，果成熟期 8—9 月。

图 2-23　枣的形态特征
A. 植株；B. 花（郝庆摄）；C. 果实

【应用】枣含有多种维生素，以维生素 C 含量最为突出，每 100 g 鲜枣含维生素 C 200～800 mg，远高于其他水果。枣除鲜食外，还常用于制干、加工蜜枣、制作糕点、烹饪菜肴、配制饮料等，深受消费者青睐。枣可入药，有养胃、健脾、益血之功效，枣仁可安神。枣树花期较长，芳香多蜜，是良好的蜜源植物。枣树适应性强，南方北方、沙地山地盐碱地均易于栽培，是防风固沙、水土保持和山区绿化的良好树种。

7. 欧洲甜樱桃

【学名】*Prunus avium*

【别名】车厘子、大樱桃、西洋樱桃、欧洲樱桃

【英名】cherry

【科属】蔷薇科李属

【产地及分布】欧洲甜樱桃又称车厘子，原产欧洲及亚洲西部，在欧亚及北美栽培历史悠久，16 世纪末欧洲开始大面积栽培，18 世纪初引入美国，19 世纪 70 年代引入中国。欧洲甜樱桃在欧洲栽培最多，其次为北美洲和亚洲。欧洲甜樱桃具有粒大、色艳、味美的特点（图 2-24），目前已逐步取代了小樱桃，在我国辽宁、河北、陕西、甘肃、山东、河南、江苏、浙江、江西、四川等省普遍种植，已成为我国农业产业结构调整中重要的新型经济林树种之一。

【形态特征】落叶乔木，高 2～6 m（图 2-25A），树皮灰褐色，有光泽，具横生褐色皮孔。叶片大而较厚，叶缘锯齿齿端有小腺体，托叶有腺齿。花序伞形，花 2～5 朵，花叶同开，开花后萼片反折，花瓣白色，雄蕊约 34 枚（图 2-25B）。果实大，近球形、卵球

图 2-24 欧洲甜樱桃代表品种
A. '雷尼'；B. '吉美'；C. '拉宾斯'

视频资源 2-2
智利车厘子
——中国冬
季水果市场
的新宠

拓展阅读 2-3
落叶果树柿

拓展阅读 2-4
核桃和澳洲坚
果也是水果

图 2-25 欧洲甜樱桃的形态特征
A. 植株；B. 花（蔡宇良摄）；C. 果实

形至心脏形，果面黄色、红色或紫黑色，直径 1.5～2.5 cm（图 2-25C）。果肉硬脆，肥厚多汁，味甜适口，果核较小。花期 4—5 月，果成熟期 6—7 月。

【应用】欧洲甜樱桃成熟早，可调节市场淡季的鲜果供应；果实以鲜食为主，也可加工成罐头、果脯、果酱、糖浆、樱桃酒等；枝、叶、根、花也可供药用，果实富含铁，能促进血红蛋白的再生作用，对贫血患者有一定补益作用。欧洲甜樱桃树姿秀丽，花期早，花量大；结果多，果熟之时，果红叶绿，甚为美观，是园林绿化和庭院种植的良好树种。

二、常绿果树

1. 柑橘类

【学名】*Citrus* spp.

【别名】柑子、金实、橘仔、桔子、橘子

【英名】citrus

【科属】芸香科柑橘属、金柑属和枳属

【产地及分布】柑橘类是芸香科柑橘属、金柑属和枳属植物的总称，包括橘、柚、甜橙、柠檬、金柑、枳等多种果树，种类丰富。柑橘类亲缘关系十分复杂，现今栽培的柑橘类果树大多起源于橘（*Citrus reticulata*）、柚和香橼（*C. medica*）及其之间的杂交产物（图 2-26）。柑橘类果树的主要种大多数起源于我国，我国是世界上栽培柑橘类果树历史最悠久的国家，已有 4 000 余年历史。公元前 200 年左右，枸橼类已传至欧洲，后来被柠檬取代。在 11 ～ 12 世纪，酸橙（*C. × aurantium*）由阿拉伯人传入北非和地中海地区，后来柠檬、柚、柑橘也传入。14 ～ 15 世纪柑橘类大量传入欧洲，随后选出晚熟橙类，又传入美洲。大约在 15 世纪中叶，甜橙逐渐传到了中东。甜橙被带到美洲后，在引种驯化的过程中发生了变异和杂交，产生了脐橙和葡萄柚。温州蜜柑的原品种起源于我国，于明代传入日本，后经选育形成了温州蜜柑这一品种群。

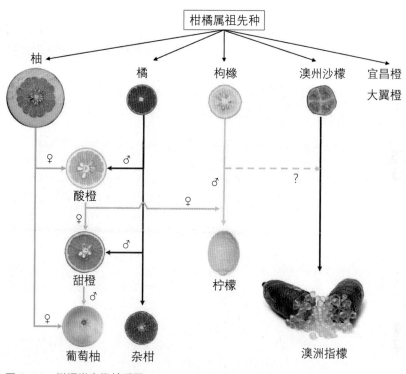

图 2-26　柑橘类亲缘关系图

柑橘类水果产量居世界水果产量的第一位。目前全球有 140 多个国家和地区种植柑橘类果树，主要分布区在南北纬 31° 之间的热带和亚热带地区，中国、巴西、印度、美国、墨西哥、西班牙是主产国，占世界总产量的 60% 以上。已开展经济栽培的柑橘类果树主要包括橙类、柚类、橘类、枸橼类和金柑类。全球柑橘类水果生产以甜橙为主，产量占 50%；其次是橘类，产量占 22%。在品种熟期搭配以及基于栽培技术的产期调节下，目前柑橘类水果已基本实现周年供应。

我国是世界上柑橘类果树栽培面积最大、产量最高的国家，经济栽培区主要集中在北纬 20° ～ 33° 之间，海拔 700 ～ 1 000 m 的地区，主产区有广西、湖南、湖北、广东、四川、江西、福建、重庆、浙江等 9 省（自治区、直辖市），产量占全国总产量的 90% 以上。我国栽培的柑橘类果树种类较多，但以宽皮橘最多，产量占总产量的 45%，以鲜果销售为主；其次为甜橙，占 22%，鲜果销售和加工兼用。近年来，'沃柑''不知火''爱媛

28''爱媛 38''春见'等杂柑因其突出的品质而受到众多消费者的青睐,全国多地兴起了"杂柑热",杂柑产业发展十分迅速。

【形态特征】常绿小乔木,分枝多,刺较少(图 2-27A)。单身复叶,翼叶通常狭窄或仅有痕迹(图 2-27B)。花单生或 2～3 朵簇生,花萼不规则 5～3 浅裂,花瓣通常长 1.5 cm以内,白色,雄蕊 20～25 枚,花柱细长,柱头头状(图 2-27C)。果实扁圆形至近圆球形,果皮薄而光滑或厚而粗糙,淡黄色、朱红色或深红色(图 2-27D),皮易剥离或难,果皮有油胞。囊瓣 7～14 枚,囊壁薄或略厚,柔嫩或颇韧。果肉黄色或红色,酸或甜,或有苦味,或另有特异气味,柔软多汁。种子多粒至无籽,子叶深绿色、淡绿色或间有近于乳白色,多胚或单胚。花期 4—5 月,果成熟期主要在 10—12 月。

图 2-27 柑橘的形态特征
A. 植株;B. 叶;C. 花;D. 果实

【应用】柑橘类水果酸甜多汁、清香爽口、营养丰富,色香味俱佳,深受消费者欢迎。果实除鲜食外,还能加工成果汁、果酱、罐头、蜜饯等产品以提高果品附加值,其中橙汁是世界上最受欢迎的果汁之一。柑橘类水果有重要的药用价值,果肉、果皮、橘络等都是优良的中药材。果皮可提炼果胶、香精油等,花可熏制花茶。花、果皮含有芳香物质,可应用于生产各类柠檬香型、橙香型化妆品。柑橘类果树树形美观,四季常绿,果实橘黄,色泽艳丽,非常适合城市绿化、美化。柑橘类果树春季花香扑鼻,秋季金果满树,用于盆栽观赏,既添景色,又表吉祥,如金橘(即金柑)盆景已经走进千家万户。柑橘类果树适应性较强,可绿化荒山荒地,治理水土流失,对保持生态平衡具有十分重要的意义。

2. 香蕉

【学名】*Musa acuminata*

【别名】金蕉、弓蕉

【英名】banana

【科属】芭蕉科芭蕉属

【产地及分布】香蕉是热带果树，原产亚洲东南部的印度、马来西亚等地，中国华南也是芭蕉科植物的发源地之一。香蕉为世界四大水果之一，产量仅次于柑橘类位居第二，是全球产销量最大的热带水果，目前世界上香蕉主要分布在南北纬30°以内的热带、亚热带地区，包括130多个国家和地区，以中美洲产量最多，其次是亚洲。香蕉主产国有印度、中国、安哥拉、坦桑尼亚、越南、卢旺达、布隆迪、肯尼亚、希腊等，印度是香蕉第一生产大国。主要的栽培香蕉是由尖叶蕉（学名小果野蕉，*Musa acuminata*，基因组以 *AA* 表示）和长梗蕉（学名野蕉，*M. balbisiana*，基因组以 *BB* 表示）杂交或进化而来的，绝大多数为三倍体，极少数是二倍体、四倍体。

中国香蕉栽培有 2 000 多年的历史，是世界上香蕉栽培历史最悠久的国家之一。目前，我国香蕉主要分布在北纬18°～30°之间的热带及南亚热带地区，主产省（自治区）包括广东、广西、福建、台湾、云南和海南等。福建天宝、广东高州、广西南宁、海南澄迈、云南河口等地都是香蕉的著名产地。根据植株形态特征和经济性状，我国习惯上把食用蕉类分为香芽蕉（又称香牙蕉，简称香蕉，*M. AAA* Eavendish）、大蕉（*M. ABB*）、粉蕉（*M. ABB* Pisang Awak）、龙牙蕉（*M. ABB* Sikl）和贡蕉（又称皇帝蕉，*M. AA* Pisang Mas）5 类（图2–28），除贡蕉为二倍体外，其余蕉类均为三倍体。我国以香芽蕉栽培最多，主栽品种有'巴西蕉''威廉斯'等。

图 2–28　香蕉代表类型

A. 香芽蕉（董涛摄）；B. 大蕉（李伟明摄）；C. 粉蕉（董涛摄）；D. 龙牙蕉（胡玉林摄）；E. 贡蕉

【形态特征】多年生常绿大型草本（图2–29A）。矮型香蕉高 3.5 m 以下，高型香蕉高4～5 m，叶鞘层层紧裹而形成假茎。叶片长圆形，长 1.5～2.5 m，宽 60～85 cm。穗状无限佛焰花序下垂，苞片外面紫红色、被白粉，内面深红色，雄花苞片不脱落，每苞片内有花 2 列（图2–29B），花乳白色或略带浅紫色。果穗大，重可超过 30 kg，果指多达 360个，一般断蕾疏果后的果穗有果疏 8～10 疏，有果指 150～200 个（图2–29C）。果身弯曲，长 10～30 cm，直径 3.4～3.8 cm，果棱明显，有 4～5 棱；果柄短，果皮青绿色，催熟后呈绿色带黄或黄色。果肉松软，黄白色，味甜，无种子，香味浓郁。花果期全年，不定期抽穗开花结果。

图 2-29 香蕉的形态特征
A. 植株；B. 花序；C. 果实（李伟明摄）

【应用】香蕉是热带、南亚热带地区重要的经济果树之一。香蕉果肉软滑香甜，富含糖类，营养丰富，是广受欢迎的热带水果。除作水果外，在非洲、亚洲、美洲热带地区，香蕉也作为粮食，还可加工成淀粉、罐头、果酱、果泥、果干、果酒等，以及应用于化妆品行业中生产沐浴露、护手霜、润唇膏、护发素等系列产品。部分地区将香蕉花蕾、茎心作蔬菜。香蕉的果、根、花和花苞都具有较高的药用价值，植株新鲜茎、叶、果皮、吸芽经粉碎后还可作牲畜饲料及肥料。在工业上，香蕉可作为香精提取原料，假茎的纤维可制绳索、麻袋和纸张，乳汁可作染色剂。

3. 菠萝

【学名】*Ananas comosus*
【别名】露兜子
【英名】pineapple
【科属】凤梨科凤梨属
【产地及分布】菠萝（学名凤梨）是著名热带水果之一，与香蕉、椰子和芒果并称"四大热带水果"。菠萝原产美洲热带地区，从巴西、阿根廷、巴拉圭一带干燥的热带山地先后传至中美洲及西印度群岛，至今已有 3 000 多年的栽培历史。目前，世界菠萝产地分布于南北纬 30° 以内的地区，以南北纬 25° 以内为主，全球有 80 多个国家（地区）生产菠萝，其中巴西、泰国、菲律宾、哥斯达黎加、中国、印度、印度尼西亚、尼日利亚、墨西哥、越南、肯尼亚、马来西亚等国为主产国，其产量总和占全球总产量的 80%。菠萝栽培种主要包括卡因类、皇后类、西班牙类、波多黎各类及其他类型。

中国是世界菠萝生产大国之一，主要产区集中在广东、广西、福建、海南、台湾、云南等省（自治区），有 4 大产区：海南产区、雷州半岛 – 桂南 – 粤东产区、闽南产区、滇西南产区。作为我国菠萝生产最适宜区的雷州半岛和海南岛，其菠萝生产优势和特色日益明显，已成为我国最大的菠萝种植、加工和出口基地。我国栽培的菠萝优良品种有'巴厘''金菠萝''甜蜜蜜''西瓜凤梨'等（图2-30），广东徐闻、海南文昌、台湾台南都是著名的菠萝产地。

图 2-30　菠萝代表品种（孙伟生摄）
A. '巴厘'；B. '金菠萝'；C. '甜蜜蜜'；D. '西瓜凤梨'

【形态特征】草本，植株矮小，株高约 1 m，茎短。叶多数，莲座式排列，剑形，革质，长 40～90 cm，宽 4～7 cm（图2-31A）。花序从顶部叶丛中抽出，头状无限花序，由 60～200 个小花聚合而成，状如松球，长 6～8 cm，结果时增大（图2-31B）。花瓣长椭圆形，长约 2 cm，上部紫红色，下部白色。雄蕊 6 枚，雌蕊 1 枚，柱头 3 裂，子房 3 室。聚花果肉质，长 15 cm 以上（图2-31C）。可食部分主要由肉质增大的花序轴、螺旋状排列于外周的花组成，通常无籽。花果期全年，正造花（香蕉苗种植后第一次开的花）在 11—12 月，其他时间为二造花（第一代宿根苗开的花）、三造花（第二代宿根苗开的花），从花序抽生到果实成熟需 120～180 d。

图 2-31　菠萝的形态特征
A. 植株；B. 花序（孙伟生摄）；C. 果实（孙伟生摄）

【应用】菠萝经济价值较高，丰产、稳产性好，果实富含营养，品质优良，风味独特，香气诱人，适宜鲜食。此外，菠萝还可加工成罐头、蜜饯、果脯、果干、果汁、果酒等，还可提取菠萝蛋白酶用于医药、酿造、纺织、制革工业等领域。菠萝叶含长纤维

2%～5%，坚韧，可生产纤维，用于制衣、造纸、制绳、结网行业。果皮、果渣可做饲料和肥料。菠萝还可用于化妆品行业，可生产含菠萝成分的沐浴露、润肤乳、护手霜等产品。

4. 荔枝

【学名】*Litchi chinensis*

【别名】离枝、离支、荔支

【英名】litchi，lychee

【科属】无患子科荔枝属

【产地及分布】荔枝是亚热带果树，原产中国南部，其栽培可追溯到汉武帝时期，至今已有2 000多年的栽培历史。自汉代即有进奉荔枝的记载，唐代或更早即已列为贡品，留有"一骑红尘妃子笑，无人知是荔枝来"的千古名句。荔枝与香蕉、菠萝、龙眼合称"岭南四大果品"，素有"岭南佳果"的美称，也被视为"果中珍品"。"日啖荔枝三百颗，不辞长作岭南人"的佳句充分表达了古人对荔枝的钟爱。目前，全世界栽培荔枝的国家和地区有30多个，主要分布在南北纬10°～30°的地区，中国、印度、越南、泰国、马来西亚半岛、缅甸、美国、澳大利亚、南非、马达加斯加、以色列和墨西哥等地区都有荔枝栽培。中国是世界荔枝第一生产大国，栽培面积和产量分别约占世界80%和65%，以广东、广西、福建、台湾、海南等省（自治区）为主要产区；广东栽培最多，四川、云南、贵州及浙江南部也有栽培，主栽品种有'黑叶''妃子笑''桂味''糯米糍'等（图2-32），广东茂名、从化、增城及广西灵山都是荔枝的著名产地。

图2-32 荔枝代表品种（董晨摄）
A.'妃子笑'；B.'桂味'；C.'岭丰糯'；D.'仙桃荔'；E.'无核荔'

【形态特征】常绿乔木，高通常不超过10 m（图2-33A）。叶薄革质或革质，两面无毛。花序顶生，总状圆锥形，阔大，多分枝，花朵小，一般无花瓣，花萼4～5枚（图2-33B）。雌花子房发达，密覆小瘤体和硬毛，通常2室，柱头羽状2裂，雄蕊退化。雄花子房小或退化，雄蕊多6～7枚。果卵圆形至近球形，长2～3.5 cm，成熟时通常暗红色至鲜红色（图2-33C），果皮有多数鳞斑状突起。果肉半透明凝脂状，味甜，种子全部被肉质假种皮包裹。花期2—4月，果成熟期5—7月。

【应用】荔枝树适应性强，无论山地、丘陵、沙坝、河滩、围堤都能生长良好，经济

图 2-33　荔枝的形态特征
A. 植株；B. 花序（董晨摄）；C. 果实（董晨摄）

价值较高，是我国南方地区广泛栽培的果树。果实形美色艳，果肉晶莹，风味绝佳，是鲜食佳果，也可加工成果干、罐头、果汁、果酒、果酱、蜜饯等。果壳可提取单宁。种子含淀粉达37%，可提取淀粉和酿酒、酿醋等。荔枝树花期长、花多、花芳香而泌蜜多，是很好的蜜源植物。荔枝木材坚实，深红褐色，纹理雅致、耐腐，历来为上等名材。荔枝树四季常绿，果实成熟期有"飞焰欲横天""红云几万重"的绚丽景色，具有很好的美化环境作用。

视频资源 2-3
荔枝的采后和运输技术

5. 芒果

【学名】*Mangifera indica*
【别名】莽果、望果、蜜望、蜜望子、马蒙、抹猛果
【英名】mango
【科属】漆树科杧果属
【产地及分布】芒果（学名杧果）原产亚洲南部的热带地区，印度、菲律宾、马来半岛、印度尼西亚诸岛是其自然分布中心。印度是世界上最重要的芒果原产地之一，栽培芒果的时期最早，距今已经有 4 000～6 000 年。我国关于芒果的最早记载可追溯至唐代。目前，芒果广泛分布于南北纬30°之间的热带、亚热带地区，北至我国四川南部和日本南部岛屿，南至非洲南部。全世界有超过 100 个国家栽培芒果，90% 集中在亚洲的印度、泰国、巴基斯坦、印度尼西亚、孟加拉国、中国、缅甸、马来西亚等国；非洲的东部和西部国家，美洲的巴西、墨西哥以及美国等均有芒果栽培。印度是芒果第一生产国，产量占全球总产量的 50%。我国芒果多生于海拔 200～1 350 m 的山坡、河谷或旷野的林中，经济栽培区有广东、广西、海南、四川、云南、台湾等省（自治区），海南栽培最多，其次为广西。广西百色、海南三亚、四川攀枝花、云南华坪都是著名的芒果产地。目前栽培品种主要有'金煌芒''贵妃芒''台农 1 号''热农 1 号'等（图 2-34）。

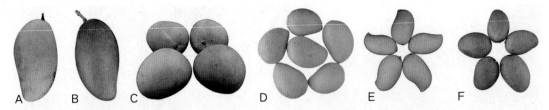

图 2-34 芒果代表品种（武红霞摄）
A. '金煌芒'；B. '贵妃芒'；C. '热农 1 号'；D. '台农 1 号'；E. '帕拉英达'；F. '椰香芒'

【形态特征】常绿大乔木，高 10～20 m（图 2-35A）。叶薄革质，常集生枝顶，边缘皱波浪状。圆锥花序长 20～35 cm，多花密集（图 2-35B），花小，黄色或淡黄色，开花时花瓣外卷。花盘膨大，肉质，5 浅裂，雄蕊仅 1 枚发育，不育雄蕊 3～4 枚，子房斜卵形，直径约 1.5 mm，花柱近顶生，长约 2.5 mm。果实大，成熟时果皮浅绿色、黄色或深红色（图 2-35C）。果肉鲜黄色，味甜，有香味。果核坚硬，核大，肾形，较扁，长 5～10 cm，宽 3～4.5 cm。花期 1—2 月，果成熟期 5—7 月。

【应用】芒果是世界十大水果之一，为著名热带水果，果肉汁多味美，香甜可口，富含类黄酮、类胡萝卜素等成分，对人体具有较好的保健作用。果实除鲜食外，还可制果汁、果干、罐头、果酱、果茶、果泥或盐渍供调味，亦可酿酒；果皮、果核可入药。树皮和树叶可用于提炼天然的植物染料，用于纺织品的染色。此外，芒果在洗发水、护发素、蜡烛、肥皂等产品上也有应用。芒果树花期长，是一种很好的蜜源植物。芒果树抗逆性强，树冠常绿，树形美观，是热带良好的庭园和行道树种。

图 2-35 芒果的形态特征
A. 植株；B. 花序（武红霞摄）；C. 果实（冯文星摄）

6. 枇杷

【学名】*Eriobotrya japonica*

【别名】蜡兄、金丸、卢橘、卢桔

【英名】loquat

【科属】蔷薇科枇杷属

【产地及分布】枇杷是亚热带果树，原产中国四川、陕西、湖南、湖北、浙江等省，至今已有2 000多年的栽培历史。枇杷的栽培最早可追溯到战国时期，从三国时期开始，枇杷以四川、湖北为中心向华中、华北、华南、华东各方向传播。唐宋时期，四川、湖北、陕西南部、江苏、浙江一带已成为枇杷主产区。枇杷在唐代传播至日本，18世纪被引入欧洲，19世纪经欧洲、日本和中国传入美洲。目前全世界枇杷主要分布在南北纬20°～35°之间的地区，有30多个国家种植枇杷，包括中国、日本、印度、西班牙、土耳其、巴基斯坦等国。中国是最大的枇杷主产国，种植面积和产量占全球80%，其次是西班牙、巴基斯坦、土耳其、日本等国。在我国，枇杷种植在北纬33.5°以南的20个省市，江苏苏州、福建云霄、福建莆田、浙江塘栖、安徽歙县、四川仁寿等地都是枇杷的著名产地。根据果肉颜色，枇杷可分为红肉枇杷和白肉枇杷（图2-36），红肉枇杷产量高但肉质较粗，白肉枇杷肉质细、品质佳，但树体抗性差、产量低、栽培难度较大，因而我国枇杷以红肉居多。

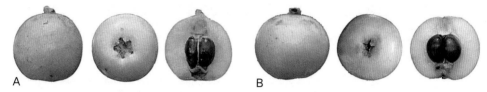

图2-36　枇杷代表品种（邓群仙摄）
A. 红肉枇杷'大五星'；B. 白肉枇杷'白雪公主'

【形态特征】常绿小乔木（图2-37A），高可达10 m。小枝密生锈色或灰棕色茸毛，叶片革质，叶面光亮，叶背密生灰棕色茸毛，叶柄有灰棕色茸毛。圆锥花序，顶生，长10～19 cm，花多（图2-37B），总花梗、花梗、苞片均密生锈色茸毛。花直径12～20 mm，花瓣白色，长5～9 mm，宽4～6 mm，有锈色茸毛。雄蕊20枚，花柱5枚，柱头头状，子房5室，每室有2个胚珠。果实球形或长圆形，直径2～5 cm，果皮橙黄色、黄色或黄白色，外有锈色柔毛（图2-37C），果肉大多橙黄色至橙红色（红肉枇杷），也有果肉呈乳白色或淡黄色（白肉枇杷）。种子球形或扁球形，1～5粒，直径1～1.5 cm。花期10—12月，果成熟期4—6月。

图2-37　枇杷的形态特征
A. 植株；B. 花序（邓群仙摄）；C. 果实（邓群仙摄）

【应用】枇杷柔软多汁，味道鲜美，营养丰富，富含胡萝卜素，是鲜食佳果，也可用于制作罐头、蜜饯、果酒等。枇杷叶、果、仁、花均可入药，具有清热润肺、化痰止咳、降气和胃的功效，也可提取活性成分用于食品、保健品和化妆品。枇杷树形优美、四季常绿、适应性强，是庭院栽培、园林绿化中的优良树种，也是经济效益很好的果树。

拓展阅读 2-5
火龙果
拓展阅读 2-6
波罗蜜
拓展阅读 2-7
百香果

思考题

1. 水果具有哪些特点？

2. 水果在人们日常生活中有哪些利用形式？请举例说明。

3. 果树分类中植物学分类和园艺学分类有何异同，其分类学意义是什么？

4. 常绿果树和落叶果树有哪些共性，区别又是什么？

5. 根据植株形态，可将果树分为哪些类型，各有何特点？

6. 根据果实构造，水果可以分为哪几类？请列举代表水果。

参考文献

陈杰忠. 果树栽培学各论（南方本）[M]. 4 版. 北京：中国农业出版社，2011.

傅秀红. 果树生产技术（南方本）[M]. 北京：中国农业出版社，2007.

郗荣庭. 果树栽培学总论 [M]. 3 版. 北京：中国农业出版社，2005.

杨新洲，杨光忠. 武汉南湖药用植物图鉴 [M]. 北京：化学工业出版社，2018.

俞德浚. 中国果树分类学 [M]. 北京：农业出版社，1979.

张玉星. 果树栽培学各论（北方本）[M]. 3 版. 北京：中国农业出版社，2005.

中国果树志委员会. 中国果树志 [M]. 北京：中国林业出版社，1993—2010.

中国科学院中国植物志编辑委员会. 中国植物志 [M]. 北京：科学出版社，2006.

中国农业科学院果树研究所. 中国果树志：第三卷（梨）[M]. 上海：上海科学技术出版社，1963.

第三章
蔬菜与常见蔬菜种类

第一节 蔬菜的概念和
　　　特点
第二节 蔬菜分类
第三节 代表性蔬菜

中国蔬菜栽培有着非常悠久的历史，蔬菜作为人们日常饮食中必不可少的食物之一，可提供人体必需的多种维生素和矿物质等营养物质。本章系统地介绍了8类19种蔬菜的形态特征、主要分类等，包括白菜类蔬菜中的大白菜和小白菜，甘蓝类蔬菜中的青花菜、甘蓝和花椰菜，茄果类蔬菜中的番茄、茄子和辣椒，瓜类蔬菜中的黄瓜、丝瓜和西瓜，豆类蔬菜中的菜豆、豇豆和豌豆，葱蒜类蔬菜中的洋葱、大葱和大蒜，水生蔬菜中的莲藕，薯芋类蔬菜中的芋。

第一节 ## 蔬菜的概念和特点

一、蔬菜概念

蔬菜主要是指具有柔嫩多汁产品器官、生食或烹调后可食用的植物。蔬菜包括一二年生的草本或木本植物、菌类和藻类，如香椿（*Toona sinensis*）、各种食用菌、紫菜（*Porphyra* spp.）、海带（*Laminaria japonica*），以及大蒜（学名蒜，*Allium sativum*）等调味品。蔬菜的可食用器官包括根、茎、叶、花、果实、种子和子实体等。

二、蔬菜特点

1. 营养价值高

蔬菜含水量多、含能量低，富含营养物质。一般新鲜蔬菜含65%～95%的水分，多数蔬菜含水量在90%以上。蔬菜所含能量较低，约为209 kJ/100 g，故蔬菜是一类低能量食物，且是糖类、蛋白质、脂肪、维生素、纤维素、矿物质等营养物质的重要来源，如马铃薯、芋、山药等蔬菜含有较多淀粉；甜瓜、南瓜、西瓜等蔬菜含有较多的糖类；豆类蔬菜含有较多蛋白质；绝大多数蔬菜都含有维生素C；胡萝卜、菠菜、韭菜等蔬菜含有较多的类胡萝卜素；紫菜、海带等含较多的碘；绿叶蔬菜中含较多的钙等。

此外，蔬菜中如葱、姜、蒜等，含有各种芳香物质，能刺激食欲、帮助消化。蔬菜中还有多种被人们公认的对健康有效的化学物质，如类胡萝卜素、萝卜硫素、血根碱等。

2. 蔬菜生产的特点

蔬菜的生产与经营与大田作物和经济作物等相比有很大的区别，主要表现在以下几点。

（1）蔬菜的生产投入高、产出高

在蔬菜的生产中有"一亩园十亩田"的说法。蔬菜生产多为一年多茬，周年生产过程中面临育苗周期长，植株调整、水肥管理、采收与处理等农事操作频繁的问题，用工量与农资的消耗量远远超过大田作物。同时，蔬菜的产值也相当可观，单位面积产值是大田作物的几倍到几十倍。所以蔬菜生产需要投入大，有高投入才能有高产出。

（2）蔬菜的生产周期短、收效快

大多数蔬菜如叶用蔬菜、食用菌等从播种到收获仅需两到三个月，芽苗蔬菜等部分蔬菜甚至不到一个月的时间，所以蔬菜生产可以在短期内获得收益，这是蔬菜生产的优越性。但由于蔬菜生产周期短、生长速度快，要求蔬菜的生产茬口及田间管理必须提前进行周密的安排，以充分利用好土地，提高单位面积产值。

（3）蔬菜的经济效益高，发展潜力大

消费者需要种类丰富、新鲜、健康、商品性状好的蔬菜，且蔬菜的市场价格会因供求关系、季节、地点而发生变化。这就要求蔬菜生产各环节做到合理安排，根据市场走向选择适宜的栽培方式、安排好生产茬口、挑选好品种、做好栽培管理、适时采收、正确选择新鲜销售或者加工成产品等形式，以尽量符合消费者和市场的需求。同时还要充分发掘市场与生产的潜力，以获得更高的经济效益。

（4）蔬菜的栽培种类多，管理技术要求高

我国的蔬菜品种资源极为丰富，目前已实现规模化种植的蔬菜种类涵盖十字花科、伞形科、豆科、茄科、葫芦科、菊科、百合科、石蒜科、蘑菇科、木耳科等约32个科，市场上常见的有60多种。不同种类与品种的蔬菜，其特征和栽培技术有一定差异；即使是同一品种，由于栽培环境不同、栽培季节不同，其栽培技术也有明显的差异。所以在生产中应针对这一特点，一方面要分类区别对待，种植不同的蔬菜采取相应的技术措施；另一方面，蔬菜生产者应根据当地的生产条件、消费习惯等因素选择主栽品种，形成自己的生产特色，创出品牌、占领市场、取得良好的经济效益。

三、蔬菜经济

蔬菜关乎国计民生，蔬菜产业更是农业和农村经济发展的支柱产业，"十三五"以来，我国蔬菜产业持续稳健发展，各项指标突破新高，年播种面积达 2 000 万 hm^2，总产量近 8 亿 t，总产值突破 2 万亿元，以 10% 的种植面积创造了整个种植业近 40% 的产值。蔬菜出口已连续 19 年保持大顺差，成为平衡贸易的第一大农产品。

1. 蔬菜的生产与消费

我国既是蔬菜生产大国，又是蔬菜消费大国，蔬菜栽培面积和经济地位仅次于粮食作物。随着人们生活水平的提高，蔬菜种植面积和产量呈逐年上升态势，且单产水平大幅提高。2018 年，全球蔬菜产量为 13.8 亿 t，其中中国占比超过 50%；2019 年全球蔬菜产量约为 14.3 亿 t，中国蔬菜播种面积 2 043.89 万 hm^2，排在玉米、水稻、小麦之后，但产量位居首位，达 7.2 亿 t，较上年同比增加 2.5%。2020 年新冠肺炎疫情形势平稳后，全国蔬菜生产恢复较快，蔬菜产量为 7.49 亿 t；2021 年，蔬菜产量增长至 7.82 亿 t，较 2020 年增长 4.4%。

在特色蔬菜的生产方面，根据农业农村部统计数据及国家特色蔬菜产业技术体系调研汇总，2018 年我国特色蔬菜播种面积约 633.3 万 hm^2，约占蔬菜总面积的 30%，其中辣椒（*Capsicum annuum*）种植面积 213.3 万 hm^2，大蒜 86.7 万 hm^2，姜（*Zingiber officinale*）26.7 万 hm^2，大葱（学名葱，*Allium fistulosum*）60.0 万 hm^2，洋葱（*Allium cepa*）20.0 万 hm^2，芥菜（*Brassica juncea*）100.0 万 hm^2，韭菜 40.0 万 hm^2，水生蔬菜 86.7 万 hm^2。

2. 蔬菜的进出口贸易

我国是全球蔬菜的重要供应国，但是蔬菜受经济波动影响比较大，面对欧洲和美洲国家的强势竞争，相对而言竞争力不强。自 2015 年以来，我国蔬菜的进出口总额及总量均在不断增加，进出口额从 2015 年的 138.06 亿美元增长至 2019 年的 164.56 亿美元。2020年，我国贸易顺差收窄，优势品种出口量、出口额均增加，进口量减少、进口额增加，贸易顺差约 138.9 亿美元。大蒜是我国优势出口品种，国际市场对中国大蒜的需求量增加，2020 年大蒜及其初级产品（干制品、加工制品）出口量为 249.15 万 t，出口额为 26.13 亿美元，主要出口国家为印度尼西亚、越南、美国。我国主要进口蔬菜品种中，干辣椒的进口量达 16.82 万 t，进口额 3.88 亿美元，印度、越南、美国、韩国是我国干辣椒的主要进口来源国。

四、蔬菜文化

1. 蔬菜文化的概念

（1）广义与狭义上的蔬菜文化概念

广义上的蔬菜文化是指蔬菜产业中不同部门、不同团体的组织机构、基础设施、技术装备、科研基地、示范园区、干部队伍和法规制度建设以及取得的科研成果、推广理念，包括与之相适应的团队精神、奋斗目标、职业道德、行为规范等方面的成就。

狭义上的蔬菜文化是指技术推广机构存在方式的总和，包括技术推广机构的性质、制度文化、物质文化及精神文化，还包括在技术推广过程中所形成的，为专业技术人员共同遵守和奉行的组织观念、基本信念、行为准则、管理制度、团队意识、精神风貌以及教育和科技等方面所取得的成就。

（2）蔬菜专业书籍

中国古代蔬菜方向的专业性农书较少，现在流传下来的只有北宋僧人赞宁的《笋谱》、南宋陈仁玉的《菌谱》、明代黄省曾的《芋经》（又名《种芋法》）等。此外，其他重要的书，如唐代欧阳询等人的《艺文类聚》、北宋李昉等人的《太平御览》、元代王祯的《王祯农书》及司农司的《农桑辑要》、明代王圻和王思义的《三才图会》、清代陈梦雷的《古今图书集成》及鄂尔泰等人的《授时通考》中也都收录有历代农书中有关蔬菜方面的资料。值得一提的是，从明代开始，陆续出现野菜方向的专著，如明代朱橚的《救荒本草》、王磐的《野菜谱》、鲍山的《野菜博录》、徐光启的《农政全书》、王象晋的《二如亭群芳谱》等。

2. 蔬菜的栽培历史

中国蔬菜生产起源于原始农业。据前人考证，"菜"字由"采"字演化而来，"采"字的上半部分为"爪"，象征人的手指；下半部分为"木"，象征植物；"爪"与"木"结合即为摘取植物之意。

我国部分地区在七八千年前已开始栽培蔬菜。西周和春秋时期，《诗经》中有不少有关蔬菜的诗句，反映当时已有专门栽培蔬菜的菜园，同时还在春夏两季将打谷场地耕翻后用来种菜等。战国及秦汉时期，我国人民食用的主要蔬菜有5种，即葵［即冬葵（*Malva verticillata* var. *crispa*）］、韭、藿［即大豆（*Glycine max*）的苗］、薤［即藠头（*Allium chinense*）］、葱。魏晋至唐宋时期茄子（学名茄，*Solanum melongena*）、黄瓜（*Cucumis sativus*）、菠菜（*Spinacia oleracea*）、扁豆（*Lablab purpureus*）、刀豆（*Canavalia gladiata*）等陆续从国外引入。宋代以来，我国蔬菜的种植更加广泛，除了继续从国外引进，我国农民还自行培育出了一些极为重要的蔬菜品种；宋代种植蔬菜的技术也有进步，苏轼有诗云："渐觉东风料峭寒，青蒿黄韭试春盘"，可见，当时的人们在早春就能吃到新鲜的青蒿和韭黄。元代以来，胡萝卜（*Daucus carota* var. *sativa*）、辣椒、番茄相继传入我国。清代末期，我国现有传统蔬菜品种基本上都出现了。

3. 蔬菜与人们的生活

改革开放以来，人民的物质和文化生活日益丰富，同时随着收入的增长和生活质量的改善，人们对蔬菜消费多样化的需求和对优雅、清新环境的需求越来越强烈，这为蔬菜行业的发展带来了新的契机，即发展集生产、生态和生活于一体的蔬菜产业模式，发掘蔬菜的艺术性。以蔬菜为主题的公园、专类园层出不穷；国内外都涌现出很多与蔬菜有关的节日，食用或使用特定的蔬菜也成为部分节日的重要组成，例如在立春食用萝卜以取"咬春"之意。

蔬菜分类

一、植物学分类法

按照植物学分类法，常见的蔬菜属于 32 科 60 余种。植物学分类法的优点是能够明确科、属、种之间在形态和生理上的关系以及进化系统和亲缘关系，在栽培管理、杂交育种、培育新品种及种子繁育等方面意义更为重要。如甘蓝（*Brassica oleracea* var. *capitata*）与花椰菜（*B.oleracea* var. *botrytis*），虽然前者食用的是叶（叶球），后者食用的是花（花球），但它们同属于一个种，又属异花授粉植物，彼此容易自然杂交。大头菜（即根用芥菜，学名芥菜疙瘩，*B. juncea* var. *napiformis*）、榨菜（即茎用芥菜，*B. juncea* var. *tumida*）与雪里蕻（*B. juncea* var. *multicep*）也有类似情况。又如番茄、茄子和辣椒都同属茄科，它们不论在生物学特性及栽培技术上，还是在病虫害防治方面都有共同之处。植物学分类法的缺点是有的蔬菜属于同一科，但彼此间的栽培方法、食用器官和生物学特性却未必相近，如马铃薯（*Solanum tuberosum*）和番茄同属茄科，但其特性、栽培技术、繁殖方法却有很大差别。

二、食用器官分类法

食用器官分类法是根据蔬菜不同的食用器官（产品）进行的分类，可分为根菜类蔬菜、茎菜类蔬菜、叶菜类蔬菜、花菜类蔬菜、果菜类蔬菜等五类。蔬菜生产中必须满足其食用器官发育所需的环境条件，才能得到丰产。而相同食用器官形成时，对环境条件的要求常常很相似。如根菜类蔬菜中的萝卜和胡萝卜，虽然它们分别属于十字花科和伞形科，但它们对栽培条件的要求都很相似。这种分类方法对掌握栽培关键技术有一定的意义，其缺点是有的类别，食用器官相同，而生长习性及栽培方法相差很大，如根菜类蔬菜的姜和藕，一个是陆生蔬菜，一个是水生蔬菜，其栽培方法和生长习性完全不同。还有些蔬菜，虽然食用器官不同，但在栽培方法上却很相似。如花椰菜、甘蓝、球茎甘蓝（学名苤蓝，*Brassica oleracea* var. *gongylodes*）分别属于花菜类蔬菜、叶菜类蔬菜和茎菜类蔬菜，但三者对栽培环境条件的要求却有相似之处。

1. 根菜类蔬菜（root vegetable）
以肥大的肉质根为产品的蔬菜，可分以下几种。
①直根类蔬菜：以肥大的主根为产品，如萝卜（*Raphanus sativus*）、胡萝卜、芜菁、根用甜菜（*Beta vulgaris* var. *rapacea*）等。
②块根类蔬菜：以肥大的直根或营养芽发生的根为产品，如牛蒡（*Arctium lappa*）、甘薯（*Dioscorea esculenta*）等。

2. 茎菜类蔬菜（stem vegetable）
以肥大的茎为产品的蔬菜，可分为以下几种。

①肉质茎类蔬菜：以肥大的地上茎为产品，如茭白（学名菰，*Zizania latifolia*）、莴笋（*Lactuca sativa* var. *angustata*）、榨菜、球茎甘蓝等。

②嫩茎类蔬菜：以萌发的嫩茎为产品，如芦笋（学名石刁柏，*Asparagus officinalis*）、竹笋等。

③块茎类蔬菜：以肥大的地下块茎为产品，如马铃薯、菊芋（*Helianthus tuberosus*）等。

④根茎类蔬菜：以地下肥大的根状茎为产品，如姜、莲藕 [莲（*Nelumbo nucifera*）的根状茎）] 等。

⑤球茎类蔬菜：以地下的球茎为产品，如慈姑（*Sagittaria sagittifolia*）、芋（*Colocasia esculenta*）等。

⑥鳞茎类蔬菜：以肥大的鳞茎为产品，如大蒜、洋葱、百合（*Lilium brownii* var. *viridulum*）等。

3. 叶菜类蔬菜（leafy vegetable）

以叶片及叶柄为产品的蔬菜，可分为以下几种。

①普通叶菜类蔬菜：如小白菜（不结球白菜，*Brassica campestris* ssp. *chinensis*）、叶用芥菜（学名芥菜，*B. juncea*）、菠菜、茼蒿（*Glebionis coronaria*）、苋菜（*Amaranthus retroflexus*）、莴苣（*Lactuca sativa*）、叶用甜菜（学名厚皮菜，*Beta vulgaris* var. *cicla*）、落葵（*Basella alba*）等。

②结球叶菜类蔬菜：形成叶球的蔬菜，有大白菜（*Brassica campestris* ssp. *pekinensis*）、甘蓝、包心芥菜（*B. juncea* var. *capitata*）、结球莴苣（学名卷心莴苣，*Lactuca sativa* var. *capitata*）等。

③香辛叶菜类蔬菜：叶有香辛味的蔬菜，如葱、韭菜、香菜（学名芫荽，*Coriandrum sativum*）、茴香（*Foeniculum vulgare*）等。

4. 花菜类蔬菜（flower vegetable）

以花器或肥嫩的花枝为产品的蔬菜，可分为以下几种。

①花器类蔬菜，如黄花菜（*Hemerocallis citrina*）。

②花枝类蔬菜：如花椰菜、青花菜（*Brassica oleracea* var. *italica*）等。

5. 果菜类蔬菜（fruit vegetable）

以果实或种子为产品的蔬菜，可分为以下几种。

①瓠果类蔬菜：如南瓜（*Cucurbita moschata*）、黄瓜、冬瓜（*Benincasa hispida*）、丝瓜（*Luffa aegyptiaca*）、苦瓜（*Momordica charantia*）、葫芦等。

②浆果类蔬菜：如茄子、番茄、辣椒等。

③荚果类蔬菜：如菜豆（*Phaseolus vulgaris*）、豇豆（*Vigna unguiculata*）、刀豆、蚕豆（*Vicia faba*）、豌豆（*Pisum sativum*）、毛豆（学名大豆，*Glycine max*）等。

三、农业生物学分类法

农业生物学分类法以蔬菜的农业生物学特性作为分类的依据，所谓农业生物学特性主要是指产品器官的形成特性和繁殖特性，不同科、属的蔬菜可以因具有相似甚至近乎相同产品器官形成特性和繁殖特性，而在农业生物学分类中属于同一类蔬菜。这一分类法将蔬菜分为 11 类。

1. 白菜类蔬菜

白菜类蔬菜是指十字花科芸薹属中，以叶球、嫩茎和嫩叶为产品的一类蔬菜，包括大白菜、小白菜、红菜薹（学名紫菜薹，*Brassica campestris* var. *purpuraria*）、芥菜等，均用种子繁殖，以柔嫩的叶丛或叶球为食用器官；生长期间需要湿润及冷凉的气候；为二年生植物，在生长的第一年形成叶丛或叶球，到第二年才抽薹开花。

白菜类蔬菜在我国栽培历史悠久，品种资源丰富，分布广泛；起源于温带，喜温和，最适宜生长的温度是月均温 15～18℃；较耐寒，但多不耐热，均需要在低温、长日照条件下通过春化阶段，春季栽培易发生未熟抽薹现象；叶面积大，蒸腾量大，但根系浅，要求合理灌溉；生长量大，产量高，需肥多。

2. 甘蓝类蔬菜

甘蓝类蔬菜是指十字花科芸薹属中由结球甘蓝（学名野甘蓝，*Brassica oleracea*）及其变种组成的一类蔬菜，主要有结球甘蓝、青花菜、花椰菜、芥蓝（又称芥兰，学名白花甘蓝，*B. oleracea* var. *albiflora*）、羽衣甘蓝（*B. oleracea* var. *acephala*）、抱子甘蓝（*B. oleracea* var. *gemmifera*）等。甘蓝类蔬菜在我国栽培历史不久，但发展很快。

甘蓝类蔬菜喜温和冷凉气候，适宜在秋季温和气候条件下栽培，一般耐寒性较强；为二年生绿体春化型蔬菜，花芽分化需要经过冬季的低温春化与春季的长日照，且要求的低温条件较白菜类蔬菜更严格；根的再生能力强，一般适宜用育苗移栽，但根系浅、喜肥沃而不耐瘠薄，需要加强肥水管理；为异花授粉植物，虫媒花，一般具有自交不亲和性；有共同的病虫害，如菌核病、软腐病、灰霉病等，彼此不宜连作。

3. 茄果类蔬菜

茄果类蔬菜均为茄科蔬菜，包括番茄、茄子、辣椒等，无论在生物学特性上还是栽培技术上都很相似；为中国主要的果菜类蔬菜，具有采收期长、丰产、适宜加工等特点，全国各地均普遍栽培。茄果类蔬菜具很高的营养价值，含有丰富的糖类、有机酸、维生素、矿物质等；多起源于热带地区，为日中性植物，性喜温、不耐寒、不耐 30～35℃以上高温，温度等环境条件适宜时可实现周年结果；均用种子繁殖。

4. 瓜类蔬菜

瓜类蔬菜均属于葫芦科（Cucurbitaceae），为一年生或多年生攀缘性植物，包括甜瓜属的黄瓜和甜瓜（*Cucumis melo*），西瓜属的西瓜（*Citrullus lanatus*），南瓜属的南瓜，冬瓜属的冬瓜，葫芦属的葫芦，丝瓜属的丝瓜等；茎蔓性，雌雄同株异花，开花结果要求较高的温度及充足的阳光，尤其是西瓜和甜瓜；适栽于昼热夜凉的大陆性气候下及排水好的土壤中；均用种子繁殖。

5. 豆类蔬菜

豆类蔬菜为豆科一年生或二年生草本植物，主要包括菜豆、豇豆、豌豆、蚕豆、扁豆、刀豆、大豆等；为我国夏季主要蔬菜之一，以嫩豆荚和鲜豆粒为食用器官，营养价值高；根与根瘤菌共生，可以固定空气中的氮；均用种子繁殖。

豆类蔬菜在我国栽培历史悠久。按照起源地及对温度的要求，豆类蔬菜可分为两类：

①起源于热带，宜在温暖季节栽培，为喜温性蔬菜，如菜豆、豇豆、扁豆等；②起源于温带，宜在温和的季节栽培，具有半耐寒性，忌高温干燥，如豌豆和蚕豆。

豆类蔬菜根系发达，但易木栓化，受伤后再生能力差，生产上宜多行直播，育苗时需短苗龄；茎多木质，有矮性、蔓性和半蔓性；有共同的病虫害，而且连作时常因根瘤菌分泌有机酸增加土壤酸性，连作障碍明显，生产上应实行 2～3 年轮作。

6. 葱蒜类蔬菜

葱蒜类蔬菜均为百合科葱属二年生或多年生草本植物，主要包括韭菜、大葱、洋葱、大蒜、细香葱（学名北葱，*Allium schoenoprasum*）等；通常以膨大的鳞茎（故又称"鳞茎类蔬菜"）、叶鞘或叶身作为食用器官，其中洋葱、大蒜的叶鞘基部发达，可成为膨大的鳞茎；而韭菜、大葱、细香葱等则不会特别膨大。性耐寒，除了韭菜、大葱、细香葱以外，大部分葱蒜类蔬菜到了炎热的夏季地上部都会枯萎。在长光照下形成鳞茎。可用种子繁殖（如洋葱、大葱、韭菜等），亦可用营养繁殖（如大蒜、细香葱、韭菜等）。

葱蒜类蔬菜大多富含丰富的维生素 C、蛋白质、糖类和各种矿物质，某些还含有具特殊辛辣味的挥发性有机硫化物，在促进食欲与预防疾病方面发挥着重要作用。

7. 水生蔬菜

水生蔬菜是指一些生长在沿泽或浅水地区的蔬菜，主要包括藕、茭白、慈姑、马蹄（学名荸荠，*Eleocharis dulcis*）、菱（学名欧菱，*Trapa natans*）和芡实（*Euryale ferox*）等；除菱和芡实以外，都用营养繁殖。

随着我国经济快速发展，水生蔬菜因其具有独特的风味和较好的保健效果等特点，需求量越来越大，莲子、藕粉、藕带和马蹄粉等已成为较受欢迎的出口商品。在长期的发育过程中，水生蔬菜对环境的适应形成了许多共性：①生育期较长，一般都在 150～200 d，喜温暖，不耐低温，一般在无霜期生长；②喜湿，不耐干旱；③根系较弱，根毛退化；④茎柔弱，对风浪的抵抗力弱。

8. 薯芋类蔬菜

薯芋类蔬菜包括一些以地下根及地下茎为食用部位的蔬菜，如马铃薯、山药、芋、姜等；富含淀粉，耐贮藏，均用营养繁殖；除马铃薯生长期较短、不耐过高的温度外，其他的薯芋类蔬菜都能耐热，生长期也较长。

9. 根菜类蔬菜

根菜类蔬菜包括萝卜、胡萝卜、大头菜、芜菁、根用甜菜等，以其膨大的根为食用器官；生长期间喜冷凉的气候；为二年生植物，在生长的第一年形成肉质根，贮藏大量的水分和养分；均用种子繁殖。

10. 绿叶蔬菜

绿叶蔬菜是指以其幼嫩的绿叶或嫩茎为食用器官的蔬菜，如莴苣、芹菜、菠菜、茼蒿（*Glebionis coronaria*）、苋菜、空心菜（学名蕹菜，*Ipomoea aquatica*）等。这类蔬菜大多生长迅速，其中的蕹菜、落葵等能耐炎热，而莴苣、芹菜则好冷凉。均用种子繁殖。

11. 多年生蔬菜

多年生蔬菜包括香椿、竹笋、黄花菜、芦笋、佛手瓜（*Sechium edule*）、百合等，一次繁殖后可以连续采收数年；除香椿、竹笋以外，地上部每年枯死，以地下根或茎越冬。

12. 食用菌类蔬菜

食用菌类蔬菜包括蘑菇（*Agaricus campestris*）、草菇（*Volvariella volvacea*）、香菇（*Lentinus edodes*）、黑木耳（*Auricularia auricula*）等，其中有的是人工栽培的，有的是野生或半野生状态。

第三节　代表性蔬菜

一、白菜类蔬菜

1. 大白菜

【学名】*Brassica campestris* ssp. *pekinensis*

【别名】结球白菜

【英名】Chinese cabbage

【科属】十字花科芸薹属

【产地及分布】原产于中国，主要在亚洲栽培。我国南北方大量种植，全国均有分布。

【形态特征】大白菜为浅根性植物。营养生长期茎为短缩茎，呈球形或短圆锥形。全株先后发生的叶有子叶、初生叶、莲座叶、球叶、花茎叶。子叶两枚，对生，肾形。初生叶两枚，与子叶垂直排列成"十"字形，长椭圆形，有叶柄。莲座叶互生，具板状叶柄，有叶翼。球叶是一种变态叶，

图 3-1　大白菜植株形态（刘雨菡摄）
A. 苗；B. 植株

向心抱合而成叶球（图 3-1）；花茎叶生长在花茎上，叶柄不明显，叶柄部突出呈耳状。复总状花序，花瓣 4，淡黄色。果实为长角果，细长圆筒形。种子近圆球形，黄褐色或棕色，千粒重 2.5～4.0 g，寿命 4～5 年，使用年限 1～2 年。

【主要分类】大白菜有散叶大白菜变种、半结球大白菜变种、花心大白菜变种和结球大白菜变种等 4 个变种，其中结球大白菜变种是我国普遍栽培的种类。根据适应气候的不同，结球大白菜变种又分为卵圆型（图 3-1B）、平头型和直筒型 3 个生态型。

①卵圆型：叶球卵圆形，球形指数（叶球高度与直径之比）约为 1.5，生长期 100～110 d，适宜于气候温和，昼夜温差较小，空气湿润的气候，多分布四川、云南、贵州等温和湿润地区和沿海地区。

②平头型：叶球呈倒圆锥形，顶平下尖，球形指数接近 1，生长期 100～120 d，能适

应气候变化激烈，空气干燥，昼夜温差较大的内陆地区。主要分布河南中部以及河北南部等地区。

③直筒型：叶球细长呈圆筒形，球形指数大于4，生长期80～100 d，对气候适应性强。栽培中心地区为天津市和河北东部近渤海湾地区。

2. 小白菜

【学名】*Brassica campestris* ssp. *chinensis*

【别名】普通白菜、青菜、不结球白菜

【英名】non-heading Chinese cabbage/pakchoi

【科属】十字花科芸薹属

【产地及分布】原产中国南方，如今我国南北方均有分布，广泛栽培。

【形态特征】小白菜与大白菜的主要区别在于株型较矮小，叶片开张，多数无叶翼。小白菜多数根系发达，分布浅。营养生长期在短缩茎上长莲座叶；叶色浅绿色至墨绿色，表面光滑或泡状，少数具刺毛；叶形有匙形、倒卵圆或椭圆形等；叶柄肥厚，多数无叶翼，少数叶片基部有缺刻或叶耳，呈花叶状（图3-2A）；单株叶数一般十几片。花茎上的叶抱茎而生，无叶柄。总状花序，花黄色（图3-2B）。果实为长角果，成熟时易开裂。种子近圆形，红褐色或黄褐色，千粒重1.5～2.2 g。

图3-2　小白菜植株形态
A. 植株（刘雨菡摄）；B. 花和长角果

【主要分类】

依据栽培季节，小白菜可分为秋冬小白菜、春小白菜和夏小白菜3类。

①秋冬小白菜：以秋冬栽培为主，在中国南方广泛栽培。株型直立或束腰，次年春季抽薹早。秋冬白菜依叶柄色泽差异又可分为白梗类型和青梗类型，白梗类型的代表品种有'南京矮脚黄''常州短白梗'等，青梗类型的代表品种有'上海矮箕''苏州青'等。

②春小白菜：一般在冬季或早春种植，长江中下游地区在3—4月抽薹开花。植株大多展开，少数直立或稍束腰，耐寒，丰产。根据抽薹和供应时间的不同，春白菜又分为早春白菜和晚春白菜，早春白菜主要供应期在3月份，代表品种有白梗的'南京亮白叶''无锡三月白'以及青梗的'杭州晚油冬'等。晚春白菜的代表品种有白梗的'南京四月白''杭州蚕白菜'以及青梗的'上海四月慢'等。

③夏小白菜：为5—9月份夏季高温季节栽培与供应的小白菜，又称"火白菜"。夏白菜以幼嫩秧苗或嫩株上市，具有生长迅速、抗逆性强等特点。代表品种有'南京矮杂一号''上海火白菜'等。

二、甘蓝类蔬菜

1. 青花菜

【学名】*Brassica oleracea* var. *italica*

【别名】西兰花、绿花菜

【英名】broccoli

【科属】十字花科芸薹属

【产地及分布】起源于意大利，演化中心为地中海东部沿岸地区，我国各地均有栽培。

【形态特征】青花菜根系发达，主茎粗长，但在营养生长期茎稍短缩。叶披针形或长卵形，叶色蓝绿，蜡质层较厚。主茎顶端着生花球，花球包括肥嫩的主轴、肉质花茎及其分枝的花梗和绿色或紫色未充分发育的花蕾（图3-3）。主茎上的花球较大，侧枝上的偏小，所以生产上一般只采收主花球。总状花序顶生及腋生，花瓣黄色。果实为长角果。种子呈圆形，褐色，一般千粒重 2.5～4.0 g。

【主要分类】根据花球的颜色，青花菜可分为青花和紫花两种，目前生产上多种植青花品种。青花菜按成熟期的早晚又可分为早熟、中熟和晚熟三大类，早熟、中熟品种在生产上种植广泛。

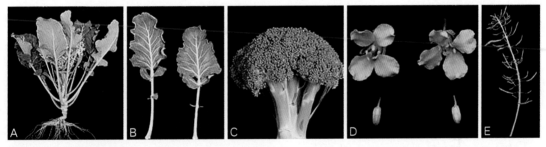

图 3-3　青花菜植株形态
A. 植株；B. 叶；C. 花球；D. 花蕾和花朵；E. 角果

2. 甘蓝

【学名】*Brassica oleracea* var. *capitata*

【别名】包心菜、莲花白

【英名】cabbage

【科属】十字花科芸薹属

【产地及分布】甘蓝喜温和湿润、光照充足的环境，较耐寒，也有适应高温的能力。起源于欧洲地中海沿岸，目前全世界广泛栽培。

【形态特征】甘蓝主根基部粗大，不发达，侧根较多。叶片宽大，光滑无毛，叶面具白色蜡粉；叶的形态随生长时期而变化：子叶为肾形，基生叶呈瓢形，随后发生的叶逐渐变大，呈卵圆或圆形；叶柄较长，互生在短缩的茎上；莲座期的叶片变宽，叶柄变短。花淡黄色，十字形，总状花序（图 3-4A）。果实为长角果。成熟种子红褐色或黑褐色。甘蓝为天然异花授粉植物。

【主要分类】甘蓝主要分类如下。

①圆头甘蓝：外叶深绿色，中间为成熟圆球，球形稳定，结球大而紧实（图 3-4B）。长势旺，产量高，抗病性强，耐热、耐水性相对较好，适合种植地区广。

②平头甘蓝：外叶深绿色，叶球扁圆形，球色鲜绿（图 3-4C）。长势中等，适应性广，耐热且还有一定的抗寒性、抗病性，相对而言比圆球甘蓝要大，适合在平地种植。

③尖头甘蓝：植株较小，叶片呈深绿色，叶面平滑，包心较松。抗寒能力较强，在长江中下游流域多作越冬栽培，次年 4—5 月上市。

图 3-4　甘蓝植株形态
A. 甘蓝抽薹开花；B. 圆头甘蓝；C. 平头甘蓝

3. 花椰菜

【学名】*Brassica oleracea* var. *botrytis*

【别名】花菜、菜花

【英名】cauliflower

【科属】十字花科芸薹属

【产地及分布】花椰菜喜光照充足，温暖湿润的气候环境，忌炎热干旱。花椰菜起源于地中海东部沿岸，目前在我国广东、福建、广西、台湾等地广泛栽培。近年来我国花椰菜生产发展迅速，已成为世界上花椰菜种植面积最大、总产量最高、发展最快的国家。

【形态特征】主根基部粗大，根系发达。茎直立粗壮有分支，营养生长期茎稍短缩，茎上腋芽不发达，阶段发育完成后抽生花茎。叶披针形或长卵形，叶色浅蓝绿、有蜡粉。花球为白色，也有少数为黄色、红色、紫色等（图 3-5）。

【主要分类】花椰菜主要分类如下。

①春花椰菜：植株耐寒力较强。大多从日本、荷兰引进，属早熟花椰菜类型。

②夏花椰菜：此类花椰菜耐热、适应性好，植株较小，花球也较小，从定植到采收一般为 40～60 d。

③秋花椰菜：植株、花球均较大，从定植到采收一般 80～100 d，是秋冬季节的主要时令蔬菜之一。

图 3-5　不同颜色的花椰菜

④冬花椰菜：植株高大，生长势强，生长周期 120 d 以上，冬性强，冬至后出现花球，是南方各地春节前后花椰菜供应的理想品种，广泛应用于"南菜北调"，为北方城市冬春季提供商品花椰菜。

三、茄果类蔬菜

1.　番茄

【学名】*Solanum lycopersicum*

【别名】西红柿

【英名】tomato

【科属】茄科番茄属

【产地及分布】起源于南美洲的安第斯山脉地带，全世界广泛栽培。

【形态特征】番茄根系发达，再生能力强，大部分根群分布在 30 ～ 50 cm 的土层中。茎为半直立性或半蔓性茎（图 3-6），分枝能力强，茎节上易生不定根，易倒伏，触地则生根。叶为羽状复叶或羽状深裂，长 10 ～ 40 cm；小叶极不规则，大小不等，常 5 ～ 9 枚，卵形或矩圆形，边缘有不规则锯齿或裂片。复总状花序，为两性花，自花授粉；花萼辐状，裂片披针形；花冠辐状，黄色，直径约 2 cm。浆果肉质多汁，

图 3-6　番茄植株形态（无限生长型，李兴需摄）

扁球状或近球状；成熟果实的颜色由果皮和果肉相衬形成，表皮有无色、黄色和红色，果肉有黄色、橙色、红色等，组合起来的果实有从淡黄到深红等多种多样的颜色。种子淡黄白色或灰黄色，扁圆卵形，表面有灰色茸毛，种子千粒重约 3.0 g，使用年限 2 ～ 3 年，在低温低含水量密闭环境下能保存十年之久。

【主要分类】番茄主要分类如下。

①按叶型分：裂叶型、大叶型、皱缩型。

②按果实大小分：大果型番茄、中果型番茄和樱桃番茄等（图3-7）。

③按果实颜色分：大红色果实、粉红色果实、黄色果实。

④按生长习性分：无限生长类型和有限生长类型。

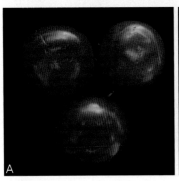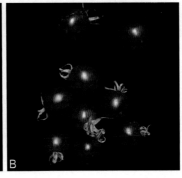

图3-7　不同果实大小的番茄
（刘雨菡摄）
A. 大果型番茄；B. 樱桃番茄

2. 茄子

【学名】*Solanum melongena*

【别名】伽、落苏

【英名】eggplant

【科属】茄科茄属

【产地及分布】学名茄，起源于亚洲东南部的热带地区，全世界均有栽培。

【形态特征】茄子根系发达，为直根系，吸收能力强，主要根群分布在30 cm以内的土层中。茎直立，成苗以后逐步木质化，颜色与果实、叶的颜色相关，一般紫色果实的品种，植株的嫩茎及叶柄均为紫色（图3-8）；分枝习性为连续假二叉分

图3-8　茄子植株形态（李兴需摄）

枝。叶面较粗糙，有茸毛，叶色一般为深绿色或紫绿色，叶形有圆形、长椭圆形和倒卵圆形，一般叶缘均有波浪式钝缺刻。花为两性花，紫色、淡紫色或白色，一般为单生，也有2～4朵簇生。果实为浆果，心室和胎座肉质饱满、胎座发达，形成果实肥嫩的海绵组织用以贮藏养分，几乎无空腔。果实形状有圆球形、倒卵圆形、长形等。果皮的颜色有紫色、紫红色、白色、绿色等。种子小、坚硬，成熟后为鲜黄色，扁圆形，表面光滑，千粒重约4.0 g。

【主要分类】茄子主要分类如下。

①按熟性早晚分：早熟茄、中早熟茄、中熟茄、中晚熟茄和晚熟茄。

②按颜色分：黑紫茄、紫茄、红茄、白茄和绿茄。

③按果实形状分：长茄、卵茄和圆茄（图3-9）。

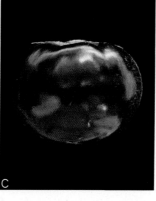

图 3-9　不同果实形状的茄子（刘雨菡摄）
A. 长茄；B. 卵茄；C. 圆茄

3. 辣椒

【学名】*Capsicum annuum*

【别名】番椒、秦椒、海椒、辣子

【英名】pepper

【科属】茄科辣椒属

【产地及分布】起源于中南美洲热带地区的墨西哥、秘鲁等地，全世界都有栽培。

【形态特征】辣椒为浅根性植物，根系不发达，根量少。茎直立，高 50～100 cm，茎基部木质化；茎端顶芽分化出花芽后，以二叉或三叉分枝。按辣椒的分枝结果习性，可分为无限分枝与有限分枝两种类型，大多数栽培品种属无限分枝类型；各种簇生椒属有限分枝类型。单叶、互生，卵圆形或披针形，全缘，叶面光滑（少数品种有绒毛）。完全花，白色、单生、丛生或簇生。属常异交植物，天然杂交率约为 10%。花期 6—7 月，果期 7—10 月。浆果，下垂或朝天生长。因品种不同其果形和大小有较大差异，有圆锥形、圆球形、线形等。青熟果多为浅绿色至深绿色，生理成熟果转为红色、橙黄色或紫色，果内有较大的空腔。种子扁圆形，淡黄色，千粒重 4.5～8.0 g（图 3-10）。

图 3-10　辣椒植株形态
A. 花；B. 果实

【主要分类】根据果实形状，辣椒一般分为五类（图 3-11）。

①樱桃椒类：株型中等偏小，叶中等偏小，圆形、卵圆或椭圆形；果似樱桃，斜向上生，圆形或扁圆形，红、黄或微紫色，辛辣味甚强，用于加工制干辣椒或栽培供观赏。

②簇生椒类：植株中等偏大，叶较狭长偏大，果实簇生，向上生长，深红色，果肉薄，辣味强，油分高，晚熟，耐热，抗病毒力强，用于加工制干辣椒。

③甜柿椒类：株型中等偏小，叶片和果实均较大。因果形似灯笼而得名，抗病性和耐热性较差，辣味淡至带甜味，一般供鲜食。

④圆锥椒类：也称朝天椒，植株中等偏矮，果实为圆锥形或短圆筒形，味辣，用于鲜果供食。

⑤长椒类：果形似牛角，故又称牛角椒，株型矮小至高大，分枝性强，叶片中等偏小，果实下垂，果肉辛辣味浓，用于制辣椒干、腌渍或制酱，在我国栽培最普遍。

图 3-11　不同果实形状的辣椒
A. 樱桃椒类；B. 簇生椒类；
C. 甜柿椒类；D. 圆锥椒类；
E. 长椒类

四、瓜类蔬菜

1. 黄瓜

【学名】*Cucumis sativus*

【别名】胡瓜、王瓜

【英名】cucumber

【科属】葫芦科黄瓜属

【产地及分布】原产喜马拉雅山南麓的热带雨林地区，世界各地广泛栽培。

【形态特征】黄瓜为浅根系，根系好气性强、吸收水肥能力弱。叶分子叶和真叶2种，子叶长椭圆形、对生；真叶掌状，互生，两面被稀疏刺毛（图3-12）。花为腋生单性花，偶尔会出现两性花。花朵分化初期均有初生突起、雌雄蕊、蜜腺、花冠、萼片。在形成萼片与花冠之后，部分雄蕊退化，形成雌花，部分雌蕊退化，形

图 3-12　黄瓜植株形态（陈学好摄）

成雄花；雄花常腋生、多花，雌花腋生、单花或多花；也有部分两性花。果实通常为筒形或长棒形，嫩果呈绿色、绿白色、白色等。

【主要分类】目前栽培黄瓜可分为华北型黄瓜（图3-13A）、华南型黄瓜（图3-13B）、南亚型黄瓜（图3-13C）、欧美型露地黄瓜（图3-13D）、小型黄瓜（图3-13E）、北欧型温室黄瓜（图3-13F）6类。其中华北型和华南型黄瓜为中国各地主要栽培类型。

图 3-13　不同类型的黄瓜

A. 华北型黄瓜（刘雨菡摄）；B. 华南型黄瓜（刘雨菡摄）；C. 南亚型黄瓜（陈学好摄）；D. 欧美型露地黄瓜（陈学好摄）；E. 小型黄瓜；F. 北欧型温室黄瓜（陈学好摄）

2. 丝瓜

【学名】*Luffa aegyptiaca*

【别名】胜瓜、菜瓜、水瓜

【英名】towel gourd

【科属】葫芦科丝瓜属

【产地及分布】丝瓜喜温、喜湿，耐热，怕干旱。原产于印度，东亚地区广泛种植。

【形态特征】丝瓜为一年生攀缘藤本。茎粗糙，有棱沟，被微柔毛。卷须稍粗壮，被短柔毛。叶柄粗糙，长10～12 cm，具不明显的沟。叶片通常掌状5～7裂，裂片三角形，中间的较长，长8～12 cm，顶端急尖或渐尖，边缘有锯齿，基部深心形；叶正面深绿色，粗糙，有疣点，背面浅绿色，有短柔毛；叶脉掌状，具白色的短柔毛。夏季从叶腋抽出花茎，花朝开暮萎，逐期开放，合瓣花边缘，5深裂，花瓣有脉纹，雌雄同株异花。果实圆柱形，直或稍弯，

表面平滑，通常有深色纵条纹，嫩时可食。

【主要分类】丝瓜常见栽培品种有蛇形丝瓜和棒形丝瓜（图3-14）。蛇形丝瓜又称线丝瓜，瓜条细长，有的可达1 m，中下部略粗，绿色，瓜皮稍粗糙，常有细密的皱褶，品质中等。棒形丝瓜又称肉丝瓜，瓜形从短圆筒形至长棒形，下部略粗，前端渐细，长35 cm左右，横径3～5 cm。

图3-14　不同类型的丝瓜（李兴需摄）
A. 蛇形丝瓜；B. 棒形丝瓜

3. 西瓜

【学名】*Citrullus lanatus*

【别名】夏瓜、寒瓜

【英名】watermelon

【科属】葫芦科西瓜属

【产地及分布】原产非洲南部的卡拉哈里沙漠，现世界各地广泛栽培。每100 g果肉含总糖7.3～13.0 g，并含丰富的矿质元素和多种维生素，甘甜多汁，营养丰富，能消暑解渴，深受喜爱，为夏季主要果蔬。

【形态特征】西瓜为一年生蔓生草本植物（图3-15）。根系强大，具有较强的耐旱能力，但不耐涝。茎蔓性，分枝能力强，节上可生不定根，生产中需进行整枝和压蔓。单叶互生，基生叶为龟盖状，其后发

图3-15　西瓜植株形态（吊蔓栽培模式，施先锋摄）

生的叶为掌状深裂，一般5～7裂，叶色深，具茸毛和白色蜡质。花黄色、单生，雌雄同株异花。果皮颜色有绿色、黑色等，有些品种的果皮具有深绿色纹理。食用器官为胎座，成熟后的果肉有红色、白色、黄色等颜色（图3-16）。种子多为黑色和棕色。

【主要分类】按照地理分布，西瓜可划分为6个生态型。

①华南生态型：主要分布在长江流域及以南地区。其特点为生长势较弱，果形较小，果皮薄，果肉质地软，成熟较早，耐阴雨，不耐贮运。

②华北生态型：主要分布在黄河及其以北地区。其特点为生长势强，果形大，果形、

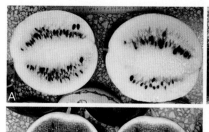

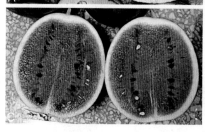

图 3-16　不同果肉颜色的西瓜
A. 白肉西瓜；B. 黄肉西瓜；C. 红肉西瓜

外果皮颜色、果肉颜色多样化，成熟较晚，果肉质地沙软，籽较大。

③西北生态型：主要分布在甘肃、宁夏、新疆以及内蒙古等地。其特点为生长势强，果形大，果皮厚，果肉质地粗，生育期长，坐果节位高，成熟晚，耐旱，耐贮运。

④俄罗斯生态型：主要分布在俄罗斯伏尔加河中下游、北高加索地区等。其特点为果形中等，中熟，耐旱不耐湿，果肉质地脆，品质较好。

⑤美国生态型：主要分布在美国东南部和中西部各州，以及墨西哥湾沿岸。其特点为生长势强，果形大，生育期长，晚熟，果皮坚韧，果肉质地脆，耐贮运。

⑥日本生态型：主要分布在日本及中国台湾。主要表现为适应性广，成熟早，经改良后含糖量高，品质佳，引入中国后被广泛种植或作育种材料。

按种子的多少及有无，西瓜可分为：无籽西瓜、少籽西瓜及有籽西瓜；按果肉颜色可分为：红肉西瓜、粉红肉西瓜、黄肉西瓜、白肉西瓜等；按外果皮颜色分可分为：花皮西瓜、黑皮西瓜、绿皮西瓜、黄皮西瓜、网纹皮西瓜等。

五、豆类蔬菜

1. 菜豆

【学名】*Phaseolus vulgaris*

【别名】芸豆、豆角、四季豆

【英名】French bean

【科属】豆科菜豆属

【产地及分布】原产美洲，已广植于各热带至温带地区，我国广泛栽培。

【形态特征】菜豆为一年生、缠绕或近直立草本植物。茎被短柔毛或老时无毛。三出复叶，小叶片宽卵形或卵状菱形（图3-17）。总状花序，腋生，有花数朵生于花

图 3-17　菜豆植株形态（李兴需摄）

序顶部；花蝶形，花冠白色、黄色、紫色或红色。荚果带形，稍弯曲。种子长椭圆形或肾形，白色、褐色、蓝色或有花斑（图 3-18）；种脐通常白色，千粒重 300.0～425.0 g。

【主要分类】根据豆荚壁纤维发达程度，将菜豆分为软荚和硬荚两类。软荚类型豆荚壁肉质，粗纤维少，嫩豆荚可食，为菜用菜豆。硬荚类型豆荚壁薄，粗纤维多，种子发育较快，以种子为食用器官，为粮用菜豆。根据茎的生长习性，软荚类型菜豆可分为矮生型、蔓生型和半蔓生型。

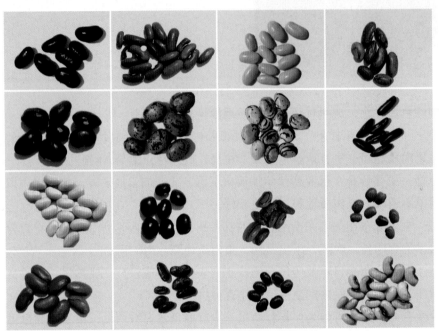

图 3-18 不同品种菜豆的种子形态

2. 豇豆

【学名】*Vigna unguiculata*

【别名】豆角、长豆角、带豆等

【英名】cowpea

【科属】豆科豇豆属

【产地及分布】起源于亚洲东南部热带地区，我国广泛栽培。

【形态特征】豇豆为一年生缠绕、草质藤本或近直立草本植物。三出复叶，互生，小叶卵状菱形，先端急尖，全缘，无毛。总状花序腋生，具长梗；花聚生于花序顶端；花蝶形，白、黄或紫色。长荚果下垂，线形，稍肉质，长 30～100 cm。种子长椭圆形、圆柱形或稍肾形，呈黄白色或暗红色等。5—8 月开花结果。

【主要分类】栽培豇豆分菜用豇豆和粮用豇豆两类。菜用豇豆的嫩豆荚肉质肥厚脆嫩，可当作蔬菜食用。粮用豇豆果荚薄，纤维多而硬，以种子作粮食用。

菜用豇豆依茎的生长习性可分为蔓生型、半蔓生型和矮生型 3 种类型，其中蔓生类型又称架豇豆、长豇豆。根据豆荚颜色可分为绿荚型、白荚型和红荚型 3 种（图 3-19）。

图 3-19　不同类型的豇豆（李兴需摄）
A. 蔓生型豇豆；B. 矮生型豇豆；C. 白荚型豇豆；D. 红荚型豇豆

3. 豌豆

【学名】*Pisum sativum*

【别名】青豆、麦豌豆、寒豆、雪豆、荷兰豆、回鹘豆

【英名】garden peas

【科属】豆科豌豆属

【产地及分布】原产地中海和亚洲西部地区，是全世界最重要的栽培植物之一。

【形态特征】豌豆为一年生攀缘草本，高 0.5～2 m。全株绿色，光滑无毛，被粉霜。偶数羽状复叶，具小叶 4～6 片，托叶心形，下缘具细齿，小叶卵圆形。花于叶腋单生或数朵排列为总状花序；花蝶形；花冠颜色多样，因品种而异，但多为白色和紫色。荚果肿胀，长椭圆形。种子圆形，青绿色，干后变为黄色。花期 6—7 月，果期 7—9 月。

【主要分类】按照食用部位，豌豆可分为荚用、籽粒用和嫩梢用 3 类，其中荚用豌豆又名荷兰豆、软荚豌豆，以嫩豆荚作食用器官（图 3-20）。

图 3-20　豌豆
A. 幼苗；B. 嫩豆荚

六、葱蒜类蔬菜

1. 洋葱

【学名】*Allium cepa*

【别名】圆葱

【英名】onion

【科属】百合科葱属

【产地及分布】原产亚洲西部，引入中国后，被广泛栽培。中国的洋葱产地主要包括福建、山东、甘肃、内蒙古、新疆等地。

【形态特征】地下鳞茎外被膜质鳞片（白色、黄色或红色），里面为肉质鳞片，呈同心圆状排列在短缩的鳞茎盘上（茎的变态）。茎盘上部环生圆筒形的叶鞘和芽，下面生长须根。叶暗绿色，呈圆筒状，中空，腹部有凹沟。花茎中空粗壮，高可达1 m；伞形花序球状，具多而密集的花；花期5—7月（图3-21）。

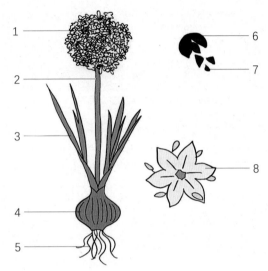

1.花序；2.花茎；3.叶；4.鳞茎；5.根；6.果实；7.种子；8.花

图3-21　洋葱各部位形态（刘雨菡绘制）

【主要分类】洋葱按形态分类可分为普通洋葱、分蘖洋葱和顶生洋葱3种类型；按鳞茎皮色可分为白皮洋葱、红皮洋葱和黄皮洋葱（图3-22）。

图3-22　不同鳞茎皮色的洋葱
A. 白皮洋葱；B. 红皮洋葱；C. 黄皮洋葱

2. 大葱

【学名】*Allium fistulosum*

【别名】葱、青葱、四季葱、事菜

【英名】green Chinese onion

【科属】石蒜科葱属

【产地及分布】学名葱，主要分布在中国西北、东北以及华北等地区。

【形态特征】大葱根白色，弦线状，其数量、长度总是随着植物发生总叶数的增长而增加，在生长旺盛期时，根数可达 100 多条。茎单生或簇生，一般呈球状或扁球状，茎直径通常在 1～2 cm，外皮呈白色。叶主要包括叶身和叶鞘，叶身长圆锥形，中空，绿色或深绿色；单个叶鞘为圆筒状，多层套生的叶鞘和其内部包裹的 4～6 个尚未出鞘的幼叶构成棍棒状假茎。花着生于花茎顶端，开花前，正在发育的伞形花序藏于总苞内。营养器官充分生长的葱株，一个花序有小花 400～500 朵，多者可达 800 朵以上。

【主要分类】按假茎高度，大葱可分为长葱白类型和短葱白类型两类（图 3-23）。

①长葱白类型：植株高大，假茎高大，葱白长粗比值大于 10，产量高，需良好的栽培条件，生、熟食均优。代表品种有山东'章丘大葱'、陕西'华县谷葱'、辽宁'盖平大葱'、北京'高脚白大葱'等。

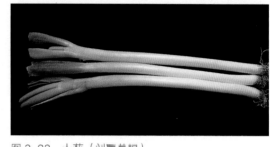

图 3-23　大葱（刘雨菡摄）

②短葱白类型：植株稍矮，叶和假茎均较粗短，葱白长粗比值小于 10，叶排列紧凑，较易栽培，最适熟食或作调味品。代表品种有山东寿光'八叶齐''五叶葱'、河北'隆尧大葱'等。

3. 大蒜

【学名】*Allium sativum*

【别名】蒜头、独蒜、胡蒜

【英名】garlic

【科属】石蒜科葱属

【产地及分布】学名蒜，原产地为西亚和中亚地区，张骞出使西域后将其带回中国，距今已有两千多年的历史。蒜最初引入时常被称为"胡蒜"，后因为其外形"头大"，因此又称大蒜。

【形态特征】大蒜为浅根性植物，无主根，成株发根数 70～110 条，外侧最多，内侧较少；根最长可达 50 cm 以上，但主要根群分布在 5～25 cm 土层，横展范围 30 cm。鳞茎大，具 6～10 瓣，外被灰白色或淡紫色膜质鳞被。叶分为叶身和叶鞘，叶鞘管状，叶身未展出前呈折叠状，展出后扁平而狭长，为平行叶脉；叶互生，为 1/2 叶序，对称排列。叶鞘相互套合形成假茎，具有支撑及运输营养物质的功能。花序为伞形，具苞片 1～3 枚，呈浅绿色；花期夏季（图 3-24）。

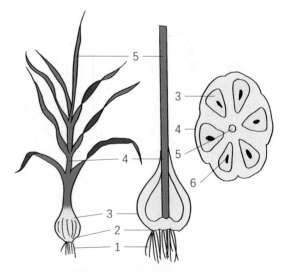

1. 须根；2. 茎盘；3. 鳞茎；4. 叶鞘；5. 花薹；6. 芽孔
图 3-24　大蒜各部位形态（刘雨菡绘制）

【主要分类】大蒜品种资源丰富，各地均有名优品种，但国内外尚无统一的分类方法。在中国，通常按蒜瓣大小分为大瓣蒜和小瓣蒜，也有按蒜瓣外皮颜色分为紫皮蒜和白皮蒜。

①大瓣蒜：蒜瓣数较少，且瓣体肥大，辣味较重，产量较高，适宜于露地栽培。代表品种有'开原大蒜''阿城大蒜'等。

②小瓣蒜：蒜瓣较少且皮薄，辣味较淡，产量较低，适合利用蒜黄与青蒜进行栽培。代表品种包括'拉萨白皮蒜''永年狗牙蒜'等。

七、水生蔬菜

莲

【拉丁名】*Nelumbo nucifera*

【别名】荷花、水芙蓉

【英名】lotus

【科属】睡莲科莲属

【产地及分布】莲原产于印度，后来引入中国。

【形态特征】莲具有须状不定根，着生在根状茎上，束状。根状茎在土中 20～30 cm，深处横生细长如手指粗的分枝，称"莲鞭"。生长后期，莲鞭先端数节的节间明显膨大变粗，成为供食用的藕。首先抽生的较大的藕，称为"主藕"，主藕节上分生 2～4 个"子藕"，较大的子藕又可分生"孙藕"。主藕先端一节较短称为"藕头"，中间 1～2 节较长称为"藕身"或"中截"，连接莲鞭的一节较长而细称为"尾梢"。叶通称"荷叶"，为大型单叶，从茎的各节向上抽生，具长柄。花通称"荷花"，着生于部分较大立叶的节位上。花单生，花冠由多瓣组成，两性花。果实通称"莲蓬"，其上分散嵌生莲子，为真果，属小坚果，内具种子一粒。

【主要分类】根据利用器官的不同，莲主要分类如下。

①藕莲：又称菜藕，以利用肥大的根状茎为目的。一般根状茎粗 3.5 cm 以上，无花或少花，由武汉市农业科学院选育的'鄂莲'系列品种大多为藕莲（图 3-25）。

②子莲：以利用莲子为目的（图 3-26，图 3-27）。开花多，花常单瓣，有红花和白花两种。结实多，莲子大，但藕细小而硬。优良品种有'太空莲 36 号''满天星''建选 17 号'等。

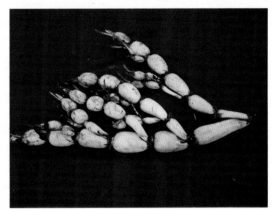

图 3-25　藕莲的藕（孙亚林摄）

③花莲：以观赏为目的，花极美，很少结实，藕细质劣。优良品种有'千瓣莲''红千叶'等。

图 3-26　子莲的莲蓬（孙亚林摄）

图 3-27　莲子（去壳后磨皮）

八、薯芋类蔬菜

芋

【学名】*Colocasia esculenta*

【别名】芋头、芋艿、水芋、毛芋

【英名】taro

【科属】天南星科芋属

【产地及分布】原产我国和印度、马来半岛等热带地区。在非洲、大洋洲等地亦有栽培。

【形态特征】芋为湿生草本。球茎通常椭圆形，常生多数小球茎，均富含淀粉。叶 2～3 枚或更多，叶柄长于叶片，长 20～90 cm，绿色或紫色，叶片卵状，长 20～50 cm，先端短尖或短渐尖。花序柄常单生，短于叶柄。佛焰苞长短不一，一般为 20 cm 左右，管部绿色或紫色，长卵形；檐部披针形或椭圆形，展开成舟状，边缘内卷，淡黄色至绿白色。肉穗花序长约 10 cm，短于佛焰苞。花期 2—4 月（云南）至 8—9 月（秦岭）。

【主要分类】芋主要分类如下。

①多头芋：母芋分蘖群生，子芋甚少，例如台湾山地栽培的'狗蹄芋'（图 3-28A）、广西宜山的'狗爪芋'皆属此类。其植株一般较矮，通常一株生多数叶丛，其下生多数母芋，结合成一块；粉多头芋口感如栗，呈粉质。

②魁芋：植株高大，母芋单一或少数，肥大而味美，子芋少，产量较高。品种有'竹节芋''红槟榔心''槟榔芋'等（图 3-28B）。

③多子芋：母芋多纤维，口感一般，子芋多而群生，分蘖力强，形态呈尾端细瘦的纺锤形，易从母芋中分离。该类芋的栽培目的是采收子芋。多子芋品种较多，如山东的'虾籽芋'、浙江的'红顶芋''乌脚芋'、台湾的'乌柿芋'等（图 3-28C）。

图 3-28 不同类型的芋（孙亚林摄）
A. 多头芋（'狗蹄芋'）；B. 魁芋（'槟榔芋'）；C. 多子芋（'武芋 1 号'）

思考题

1. 根据食用器官，蔬菜可分为哪几类？试列举各类代表蔬菜各 2 种。
2. 白菜类蔬菜在生物学特性和栽培技术上有哪些共性？
3. 试比较茄果类蔬菜对环境要求的差异。
4. 豆类蔬菜的种子结构有何特点？
5. 试列举 3 种葱蒜类蔬菜，并谈谈它们有哪些共同点。
6. 试述瓜类蔬菜的生长习性和主要的形态特点。

参考文献

程智慧. 蔬菜栽培学各论 [M]. 北京：科学出版社，2010.

蒋先明. 蔬菜栽培学总论 [M]. 北京：中国农业出版社，2000.

罗庆熙，向才毅. 蔬菜生产技术（南方本）[M]. 北京：高等教育出版社，2002.

吕家龙. 蔬菜栽培学各论（南方本）[M]. 3 版. 北京：中国农业出版社，2011.

王娟娟，杨莎，张曦. 我国特色蔬菜产业形势与思考 [J]. 中国蔬菜，2020（6）：1-5.

夏仁学. 园艺植物栽培学 [M]. 北京：高等教育出版社，2004.

喻景权. 蔬菜栽培学各论（南方本）[M]. 4 版. 北京：中国农业出版社，2012.

张晶，吴建寨，孔繁涛，等. 2020 年我国蔬菜市场运行分析与 2021 年展望 [J]. 中国蔬菜，2021（1）：4-10.

张振贤. 蔬菜栽培学 [M]. 北京：中国农业大学出版社，2003.

中国科学院《中国植物志》编委会. 中国植物志 [M]. 北京：科学出版社，2013.

中国农业科学院蔬菜花卉研究所. 中国蔬菜栽培学 [M]. 北京：中国农业出版社，2010.

第四章
花卉与常见花卉种类

第一节　花卉的概念和
　　　　特点
第二节　花卉分类
第三节　代表性花卉

　　五颜六色、千姿百态、馥郁芬芳的花卉美化着人居环境，愉悦着人的心情。花花世界，赏心悦目。但是花卉种类繁多，培育的园艺品种更是层出不穷，每一种花卉的生长发育和生态习性亦千差万别，栽培方式和应用方式也不同，因此花卉的识别成为人们赏花和识花的最大障碍。如何认识美丽的花卉？花卉分类是帮助人们认识花卉并应用花卉最快捷、最科学的方法。根据生态习性和观赏特点，将观赏花卉种植在花园中最适宜最科学的位置，充分展现其色彩美和形态美。

布查特花园一角（杨文清绘制）

第一节　花卉的概念和特点

一、花卉概念

花是被子植物的生殖器官，卉是草的总称，故花卉即可供观赏的花草。随着种质资源的不断开发和对植物观赏性的重新认识，如今花卉的概念更加广泛。除花草之外，木本植物和观赏草类中具有观花、观果、观叶和其他所有具观赏价值的植物都统称为花卉。

二、花卉特点

1. 种类繁多

花卉种质资源不仅数量多，而且变异广泛、种类丰富。具体表现为物种多样性和遗传多样性。物种多样性即多种多样的生物种类。我国约有 3 万种高等植物，有观赏价值的栽培园林植物超过 6 000 种；《法国种苗商报》报道，目前已经园艺化的花卉达 8 000 种。遗传多样性即同一种的不同种群的基因变异和同一种群的基因差异，表现为种下产生变种、亚种、变型等。此外，通过育种家的人工培育，同一个种更是产生了成百上千的观赏特性各异的品种。如月季品种超过 30 000 个，水仙（*Narcissus tazetta* subsp. *chinensis*）品种超过 3 000 个，荷花（学名莲，*Nelumbo nucifera*）品种超过 800 个（图 4–1）。

图 4–1　部分荷花品种（彭静摄）
A. '披针红'；B. '洒金莲'；C. '思念'；D. '友谊牡丹莲'；E. '粉宝石'；F. '案头春'；G. '风卷红旗'；H. '东方明珠'

2. 观赏性强

花卉即有观赏价值的植物，花、果、叶、根、茎等有观赏性或具有芳香即可以纳入花卉的范畴。

花是所有花卉最主要的观赏部位，花色变异丰富、花型姿态各异。狭义的观花，是指观赏花瓣或花被片，如蝴蝶兰（*Phalaenopsis aphrodite*，图4-2A）的两个侧瓣似蝴蝶翅膀。广义的观花还包括观赏花的萼片或苞片。如一品红（*Euphorbia pulcherrima*，图4-2B）又称圣诞红，红色花瓣状的苞片是其观赏的主要部位。一串红（*Salvia splendens*，图4-2C）花瓣凋落后宿存的红色萼片，使其观赏期可以长达数月。

观果花卉是指其果实的颜色或形态特殊，具有观赏价值的一类花卉，如金柑（*Citrus japonica*）、火棘（*Pyracantha fortuneana*，图4-2D）、北美冬青（*Ilex verticillata*）、辣椒（*Capsicum annuum*）、乳茄（*Solanum mammosum*）等。

观叶花卉的观赏性主要表现在叶片形态和色彩，如观叶植物的代表变叶木（*Codiaeum variegatum*）因为叶型和叶色多变而命名（图4-2E）。

观根花卉是指具有独特的气生根的一类花卉。如榕树（*Ficus microcarpa*）和锦屏藤（*Cissus verticillata*，图4-2G）。锦屏藤，又名一帘幽梦，能自茎节生长出数百或上千条红褐色具金属光泽、不分枝的细长气根，垂悬于棚架下，状极优雅。

观茎花卉可观赏其独特的茎干形态，如酒瓶兰（*Beaucarnea recurvata*，图4-2F）的树干似酒瓶；另外茎干柔韧性好的，可整成各种造型，如富贵竹（*Dracaena sanderiana*）的茎干柔韧，可编制成花瓶、篱笆和龙游型等造型，是极好的观茎花卉。

香花花卉因其香味而具有观赏价值，兰属植物（*Cymbidium* spp.）、茉莉花（*Jasminum sambac*）、桂花（学名木樨，*Osmanthus fragrans*，图4-2H）、水仙、米兰（学名米仔兰，

图4-2 不同观赏部位的花卉

A. 蝴蝶兰（韦陆丹摄）；B. 一品红；C. 一串红；D. 火棘；E. 变叶木；F. 酒瓶兰（刘雨菡摄）；G. 锦屏藤（韦陆丹摄）；H. 桂花（韦陆丹摄）

Aglaia odorata）、珠兰（学名金粟兰，*Chloranthus spicatus*）、白兰（*Michelia × alba*）、含笑花（*Michelia figo*）、玉兰（*Yulania denudata*）和晚香玉（*Polianthes tuberosa*）被称为"十大香花植物"。

3. 赏食兼用

万紫千红的奇花异卉，不仅美化着人们的生活，而且大多数花卉还具有较高的药用和食用价值。我国的食花文化早在商代就有记载，春秋时期屈原的"朝饮木兰之坠露兮，夕餐秋菊之落英"成为食用花卉经典描述。东汉时期成书的《神农本草经》收载的365种药物中有植物药252种，其中具有观赏价值的约100种，牡丹、芍药（*Paeonia lactiflora*）、菊花等均在其中。明代李时珍在其所著的《本草纲目》中说："群花品中，牡丹第一、芍药第二，故世谓牡丹为花王，芍药为花相。"牡丹的花、根皮，芍药的根，均为常用中药。明代著名植物学专著《群芳谱》记载植物386种，有观赏价值的约233种，其中可供入药的约182种，且在每种药用花卉下，列有"疗治"一项，详细地介绍了功用和用法。可以说观赏花卉大多起源于药用和食用植物。

三、花卉经济

花卉是重要的商品，主要以盆花、切花和绿化苗木的形式应用于家庭和城市园林。花卉的广泛应用促进了花卉的生产和销售，截至2018年，全国花卉种植总面积达146.1万 hm^2，销售总额1 639.2亿元，目前中国已经成为世界上最大的花卉生产国。

此外，花卉的附加值高，许多花卉还具有重要的食用和药用价值。如百合（*Lilium* spp.）、菊花在我国自古以来就有"药食同源"的说法。随着工业的不断发展，很多花卉提炼的精油、纯露，可作为化妆品的重要原料，如从大马士革玫瑰（学名突厥蔷薇，*Rosa damascena*）中提炼的玫瑰精油是高级香水、香料和化妆品生产中不可取代的原料。花卉可观赏、可食用或药用、可深加工，花卉的附加值正在不断提升。

四、花卉文化

花卉不仅具备极高的观赏价值，其独特的姿态、特殊的香味，往往成为人们情感的寄托。以花寄情，以花喻人，经过漫长的提炼、升华，花卉被注入了更多精神和社会的内容，逐渐形成花卉文化。梅（*Prunus mume*）、牡丹、菊花、兰、月季、杜鹃（*Rhododendron simsii*）、山茶（*Camellia japonica*）、荷花、桂花、水仙是中国传统十大名花（表4-1）。梅、兰、竹和菊花被誉为花中"四君子"，菊花、兰、菖蒲（*Acorus calamus*）和水仙被誉为"花草四雅"。

从《诗经》、两汉乐府到元曲以至清诗，花卉及其寓意组成了中国文学不可或缺的部分。有些以植物起兴，有些则以植物取喻，更多是直接对植物的吟诵。表4-2为汉代以后较具代表性的诗词集，各诗词集中除了《玉台新咏》和《唐诗三百首》之外，其他含有植物种类的诗词都占全书诗词数的一半以上。对诗词中出现的植物进行统计，从唐代开始，含有柳、竹、松、荷、桃和梅的诗词首数最多，其次是兰、菊、桂、茶等。这其中的许多植物都是非常重要的观赏花卉，并且与我国古老而伟大的传统文化一脉相承。每一种花草都蕴含着丰富而深厚的内涵，都有其品性风骨，寄托着人们美好的祝福与愿望。

表 4-1　中国传统十大名花的雅称和花文化

花名	雅称	花文化	花名	雅称	花文化
梅花	花中之魁	贞资劲质，雪魄冰魂	杜鹃	花中西施	寄托思乡怀乡之情
牡丹	花中之王	繁荣昌盛，幸福美好	山茶	花中珍品	胜利之花
菊花	花中隐士	傲寒凌霜，正气长存	荷花	花中君子	清正廉洁，无私无邪
兰花	天下第一香	清幽脱俗，正气浩然	桂花	金秋娇子	高贵与光荣
月季	花中皇后	爱情、和平	水仙	凌波仙子	爱情、祥瑞

表 4-2　汉代以后较具代表性的诗词集中所含植物种类数量（潘富俊，2016）

诗词集	诗词总数	具有植物的诗词数（％）	植物种类
玉台新咏 *	769	362（47.1）	113
唐诗三百首	310	136（43.9）	81
花间集	500	327（65.4）	84
宋诗钞	16 033	8 449（52.7）	260
元诗选	10 071	5 507（54.7）	301
明诗综	10 132	5 087（50.2）	334
清诗汇	27 420	15 145（55.2）	427

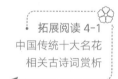

拓展阅读 4-1
中国传统十大名花
相关古诗词赏析

* 含《续玉台新咏》

第二节　花卉分类

　　花卉种类繁多，苔藓、蕨类植物、裸子植物和被子植物中都有具观赏价值的植物。我国具有观赏价值的栽培园林植物大于 6 000 种，同一种下又产生了不同的变种和品种，如此繁多的种导致人们很难逐一认识。此外，各种花卉适应的生态习性不同，所种植区域的生态环境条件复杂，导致每一种花卉的栽培技术不一，增加了花卉栽培和应用的难度。

　　长期以来，人们从不同的角度，根据植物形态、生命周期、环境条件、生态习性、观赏部位和用途等对花卉进行分类，每种分类方法都有各自的优缺点，也有其适用的条件。因而欲将众多花卉作一个完美的分类是比较困难的。

　　一种比较优秀的花卉分类方法必须包含以下要求：各类间区别明确，易于划分；相互之间不交叉重叠；与生产实践紧密结合，利于指导生产栽培；能在不同的地理区域方法适用等。对众多的花卉进行分类，有助于化繁为简，便于人们更好的认识花卉，从而达到灵活种植和应用花卉的目的。

一、按照生态习性的综合分类方法

按照生态习性的综合分类方法主要是依据花卉的生态特性与生活习性，并结合植物分类系统的地位与栽培方法，而形成的一种分类方法。根据此种方法，可将花卉分为 8 大类：一二年生花卉、宿根花卉、球根花卉、室内观叶植物、肉质植物（又称多浆植物）、兰科花卉、水生花卉和木本花卉。只要明确某一个花卉的综合分类，就能初步判断其生态特性或生活习性，并预测相应的栽培方法和应用场景。

1. 一二年生花卉

一二年生花卉（annual and biennial flower）是指在一个或两个生长周期内完成其生活史的花卉。前者称为一年生花卉，如鸡冠花（*Celosia cristata*）、万寿菊（*Tagetes erecta*）等；后者称为二年生花卉，如羽衣甘蓝（*Brassica oleracea* var. *acephala*）、红菾菜（学名厚皮菜，*Beta vulgaris* var. *cicla*）。一二年生花卉的相同点是生命周期短，多采用播种繁殖。不同点主要体现在一年生花卉的生命周期为一年，春季播种，秋季开花，冬季不耐寒；二年生花卉的生命周期为两年，秋季播种，冬季耐寒，第二年春夏开花，夏季不耐高温（表4-3）。此外园艺上将在原产地为多年生花卉，但是生产上作一二年生花卉栽培的花卉也称为一二年生花卉。如矮牵牛（*Petunia* × *hybrida*）、金鱼草（*Antirrhinum majus*）、三色堇（*Viola tricolor*）、石竹（*Dianthus chinensis*）等。

表4-3　一年生花卉与二年生花卉的异同

	一年生花卉	二年生花卉
相同点	生命周期短，多采用播种繁殖	
不同点	生命周期为一年	生命周期跨二年
	不耐寒	较耐寒（春化），不耐高温
	春季播种，秋季开花	秋季播种，翌年春夏开花

2. 宿根花卉

宿根花卉（perennial flower）是指多年生花卉中地下根系正常的一类花卉。宿根花卉个体寿命超过两年，多次开花结实，地下部分可存活多年。依据耐寒力的不同，宿根花卉又分为耐寒性宿根花卉和不耐寒性宿根花卉（表4-4）。耐寒性宿根花卉一般原产温带，性耐寒或半耐寒，冬季有完全休眠的习性，冬季地上部分的茎叶全部枯死，可以露地栽培，如菊花、芍药。不耐寒性宿根花卉大多原产热带和亚热带，耐寒能力弱，在冬季温度不过低时停止生长，叶片保持常绿，呈半休眠状态，常于温室栽培，如香石竹（*Dianthus caryophyllus*）、君子兰（*Clivia miniata*）等。

表 4-4　耐寒性宿根花卉和不耐寒性宿根花卉的区别

类型	原产地	耐寒性	休眠特性	植株特性	栽培方式
耐寒性宿根花卉	温带	耐寒、半耐寒	冬季完全休眠	枯叶	露地栽培
不耐寒性宿根花卉	热带、亚热带	不耐寒	冬季半休眠，夏季高温半休眠	常绿	温室栽培

3. 球根花卉

球根花卉（bulb flower）指植株地下部分的茎或根变态、膨大并贮藏大量养分的多年生草本花卉。在寒冷的冬季或干旱炎热的夏季，球根花卉以地下球根的形式度过其休眠期，至环境条件适宜时，再度活跃生长并开花。球根花卉的种类很多，根据地下变态器官的类型，可以分为以下几类。

①鳞茎类（bulb）：茎短缩为圆盘状的鳞茎盘，其上着生多数肉质膨大的变态叶（鳞片），整体呈球形。按照外层有无鳞片状膜包被，可分为无皮鳞茎（nontunicated bulb）和有皮鳞茎（tunicated bulb）。前者如百合（图4-3A）、花贝母（*Fritillaria imperalis*），后者如郁金香（*Tulipa gesneriana*）、水仙（图4-3B）、朱顶红（*Hippeastrum rutilum*）、石蒜（*Lycoris radiata*）。

②球茎类（corm）：地下茎短缩膨大呈实心球状或扁球形，其上着生环状的节，顶端有顶芽，节上有侧芽。代表花卉有唐菖蒲（*Gladilolus hybridus*，图4-3C）、香雪兰（*Freesia refracta*）、藏红花（学名番红花，*Crocus sativus*）。

③块茎类（tuber）：由地下茎变态膨大呈不规则的块状或球状，但块茎外无皮膜包被。代表花卉有花叶芋（学名五彩芋，*Caladium bicolor*，图4-3D）和马蹄莲（*Zantedeschia aethiopica*）。

④根茎类（rhizome）：地下茎呈根状肥大，具明显的节与节间，节上有芽并能发生不定根，根茎往往水平横向生长，地下分布较浅，又称为根状茎。代表花卉有美人蕉（*Canna indica*）、姜花（*Hedychium coronarium*）、铃兰（*Convallaria majalis*）、荷花（图4-3E）等。

⑤块根类（tuberous root）：其块根由侧根或不定根肥大而成，无节、无芽，只有须根。代表花卉有大丽花（*Dahlia pinnata*，图4-3F）、花毛茛（*Ranunculus asiaticus*）、欧洲银莲花（*Anemone coronaria*）、蛇鞭菊（*Liatris spicata*）等。

4. 室内观叶植物

室内观叶植物（indoor foliage plant）是指适宜在室内环境条件下较长期正常生长，以观叶为主、有较高观赏价值，用于室内装饰与造景的花卉。相比其他花卉，室内观叶植物在生态习性和观赏特性上具有显著的特点。生态习性特点表现在喜温暖、喜湿润和喜荫三个方面，冬季低温是室内观叶植物生存的限制因子，大多数室内观叶植物要求冬季的温度不低于5 ℃。观叶是室内观叶植物最主要的观赏特性特点，具体表现在可以观叶形叶色，其叶形奇特、叶色秀美，如专门观叶形的巢蕨（*Asplenium nidus*，图4-4A）、豆瓣绿（*Peperomia tetraphylla*，图4-4B）、鹅掌柴（*Heptapleurum heptaphylla*，图4-4C），观叶色的银脉凤尾蕨（学名白羽凤尾蕨，*Pteris ensiformis var. victoriae*，图4-4D）、如意皇后（学名彩叶粗肋草，*Aglaonema commutatun*，图4-4E）、合果芋（*Syngonium*

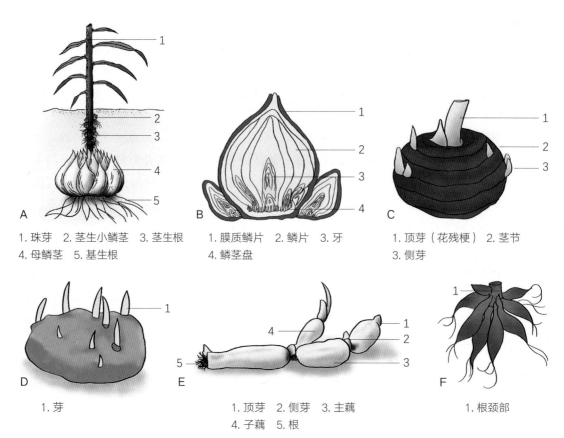

A 1. 珠芽 2. 茎生小鳞茎 3. 茎生根
4. 母鳞茎 5. 基生根

B 1. 膜质鳞片 2. 鳞片 3. 牙
4. 鳞茎盘

C 1. 顶芽（花残梗） 2. 茎节
3. 侧芽

D 1. 芽

E 1. 顶芽 2. 侧芽 3. 主藕
4. 子藕 5. 根

F 1. 根颈部

图 4-3 不同球根花卉地下部分的形态特征（刘雨菡绘制）
A. 百合鳞茎；B. 水仙鳞茎；C. 唐菖蒲球茎；D. 花叶芋块茎；E. 荷花根茎；F. 大丽花块根

图 4-4 部分观叶植物（刘雨菡摄）
A. 巢蕨；B. 豆瓣绿；C. 鹅掌柴；D. 银脉凤尾蕨；E. 如意皇后'吉利红'；F. 合果芋；G. 白鹤芋；H. 果子蔓'红星'；I. 三色千年木

podophyllum，图 4-4F）。此外，有些室内观叶植物在观叶的同时还可以赏花赏姿态，如能观叶又赏花的白鹤芋（*Spathiphyllum lanceifolium*，图 4-4G）、果子蔓（*Guzmania lingulata* var. *cardinalis*，图 4-4H）；能观叶又能赏姿态的三色千年木（*Dracaena marginata* 'Tricolor'，图 4-4I）。

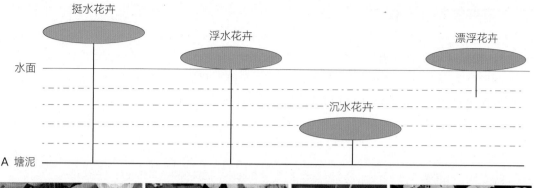

图 4-7　水生花卉的类型及其代表花卉
A. 水生花卉的类型；B. 荷花；C. 睡莲；D. 苦草；E. 大薸

crassipes）、大薸（*Pistia stratiotes*，图 4-7E）等。

8. 木本花卉

木本花卉（wooded flower）是指以赏花为主的木本植物。木本花卉含有木质茎，主要包括乔木花卉、灌木花卉和藤本花卉三大类。

乔木花卉指主干单一明显的木本花卉，主干生长离地至高处开始分枝，而树冠具有一定的形态，如梅（图 4-8A）、桂花等。

灌木花卉通常指无明显主干、低矮的木本花卉，从地面处分出多个枝干，树冠不定型，近似丛生，如蜡梅（*Chimonanthus praecox*，图 4-8B）、杜鹃、山茶、月季、牡丹等。

藤本花卉的枝条通常生长的较为细弱，不能够直立生长，常常依附在其他植物、墙壁或者支架上。常见的藤本花卉有紫藤（*Wisteria sinensis*，图 4-8C）、凌霄（*Campsis grandiflora*）等。

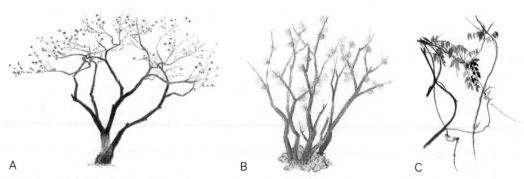

图 4-8　木本花卉的类型（黄俊健绘制）
A. 梅（乔木）；B. 蜡梅（灌木）；C. 紫藤（藤本）

二、花卉的其他分类方法

1. 按照环境条件分类

按照环境条件分类即根据花卉对水分、温度和光照的需求进行分类（图 4-9），此种分类方法比较烦琐，但是便于了解花卉的栽培习性。

图 4-9　按环境条件的花卉分类

2. 按照观赏部位分类

按照观赏部位，可将花卉分为观花、观果、观叶、观茎、观根、芳香花卉等六类，具体的代表类型详见本章第一节"花卉的概念和特点"。此种分类方法有利于花卉的应用，但是对于花卉栽培的指导性不强。

3. 按照商品用途分类

从商业生产的角度，按照商品用途可将花卉分为切花类、盆花类和地栽类。但是有时同一花卉的不同品种或采用不同的栽培方式，可以生产出不同用途的产品，如月季中有切花月季、盆栽月季和地栽月季。所谓切花是指将花枝剪取下来做瓶花或其他装饰用，香石竹、菊花、月季和唐菖蒲是世界四大切花。盆花是指将花卉栽植于各类容器中，便于控制花卉生长的各种条件和搬移。地栽类指完全在自然气候条件下露地种植的花卉。

第三节　代表性花卉

一、一二年生花卉

1. 矮牵牛

【学名】*Petunia* × *hybrida*

【别名】毯子花、撞羽朝颜

【英名】petunia

【科属】茄科矮牵牛属

【产地及分布】原产南美洲，现各地广为栽培。

矮牵牛（学名碧冬茄）是由人工杂交创造的新种。1835年，英国人Atkins收集了矮牵牛的两个近缘种，腋生矮牵牛（*P. axillaris*）和膨大矮牵牛（*P. inflata*），并尝试对它们进行杂交，得到大量表现各异的杂交后代，这些杂交后代构成矮牵牛最初的育种资源圃。1840年，大量杂交矮牵牛应用于英国庄园。现在世界各地广为栽培。

【形态特征】原产地可以多年生栽培，生产上作一年生栽培。株高10～40 cm，全株被腺毛。叶片卵形、全缘，几乎无柄，互生，嫩叶略对生。花单生叶腋及顶生，花萼五裂，花冠漏斗状（图4-10），与牵牛花的花冠形态相似，故名"矮牵牛"。花瓣变化多，有单瓣、重瓣、半重瓣、瓣边有波浪状，花径5～8 cm，花色丰富，有白、红、粉、紫及中间各种花色，还有许多镶边品种等。花期4—10月，温室栽培可全年开花。

图4-10　矮牵牛（刘雨菡摄）

【应用】矮牵牛被誉为"花坛植物之王"，适于春、夏、秋季盛花花坛及自然式布置；大花、重瓣品种可盆栽观赏。

2. 万寿菊

【学名】*Tagetes erecta*

【别名】臭芙蓉、臭菊

【英名】African marigold

【科属】菊科万寿菊属

【产地及分布】万寿菊原产墨西哥及中美洲地区，1596年引入欧洲，1700年中国华南地区已有记载。现在世界各地广有栽培。

【形态特征】一年生草本（图4-11）。株高20～90 cm，茎粗壮直立，叶对生或互生，羽状全裂，裂片披针型，有油腺，头状花序顶生，花序梗上部膨大。花色为黄色、橙黄色、橙色。花期5—11月。

图4-11　万寿菊（韦陆丹摄）

【应用】万寿菊有观赏万寿菊和色素万寿菊两大类。其中观赏万寿菊宜植于花坛、花境、林缘或作切花，矮生品种作盆栽。色素万寿菊植株高大，花瓣为橙红色，富含叶黄素，是最重要的植物源叶黄素提取材料。

3. 鸡冠花

【学名】*Celosia cristata*

【别名】鸡冠

【英名】cockscomb

【科属】苋科青葙属

【产地及分布】原产东亚及南亚亚热带和热带地区，现世界各地广为栽培。中国鸡冠花栽培始于唐代，唐代罗邺有诗《鸡冠花》；宋代陈景沂《全芳备祖》中有鸡冠花的记述；明代王象晋的《二如亭群芳谱》较详细地记载了鸡冠花的品种及其特征、栽培方法和药用价值等。1570年引入欧洲。

【形态特征】一年生草本，株高20～150 cm。茎直立粗壮，通常有分枝或茎枝愈合为一。叶互生，有叶柄，长卵形或卵状披针形，全缘或有缺刻，有

图4-12 鸡冠花

绿、黄绿及红等颜色。肉穗状花序顶生，呈扇形、肾形、扁球形、穗状（图4-12）等，小花两性，细小不显著。整个花序有深红、鲜红、橙黄、金黄或红黄相间等颜色，且花色与叶色常有相关性。花序上部退化呈丝状，中下部呈干膜质状。自然花期为夏秋至霜降。

【应用】高型品种适宜作切花，水养持久，还可用于花坛、花境、花丛等。矮型品种可栽于花坛作边缘种植或盆栽观赏。鸡冠花还是良好的干花花材。有用作蔬菜的品种，食用部位为茎叶。花序、种子均可入药。

4. 一串红

【学名】*Salvia splendens*

【别名】墙下红、象牙红、爆竹红、西洋红

【英名】scarlet sage

【科属】唇形科鼠尾草属

【产地及分布】原产巴西，现世界各地广为栽培。19世纪初引入欧洲，历经约100年育出了早花矮型品种，首先在法国、意大利、德国等国栽培，20世纪末引入中国。

【形态特征】原为多年生半灌木，作一年生栽培。茎直立光滑有四棱，高50～80 cm。叶对生，卵形至心形，有柄长6～12 cm，顶端尖，边缘具牙齿状锯齿。顶生总状花序，有时分枝达5～8 cm长；花2～6朵轮生，苞片红色，花萼钟状，花瓣衰落后花萼宿存（图4-13）；花冠唇形筒状伸出萼外，长达5 cm；

图4-13 一串红（辛海波摄）

花萼和花颜色丰富，有鲜红、粉、红、紫、淡紫、白等色。

【应用】一串红花色艳丽，是用于花坛的主要材料，也可作花带，花台等应用；还可用于盆栽，为摆放盆花的重要花卉种类。

图集 4-1
一串红的
花色多样性

5. 三色堇

【学名】*Viola tricolor*

【别名】猫儿脸、猴面花

【英名】pansy

【科属】堇菜科堇菜属

【产地及分布】原产欧洲，现世界各地均有栽培。

【形态特征】三色堇为多年生草本，常作二年生栽培，而在我国北方常作一年生栽培。植株高 10～30 cm，茎光滑，多分枝，叶互生，基生叶圆心形，茎生叶较长，叶基部羽状深裂。花大，腋生，

图 4-14　三色堇（刘雨菡摄）

下垂，花瓣 5 枚（图 4-14），一瓣有短钝的距，两瓣有线状附属体，花冠呈蝴蝶状。原种的花色有黄、白、紫三色，近代培育的三色堇花色极为丰富。有各色单色和复色品种。花期冬春。

图集 4-2
各种颜色的三
色堇及其应用

【应用】三色堇因色彩丰富，开花早，是优良的春季花坛材料，被誉为"花坛皇后"。也可以盆栽，作为冬季或早春摆花之用。还可以用于花境、花池、岩石园、野趣园、自然景观区树下，或作地被。由于其花型奇特，还可剪取作艺术插花或者压花的素材。

6. 石竹

【学名】*Dianthus chinensis*

【别名】中华石竹、蘧麦

【英名】Chinese pink

【科属】石竹科石竹属

【产地及分布】原产中国及东亚地区，分布广。中国栽培历史悠久。《尔雅》称石竹为蘧麦，《二如亭群芳谱》中记录了其形态、品种和栽培法。19 世纪经日本传人俄国圣彼得堡。现在广为栽培。

图 4-15　石竹（傅小鹏摄）

【形态特征】多年生宿根花卉，常作一二年生栽培，实生苗当年可开花。株高 15～75 cm，茎直立，节部膨大。单叶对生，灰绿色，线状披针形，基部抱茎。花单生或数朵呈聚伞花序；花径约 3 cm，花瓣 5，先端有齿裂（图 4-15），有白、粉红、鲜红等色。花期冬春。

【应用】适宜早春花坛、花境栽植，或与岩石配植，植于岩石园，还可供盆栽或用作切花。

7. 羽衣甘蓝

【学名】*Brassica oleracea* var. *acephala*

【别名】叶牡丹

【英名】ornamental cabbage

【科属】十字花科甘蓝属

【产地及分布】原产于西欧，现世界各地已普遍栽培。

【形态特征】二年生草本花卉。株高可达30～60 cm。叶平滑无毛，呈宽大匙形，且被有白粉，外部叶片呈粉蓝绿色，边缘呈细波浪状皱褶，内叶的叶色极为丰富，通常为白、粉红、紫红、乳黄、黄绿等颜色（图4-16）。叶柄比较粗壮，且有翼。4月抽薹开花，花葶比较长，有时可高达160 cm；有小花20～40朵。

图 4-16　羽衣甘蓝（柏淼摄）

【应用】羽衣甘蓝的耐寒性较强，且叶色鲜艳，是南方早春和冬季重要的观叶植物。亦可作为花坛、花境的布置材料及盆栽观赏。

二、宿根花卉

1. 菊花

【学名】*Chrysanthemum morifolium*

【别名】小汤黄、节华、鞠等

【英名】chrysanthemum

【科属】菊科菊属

【产地及分布】原产中国，现在世界各地广为栽培。早在三千年前，《礼记·月令》篇中有"季秋之月，鞠有黄华"之句，用菊花指示月令。晋代以后，菊花的栽培逐渐从食用、药用向园林观赏发展，如陶渊明的名句"采菊东篱下，悠然见南山"。唐代菊花栽培已很普遍，并在公元709—749年经朝鲜传入日本。明代末年，菊花传入欧洲。欧美国家大都喜爱花朵整齐、丰满的类型，培育了许多可供周年生产的切花品种。我国民间偏爱千姿百态的盆栽秋菊，以及裱扎成多种造型的艺菊。

【形态特征】多年生宿根花卉，株高30～150 cm，茎基部半木质化，茎青绿色至紫褐色，被柔毛。叶互生，有柄，叶形大，卵形至广披针形，具较大锯齿或缺刻，托叶有或无。头状花序单生（图4-17）或数朵聚生枝顶，由舌状花和筒状花组成；花序边缘为雌

图 4-17　菊花

性舌状花，花色有白、黄、紫、粉、紫红、雪青、棕色、浅绿、复色、间色等，花色极为丰富；中心花为管状花，两性，多为黄绿色。不同品种花序大小变化极大，在 2～30 cm 范围内均有。

【应用】菊花是中国传统十大名花之一，是优良的盆栽、花坛、花境用花及重要的切花材料，是世界四大切花之一。菊花可以入药，有清热解毒，清肝明目等功效。

图集 4-3
各色菊花和
染色的菊花

视频资源 4-1
菊花的起源

2. 芍药

【学名】*Paeonia lactiflora*
【别名】将离、婪尾春、殿春、山芍药
【英名】Chinese herbaceous peony
【科属】芍药科芍药属
【产地及分布】原产中国北部、朝鲜及西伯利亚，现世界各地广为栽培。芍药是中国最古老的传统名花之一。在《诗经·郑风》中已有"维士与女，伊其相谑，赠之以勺（芍）药"的诗句，以芍药相送，寄以惜别之情，也是芍药别名"将离"的来历。芍药作为观赏栽培的最早记载见于晋代。明代李时珍在《本草纲目》中重点介绍了芍药栽培技术。日本有关芍药的记载最早是 1445 年。1805 年芍药被引至英国皇家植物园（邱园）。1806 年美国开始有芍药记载。

图 4-18　芍药（刘雨菡摄）

【形态特征】多年生宿根草本，具粗大肉质根。茎簇生于根颈，初生茎叶褐红色，株高 60～120 cm。叶为二回三出羽状复叶，枝梢部分成单叶状，小叶三深裂（图 4-18）。花 1～3 朵生于枝顶，单瓣或重瓣；萼片 5 枚，宿存；花色多样，有白、绿、黄、粉、紫及混合色；雄蕊多数，金黄色。花期春末（4—5 月），故芍药又名婪尾春、殿春。

【应用】芍药是配置花境、花坛及设置专类园的良好材料。专类园中一般与"花王"牡丹间隔种植，牡丹先开，芍药后开，因此芍药被誉为"花相"。芍药亦可作切花和药用，有保肝、健脾等多种疗效。

3. 香石竹

【学名】*Dianthus caryophyllus*
【别名】康乃馨、麝香石竹
【英名】carnation

【科属】石竹科石竹属

【产地及分布】原产地中海区域、南欧及西亚，世界各地广为栽培。已有 2 000 余年栽培历史。原种只在春季开花，1840 年法国人达尔梅（M. Dalmais）将香石竹改良为连续开花类型。1938 年育成了 William Sim 系列品种，包括由其产生的品系，其中有些优良品种直到现在还占有重要地位。我国于 1910 年开始引种。

【形态特征】常绿半灌木，作宿根花卉栽培。株高 25 ～ 100 cm，茎直立，多分枝，节间膨大，茎秆硬而脆。基部半木质化，全身稍被白粉，呈灰绿色。叶对生，线状披针形，全缘，叶较厚，基部抱茎。花单生或数朵簇生枝顶，花瓣多数，扇形，先端有齿裂。花色极为丰富，有红、紫红、粉、黄、橙、白等单色，以及条斑、晕斑及镶边复色，现代香石竹已少有香气。

【应用】香石竹是世界四大切花之一，高秆品种主要用于切花生产，矮秆品种可以作盆栽观赏（图 4-19）。

图 4-19　香石竹（刘雨菡摄）

4. 非洲菊

【学名】*Gerbera hybrida*

【别名】扶郎花

【英名】barberton daisy

【科属】菊科大丁草属

【产地及分布】原产非洲南部的德兰士瓦（今南非境内）。最早实行品种改良的是英国的 I. Lynch，用 *G. jamesonii* 和绿叶毛足菊（*G. viridifolia*）杂交。此后法国的 M. Adent 继续改进，育成了大量切花品种。另外日本也育成了重瓣品种，花型、花色多样，统称杂种非洲菊（*G. hybrida*），用于切花、盆花。我国上海最早引进非洲菊，成为我国的重要切花。

【形态特征】多年生宿根常绿草本（图 4-20）。基生叶丛状，全株有茸毛，老叶背面尤为明显，叶长椭圆状披针形，具羽状浅裂或深裂，叶柄长12 ～ 30 cm。花葶高 20 ～ 60 cm，有的品种可达80 cm。总苞盘状钟形，苞片条状披针形。头状花序顶生，舌状花条状披针形，1 ～ 2 轮或多轮，长2 ～ 4 cm 或更长，管状花呈上下二唇状。花色有白、黄、橙、粉红、玫红、洋红等，可四季开花，以春、秋为盛。

【应用】是重要的切花种类，矮生品种亦可盆栽观赏。

图 4-20　非洲菊

5. 鹤望兰

【学名】*Strelitzia reginae*

【别名】极乐鸟花、天堂鸟花

【英名】bird of paradise flower

【科属】芭蕉科鹤望兰属

图 4-21　鹤望兰（柏淼摄）

【产地及分布】原产南非，1773 年由 M. Banks 引到英国，它以奇特的花姿，很快成为全世界普遍重视的室内花卉，尤其在意大利、美国、日本、新西兰等国家的温暖地区更为普遍。我国引种虽也较早，但只在植物园、公园温室少量展示。

【形态特征】多年生常绿草本，高 1～2 m，肉质根粗壮而长，上有多数细小须根。茎极短而不明显。叶两侧排列，有长柄，全缘，革质，侧脉羽状平行，蓝绿色，叶背和叶柄被白粉，宽椭圆形或卵状披针形，长 30～40 cm，宽 8～15 cm，叶柄长为叶长的 2～3 倍。花茎于叶腋间生出，高出叶片，佛焰苞横生似船形，长约 15～20 cm，绿色，边缘具暗红色晕；总状花序有花 3～9 朵露出苞片之外，小花有花萼 3 枚，橙黄色；花瓣 3 枚，舌状，蓝紫色，上面一枚短，下面二枚中间结合，组成花舌；下部的小花先开，依次向上开放，其花型奇特，好似仙鹤翘首远望（图 4-21）。

【应用】鹤望兰叶大姿美，花型奇特，四季常绿，是大型盆栽观赏花卉和名贵切花。

6. 花烛

【学名】*Anthurium andraeanum*

【别名】红掌、大叶花烛、哥伦比亚花烛

【英名】flamingo flower

【科属】天南星科花烛属

【产地及分布】原产哥伦比亚，目前在美国夏威夷、哥伦比亚、荷兰、新加坡等地栽培较多。本种于 1853 年由 M. Triana 发现，1876 年传入欧洲，1940 年后开始人工选育出大量不同花形、花色的品种，我国于 80 年代引种栽培。

图 4-22　花烛（韦陆丹摄）

【形态特征】茎极短，直立。叶鲜绿色，长椭圆状心脏形。花梗长约 50 cm，高于叶片，佛焰苞阔心脏形，长 10～20 cm，宽 8～10 cm，表面有波浪状褶皱，有蜡质光泽。肉穗花序圆柱形（图 4-22），直立，黄色，长约 6 cm。温室栽培，可以周年开花。

【应用】可作切花、盆花，尤以切花为主。

三、球根花卉

1. 百合

【学名】*Lilium* spp.

【别名】百合蒜、强瞿、蒜脑薯

【英名】lily

【科属】百合科百合属

【产地及分布】百合是百合属所有种、变种和栽培品种的统称。全世界有110～115个种，主要分布于东亚和北美，即原产于北半球的温带和寒带，热带分布极少，而南半球几乎没有野生种的分布。中国是世界百合属植物主要起源地之一，有55种，占世界百合属植物总数的1/2左右。百合在中国27个省区都有分布，其中以四川省西部、云南省西北部和西藏自治区东南部分布种类最多。

我国关于百合的记载历史甚早，《尔雅翼·释草五》记有："百合蒜……根小者如大蒜，大者如碗，数十片相累，状如白莲花，故名百合，言百片合成也。"《本草纲目》中记载："百合一名番韭，即百合蒜。一名强瞿，凡物旁生为文瞿。一名蒜薯，因其根如大蒜，其味如山薯。"《金匮要略》记述了百合的药用价值。直到近代，我国百合还以食用、药用为主。

日本也是百合的重要原产地。在2 000多年前，日本人已将百合用于宗教礼仪，直到现在还用百合花作酒樽装饰。1794年麝香百合由日本传至荷兰，1819年传入英国。自20世纪前半期开始大规模开展杂交育种，从而极大地丰富了百合品种。

【形态特征】多年生球根花卉，地下具无皮鳞茎，呈阔卵状球形或扁球形，由多数肥厚肉质的鳞片抱合而成，外无皮膜，大小因种而异。多数种地上茎直立，少数为匍匐茎，高50～100 cm。叶多互生或轮生、线形、披针形、卵形或心形，具平行脉，叶有柄或无柄。花单生、簇生或成总状花序。花大型，漏斗状或喇叭状或杯状等，下垂、平伸或向上着生。花被片6枚，内、外两轮各3枚（图4-23），形相似，平伸或反卷。花色多，花瓣基部具蜜腺，常具芳香。重瓣花有瓣6～10枚，自然花期初夏至初秋。

图4-23 百合

【应用】百合取意自多数白色鳞片抱合这一特征。白百合一直代表少女的纯洁，深受世界各国人民的喜爱。百合花期长、花姿独特、花色艳丽，在园林中宜片植疏林、草地，或布置花境。商业栽培常作鲜切花，也是盆栽佳品。

视频资源4-2
百合的品种分类

2. 郁金香

【学名】*Tulipa gesneriana*

【别名】草麝香、洋荷花

【英名】tulip

【科属】百合科郁金香属

图 4-24　郁金香

【产地及分布】郁金香原产地中海沿岸、中亚和土耳其，中亚为分布中心。1554 年，A. G. Busbequius 在土耳其发现郁金香，并将种子带至欧洲栽培。1643—1637 年和 1733—1734 年欧洲先后两次出现了"郁金香热"。1753 年林奈，将栽培的（实际上已是杂种）郁金香全部定名为 *Tulipa gesneriana*。目前荷兰是世界上最大的郁金香球根和切花生产国，世界各国都有栽培。我国有关郁金香的历史记载很少，栽培品种自 20 世纪 80 年代初引进。

【形态特征】多年生球根花卉，地下鳞茎呈扁圆锥形，具棕褐色皮膜，茎、叶光滑具白粉。叶 3～5 枚，长椭圆状披针形或卵状披针形，全缘并呈波状。花茎实心，花单生茎顶，花冠钟状或盘状，花被内侧基部常有黑紫或黄色色斑。花被片 6 枚，花色多变（图 4-24）。

【应用】郁金香是重要的春季球根花卉，并以其独特的姿态和艳丽的色彩赢得各国人民的喜爱，成为胜利、凯旋的象征。郁金香花期早、花色多，可作切花、盆花，在园林中最宜作春季花境、花坛布置或草坪边缘呈自然带状栽植。

视频资源 4-3
郁金香热

3. 水仙

【学名】*Narcissus tazaetta* subsp. *chinensis*

【别名】中国水仙、金盏银台

【英名】narcissus

【科属】石蒜科水仙属

图 4-25　水仙　（柏淼摄）

【产地及分布】原产北非、中欧及地中海沿岸直至亚洲的中国、日本、朝鲜等地，现世界各地广为栽培。水仙是多花欧洲水仙（*N. tazetta*）的主要变种之一，大约于唐代早期由地中海传入我国。在我国，水仙的栽培多分布在东南沿海温暖湿润地区。

【形态特征】球根花卉，地下鳞茎肥大，卵状或近球形，外被棕褐色皮膜。叶基生，狭带状，排成互生二列状，绿色或灰绿色。花单生或多朵（通常 4～6 朵）呈伞房花序着生于花葶端部，下具膜质总苞。花葶直立，圆筒状或扁圆筒状，中空，高 20～80 cm；花多为黄色或白色，侧向或下垂，具浓香；花被片 6 枚，副花冠高脚碟状（图 4-25）。

【应用】水仙株丛低矮清秀、花色淡雅、芳香馥郁，花期正值春节，久为人们喜爱，是中国传统十大名花之一，被誉为"凌波仙子"。水仙既适用于室内案头、窗台点缀，又可用于园林中花坛、花境的布置；也宜在疏林下、草坪上成丛成片种植。

4. 唐菖蒲

【学名】*Gladiolus hybridus*

【别名】剑兰、菖兰、十祥锦

【英名】gladiolus，sword lily

【科属】鸢尾科唐菖蒲属

图 4-26　唐菖蒲（柏淼摄）

【产地及分布】原产南非好望角、地中海沿岸及土耳其，是由 10 个以上原生种经长期杂交选育而成。对现代唐菖蒲形成做出重要贡献的原生种包括：绯红唐菖蒲（*G. cardialis*）、柯氏唐菖蒲（*G. colvillei*）、甘德唐菖蒲（*G. gandavensis*）、鹦鹉唐菖蒲（*G. psittacinus*）、多花唐菖蒲（*G. floribundus*）、报春花唐菖蒲（*G. primulinus*）等。

【形态特征】多年生球根花卉，地下具球茎，球形至扁球形，外被膜质鳞片。基生叶剑形，嵌叠为二列状，通常 7～8 枚。穗状花序顶生，着花 8～20 朵；小花花冠漏斗状（图 4-26），色彩丰富，有红、粉、黄、橙、紫、白和复色等；花径 7～18 cm，苞片绿色。

【应用】唐菖蒲为世界四大切花之一，花色繁多，广泛应用于花篮、花束和艺术插花，也可用于庭院丛植。

5. 马蹄莲

【学名】*Zantedeschia aethiopica*

【别名】海芋百合

【英名】calla lily

【科属】天南星科马蹄莲属

图 4-27　马蹄莲（刘雨菡摄）

【产地及分布】原产南非和埃及，现世界各地广泛栽培。

【形态特征】球根花卉，株高 60～70 cm。地下块茎肥厚肉质。叶基生，叶柄一般为叶长的 2 倍，下部有鞘，抱茎着生；叶片戟形或卵状箭形，全缘，鲜绿色。花梗从叶旁抽生，高出叶丛；肉穗花序黄色、圆柱形，短于佛焰苞，上部为雄花，下部为雌花；佛焰苞大，开张呈马蹄形（图 4-27），花有香气。

【应用】马蹄莲花形独特，洁白如玉，花叶同赏，是花束、捧花和艺术插花的极好材料。马蹄莲花期不受日照长短的影响，栽培管理又较省工，因而我国南北方广为种植。

6. 仙客来

【学名】*Cyclamen persicum*

【别名】兔耳花、兔子花、一品冠

【英名】florists cyclamen

【科属】报春花科仙客来属

【产地及分布】原产于地中海东部沿岸，包括希腊、土耳其南部、叙利亚、塞浦路斯等地。

【形态特征】多年生球根花卉，株高 20 ～ 30 cm。肉质块茎初期为球形，随年龄增长成扁圆形，外被暗紫色木栓化皮膜。

图 4-28　仙客来（柏淼摄）

肉质须根着生于块茎下部。叶丛生于球茎上方，叶心状卵圆形，边缘具细锯齿，叶面深绿色有白色斑纹；叶柄红褐色，肉质。花大，单生而下垂，由球茎顶端叶腋处生出，花梗细长；花冠 5 深裂，基部连成短筒，花冠裂片长椭圆形向上翻卷、扭曲，形如兔耳（图 4-28），有白、绯红、玫红、紫红、大红等颜色。

【应用】仙客来花期长达 4 ～ 5 个月，花叶俱美，尤因其形态似兔耳，花期正值冬春，适逢元旦、春节等传统节日，故备受人们喜爱。仙客来为冬季重要的观赏花卉，主要用作盆花室内点缀装饰，也有作切花之用。

7. 大丽花

【学名】*Dahlia hybrida*

【别名】大理花、地瓜花、天竺牡丹、大丽菊

【英名】dahlia

【科属】菊科大丽花属

【产地及分布】原产墨西哥热带高原，现世界各地广泛栽培。

【形态特征】多年生球根花卉，地下部为粗大的纺锤状肉质块根。叶对生，1 ～ 3 回奇数羽状深裂，裂片呈卵形或椭圆形，边缘具粗钝锯齿。茎中空，直立或

图 4-29　大丽花（刘雨菡摄）

横卧，株高依品种而异，40 ～ 150 cm。头状花序顶生，花径 5 ～ 35 cm，具总长梗。外周为舌状花，一般中性或雌性；中央为筒状花，两性。总苞鳞片状，两轮，外轮小，多呈叶状（图 4-29）。自然花期夏秋季。

【应用】大丽花花大色艳，花型丰富，品种繁多，花坛、花境或庭前丛植皆宜，也是

重要的盆栽花卉，还可用作切花。其块根内含菊糖，可入药，有清热解毒、消肿之功效。

四、木本花卉

1. 月季

【学名】*Rosa hybrida*

【别名】月月花、玫瑰

【英名】rose

【科属】蔷薇科蔷薇属

【产地及分布】月季（学名月季花）是世界最古老的栽培花卉之一。据史料记载，波斯人早在公元前1200年就用来做装饰；古希腊最早的关于月季的文学记载出现在公元前9世纪；公元前6世纪，希腊女诗人已将月季誉为"花中皇后"。我国栽培月季历史相当悠久，南朝梁武帝时期（502—549）在宫中已有栽培。唐宋以来栽培日盛，有不少记叙、赞美月季的诗文，留下了"花落花开无间

图4-30　月季（刘雨菡摄）

断，春来春去不相关"和"唯有此花开不厌，一年长占四时春"等诗句。明代王象晋的《二如亭群芳谱》中就记载了很多月季品种。近200年来，欧美一些花卉产业发达的国家，在月季育种方面已经取得了辉煌成就，先后培育出了数以百计的品种。近年我国的主要栽培品种，基本上是引进的国外品种。一年多次开花的现代月季均有中国月季的"血统"。目前月季已经在全世界广泛栽培。

【形态特征】常绿或半常绿灌木，直立、蔓生或攀缘，大多有皮刺。奇数羽状复叶，小叶一般为3～5枚，叶缘有锯齿。花单生枝顶，或成伞房、复伞房及圆锥花序；萼片与花瓣5枚，少数为4枚，但栽培品种多为重瓣（图4-30）；萼片、花冠的基部合生成坛状、瓶状或球状的萼冠筒，颈部缢缩，有花盘。雄蕊多数，着生于花盘周围。花柱伸出，分离或上端合生成柱。

【应用】月季有"花中皇后"之美誉，是中国传统十大名花之一。可用于道路、公园和家庭庭院美化；低矮品种适于作盆花观赏；现代月季中有许多种或品种，花枝长且产量高，花型优美具芳香，最适于作切花，月季也是世界四大切花之一。某些特别芳香的品种，如'芳纯''墨红'等，专为采花供提炼昂贵的玫瑰精油或糖渍食用。

拓展阅读4-2
月季的前世今生

2. 牡丹

【学名】*Paeonia* × *suffruticosa*

【别名】富贵花、木芍药、洛阳花、百雨金

【英名】peony

【科属】芍药科芍药属

【产地及分布】中国是牡丹的原产地，原种分
布在陕、甘、豫、晋等省海拔800～2 100 m的高
山地带。牡丹是中国特产的传统名花，但最早作为
药用，其根皮入药，称"丹皮"。南北朝时牡丹开
始作为观赏植物栽培。唐代牡丹的观赏栽培日益繁
盛，成为皇宫御苑的珍贵名花。长安为唐代牡丹的
栽培中心，唐末时栽培地域扩展到洛阳、杭州及东
北牡丹江一带。宋代牡丹栽培中心移至洛阳，栽培
和欣赏牡丹已成为民间风尚。宋代欧阳修的《洛阳

图4-31　牡丹

牡丹记》（1034）是世界上第一部牡丹专著。至明代，牡丹栽培中心又移到安徽亳州，明代
薛凤翔在其所撰《亳州牡丹史》（1617）中列举了271个牡丹品种，并记述了140多个牡丹
品种的花色和形态特征。清代牡丹栽培中心逐渐移到曹州（今山东菏泽），又有余鹏年《曹
州牡丹谱》（1792）等牡丹专著问世。牡丹在唐代就已经传至日本，1656年传至欧洲，荷兰、
英国、法国等国，20世纪传至美国。从此，各国相继用中国牡丹和紫牡丹、黄牡丹杂交，
培育出了一批色彩和性状优异的新品种，尤以法国和美国育成的一批黄色品种十分珍贵。

【形态特征】落叶半灌木，入秋后新梢基部木质化，芽逐渐发育，新梢上部枯死脱落，
故有"牡丹长一尺，缩八寸"一说。根系肉质，粗而长，须根少。老枝粗脆易折，灰褐色。
当年生枝较光滑，黄褐色。叶呈二回羽状复叶，具长柄，顶生小叶多呈广卵形，端3～5
裂，基部全缘。表面绿色，叶背有白粉。花单生于枝顶（图4-31），花径10～30 cm，萼
片绿色，宿存；野生种多为单瓣，栽培种有复瓣、重瓣及台阁花型。花色丰富，有黄、白、
紫、深红、粉红、豆绿、雪青、复色等变化。花期4—5月，随气温高低而有变动。

【应用】牡丹是中国传统十大名花之一，被誉为"花中之王"，雍容华贵，国色天香，
艳冠群芳。牡丹在园林中可以孤植、丛植、片植，或者建立专类牡丹园，还可以盆栽观
赏。近几年，案头牡丹、牡丹盆景、牡丹切花也开始盛行。

3. 杜鹃花属

【学名】*Rhododendron* spp.

【别名】映山红、唐杜鹃、山鹃

【英名】rhododendron

【科属】杜鹃花科杜鹃花属

【产地及分布】杜鹃花属有900余种，以亚洲最多，有850种，其中我国有530余种，
占全世界杜鹃花属植物总数的59%，集中分布于云南、西藏和四川，这也是杜鹃花属的
发祥地和世界分布中心。杜鹃花属植物最早主要作为药用植物，在《神农本草经》记载有
"羊踯躅，味辛温，主贼风在皮肤中淫淫痛，温疟，恶毒诸痹"。杜鹃花用于栽培观赏大致
始于唐代。直到18世纪，瑞典植物学家林奈在《植物种志》（1753）中建立了杜鹃花属

（*Rhododendron*）。19 世纪，欧美诸国开始大量地从我国云南、四川等地采集杜鹃种子、标本，进行分类、栽培和育种，在近百年的研究中，培育出数以千计的品种。现在杜鹃已经在全世界广为种植。

图 4-32　锦绣杜鹃（*Rhododendron x pulchrum*）（刘雨菡摄）

【形态特征】常绿或落叶灌木，稀为乔木或匍匐状或垫状。主干直立，单生或丛生；枝条互生或近轮生。单叶互生，常簇生枝端，全缘，罕有细锯齿，无托叶，枝、叶有毛或无。花两性，常多朵顶生组成总状、穗状、伞形花序；花冠辐射状、钟状、漏斗状、管状，4～5 裂；花色丰富，喉部有深色斑点或浅色晕；花萼宿存，4～5 裂（图 4-32）。花期 3—6 月。

【应用】杜鹃是中国传统十大名花之一，被誉为"花中西施"，以花繁叶茂，绮丽多姿著称。西鹃是优良的盆花，毛鹃、东鹃、夏鹃均能露地栽培，宜种植于森缘、溪边、池畔及岩石旁成丛成片种植，也可于疏林下散植。杜鹃也是优良的盆景材料。目前无锡、成都、重庆、杭州、昆明等地均建有杜鹃专类园，此外，杜鹃还有食用、药用等价值。

4. 梅

【学名】*Prunus mume*

【别名】春梅、红绿梅、干枝梅

【英名】mei

【科属】蔷薇科李属

【产地及分布】梅原产我国。在我国主要分布于长江流域，最南可达台湾与海南，向北达江淮流域，最北可在北京栽培，但冬季需防寒。根据古籍记载，梅最初利用为果实调味及食用，《尚书·说命》有"若作和羹，尔惟盐梅"的表述。后来才逐渐有栽培记录，为花、果兼用。汉代的《西京杂记》载有"汉初修上林苑，远方各献名果异树，有朱梅、胭脂梅"等表述。西汉末年，扬雄的《蜀都赋》有"被以樱梅，树以木兰"的表述，可知在 2000 年前人们在庭园中已种梅了。梅花是典型的中国传统花卉，国外栽培不多，仅日本较普遍；美国早在 1844 年即引入，但只有在大型植物园中才能见到。

【形态特征】落叶小乔木，有枝刺，一年生枝绿色。叶卵形至宽卵形，基部楔形或近圆形；边缘具细尖锯齿，两面有微毛或仅背面脉上有毛；叶柄上有腺体。花 1～2 朵腋生，梗极短，淡粉红色或近白色，芳香，直径 2～3 cm，早春先叶开放；栽培种有重瓣及白、绿、粉、红、紫等色（图 4-33）。核果长圆球形，熟时黄色，密被短柔毛；

图 4-33　梅（韦陆丹摄）

果味极酸，果肉粘核，核面具小凹点。

【应用】梅是中国传统十大名花之一，与松、竹合称"岁寒三友"，又与菊、竹、兰并称花中"四君子"。最宜植中国式庭园中，孤植于窗前、屋后、路旁、桥畔尤为相宜，成片丛植更为壮观。梅寿命长，耐修剪，易发枝，适宜作树桩盆景。梅果实药用称"乌梅"，也可食用，如话梅与青梅均以梅制成。

拓展阅读 4-3
"梅花院士"
陈俊愉

5. 山茶

【学名】*Camellia japonica*
【别名】华东山茶、茶花、海石榴
【英名】camellia
【科属】山茶科山茶属
【产地及分布】山茶属植物分布于亚洲东部和东南部。我国山茶的栽培至少已有 2 000 多年的历史。古代，山茶被称作"海石榴""曼陀罗花""橙花"等。公元前 138 年，汉武帝在汉水东部建上林苑，山茶作为各地所献的 3 000 余种奇花异卉之一，

图 4-34 山茶花

栽植于园中。隋炀帝杨广十分喜爱山茶，在其《宴东堂诗》中，就有"雨罢春光润，日落暝霞晖。海榴舒欲尽，山樱开末飞"的诗句。此后唐、宋、元、明、清都有关于山茶的诗句和栽培记载，如唐代诗人李白《咏邻女东窗海石榴》中的诗句"鲁女东窗下，海榴世所稀。珊瑚映绿水，未足比光辉"。山茶栽培的盛况还可从云南、贵州、四川、广西等省（市、自治区）地方志的物产篇中得到印证。

【形态特征】常绿乔木，高 5～15 m。树皮灰褐色，光滑无毛。单叶互生，革质，多宽椭圆形，边缘具锐齿。叶面深绿色，背面淡黄绿色。花两性，冬末春初开花，常 1～3 朵着生于小枝顶叶腋间，无花梗或具极短花梗，花梗卵圆或球形。苞片 5～7 枚，覆瓦状排列密被银褐色短绒毛。萼片常 5～7 枚，分两轮呈覆瓦状排列。原始单瓣型有 5～7 枚花瓣，园艺重瓣品种有 8～60 枚花瓣，分 3～9 轮成覆瓦状排列（图 4-34），直径 4～22 cm，花瓣匙状或倒卵形，花色有大红、紫红、桃红、红白相间等色。

【应用】山茶是中国传统十大名花之一，婀娜多姿，多作盆栽观赏。在园林造景中，可孤植、群植和假山造景等；也可用于建设山茶景观区和山茶专类园；还可用于城市公共绿化、庭园绿化、茶花展览以及切花和插花材料等。

思考题

1. 与果树和蔬菜相比，花卉的显著特点有哪些？

2. 为什么要进行花卉分类？

3. 根据生态学分类，花卉可以分为哪几类？

4. 试述各种花卉分类方式的适用范围。

5. 试述一年生花卉和二年生花卉的异同点，并列举代表花卉。

6. 试述耐寒性宿根和不耐寒性宿根花卉的区别，并列举代表花卉。

7. 根据地下变态器官的类型，球根花卉可分为哪几类？请列举代表花卉。

8. 试述中国传统十大名花分别对应的花卉类型。

9. 试述各种生态类型的花卉所适宜的环境条件。

参考文献

包满珠. 花卉学. [M]. 3 版. 北京：中国农业出版社，2011.

布里克尔. 世界园林植物与花卉百科全书 [M]. 杨秋生，李振宇，译. 郑州：河南
科学技术出版社，2005.

刘燕. 园林花卉学 [M]. 3 版. 北京：中国林业出版社，2016.

潘富俊. 草木缘情：中国古典文学中的植物世界 [M]. 2 版. 北京：商务印书馆，
2016.

DOLE J M, WILKINS H F. Floriculture: principles and species [M]. 2nd ed.
New Jersey: Prentice Hall, 2005.

第五章

茶与常见茶叶种类

第一节　茶的起源与特征
第二节　茶树基本特征
第三节　茶叶的分类及
　　　　加工
第四节　茶叶品鉴

　　茶，源自中国，盛行世界，既是全球同享的健康饮品，也是承载历史和文化的"中国名片"。中国不仅是茶的故乡，更是茶文化的发祥地，中华民族五千年文明画卷中无不飘着清幽茶香。从古代的丝绸之路、茶马古道、茶船古道，到今天的丝绸之路经济带、21世纪海上丝绸之路，茶穿越历史、跨越国界，深受世界各国人民喜爱。

茶，一片神奇的东方树叶（马丹摄）

 ## 第一节　茶的起源与特征

一、茶的起源与利用方式演变

　　茶（*Camellia sinensis*）的发现和利用，传说始于神农时代。但是对茶最初的利用方式，学术界对此看法不一。归纳起来，茶的利用方式不外乎食用、药用和饮用，至于其他如祭祀之用等是附属于食用、药用和饮用的。

1. 茶的食用

茶最初的利用是作为食物。传说中的神农时代处于渔猎社会向农耕社会转变的时代，为了生存，扩大食物来源是当时的首要任务。先民把收集到的各种植物的根、茎、叶、花、果都用来充饥，这种史实从古文献中也可见一斑。《礼记·礼运》中记载到："未有火化，食草木之实、鸟兽之肉，饮其血，茹其毛。"陆贾在其所著的《新语·道基》中提道："至于神农，以为行虫走兽难以养民，乃求可食之物，尝百草之实，察酸苦之味，教民食五谷。"虽然神农时代农耕已经萌芽，但采集、渔猎仍然在生产生活中占据重要地位。在当时生产力水平极其低下的情况下，"乃求可食之物，尝百草之实"是十分自然的事。因此，可以确定的是利用植物来果腹是先民的最初出发点。在此前提下，采集茶树芽叶并烹煮食用便也顺理成章。

事实上，茶叶的确可以食用，尤其是茶鲜嫩的芽叶。食用茶叶的传统至今仍在一些地区（特别是我国一些少数民族地区）保留，如基诺族的凉拌茶、杭州的龙井虾仁、苗族和侗族的打油茶等。

2. 茶的药用

茶叶在被先民长期食用过程中，其药用功能逐渐被发现、认识。于是，茶叶又成为人们保健、治病的良药。关于茶的药用价值，已为古今众多的药书和茶书所记载。"神农尝百草，日遇七十二毒，得茶（茶）而解之"（《神农本草经》），说的是茶有解毒功效。当然，"神农得茶"不一定确有其事，这种发现也绝不是神农一个人的功劳，它是无数先民在长期实践过程中，经过千辛万苦得来的经验总结，"神农得茶"的传说只不过是这种经验总结的神化。事实上，中国人对茶的发现很可能远在神农之前。

古人对茶的药效进行总结，再上升为理论，写进医书和药书，经历了漫长的时间，因此先秦时期对茶的药效记载并不多。除了《神农本草经》这样的药书明确提到茶的医疗作用外，西汉儒生所著的《神农·食经》也再次提到"茶茗久服，令人有力、悦志"。正因为茶能治病、提神，所以古人把茶归入药材一类看待。如司马相如在《凡将篇》中列举了20多种药材，其中的"荈诧"即为茶叶；华佗在《食论》中记载到："苦茶久食，益意思"，可说是对《神农·食经》中"茶茗久服，令人有力、悦志"说法的再次论述。西汉以及西汉以后的论著对茶的药理作用记述得更多更详细，这说明茶药的使用越来越广泛，也从另一个方面证明茶在作为饮料前主要是用作药物的。

3. 茶的饮用

茶的饮用是在食用和药用的基础上慢慢形成的。"采其叶煮"的"茗粥"，显然源于食用。即便唐代的煎茶和宋代的点茶，也是连茶末一道饮下，所以也称"吃茶"。中国有"药食同源"的说法，所以到底是从食用还是药用中演变出饮用已无从探究，抑或兼而有之。神农时代对茶的利用只是食用和药用，饮用当属后来的事。中国人什么时候将茶作为饮料？先秦文献不足以确证具体年代。吴觉农等在《茶经述评》中做了"茶由药用时期发展为饮用时期，是在战国或秦代以后"的推测，这个推测比较可信，但先秦时期的饮茶可能只局限在西南地区。从神农时代到春秋战国时代，对茶的利用以食用和药用为主，关于饮茶的文献材料始见于汉代。

需要指出的是，茶在其食用、药用、饮用上有交叉性。也就是说茶一开始主要用于食用，当人们认识到茶还有神奇的医药作用后，人们就把茶的使用重心转移到药用上来。茶除了药用成分外，还有营养成分，这样茶的使用就逐渐向饮料过渡。饮茶归根到底是利用茶叶的营养成分和药用成分，茶的饮用与茶的药用其实是难解难分的。所以，科学的观点是茶的食用、药用、饮用是相互递进又相互交叉的过程。只是，茶的饮用在确立之后成为使用茶的主流形式，茶的食用、药用降为次要形式，但三者并行不悖。

中国人饮茶方法从基于食用和药用的煮饮法开始，经历了唐代煎茶法、宋代点茶法、明代泡茶法的演变过程。唐代之前的饮茶主流——煮茶法（图5-1）是用鲜茶叶或干茶叶烹煮成羹汤而饮，加盐调味，佐以姜、桂、椒（一种辛辣香料）、橘皮、薄荷等熬煮成汤汁而饮。唐代饮茶主流——煎茶法是对煮茶法加以改进，在水一沸时只加盐调味，二沸时下茶末，三沸时茶便煎成。这样煎煮时间较短，煎出来的茶汤色香味俱佳。根据陆羽《茶经》记载，煎茶法的程序可归纳为：备器、择水、取水、候汤、炙茶、碾罗、煎茶、酌茶、品茶等。唐代饮茶并始配有专门且完备的煎茶茶具（图5-2）。宋代饮茶主流——点茶法（图5-3）是对煎茶的改革，由茶入沸水改为沸水入茶，即将团饼茶（又称团茶）碾成极细的茶粉，倒入预先烤热的茶盏中，再注水入盏，用茶筅搅拌而成。据蔡襄所著《茶录》和宋徽宗赵佶所著的《大观茶论》等，点茶法的程序可归纳为：备器、择水、取火、候汤、洗茶、炙茶、碾茶、磨茶、罗茶、熁盏、点茶、品茶等。明代朱元璋废团茶兴散茶后，饮茶主流逐渐以壶泡法（泡茶法的主要形式之一，图5-4）冲泡芽叶茶的形式流传至今。据张源所著《茶录》和许次纾所著《茶疏》记载，壶泡法程序可归纳为：备器、择水、取火、候汤、浴壶、投茶、注汤、酌茶、品茶等。明代晚期，部分地区使用无盖的盏、瓯来泡茶。清代在宫廷和一些地方采用有盖和托的盖碗冲泡（图5-5），便于保温、端接和品饮。清中叶以后，福建、广东和台湾等省份在壶泡法的基础上又创造了一种用小壶小杯冲泡品饮青茶的工夫茶冲泡方式（图5-6）。到了现代，茶为国饮，饮茶方式方法多种多样，除了少数地区保留了煮茶法，饮茶方式还是以泡茶法（图5-7，图5-8）为主，同时各种新式的调饮茶（图5-9）也越来越受到年轻人的欢迎。随着社会的发展，中国乃至全世界的饮茶方式也会变得更加丰富多彩。

拓展阅读 5-1
饮茶方式的变迁

图5-1 煮茶法

图5-2 西安法门寺地宫出土唐代煎茶茶具

图 5-3　南宋刘松年《撵茶图》

图 5-4　明代陈洪绶
《品茶图》

图 5-5　盖碗冲泡

图 5-6　工夫茶冲泡

图 5-7　玻璃杯冲泡

图 5-8　碗盅单杯工夫茶冲泡

图 5-9　调饮茶冲泡

二、茶的特点

1. 种植历史悠久，名优茶品丰富

据 2004 年和 2011 年在浙江田螺山遗址考古发掘结果及多方研究证实，人类开始种植茶的历史可追溯至 5 500 年前。由此表明，中国先民发现茶和利用茶的历史比传说中的"神农尝百草"的时代更早。千百年来，中国人创造了不同的加工制茶工艺，发展了绿茶（green tea）、白茶（white tea）、黄茶（yellow tea）、青茶（又称乌龙茶，oolong tea）、红茶（black tea）、黑茶（dark tea）这六大基本茶类，更形成了丰富多样的名优茶。目前在中国 21 个产茶省（自治区、直辖市）都有名优茶的生产。据王镇恒、王广志所著《中国名茶志》的不完全统计，截至 2000 年，全国有名茶 1 017 种。2000 年至今，又有不少新的名

优茶被创制和传统名优茶被恢复，预计目前全国名优茶有 1 500 种左右。

2. 利用方式多样

人们对于茶的利用，从最早的食用果腹，到发现其药用价值而用来保健养生，慢慢形成了日常饮用品。不同的历史时期，人们对于茶的利用方式随着时代的发展而不断演变，形成了现在多种多样的利用方式。

3. 多种价值体现

茶，除了作为一种植物被人类享用其物质价值外，还有非常重要的经济价值和文化价值。茶是我国重要的出口商品，现在与中国的"一带一路"建设紧密相连；茶产业是我国重要的农业产业之一。不仅如此，茶还渗入文化的各个领域，它与精神、道德、哲理、民生等各个方面相伴相生。在"茶人精神"的激励下，在"茶德"的熏陶下，茶在赋予人们淡泊、明志、简朴、廉洁思想的同时，还与儒家、道家和佛教的哲学思想交融，成为绿色、平和的象征。数千年来，茶已深深融入中国人的生活，中华民族创造、积淀、形成了悠久丰厚的茶文化，成为中华民族重要的文化遗产，是中华优秀传统文化不可或缺的组成部分。

三、茶经济

中国是茶的原产国。自古以来，茶叶与丝绸、瓷器就是我国的传统出口商品。茶产业（以下简称"茶业"）的世界性发展带来了全球茶业经济的蒸蒸日上。茶叶产品纷呈创新，茶叶贸易规模与水平不断扩大提高，来自世界各地的茶叶经营者围绕茶叶市场群雄逐鹿，这一切都构成了当今生机勃勃的全球茶业经济。

茶在隋代以前产量有限，饮茶仅局限于士大夫等上层阶级，所以茶与经济关系并不密切，朝廷对于茶叶生产关注度不高。进入唐代以后，随着茶文化的兴起，饮茶逐渐从上层阶级普及到民间，茶叶生产区域不断扩大，茶叶流通领域开始深化。特别是从中唐开始，随着茶叶生产、贸易发展和饮茶普及，茶在经济中的地位和作用日益显露，最终引起朝廷重视，茶政、茶法也应运而生。西北少数民族在形成饮茶习俗后，还出现了与中原进行以马换茶的茶马交易。唐代茶叶主产地遍及山南、淮南、浙西、剑南、浙东、黔中、江南、岭南八大茶区的 43 个州郡，现代茶叶产区的框架已基本形成，茶叶产销重心已转移到长江中下游地区的浙江、江苏。各地种茶规模不断扩大，茶叶生产已趋专业经营。一些原本不产茶的地方，也一跃成为重要的集散地。

宋代茶业发展很快，茶的栽培面积比唐代时增加了两至三倍，同时出现了专业户和官营茶园，生产规模进一步扩大。宋代吕陶的《净德集》中有"茶园人户，多者岁出三五万斤"的记载。这一时期，制茶技术更加精细，出现了专做贡茶的龙团凤饼（又称"龙凤茶"）和适于民间饮用的散茶、花茶，茶的经营重心南移至闽南、岭南一带，如贡焙基地从唐代时的顾渚（今浙江长兴）移到了建安（今福建建瓯）。茶叶消费层次扩展至街头巷尾、庶民百姓，大街小巷流动茶摊随处可见，大众"斗茶"成为一种时尚。此外，宋代初期宋辽两国的贸易中，茶马交易是贸易的主要内容，饮茶遂在辽国普及，进一步增加了茶叶需求量，刺激了茶叶生产。

从总体上来说，明清时期是我国古代茶业从兴盛走向衰落的时期，但这一时期的茶业仍取得了一些实质性的进展。明代在制茶技术上有较大发展。1391年，明太祖朱元璋下诏停止进贡龙团凤饼，改为进贡芽茶，推动了散茶（尤其是炒青）的发展。在芽茶发展的基础上，全国各地名茶也迅速发展起来。台湾茶产区得到开发，栽培面积、产量曾一度达到有史以来最高水平。古代茶叶生产技术和传统茶学在明代发展到了一个新的高度，叶茶、芽茶一跃成了生产和消费的主要茶类；茶叶产品大量走出国门，销往世界各地，茶叶外贸机构得到了发展。清代茶业以鸦片战争为界，分为前清和晚清两个时期。前清时期茶叶外贸发展很快，茶叶市场遍布全国，其中较有名的有广州的"茶叶外贸十三行"。茶叶分别从海路和陆路销往欧美、中东、俄罗斯等地。晚清茶业具有明显的封建买办色彩，洋行取代了原有的茶叶外贸行商，上海茶叶交易中心取代了广州交易中心，外商直接进入茶区腹地开厂置业。外商在疯狂掠夺我国茶叶资源的同时，还控制着茶叶行业贸易。受此影响，茶叶产量曾一度疯狂地增加，栽培面积也增至40万~50万 hm^2，1886年茶叶产量高达23万 t，出口最高达到了13.41万 t。但随后由于茶农受外国人、买办的层层盘剥，逐渐无利可图，加之投入严重不足及当时政局不稳、社会动荡等原因，茶业迅速衰退。与此同时，帝国主义还从中国带走了大量的茶种质资源和生产技术，在南亚殖民地广泛种植。19世纪末，南亚茶业兴起，取代了中国长期独占国际茶叶贸易的地位。中国茶业雪上加霜，大批茶园荒芜，茶业逐渐滑入低谷。这种衰落局面，一直持续到1949年中华人民共和国成立为止。

中华人民共和国成立后，茶业开始恢复和发展，茶叶出口贸易不断增加，特别是改革开放后，中国茶业进入了全面复兴的春天。随着茶业流通领域的改革，茶业经济结构的调整，名优茶的大力发展，以及茶叶出口经营权的扩大，自由交易的茶业市场体系逐渐形成，茶叶种植面积不断增加，茶类品种愈加丰富，整个茶叶市场非常繁盛，中国茶业实力显著增强，重新成为世界茶叶生产、出口大国。当今中国积极地探索茶业产业化、现代化新途径，把健康持续发展的茶业经济带入21世纪。据中国茶叶流通协会统计，2020年全国18个主要产茶省（自治区、直辖市）茶园总面积为316.51万 hm^2，全国干毛茶产量为298.60万 t，全国干毛茶总产值为2 626.58亿元。中国茶业在国家经济实力进一步增强的推动下，茶叶内销量持续扩大，茶叶生产、消费多元化。茶叶营销出现从"名茶"到"名牌"的转变。茶饮料市场不断壮大，现代茶饮将成为茶叶消费的重要增长点。茶业市场更趋法制化、规范化，多种经营共同发展。中华茶文化复兴促进茶叶消费走向世界，中国将由茶业大国发展为茶业强国。

四、茶文化

1. 茶文化的内涵

陈文华在《中华茶文化基础知识》一书中指出："广义的茶文化是指整个茶叶发展历程中有关物质和精神财富的总和。狭义的茶文化则是专指其'精神财富'部分。"按照文化的层次论，广义茶文化又可划分为以下四个层次。

物质文化层次是人的物质生产活动及其产品的总和，是可感知的、具有物质实体的事物。对茶文化而言，是指有关茶叶生产活动方式和产品、茶叶消费使用过程中各种器物的总和，包括各种茶叶生产技术、生产机械和设备、茶叶产品以及饮茶中所涉及的器物和建筑等。

制度文化层次是处理人与人之间相互关系的规范，表现为各种制度，建立各种组织。对茶文化而言，是关于茶叶生产和流通过程中所形成的生产制度、经济制度等，如历史上的茶政、茶法、榷茶、纳贡、赋税、茶马交易等，现代的茶叶经济、贸易制度等。

行为文化层次是在人际交往中约定俗成的习惯性定势，它以民风民俗形式出现，见之于日常生活中，具有鲜明的地域与民族特色。对茶文化而言，主要是指各地区、各民族形成的茶俗等。

精神文化层次由价值观念、审美情趣、思维方式等构成。对茶文化而言，是指在茶事活动中所形成的价值观念、审美情趣、文学艺术等。

丁以寿在《中国茶文化》中提出，茶文化包括精神文化层、行为文化层的全部，物质文化层的部分名茶及饮茶的器物和建筑等，并认为物质文化层的茶叶生产活动和生产技术、生产机械等，制度文化层中的茶叶经济、茶叶市场、茶叶商品、茶叶经营管理等等不属于茶文化之列。茶文化是茶的人文科学加上部分茶的社会科学，属于茶学的一部分。茶文化、茶经贸、茶科技三足鼎立，共同构成茶学。

茶文化在本质上是饮茶文化，是作为饮料的茶所形成的各种文化现象的集合。主要包括饮茶的历史、发展和传播，茶俗、茶艺和茶道，茶文学与艺术，茶具，茶馆，茶著，茶与宗教、哲学、美学、社会学等。茶文化的基础是茶俗、茶艺，核心是茶道，主体是茶文学与艺术。

2. 茶文化发展概况

汉魏六朝是中国茶文化的酝酿期，唐代是中国茶文化的形成期，宋明是中国茶文化的发展期，在唐代中期、北宋后期、明代晚期形成了中国茶文化的三个高峰，清代是中国茶文化衰落时期，20世纪80年代以来是中国茶文化的复兴时期，期间充满了曲折、坎坷。

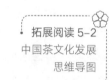

拓展阅读 5-2
中国茶文化发展
思维导图

第二节　茶树基本特征

一、茶树的植物学分类

在植物分类系统中，茶树（学名茶）属于杜鹃花目（Theales）山茶科（Theaceae）山茶属（*Camellia*）植物。瑞典植物学家林奈（C. Linné）在1753年出版的《植物种志》中，将茶树的最初学名定为 *Thea Sinensis*。1881年，德国植物学家孔茨（O. Kuntze）将其改为 *Camellia sinensis*，*sinensis* 意为中国，*Camellia* 是山茶属，所以茶树的学名表示茶树是原产中国的一种山茶属植物。

茶树是木本植物，其外部形态受外界环境条件的影响和分枝习性的不同，有乔木型、小乔木型和灌木型之分（图5-10）。乔木型茶树高可达15～30 m，基部干围达1.5 m以上。茶树在人工栽培、迁移的过程中，由于纬度和气候的变化，逐渐演变成树冠矮小、叶片较小的灌木型茶树，如今中国长江中下游地区的茶树多属此类。处于乔木型和灌木型之间的为小乔木型，其树高可达数米，如今云南西双版纳地区的茶树多属此类。目前，人们通常见到的是栽培茶树，为了多产芽叶和方便采收，往往用修剪的方法，抑制茶树纵向生长，促使茶树横向扩展，所以树高多在0.8～1.2 m。

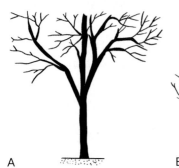

图 5-10　茶树外部形态类型（刘雨菡绘制）
A. 乔木型；B. 小乔木型；C. 灌木型

A　　　　　　B　　　　　　C

二、茶树的形态特征

茶树植株是由根、茎、叶、花、果实和种子等器官构成的整体。茶树的各个器官是有机的统一整体，彼此之间有密切的联系，相互依存，相互协调。

1. 根

茶树根系由主根、侧根、吸收根和根毛组成。主根和侧根呈红棕色，寿命长，起固定、贮藏和输导作用。侧根的前端生长出乳白色的吸收根，其表面密生根毛，吸收水分和无机盐，也能吸收少量的 CO_2。茶树主根上的侧根是螺旋排列的，由于主根生长速度不均衡，以及各土层营养条件的差异，侧根发生有一定的节律，使茶树根系出现层状结构。茶树根系在土壤中的分布，依树龄、品种、种植方式与密度、生态条件以及农艺措施等方面的不同而有不同（图5-11）。茶树的根系分布状况与生长动态是制订茶园施肥、耕作、灌溉等管理措施的主要依据。"根深叶茂"充分说明培育好根系的重要性。

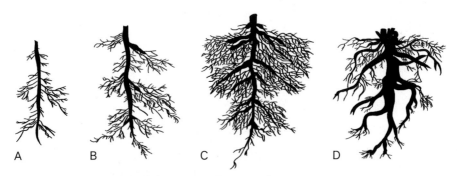

A　　　　　B　　　　　C　　　　　D

图 5-11　茶树根系形态类型（刘雨菡绘制）
A. 一年生根系；B. 二年生根系；C. 壮年期根系；D. 衰老期根系

2. 茎

茶树幼茎柔软，表皮青绿色，着生有茸毛。随着幼茎逐渐木质化，皮色按照青绿—浅黄—红棕的顺序变化。一年生枝的茎上出现皮孔，形成裂纹，俗称麻梗，完全木质化时称为枝条。2～3年生枝条呈浅褐色，之后按照浅褐色—褐色—褐棕色—暗灰色—灰白色的顺序逐渐变化。茶树枝条有单轴分枝与合轴分枝两种形式。自然生长的茶树，一般在二、三龄以内为单轴分枝，一般到四龄以后转为合轴分枝。根据分枝角度不同，茶树树冠可分为直立状、半开展状和开展状（又称披张状）3种（图5-12）。

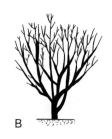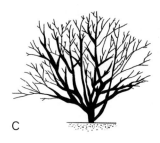

图 5-12　茶树树冠形态类型
（刘雨菡绘制）
A. 直立状；B. 半开展状；C. 开展状

3. 芽

茶树的芽分叶芽（又称营养芽）和花芽2种。叶芽发育成枝条，花芽发育成花。生长在枝条顶端为顶芽，生长在叶腋为腋芽。当新梢成熟后或因水分、养分不足时，顶芽停止生长而形成驻芽，驻芽及尚未活动的芽统称为休眠芽。处于正常生长活动状态的芽称为生长芽（图5-13）。按茶芽形成季节，芽可分冬芽与夏芽，冬芽较肥壮，秋冬形成，春夏发育；夏芽细小，春夏形成，夏秋发育。

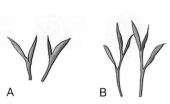

图 5-13　茶芽（刘雨菡绘制）
A. 一芽一叶；B. 一芽二叶；C. 一芽三叶

4. 叶

茶树的叶分鳞片、鱼叶和真叶三种。鳞片无叶柄，质地较硬，呈黄绿色或棕褐色，表面有茸毛与蜡质；随着茶芽萌展，鳞叶逐渐脱落。鱼叶是发育不完全的叶片，其色较淡，叶柄宽而扁平，叶缘一般无锯齿，或前端略有锯齿，侧脉不明显，叶形多呈倒卵形，叶尖圆钝。每轮新梢基部一般有鱼叶1片，多则2～3片，但夏秋新梢无鱼叶的情况也时有发生。真叶是发育完全的叶片（图5-14），形态一般为椭圆形或长椭圆形，少数为卵形和披

图 5-14　茶树的叶
（刘雨菡绘制）

针形；叶色有淡绿色、绿色、浓绿色、黄绿色、紫绿色，与茶类适制性有关。

5. 花

茶树的花为两性花（图5-15），5～7个绿色或绿褐色萼片近圆形，宿存；花冠白色，稀粉红色，由5～9片发育不一致的花瓣组成，分2层排列，花冠大小依品种而异，介于2.5～5.0 cm之间；雄蕊多数；柱头3～5裂，柱头分裂数目和分裂深浅可作为茶树分类的依据之一，雌蕊基部膨大部分为子房，子房上是否有毛，也是茶树分类的重要依据之一。

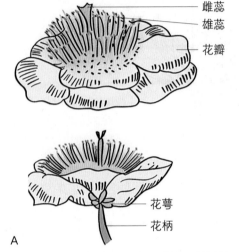

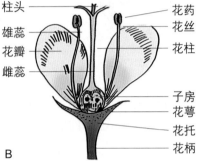

图5-15　茶树的花及其纵切面（刘雨菡绘制）
A. 茶树的花；B. 茶树的花，示纵切面

6. 果实

茶树果实为蒴果，果皮未成熟时为绿色，成熟后变成棕绿色或褐绿色。茶树果实形状和大小与茶树果实内种子粒数有关（图5-16）。

图5-16　茶树果实形状（刘雨菡绘制）

三、茶树品种

"一颗种子改变一个世界"，茶树品种是茶叶生产的基础，是建立高产、优质、高效益茶园的前提。茶树良种可以优化茶叶产品结构，促进名优茶生产，提高茶叶生产效益，带动区域茶产业的发展。如'铁观音'是福建省的主栽品种，至2008年种植面积已达4.5万 hm^2，占全省茶园面积的26.0%；'龙井43'是浙江省的主导推广品种，至2009年种植面积已达2.0万 hm^2，占全省无性系良种茶推广面积的22.3%。如今，中国的茶树资源种类之多、形状之异、分布之广是世界之最。截至2011年，中国有茶树栽培品种200多个，其中经各级茶树品种审定委员会审定的国家级品种96个，省级品种约110个，还有不少地方品种和名丛（单株），为适制六大基本茶类的各种茶叶提供了丰富的优质品种资源。

1. 茶树品种的概念

茶树品种是人类在一定的生态条件和经济条件下，根据人类的需要而创新育成的茶树栽培群体；这种群体在相应地区和耕作条件下种植，在品质、产量、抗性等方面都能符合茶叶生产发展的需要。

2. 茶树优良品种的主要作用

在茶叶生产上，选用茶树良种对改进茶叶品质，提高单产，增强茶树抗性，调节采制劳动力以及适应机械化生产等方面均有明显的作用。随着无性繁殖技术的完善，无性系良种的推广速度加快，中国的茶树良种化率从改革开放前的不足10%提高到2019年的70%，其中福建省和贵州省达到96%，浙江、广东、四川等省份达到70%以上，促进了我国茶产业的快速发展。

3. 茶树品种的适制性

茶树品种的适制性是指某一茶树品种的鲜叶原料适合加工成某种茶类的特征和程度。适制性作为茶树品种的特性之一，是形成茶叶优良品质的前提。茶树品种的适制性主要体现在嫩梢芽叶的物理特性和化学特性两个方面。物理特性是指茶树嫩梢芽叶大小、叶色、叶质及叶的厚薄、柔软程度、茸毛多少等因素，对塑造茶叶外形具有重要的影响；化学特性是指茶树嫩梢芽叶中化学成分的含量和组成，是形成茶叶品质的化学基础。根据茶树品种的适制性，可以将茶树品种分为绿茶品种、红茶品种、青茶品种、白茶品种及兼制型品种。近年来，福建茶区采用'金观音''梅占''金牡丹''黄桢''黄玫瑰'等乌龙茶品种开发花香型红茶和花香型白茶。

（1）适制绿茶的茶树品种

适制绿茶的茶树品种多为小乔木或者灌木中小叶种，芽叶氨基酸含量较高，茶多酚含量相对较低，酚氨比小于8。其中芽叶茸毛多的品种，适制显毫类绿茶，如毛峰、毛尖、银芽等名茶，易塑造出外形"白毫满披"的品质特色，这类良种有'福鼎大白茶''福云6号''福鼎大毫茶''浙农117''名山白毫131'等。芽叶茸毛偏少或中偏少的品种，适制少毫型绿茶，如龙井、旗枪、竹叶青等名茶，易形成外形扁平挺直、体表无毫的品质风格，这类良种有'龙井43''龙井长叶''中茶102'等。

（2）适制红茶的茶树品种

适制红茶的茶树品种多为乔木或者小乔木大中叶种，芽叶肥壮，色泽黄绿色，茶多酚含量较高，发酵性能良好，酚氨比大于8。如'云抗10号''云抗14''政和大白茶''福安大白茶''英红1号''秀红''五岭红''云大淡绿'等品种。

（3）适制乌龙茶的茶树品种

乌龙茶以幽雅、馥郁的花果香著称，适制乌龙茶的茶树品种多为小乔木或者灌木中叶种，芽叶肥厚，梗粗，节间短，茸毛少，色泽多绿色或深绿色，嫩梢萜烯醇苷元含量高、β-葡萄糖苷酶活性强，酚氨比适中。如'铁观音''福建水仙''岭头单枞''黄桢''茗科1号（金观音）''黄观音''肉桂'等。

（4）适制白茶的茶树品种

适制白茶的茶树品种多为小乔木，嫩梢外表满披茸毛，且芽叶肥壮，酚氨比较低（一般低于10）；其适制性较广，一般可适制绿茶和红茶，如'福安大白茶''政和大白茶''福鼎大毫茶''福鼎大白茶''福云 6 号''福云 595''福建水仙'等品种以及地方品种（'菜茶'）等。

四、茶叶营养价值

茶已成为世界上最流行的无酒精饮料。因为饮茶不仅可提神解渴，还对人体有营养和保健作用。现代科学研究表明，这些保健功效来源于茶叶中含有的化学成分。茶叶中已经分离、鉴定的化合物有 700 多种。在茶鲜叶中，水分约占 75%，干物质为 25% 左右。茶叶干物质组成非常复杂，是由 3.5%～7% 的无机物和 93%～96.5% 的有机物组成的，是构成茶叶色香味品质特征和健康功效的物质基础。

1. 茶多酚

茶多酚是茶叶中多酚类化合物的总称，对茶叶的健康功效起主导作用。包括儿茶素类、黄酮类、花青素和酚酸类化合物，其中最重要的是儿茶素类化合物，它占茶多酚总量的 70% 以上。茶鲜叶中含有 20%～30% 的茶多酚，制成不同的茶类后茶多酚的保留量不一致，绿茶最多，其次是白茶、黄茶，再次是青茶，红茶和黑茶中茶多酚保留量较少，其中黑茶最少。茶多酚减少后主要氧化聚合形成了茶黄素、茶红素和茶褐素等，是构成红色茶汤的主体成分。

茶多酚具有抗氧化、抗辐射、抗病毒、抗过敏等功效，对消除或减轻重金属对人体的危害和除口臭有一定作用。茶多酚的药效功能是多方面的，但如何发挥茶多酚的药效，正确、科学地饮茶是值得注意的问题。

> 拓展阅读 5-3
> 茶多酚的
> 保健功效

2. 蛋白质和氨基酸

茶叶中的蛋白质含量占干物质总量的 20% 以上，但能溶于水的仅占 2% 左右，这部分水溶性蛋白质是形成茶汤滋味的成分之一。氨基酸是组成蛋白质的基本物质，一般其含量占干物质总量的 1%～5%，且春茶高于夏秋茶，细嫩茶高于粗老茶，芽和嫩茎中的含量高于成熟叶片，更高于老叶片。随茶树品种不同，氨基酸的含量有显著差异。茶叶中的氨基酸主要有茶氨酸、谷氨酸、天冬氨酸、精氨酸、丝氨酸等 20 多种，大部分都是人体需要的氨基酸。其中茶氨酸的含量特别高，占茶叶氨基酸总量的一半左右，它是茶树特有的一种氨基酸，是形成茶汤香气、滋味和鲜爽度的重要成分。但茶氨酸不是组成蛋白质的氨基酸，因此它不能算是营养成分。

近些年来，科学家们对茶氨酸的药效功能进行研究之后，发现茶氨酸的药效作用也是多方面的，对于提高脑神经传达能力和记忆力、保护神经细胞、减肥、护肝、抗氧化、增强免疫功能和增强抗癌药物疗效有一定作用，此外还具有镇静作用。

> 拓展阅读 5-4
> 提神醒脑的
> 茶氨酸

3. 糖类

茶叶中的糖类包括单糖、双糖和多糖三类，占干物质总量的 20%～25%。单糖和双糖易溶于水，占干物质总量的 1%～4%，是组成茶汤滋味的物质之一；多糖类化合物微溶于水或不溶于水，如淀粉、纤维素、半纤维素、木质素等，占干物质总量的 20% 以上，茶叶越嫩，多糖含量越低。

茶叶中具有生物活性的复合多糖是一类与蛋白质结合在一起的酸性多糖或酸性糖蛋白。茶多糖有助于控制血脂，能使血液中的总胆固醇、中性脂肪、低密度脂蛋白胆固醇浓度下降，还具有抗辐射功效。

4. 生物碱

茶叶中的生物碱包括咖啡碱、可可碱和茶碱，其中以咖啡碱的含量最多，占茶叶干重的 2%～5%，其他含量很少。咖啡碱易溶于水，是形成茶汤滋味的重要成分。就咖啡碱的含量而言，夏茶高于春茶，嫩叶高于老叶。咖啡碱除了有提神醒脑，兴奋利尿的作用之外，还有很多其他功能。咖啡碱能促进冠状动脉的扩张，增加心肌的收缩力，增加心输出量，改善血液循环，加快心跳；能刺激胃液的分泌，促进食物的消化；能促进体内脂肪转化为能量；有抗过敏、抗炎症的作用。茶碱和可可碱具有利尿与强心的作用。

5. 色素与茶色素

茶叶中的色素包括脂溶性色素和水溶性色素两部分，含量仅占茶叶干物质总量的 1% 左右。脂溶性色素不溶于水，有叶绿素、叶黄素、胡萝卜素等。水溶性色素有黄酮类化合物、花青素及茶多酚氧化产物茶黄素、茶红素和茶褐素等。脂溶性色素是形成干茶和叶底色泽的主要成分，而水溶性色素主要对茶汤有影响。绿茶色泽主要决定于叶绿素总量与叶绿素 a 和叶绿素 b 的组成比例。在红茶加工发酵过程中，叶绿素被大量破坏，茶多酚被氧化产生黑褐色的氧化产物，使红茶干茶（未冲泡茶叶）呈褐红色或乌黑色。绿茶、红茶、黄茶、白茶、青茶和黑茶六大茶类的色泽均与色素的含量、组成和转化密切相关。

对人体具有健康功效作用的是茶汤中的水溶性茶色素，这里的茶色素指的是茶多酚氧化聚合物及其裂解产物。茶多酚氧化形成了茶黄素、茶红素和茶褐素等氧化聚合物，这些氧化聚合物的含量以黑茶、红茶最多，其次是乌龙茶，再次是黄茶与白茶，绿茶中只有极微量的茶多酚氧化聚合物。大量的临床试验表明，茶色素对心血管疾病的预防和治疗有一定作用，表现为能降低血脂和胆固醇，防止动脉粥样硬化。

6. 维生素

茶叶中含有丰富的维生素，其含量占干物质总量的 0.6%～1%。茶叶中水溶性维生素有维生素 C、维生素 B，脂溶性维生素有维生素 A、维生素 D 和维生素 K 等，所以饮茶是补充人体所需维生素的极好方式。在茶叶所含的各种维生素中，维生素 C 的含量最高，100 g 高级绿茶中维生素 C 含量可达 250 mg。一般而言，绿茶中维生素含量较高，乌龙茶和红茶中含量较少。维生素 C 具有抗氧化能力和防治坏血病的作用。

7. 皂苷

茶叶和茶树种子中都含有皂苷化合物，对于提高免疫功能、抗菌、抗氧化、消炎、抗病毒、抗过敏有一定效果。

8. 芳香物质

茶叶中的芳香物质是指茶叶中挥发性物质的总称，含量只占干重的 0.005%～0.03%，茶叶香气就是不同芳香物质以不同浓度组合并对嗅觉神经综合作用形成的。茶叶中芳香物质含量虽不多，但种类却很复杂，分属醇、酚、醛、酮、酯、内酯类化合物、含氮化合物、含硫化合物、碳氢化合物等十多类。迄今为止已分离鉴定的茶叶芳香物质有约 700

种，但其中主要成分仅为数十种。它们有的是在鲜叶生长过程中合成的，有的则是在茶叶加工过程中转化形成的。一般茶鲜叶含有的芳香物质种类较少，约为80余种；而在绿茶中有260多种，红茶则有400多种。不同类别和不同含量的多种化合物相互配合、作用就构成了多种独特的茶叶香气。不少茶叶中的香气物质都具有镇静、镇痛、安眠、放松（降压）、除臭等多种功效。

综上所述，茶叶中含有多种无机和有机物质，对人体既有明显的营养价值，又有明显的生理调节功能和健康功效。这些化合物在生物体内通过生物化学反应被合成或降解的过程称为代谢（metabolism）。其中，合成生物体生存所必需的化合物如糖类、蛋白质、脂类和核酸类的代谢称为初生代谢（primary metabolism），形成的产物分子质量一般很大。生物体利用初生代谢产物为原料，在酶的催化作用下，形成一些小分子的化学物质，称为次生代谢（secondary metabolism）。茶树次生代谢由茶树初生代谢派生而来。茶树次生代谢有其独特性，具体表现在含量极其丰富的儿茶素、咖啡碱和茶氨酸等次生代谢产物上，同时茶鲜叶中还含有丰富的皂苷、芳香物质、类胡萝卜素、维生素等代谢产物。这些物质最终赋予了茶叶的色、香、味等品质特征，使之成为风靡世界的绿色健康饮品。目前，茶树次生代谢产物的功效研究主要集中于癌症、心血管疾病、糖尿病、神经保护、皮肤健康等方面。

拓展阅读 5-5
茶树次生代谢物
与健康

第三节　茶叶的分类及加工

一、茶叶分类

茶叶分类就是根据各种茶叶品质、制法等不同，分门别类、合理排列，使混杂的茶名建立起有条理的系统，便于识别其品质和制法的差异。茶叶分类方法必须考虑两方面因素：一方面必须表明品质的系统性，另一方面也要表明制法的系统性，同时要抓住主要内含物变化的系统性。

茶叶分类应以制茶的方法（制法）为基础，茶叶种类的发展是由制法演变的。每一类茶都有共同的制法特点，如红茶都有促进酶的活化，使叶内多酚类化合物较充分氧化的渥红（也称发酵）过程；绿茶都有破坏酶的活化，制止多酚类化合物酶促氧化的杀青过程等。

茶叶分类应结合茶叶品质的系统性。每类茶叶都应有共同的品质特征，如绿茶应具有"清汤绿叶"的品质特征，红茶应具有"红汤红叶"的品质特征，青茶应有"三红七绿"的品质特征。色泽相同的茶叶归属于某一茶类，在色泽表现上的特征相同，只是色度深浅、明亮暗枯不同。色泽反映了茶叶品质，色泽不同的茶叶品质差异大，制法也不相同，通过色泽变化的系统性可以了解茶叶品质的变化、制法的差异，进行不同的归类。

再加工茶的分类应以品质来确定，一般地，毛茶品质基本稳定在毛茶加工过程中，品质变化不大。如花茶在窨制过程中品质稍有变化，但未超越该茶类的品质系统，应仍属该毛茶归属的茶类。对于再制后品质变化很大，与原来的毛茶品质不同的茶，则应以形成的品质归属于相近的茶类。如云南沱茶、饼茶、圆茶等均以晒青绿茶进行加工，不经过渥堆过程，品质变化较小，其制法与品质较近于绿茶，应归于绿茶类；但经过渥堆过程，品质发生了较大变化，与绿茶不同，应归于黑茶类。

安徽农业大学陈椽教授提出按制法和品质建立的"六大基本茶类分类系统"，以茶多酚氧化程度为序把初制茶分为绿茶、白茶、黄茶、青茶、红茶、黑茶六大基本茶类。再加工茶类即以六大基本茶类的茶叶做原料，进行再加工形成各种各样的茶，如花茶、紧压茶、萃取茶、果味茶和含茶饮料等（图5-17）。至于再加工茶的分类，因六大基本茶类的成品茶品质大致已稳定，在各种茶再加工过程中品质变化不大，再加工茶（如各类花茶）的品质虽稍有变异，但品质基本上未超越出六大基本茶类，仍应归属原来的茶类。

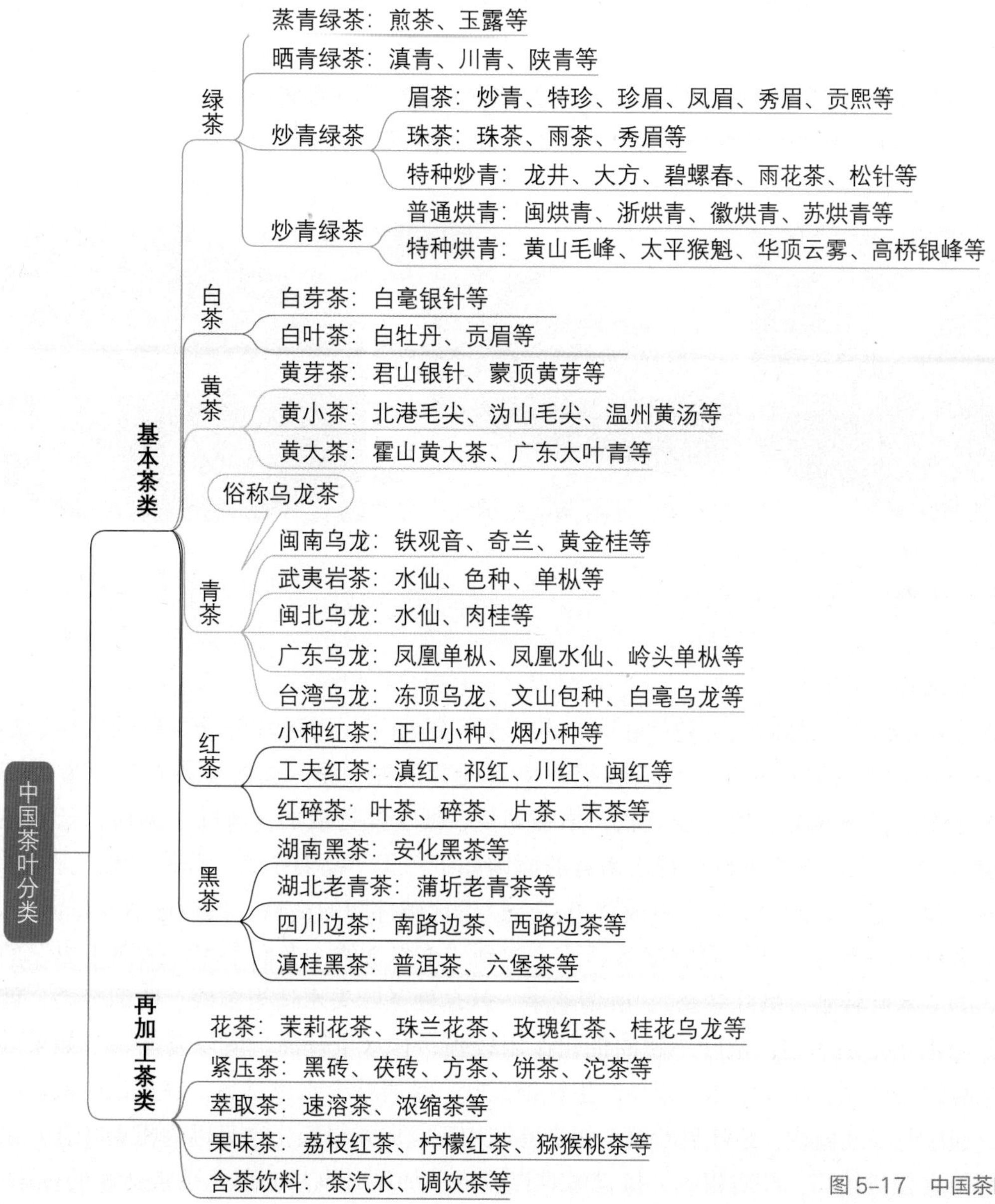

中国茶叶分类

基本茶类

绿茶
- 蒸青绿茶：煎茶、玉露等
- 晒青绿茶：滇青、川青、陕青等
- 炒青绿茶
  - 眉茶：炒青、特珍、珍眉、凤眉、秀眉、贡熙等
  - 珠茶：珠茶、雨茶、秀眉等
  - 特种炒青：龙井、大方、碧螺春、雨花茶、松针等
- 炒青绿茶
  - 普通烘青：闽烘青、浙烘青、徽烘青、苏烘青等
  - 特种烘青：黄山毛峰、太平猴魁、华顶云雾、高桥银峰等

白茶
- 白芽茶：白毫银针等
- 白叶茶：白牡丹、贡眉等

黄茶
- 黄芽茶：君山银针、蒙顶黄芽等
- 黄小茶：北港毛尖、沩山毛尖、温州黄汤等
- 黄大茶：霍山黄大茶、广东大叶青等

青茶 （俗称乌龙茶）
- 闽南乌龙：铁观音、奇兰、黄金桂等
- 武夷岩茶：水仙、色种、单枞等
- 闽北乌龙：水仙、肉桂等
- 广东乌龙：凤凰单枞、凤凰水仙、岭头单枞等
- 台湾乌龙：冻顶乌龙、文山包种、白毫乌龙等

红茶
- 小种红茶：正山小种、烟小种等
- 工夫红茶：滇红、祁红、川红、闽红等
- 红碎茶：叶茶、碎茶、片茶、末茶等

黑茶
- 湖南黑茶：安化黑茶等
- 湖北老青茶：蒲圻老青茶等
- 四川边茶：南路边茶、西路边茶等
- 滇桂黑茶：普洱茶、六堡茶等

再加工茶类
- 花茶：茉莉花茶、珠兰花茶、玫瑰红茶、桂花乌龙等
- 紧压茶：黑砖、茯砖、方茶、饼茶、沱茶等
- 萃取茶：速溶茶、浓缩茶等
- 果味茶：荔枝红茶、柠檬红茶、猕猴桃茶等
- 含茶饮料：茶汽水、调饮茶等

图 5-17　中国茶叶分类

随着科学技术的发展，人们开发出了茶叶食品、茶叶保健品和以茶叶为原料制备的日用化工品及食品添加剂等。这类茶叶的延伸产品具有食品的品质，而非茶叶的品质，因此不应归属于茶叶分类的范畴。

二、茶叶加工技术

1. 绿茶加工技术

绿茶是我国生产的主要茶类之一。历史悠久、产区广、产量多、品质好、销区稳，这是中国绿茶生产的基本特点。目前，我国已成为全球最大的绿茶生产、消费和出口国。早在1 000多年前的唐代，我国就已发明蒸青方法加工绿茶。近50年来，我国绿茶加工在传承了传统炒制技术的基础上，由手工方式逐渐转向机械化、连续化和清洁化加工。

绿茶加工以茶鲜叶为原料，通过杀青、揉捻和干燥等加工工艺（图5-18）逐渐形成绿茶所特有的品质特征——"清汤绿叶"。在绿茶品质形成的过程中，茶鲜叶是绿茶品质形成的物质基础。绿茶的各种加工方法、工艺技术及过程均在茶鲜叶的基础之上，促进茶鲜叶在加工过程中发生一系列的物理化学变化，最终形成绿茶的品质特征。

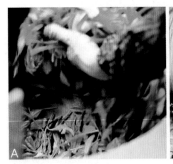  

图5-18　绿茶加工工艺
A. 杀青；B. 揉捻；C. 干燥

（1）杀青

杀青是形成绿茶品质的关键性技术。其主要目的如下：①破坏鲜叶中酶的活性，制止多酚类化合物的酶促氧化，以获得绿茶应有的色、香、味。②散发青草气，发展茶香。③蒸发一部分水分，使之变柔软，增强韧性，便于揉捻成形。鲜叶采摘后，一般在地上摊放2～3 h，然后进行杀青。杀青的原则如下：①"高温杀青、先高后低"，使杀青锅或滚筒的温度达到180 ℃左右或者更高，以迅速破坏酶的活性；然后适当降低温度，使芽尖和叶缘不致被炒焦，影响绿茶品质，达到"杀匀杀透、老而不焦、嫩而不生"的目的。②"老叶轻杀、嫩叶老杀"，所谓老杀，就是使茶叶失水适当多些；所谓轻杀，就是使茶叶失水适当少些。嫩叶中酶的催化作用较强，含水量较高，所以要老杀；如果轻杀，则酶的活性未被彻底破坏，容易产生红梗红叶；杀青叶含水量过高，在揉捻时液汁易流失，加压时易成糊状，芽叶易断碎。粗老叶则相反，应杀得轻，这是因为粗老叶含水量少，纤维素含量较高，叶质粗硬，揉捻时难以成形，加压时也易断碎。杀青适度的标志：

叶色由鲜绿转为暗绿，无红梗红叶；手捏叶软，略微黏手，嫩茎梗折不断；紧捏叶子成团，稍有弹性；青草气消失，茶香显露。

（2）揉捻

揉捻的目的是缩小体积，为炒干成形打好基础，同时适当破坏叶组织，既能使茶汁容易泡出，又耐冲泡。揉捻一般分热揉和冷揉。所谓热揉，就是杀青叶不经摊放趁热揉捻；所谓冷揉，就是杀青叶出锅后，经过一段时间的摊放，使叶温下降到一定程度时揉捻。粗老叶纤维素含量高，揉捻时不易成条，应采用热揉；高级嫩叶揉捻容易成条，为保持良好的色泽和香气，应采用冷揉。目前除少量手工制作的特种名优绿茶外，绝大部分茶叶都采取揉捻机来进行揉捻，即把杀青好的鲜叶装入揉捻桶，加盖、加压进行揉捻。加压的原则是"轻、重、轻"，即先要轻压，然后逐步加重，再慢慢减轻。揉捻过程的叶细胞破坏率一般为45%～55%，茶汁黏附于叶面，手摸有润滑黏手的感觉。

（3）干燥

干燥的方法有很多，有的用烘干机或烘笼烘干，有的用锅炒干，有的用滚筒炒干，也有靠日晒干燥。但无论何种方法，干燥目的都是：①继续使内含物发生化学变化，提高内在品质。②在揉捻的基础上整理、改进外形。③去除水分，防止霉变，便于储藏。经干燥的茶叶，含水量要求在7%以内，以手捻叶能成碎末为度。

2. 黄茶加工技术

黄茶是我国特有茶类，由绿茶演变而来。根据茶鲜叶原料的嫩度，黄茶又分为黄小茶和黄大茶。黄小茶有君山银针、蒙顶黄芽、霍山黄芽、沩山毛尖、北港毛尖、平阳黄汤、远安鹿苑茶等，其中君山银针、蒙顶黄芽属于黄芽茶；黄大茶有皖西黄大茶、广东大叶青茶。黄茶典型加工工艺是：鲜叶—杀青—揉捻—闷黄—干燥。黄茶的杀青、揉捻、干燥等工序均与绿茶制法相似，黄茶有别于其他茶类的关键在于其加工过程中有个特殊的"闷黄"工序，形成了"黄汤黄叶"的品质特征，主要做法是将杀青或揉捻后的茶叶用纸包好，或堆积后以湿布覆盖，时间以几十分钟或几个小时不等，促使茶叶在湿热作用下进行非酶性的自动氧化，以成黄色。

3. 黑茶加工技术

黑茶是加工过程中有微生物参与品质形成的，真正意义上的发酵茶。黑茶是世界上除红茶和绿茶以外，产销量最大的茶类，也是中国最具特色的茶类之一。早期的蒸青团饼绿茶由于长时间的烘焙干燥和长时间的非完全密封运输贮存，湿热环境下的氧化作用导致绿茶由绿色变褐色，成为黑茶的原始雏形。由于历史原因，我国黑茶产区目前主要集中在湖南、云南、湖北、四川、广西等地，因各地原料特征各异，或因长期积累的加工习惯等差异，形成了各自独特的产品形式和品质特征。现存的主要黑茶品种有普洱茶、茯砖、黑砖、花砖、千两茶、天尖、贡尖、生尖、青砖、六堡茶、康砖、金尖等，产品形式有紧压砖型、紧压篓装型、紧压沱饼型和紧压柱型。黑茶加工、包装方法大多沿袭历史，且包装采用篾篓和纸等纯天然材质。

黑茶种类繁多，炒制技术和压造成形的方法不尽相同，形状多样化，品质不一，但有如下共同的特点：①一般鲜叶较粗，外形粗大，叶老梗长。②都有渥堆变色的过程，有的采用毛茶渥堆变色，如湖北老青砖和四川茯砖；有的采用湿坯渥堆变色，如湖南黑茶和广西六堡茶等。③黑茶成品多经压造成型，便于长途运输和储藏保管。

黑茶基本制造工艺依次为鲜叶—杀青—揉捻—渥堆—干燥。渥堆是黑茶不同于其他茶类的重要工序，也是形成黑茶色香味的关键工序。以湖南黑茶为例，渥堆要在背窗、洁净的地面进行，要避免阳光直射，室温保持在25℃以上，相对湿度保持在85%左右，茶坯水分含量保持在65%左右。初揉后的茶坯，不经"解块"立即堆积起来，堆高1m左右，上面加盖湿布等物，借以保温保湿。待堆积24h左右，手深入堆内感觉发热，茶堆表层出现水珠，叶色黄褐，可嗅到酸辣气或酒糟气，此时立即开堆"解块"复揉，先揉堆内茶坯，外层茶坯继续渥堆，弥补表层茶坯渥堆的不足。渥堆的主要目的有两个：①破坏叶绿素，使叶色由暗绿色变成黄褐色。②使多酚类化合物氧化，除去部分涩味和收敛性。

4. 白茶加工技术

白茶是我国的特种茶之一，发源于福建福鼎。白茶传统制法独特，不炒不揉，属微发酵茶类，传统白茶产品分为白毫银针、白牡丹、贡眉和寿眉四类；主产于福建的福鼎、政和、建阳、松溪等地，产量占世界白茶的96%以上，近年来台湾也有少量生产。白茶因其外表满披白毫、色白如银而得名，其主要品质特征是干茶色白隐绿，毫香显；汤色杏黄明亮，滋味甘醇爽口，叶底柔软明亮。

依据茶树品种、产地、采摘标准和加工工艺的不同，白茶可分为以下几种：①依据茶树品种区分，采自'大白'茶树品种的成品称为大白，采自'水仙'品种的称为水仙白，采自'菜茶'的称为小白。②按采摘标准和加工工艺，可划分为白毫银针、白牡丹、贡眉、寿眉和新工艺白茶，是目前最常用的白茶分类法。③白毫银针因产地和茶树品种不同，分为"北路银针"和"西路银针"，品质各有千秋。北路银针产于福建福鼎，茶树品种为'福鼎大白茶'或'福鼎大毫茶'，芽头壮实，毫毛厚密，富有光泽，汤色呈杏黄色，香气清淡，滋味清鲜爽口；西路银针产于福建政和，茶树品种为'政和大白茶'，外形粗壮，芽长，毫毛光泽不如北路银针，但香气清芬，滋味醇厚。

白茶的基本制造工艺是：鲜叶—萎凋—干燥。萎凋是制白茶的重要工序。所谓萎凋，是将鲜叶薄薄摊开，开始一段时间里，以水分蒸发为主；随着时间的延长，鲜叶水分散失到了相当程度后，自体分解作用逐渐加强；随着水分的丧失与内质的变化，叶片面积萎缩，叶质由硬变软，叶色由鲜绿色转变为暗绿色，香气也相应地改变，这个过程称为萎凋。以白毫银针为例，其萎凋程度一般要达到八九成干后，再用火烘至足干（含水量为5%～6%），然后装箱储藏即可。

5. 红茶加工技术

红茶是我国生产和出口的主要茶类之一，素以香高、色艳、味浓驰名世界，属于全发酵茶类。我国红茶种类较多，产地分布较广，有工夫红茶（红条茶）、小种红茶、红碎茶等。红茶最基本的品质特征是红汤、红叶、味甘醇。因干茶色泽偏深，红中带乌黑，所以英语中称红茶为"black tea"，意为"黑色的茶"。中国是红茶的发源地。16世纪初期，福建武夷山的茶农发明了小种红茶。1610年，小种红茶首次出口荷兰，随后相继远销英国、法国和德国等国家。18世纪中叶，我国在小种红茶生产技术的基础上，创制出加工工艺更为精湛的工夫红茶，使得红茶生产和贸易达到了前所未有的鼎盛时期，在世界红茶产销的舞台上独领风骚。在19世纪80年代前，中国红茶一直在世界红茶生产和贸易中处于垄断地位。19 世纪 90 年代，由于茶叶贸易的巨额利润，使得荷兰、英国等国家不满中国的垄断地位，开始在其殖民地印度、斯里兰卡等地引种中国茶树并生产红茶，由此拉开了印度、斯里兰卡、肯尼亚、印度尼西亚、越南、土耳其等世界其他红茶生产国兴起的序幕。20 世纪初期，红碎茶逐渐取代工夫红茶，成为国际茶叶市场的主销产品。我国目前以生产工夫红茶为主，小种红茶产量较少，红碎茶的产销量随我国对外贸易的变化而不断变化，但总体产量较少。我国红碎茶生产又以中低档茶居多，由于成本较高，在国际市场上竞争力不足。与此同时，红茶内销市场的旺盛需求促进了中国红茶内销量的不断增加，有力地填补了红茶出口量的萎缩，刺激了红茶产量的连年增长，内销红茶比重连年上扬。

红茶的基本制造工艺是鲜叶—萎凋—揉捻—发酵—干燥。红茶对鲜叶的要求如下：除小种红茶要求鲜叶有一定成熟度外，工夫红茶和红碎茶都要有较高的嫩度，一般是以一芽两三叶为标准。采摘季节也与红茶品质有关，一般夏茶采制红茶较好，这是因为夏茶多酚类化合物含量较高，适制红茶。下面以工夫红茶为例介绍红茶的加工工艺。

（1）萎凋

萎凋的目的是使鲜叶失去一部分水分，叶片变软，青草气消失，并散发出香气。萎凋方法有自然萎凋和萎凋槽萎凋两种。萎凋槽一般长 10 m、宽 1.5 m，框边高 20 cm。摊放叶的厚度一般在 18～20 cm，下面鼓风机气流温度在 35 ℃左右，萎凋时间 4～5 h 为宜。常温下自然萎凋时间以 8～10 h 为宜。萎凋适度的茶叶萎缩变软，手捏叶片有柔软感，无摩擦响声，紧握叶子成团，松手时叶子松散缓慢；叶色转为暗绿色，表面光泽消失；鲜叶的青草气减退，透出萎凋叶特有的清香。

（2）揉捻

揉捻的目的如下：①使叶细胞通过揉捻后破坏，茶汁外溢，加速多酚类化合物的酶促氧化，为形成红茶特有的内质奠定基础。②使叶片揉卷成紧直条索，缩小体积，塑造紧结外形。③茶汁溢聚于叶条表面，冲泡时易溶于水，增加外形光泽，增加茶汤浓度。

（3）发酵

所谓红茶发酵，是在酶促作用下，以多酚类化合物氧化为主体的一系列化学变化的过程，是工夫红茶品质形成的关键过程。发酵室气温一般在 24～25 ℃，相对湿度 95%，摊叶厚度一般以 8～12 cm 为宜。发酵适度的茶叶青草气消失，出现一种新鲜的、清新的花果香；叶色红变，春茶黄红色、夏茶红黄色，嫩叶色泽红匀，老叶因变化困难常红里泛青。

（4）干燥

发酵好的茶叶必须立即送入烘干机干燥，以防止茶叶继续发酵。干燥一般分两次，第一次称为毛火，温度在 110～120 ℃，使茶叶含水量在 20%～25%；第二次称为足火，温度在 85～95 ℃，茶叶成品含水量为 6% 左右。

6. 青茶加工技术

青茶（又称乌龙茶）是我国特有的一类茶叶。青茶种类繁多，风格各异，在国内外茶叶市场享有较高的声誉。青茶产地主要分布在福建、广东和台湾，产量占全国青茶总产量的 98% 以上。青茶的品质特征是外形粗壮紧实，色泽青褐油润，天然花果香浓郁，滋味醇厚甘爽，耐冲泡，叶底"绿叶红镶边"。青茶独特的品质特征是特定生态环境、茶树品种和采制技术综合作用的结果。生产贸易中，根据产地不同，习惯将乌龙茶划分为四类：闽北乌龙茶、闽南乌龙茶、广东乌龙茶和台湾乌龙茶。

青茶属半发酵茶，发酵程度介于红茶与绿茶之间，其制法综合了绿茶和红茶制法的优点，叶底"绿叶红镶边"，兼备绿茶的鲜浓和红茶的甘醇。与其他茶类相比，青茶具有独特的加工工艺——做青，这是形成青茶天然花果香浓郁、滋味醇厚品质特征的最关键工序。随着青茶的传播和科技的发展，不同产地和茶树品种的青茶加工工艺有一定的差异，从而使青茶呈现出品类和风格的多样化。

青茶的基本加工工艺是：采青—萎凋—做青—炒青—揉捻—干燥（图 5-19）。青茶对鲜叶的要求是既不要太嫩，也不要过于粗老，即要有适当的成熟程度，一般以嫩梢全部开展，发育将要成熟，形成了驻芽的时候，采下一芽三四叶作为加工青茶的鲜叶为最好。

图 5-19　青茶'铁观音'加工工艺（陈重穆摄）
A. 机械采青；B. 萎凋；C. 做青；D. 炒青；E. 揉捻；F. 干燥

（1）萎凋

通过萎凋可散发部分水分，提高叶子韧性，便于后续工序进行；同时伴随着失水过程，酶的活性增强，散发部分青草气，利于香气呈现。青茶萎凋与红茶萎凋有所不同。红茶萎凋不仅失水程度大，而且萎凋、揉捻、发酵工序分开进行，而青茶的萎凋和发酵工序不分开，两者相互配合进行；通过萎凋，以水分的变化控制叶片内物质适度转化，达到适宜的发酵程度。萎凋方法有四种：凉青（室内自然萎凋）、晒青（日光萎凋）、烘青（加温萎凋）、人控条件萎凋。

（2）做青

做青（又称摇青）是青茶制作的重要工序，特殊的香气和叶底"绿叶红镶边"就是在做青中形成的。萎凋后的茶叶置于筛或摇青机中摇动，使叶片互相碰撞，擦伤叶缘细胞，从而促进酶促氧化作用。摇动后，叶片由软变硬；再静置一段时间，氧化作用相对减缓，使叶柄、叶脉中的水分慢慢扩散至叶片，此时鲜叶又逐渐膨胀，恢复弹性，叶片变软。经过有规律的动与静的过程，茶叶发生了一系列生物化学变化。叶缘细胞的破坏，发生轻度氧化，叶片边缘呈现红色；叶片中央部分，叶色由暗绿转变为黄绿，即所谓的"绿叶红镶边"；同时水分的蒸发和运转，有利于香气、滋味的发展。做青是青茶制造特有的工序，是形成青茶品质的关键过程，是奠定青茶香气和滋味的基础。

（3）炒青

青茶的内质已在做青阶段基本形成，炒青是承上启下的转折工序，它像绿茶的杀青一样，首先主要是抑制鲜叶中酶的活性，控制氧化进程，防止叶片继续红变，固定做青阶段形成的品质；其次是促进青草气挥发和转化，形成馥郁的茶香，同时通过湿热作用破坏部分叶绿素，使叶片黄绿而亮；此外，炒青还可挥发一部分水分，使叶子柔软，便于揉捻。

（4）揉捻

青茶加工技术中的揉捻作用同绿茶加工技术中的揉捻。

（5）干燥

干燥的作用是蒸发水分和紧结外形，并起热化作用，消除苦涩味，使滋味更醇厚。

第四节　茶叶品鉴

一、茶叶感官审评

茶叶品质是依靠人的嗅觉、味觉、视觉和触觉等感觉来评定的。而感官评茶是否正确，除评茶人员应具有敏锐的感官审评能力外，也要有良好的环境条件、设备条件及有序的评茶方法，例如对各种评茶用具、评茶水质、茶水比例、评茶步骤及方法等都做相应的规定。只有国内外茶叶审评标准和客观条件趋于统一，才能对茶叶品质的优劣审评达到主观认识上的接近。经过近百年来的贸易交往，尤其是近半个世纪的科学交流，感官审评方法这种特殊的古老的品质评定法已举世公认。

茶叶品质的好坏、等级的划分、价值的高低，主要根据茶叶外形、香气、滋味、汤色、叶底等项目，通过感官审评来决定。茶叶感官审评一般分为外形审评和内质审评，俗称干看和湿看，即干评和湿评。外形审评包括嫩度、条索（或条形）、色泽、净度四个项目，结合嗅干茶香气，手测茶叶水分。内质审评包括汤色、香气、滋味、叶底四个项目。茶叶感官审评共有八项因子，评茶时必须内外干湿兼评。

1. 外形审评

茶叶外形审评对茶叶品质高低的确定有重要作用，重点判断茶叶外形的嫩度、条索、色泽、净度这四项因子（图5-20）。

图 5-20　外形审评（马丹摄）
A. 整体观；B. 细节观

（1）嫩度

茶叶嫩度是决定品质的基本条件，是外形审评的重点。一般来说，嫩叶可溶性物质含量较多，叶质柔软，初制合理容易成条，条索紧结重实，芽毫显露，完整饱满。因为外形要求、嫩度要求、采摘标准随茶类不同而有变化，所以审评茶叶嫩度要在普遍性中注意特殊性，对该茶类各级标准样的嫩度要求进行详细分析。嫩度主要看芽叶比例与叶质老嫩，有无锋苗及条索的光糙度。嫩度好的茶叶，芽与嫩叶比例大；审评时要以整盘茶去做比较，不能仅从个数去做比较，因为同是芽与嫩叶，有厚薄、长短、宽狭、大小之别。凡是芽头嫩叶比例近似，芽壮身骨重，叶质厚实的，则品质好。所以采摘要老嫩均匀，制成的毛茶则外形整齐；老嫩不均匀的茶叶，初制难以掌握，且老叶身骨轻，外形不匀整，品质就差。锋苗指芽叶紧卷做成条索的锐度，条索紧结、芽头完整锋利并显露，表明嫩度好、制工好；嫩度差的，制工虽好，条索完整，但不锐无锋，品质就次。芽上有毫又称芽毫，芽毫要多，长而粗的好。一般炒青绿茶看锋苗，烘青看芽毫，条形红毛茶看芽头。炒制的茶叶，芽毫脱落，不易见毫；而烘制的茶叶芽毫被保留，芽毫显而易见；有些采摘细嫩的名茶虽是炒制，因手势轻、嫩度高，芽毫仍显露。芽的多少、毫的稀密，常因地区、茶类、季节、机械或手工揉捻等因素而不同。同样嫩度的茶叶，春茶显毫，夏秋茶次之；高山茶显毫，平地次之；人工揉捻显毫，机械揉捻次之；烘青比炒青显毫。就条索的光糙度而言，一般老叶细胞和组织硬，初制时条索不易揉紧，且表面凸凹不平，条索呈皱纹状，叶脉隆起，干茶外形粗糙；嫩叶柔软果胶多，容易揉成条，条索呈光滑平伏状。

（2）条索

条索指茶叶外形呈条，似搓紧的绳索，茶叶揉捻出的条索是不规则的。外形呈条状的有炒青、烘青、条茶、红毛茶、青茶等。炒青、烘青、条茶、条形红毛茶的条索要求紧直有锋苗，除烘青条索允许略呈扁状外，都以松扁、曲碎的差；青茶条索紧卷结实，略带扭曲。其他不成条索的茶叶多为条形，如龙井、旗枪、大方是扁条，以平扁、光滑、尖削、挺直、匀齐的好，粗糙、短钝和带浑条的差。而珠茶要求颗粒圆结的好，呈条索的不好。

外形的条索比较的是松紧、弯直、整碎、壮瘦、圆扁、轻重、匀齐。

松紧：条细、空隙度小、体积小为条紧，身骨重实的好。空隙度大为条松，用手衡量感觉轻的差。

弯直：条索圆浑、紧直的好，弯曲的差。可将茶样盘筛转，看其茶叶平伏程度，不翘的为直，反之则弯。

整碎：条索以完整的好；断条、断芽的差；下脚茶碎片、碎末多，精制率低的更差。下脚茶碎片要看是否为本茶本末。

壮瘦：一般叶形大、叶肉厚、芽粗而长的鲜叶制成的茶，条索紧结壮实、身骨重、品质好；叶形小、叶肉薄、芽细稍短的鲜叶制成的茶，条索紧而瘦、身骨略轻，称为细秀，细秀的品质比壮实的差些。

圆扁：指长度比宽度大若干倍的条索，其横切面接近圆形，表面棱角不明显的称为"圆"，但与珠茶外形圆似珍珠是完全不同的。扁指条索的横切面不圆而呈扁形。如炒青条索要圆浑，圆而带扁的差。

轻重：指身骨轻重，嫩度好的茶，叶肉厚实条索紧结，多为沉重；嫩度差的茶，叶张薄，条索粗松，一般较轻飘。

匀齐：指条索粗细、长短、大小相近似的为匀齐，上、中、下三段茶互相衔接的为匀称，匀齐的茶精制率高。

（3）色泽

干茶色泽主要从色度和光泽度两方面去看。色度即茶叶的颜色及其深浅程度；光泽度指茶叶接受外来光线后一部分光线被吸收，一部分光线被反射出来，形成茶叶的色面，色面的亮暗程度即为光泽度。不同种类的茶叶色泽各有不同。红毛茶以乌黑油润为好，黑褐、红褐次之，棕红的更次。绿毛茶以翠绿、深绿光润为好，绿中带黄、黄绿不匀较次，枯黄花杂者差。青茶中的名茶以青褐较好，黄绿色较次，枯暗花杂者差。黑毛茶以墨黑色为好，黄绿色或铁板色都差。

干茶的光泽度可以从润枯、鲜暗、匀杂等方面去审评。

润枯：润表示条索似带油光、色面反光强、油润光滑，一般可反映鲜叶嫩而新鲜，加工及时合理，是品质好的标志。枯表示茶条有色而无光泽或光泽差，表示鲜叶老或制工不当，茶叶品质差。劣变茶或陈茶色泽枯暗。

鲜暗：鲜为色泽鲜艳、鲜活，给人以新鲜感，表示鲜叶嫩而新鲜，初制及时合理，是新茶所具有的色泽。暗表现为茶色深又无光泽，一般表示存在鲜叶粗老、储运不当、初制不当、茶叶陈化等问题。紫芽种鲜叶制成绿茶色泽带黑发暗；过度深绿的鲜叶制成红茶，色泽呈现青暗或乌暗。

匀杂：匀表示色调一致，给人以正常感。如色不一致，参差不齐，茶中多黄片、青条、红梗红叶、焦片焦边等称为杂，表示鲜叶老嫩不匀，初制不当，存放不当或过久。

审评色泽时，色度与光泽度应结合起来，如茶色符合品质要求，有光泽且润带油光，表示鲜叶嫩度好，制工及时合理，品质好。干茶色枯暗、花杂，说明鲜叶老或老嫩不匀，或由于储运不当、初制不当等原因引起。

（4）净度

指毛茶的干净与夹杂程度，不含夹杂物的净度好，反之则净度差。茶中夹杂物有两类，即茶类夹杂物与非茶类夹杂物。茶类夹杂物有叶梗、茶籽、老叶朴片、茶末毛衣等。非茶类夹杂物有采、制、存、运过程中混入的杂物，如杂草、树叶、泥沙、石子、竹丝、竹片、棕毛等。

毛茶有无夹杂物或夹杂物多少，直接影响茶叶品质的优次。无严格采摘制度，无采摘质量要求，老嫩不分，大小一把抓，往往是造成茶类夹杂物多的原因。非茶类夹杂物一般是在采制过程中，因存放地点或制茶机具不净而带入。

2. 内质审评

内质审评包括汤色、香气、滋味、叶底四个项目。根据国家标准《茶叶感官审评方法》（GB/T 23776—2018），内质审评流程为称取茶样（图 5-21A）入审评杯冲泡（图 5-21B），将杯中冲泡浸出的茶汤倒入审评碗（图 5-21C）；茶汤处理好后，可先观汤色（图 5-21D），后闻茶香（图 5-21E），再尝茶汤滋味（图 5-21F），最后观叶底（图 5-21G）。

图 5-21　内质审评（马丹摄）
A. 称取茶样；B. 冲泡茶样；C. 出茶汤；D. 观汤色；E. 闻茶香；F. 尝茶汤滋味；G. 观叶底

（1）汤色

汤色指茶汤色泽，汤色审评要快，因为多酚类化合物溶解在热水中后与空气接触，很容易氧化变色，使绿茶汤色变黄，青茶汤色变红，红茶汤色变暗，尤以绿茶变化最快，时间过久会导致汤色混浊而沉淀，故绿茶宜先看汤色。即使是其他茶类，在嗅香前同样宜先快速地看一遍汤色，做到心中有数，并在嗅香时把汤色结合起来看，尤其在严寒的冬天，可避免嗅了香气，茶汤已冷或变色的问题。汤色的审评包括色度、亮度、混浊度三个方面。

色度：指茶汤颜色，其除了与茶树品种、环境条件和鲜叶老嫩有关外，还与鲜叶加工方法有关。不同的加工方法使各茶类具有不同颜色和汤色，而且加工技术上产生的问题会导致不正常的颜色出现。在审评色度时，主要分正常色、劣变色和陈变色。①正常色：指在正常加工条件下制成的茶，冲泡后呈现的茶汤颜色即各茶类应有的茶汤颜色。如绿茶绿汤，绿中呈黄；红茶红汤，红艳明亮；青茶汤色橙黄明亮；白茶汤黄浅而淡；黄茶黄汤；黑茶汤橙红浅明等。②劣变色：由于鲜叶采运，摊放或初制不当等造成变质，茶汤颜色不正，如鲜叶处理不当，轻则茶汤颜色变黄，重则变红。杀青不当有红梗红叶，会使茶汤颜色变深或带红。绿茶干燥炒焦会使茶汤颜色黄浊。红茶发酵过度会使茶汤深暗等。③陈变色：陈化是茶叶的特性之一，茶叶在通常条件下贮存，会随着时间延长而陈化程度加深，如绿茶的新茶汤颜色绿而鲜明，陈茶则灰黄或灰暗。

亮度：指茶汤的亮暗程度，亮指射入的光线通过茶汤时吸收的部分少而被反射出来的部分多，暗却相反。凡茶汤亮度好的品质亦好，亮度差的品质亦次。茶汤能一眼见底为明亮，如绿茶看碗底反光强则明亮；红茶还可看汤面沿碗边的金黄色的圈（又称光圈）的颜色和厚度，光圈的颜色正常、鲜明而宽的亮度好；光圈颜色不正且暗而窄的亮度差。

混浊度：指茶汤的清澈或混浊程度。清指汤色纯净透明，无混杂，一眼见底，清澈透明；浊与混或浑含义相同，指茶汤不清且视线不易透过茶汤，难见碗底，汤中有沉淀物或细小浮悬物。劣变或陈变产生的酸、馊、霉、陈的茶汤，混浊不清。但在浑汤中要区别下述两种情况，即"冷后浑"或称"乳状现象"，这是咖啡碱和多酚类化合物的络合物溶于热水而不溶于冷水，茶汤冷后会析出，所以"冷后浑"是品质好的表现。还有一种现象是鲜叶细嫩多茸毛，如高级碧螺春，茶汤中多茸毛，悬浮在茶汤中，这也是品质好的表现。

（2）香气

茶叶的香气主要是鲜叶中所含的芳香物质和儿茶素的变化而产生。芳香物质因茶树品种、地理环境、栽培管理、采摘季节、采摘标准不同而有差异，含量极微。芳香物质在不同的初制技术中的变化和发展也是极其复杂的，它们之间的微量结合就形成各种香气。香气的审评主要包括纯异、高低和长短。

纯异：纯指某茶应有的香气。纯正的香气要区别三种类型，即茶类香、地域香和附加香气。茶类香即某种茶类应有的香气，如绿茶要清香，黄大茶要有锅巴香，小种红茶要有松烟香，青茶要有花香，白茶要有毫香，红茶要有甜香等。在茶类香中又要注意区别产地香和季节香，产地香即高山、低山、洲地之区别，一般高山茶香高于低山，在制工良好情况下带有花香；季节香即不同季节香气之区别，我国红/绿茶一般是春茶香高于夏秋茶，秋茶香又高于夏茶。地域香即地方特有的香气，如炒青有花粉香、兰花香等，红茶有蜜糖香、桔糖香、果香和玫瑰香等地域性香气。附加香气（外加的香气）即不但有茶叶本身香气，而且外加某种有利于提高茶叶香气的成分，如窨制的花茶，有茉莉花、珠兰花、玉兰花、桂花、玫瑰花、栀子花、木兰花和玳玳花香等。异指茶香气中夹杂其他气味（或称不纯），轻则还能嗅到茶香，重则以其他气味为主，如能辨别属某种气味，就给予夹杂某种气味的评语，如烟焦、酸馊、霉陈、鱼腥、日晒、闷、青、药、木、油气等。

高低：香气的高低可从以下六个字来区别，即浓、鲜、清、纯、平、粗。浓指香气高，入鼻充沛有活力，刺激性强。鲜指如呼吸新鲜空气，有醒神爽快感。清指清爽新鲜之感，其刺激性有中弱和感受快慢之分。纯指香气一般，无异杂气味，感觉纯正。平指香气平，但无异杂气味。粗指感觉糙鼻，有时感到辛涩，都属粗老气。

长短：指香气的持久程度，以香气纯正持久为好，在杯中从嗅香气开始到茶汤变冷还能嗅到为香气长，反之则短。如气味不纯且长，愈长品质愈差。

香气以高而长，鲜爽馥郁的好；高而短次之，低而粗又次之；凡有烟、焦、酸、馊、霉及其他异味为低劣。

（3）滋味

茶汤滋味与汤色、香气密切相关，一般汤色深的，香气高，味也厚；汤色浅的，香气低，味也淡。审评滋味先要区别是否正常，正常的滋味应区别其浓淡、强弱、鲜爽、醇和，不正常的应区别其苦、涩、粗、异。

纯正：指品质正常的茶类应有的滋味。

浓淡：浓指浸出的内含物质丰富，茶汤中可溶性成分多、刺激性强，茶汤进口就感到，并收敛性强。淡则相反，茶汤内含物少、淡薄缺味，但属正常。

强弱：强指茶汤进口即感到苦涩且刺激性强，吐出茶汤短时间内味感增强。弱则相反，刺激性弱、吐出茶汤后口中平淡谓之弱。

鲜爽：鲜指似食新鲜水果一般感觉爽快，爽指爽口。滋味与香气联系在一起，在尝味时可使香气从鼻中冲出，感到清快爽适。

醇和：醇表示茶味尚浓，回味也爽，但刺激性欠强。和表示茶味淡，物质不丰富，刺激性弱而正常可口。

不纯正：指滋味不正或变质有异味。

苦：苦味是茶汤滋味的特点，因此对苦的味道就不能一概而论，应加以区别。茶汤入口先微苦后回味很甜是好茶；先微苦后不苦也不甜者次之；先微苦后也苦又次之，先苦后更苦最差。

涩：指似食生柿，有麻嘴、紧舌之感。涩味轻重可从刺激的部位和范围的大小来区别，涩味轻的在舌面两侧有感觉，重一点的整个舌面有麻木感。涩味先有后无属于茶汤滋味的特点，不属于味涩；吐出茶汤仍有涩味的才属涩味。

粗：粗老茶汤味在舌面感觉粗糙，是以味苦为主的苦涩味，控制整个舌苔俗称"辣舌苔"；可结合有无粗老气来判断。

异：属不正常滋味，如酸、馊、霉、焦味等。

（4）叶底

干茶冲泡时吸水膨胀，芽叶摊展，叶质老嫩、色泽、匀度和鲜叶加工合理与否均可在叶底中体现。审评叶底主要看嫩度、色泽和匀度。

嫩度：以芽与嫩叶含量比例和叶质老嫩来衡量，芽以含量多、粗而长的好，细而短的差，但视品种和茶类要求不同，如碧螺春茶细嫩多芽，其芽细而短芽毫多，病芽驻芽不好。叶质老嫩可以从软硬度和有无弹性来区别。手指压叶底柔软，放手后不松起的嫩度好；硬有弹性，放手后松起表示粗老。叶脉隆起触手为老，平滑不隆起、不触手为嫩，叶肉厚软为上，软薄者次之，硬薄者又次之。

色泽：主要看色度和亮度，其含义与外形审评中的色泽相同。绿茶叶底以嫩绿、黄绿、翠绿明亮者为优，深绿为次，暗绿带青张或红梗红叶者差。红茶叶底以红艳、红亮为优，红暗、青暗、乌暗花杂者差。

匀度：主要基于老嫩、大小、厚薄、色泽和整碎等因子来评价，上述因子都较接近，一致匀称为好，反之则差。匀度与采摘和初制技术有关，匀度是鉴定茶叶品质的辅助因子，匀度好的不等于嫩度好，当然匀度不好的也不等于鲜叶老。如粗老鲜叶，制工好也能使叶底匀称一致。再如鲜叶的总嫩度好，但由于采制上的问题，叶底匀度差也是可能的。匀度好坏主要看各种芽叶组成和鲜叶加工合理与否。

审评叶底时还要注意看叶张舒展情况是否掺杂等。在采制正常合理情况下，叶底与茶叶色、香、味具有一定程度的相关性，是一个评定毛茶品质的重要手段。

二、代表类茶的品鉴

1. 西湖龙井

属绿茶类。产于浙江省杭州市西湖西南的山区，为历史名茶。

西湖龙井原料选自'龙井群体种''龙井43'和'龙井长叶'茶树品种，开采于3月中下旬，在特制的龙井锅中炒制而成。高级西湖龙井外形扁平，光滑，挺秀尖削，长短大小均匀整齐，芽锋显露，色泽绿中带黄，呈嫩黄绿色（图5-22A）；汤色黄绿（图5-22B），香郁味醇，回味甘爽，叶底嫩匀成朵（图5-22C），一旗一枪，交错相映，栩栩如生。西湖龙井茶以其"色翠、香郁、味醇、形美"四大特点驰名中外。

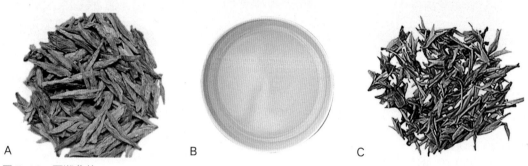

图5-22 西湖龙井
A. 外形；B. 汤色；C. 叶底

2. 黄山毛峰

属绿茶类。主产区位于安徽省黄山市黄山风景区和黄山区的汤口、冈村、芳村、三岔、谭家桥、焦村；徽州区的充川、富溪、杨村、洽舍；歙县的大谷运、竦坑、许村、黄村、璜蔚、璜田；休宁县的千金台等地。创制于清末，为历史名茶。

采制黄山毛峰的茶树品种主要为'黄山大叶种'。黄山毛峰产品分特级、1—3级。特级黄山毛峰又分特一、特二、特三等，1—3级各分两个等。特级黄山毛峰的采摘标准为1芽1叶初展，1—3级黄山毛峰的采摘标准分别为1芽1叶初展、1芽2叶初展、1芽3叶初展。特级黄山毛峰于清明前后开采，1—3级黄山毛峰于谷雨前后采制。加工分杀青、揉捻、烘焙等工序。特级黄山毛峰形似雀舌，匀齐壮实，峰显毫露，色如象牙，鱼叶金黄（图5-23A）；清香高长，汤色清澈（图5-23B），滋味鲜浓、醇厚、甘甜；叶底嫩黄，肥壮成朵（图5-23C）。其中"金黄片"和"象牙色"是不同于其他毛峰的两大明显特征。

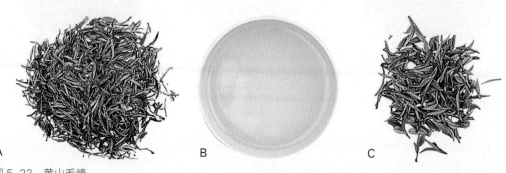

图5-23 黄山毛峰
A. 外形；B. 汤色；C. 叶底

3. 碧螺春

属绿茶类。产于江苏省苏州市太湖、洞庭山一带。创制于明末清初，为历史名茶。

鲜叶采摘从春分开采，至谷雨结束，采摘的标准为1芽1叶初展。对采摘下来的芽叶要进行严格拣剔，去除鱼叶、老叶和过长的茎梗。高级的碧螺春，0.5 kg干茶需要茶芽6万～7万个。碧螺春茶外形条索纤细，卷曲成螺，满披茸毛，色泽碧绿（图5-24A）；冲泡后似白云翻滚、雪花飞舞，汤绿明亮（图5-24B），香气清高持久，茶香味醇，回味无穷；叶底细、匀、嫩（图5-24C）。

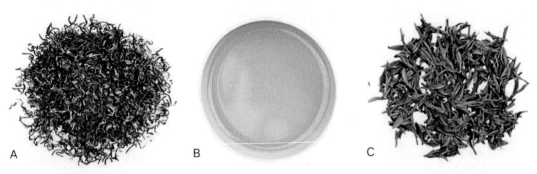

图5-24 碧螺春
A.外形；B.汤色；C.叶底

4. 六安瓜片

属绿茶类。产于安徽省六安市金寨县和霍山县，主产区位于金寨县齐头山一带，为历史名茶。

采制六安瓜片的茶树品种主要为'六安双锋山中叶群体种'，俗称'大瓜子种'。六安瓜片外形单片顺直匀整、叶边背卷平展、不带芽梗、形似瓜子。干茶色泽翠绿、起霜有润（图5-25A）；汤色绿亮清澈（图5-25B）、香气高长、滋味鲜醇回甘；叶底黄绿匀亮（图5-25C）。

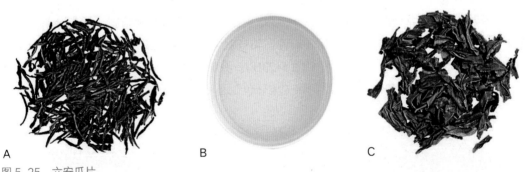

图5-25 六安瓜片
A.外形；B.汤色；C.叶底

5. 信阳毛尖

属绿茶类。产于河南省信阳市西南山区，为历史名茶。

信阳毛尖于清明节后开始采摘。采茶时"不采老（叶），不采小，不采马蹄叶（鱼叶），不采茶果（花蕾、小茶果实）"。信阳毛尖采摘标准为：特级1芽1叶初展；一级1芽2叶初展；二级1芽2叶至3叶初展为主，兼有较嫩的2叶对夹叶；三级1芽2至3叶，兼有2叶对夹叶；四、五级采摘1芽3叶及2至3叶对夹叶。信阳毛尖茶外形条索细、圆、紧、直，色泽翠绿，白毫显露（图5-26A）；内质汤色嫩绿明亮（图5-26B），熟板栗香高长、鲜浓，滋味鲜爽，余味回甘；叶底嫩绿匀整（图5-26C）。

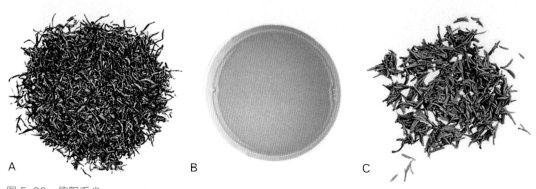

图 5-26　信阳毛尖
A. 外形；B. 汤色；C. 叶底

6. 太平猴魁

属绿茶类。产于安徽省黄山市黄山区（原太平县）新民、龙门一带，为历史名茶。

太平猴魁以'柿大茶群体种'鲜叶为主要原料，于谷雨前后开园采摘，到立夏结束，要求采摘1芽3叶新梢。太平猴魁外形两叶抱芽、平扁挺直、自然舒展、白毫隐伏，有"猴魁两头尖，不散不翘不卷边"之称，芽叶肥硕、重实、匀齐，叶色苍绿匀润（图5-27A），叶脉绿中隐红，俗称"红丝线"；兰香高爽、滋味醇厚回甘，有独特的"猴韵"，汤色绿亮明澈（图5-27B）；叶底嫩绿匀亮，芽叶成朵肥壮（图5-27C）。

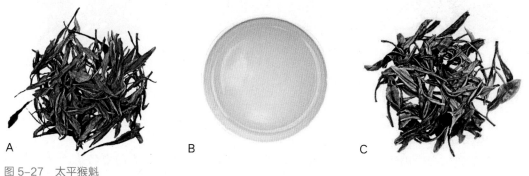

图 5-27　太平猴魁
A. 外形；B. 汤色；C. 叶底

7. 君山银针

属黄茶类。产于湖南省岳阳市西郊洞庭湖中的君山岛，为历史名茶。

君山银针选用没有开叶的肥壮嫩芽制成，一般于清明前3天开采，芽头要求长约25～30 mm，芽蒂长约2 mm。君山银针外形芽头壮实挺直，白毫显露，茶芽大小长短均匀，形如银针，芽身金黄（图5-28A），享有"金镶玉"之誉；冲泡时，叶尖向水面悬空竖立，恰似群笋破土而出，又如刀枪林立，茶影汤色交相辉映，继而又徐徐下沉，随冲泡次数而起落；茶汤色泽杏黄明澈（图5-28B），入口滋味甘醇，香气清鲜；叶底明亮（图5-28C）。

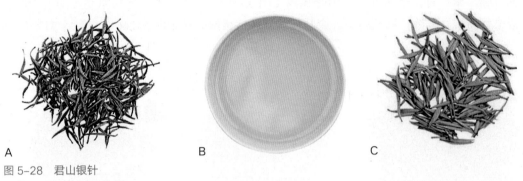

图5-28　君山银针
A. 外形；B. 汤色；C. 叶底

8. 白毫银针

属白茶类。产于福建省宁德市福鼎市与南平市政和县。创制于清代中期，为历史名茶。

白毫银针选用'福鼎大白毫''政和大白茶'的春季茶树嫩芽制作而成，茶树新芽抽出时，留下鱼叶，摘下肥壮单芽加工制作，也有采一芽一叶置室内"剥针"。白毫银针外形芽叶肥壮，满披白毫，色泽银亮（图5-29A）；内质香气清鲜，毫味鲜甜，滋味鲜爽微甜，汤色清澈晶亮，呈浅杏黄色（图5-29B）；叶底芽头肥壮，明亮匀整（图5-29C）。

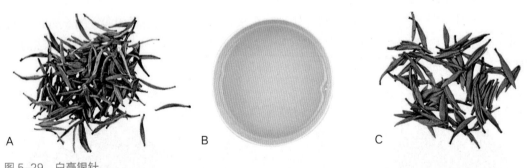

图5-29　白毫银针
A. 外形；B. 汤色；C. 叶底

9. 安溪铁观音

属青茶类。产于福建省泉州市安溪县，创制于清代乾隆年间，为历史名茶。

安溪铁观音选用'铁观音'茶树品种的鲜叶制作而成，安溪一年四季皆可制茶，从4月底至5月初开采春茶，至10月上旬采秋茶。采摘驻芽3叶，俗称"开面采"。干茶外形紧结沉重，色泽砂绿油润（图5-30A）；内质香气颜郁、芬芳悠长，具有独特的风格，俗称"观音韵"，汤色金黄明亮（图5-30B），滋味醇厚甘鲜，饮之齿颊留香，甘润生津；叶底肥厚红边（图5-30C）。

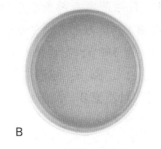

图 5-30　安溪铁观音
A. 外形；B. 汤色；C. 叶底

10. 武夷岩茶

属青茶类。产于福建省南平市武夷山市，创制于明末清初，为历史名茶。

武夷茶区春茶于立夏前 3～5 天开采，采摘鲜叶以中开面至大开面 2～3 叶为宜。成茶外形条索肥壮，紧结匀整，带扭曲条形，俗称"蜻蜓头"，叶背起蛙皮状颗粒，色泽油润带光泽（图 5-31A）；内质香气馥郁隽永，具有特殊的"岩韵"，滋味醇厚回甘，润滑爽口，汤色橙黄，清澈艳丽（图 5-31B）；叶底柔软匀亮，边缘朱红或起红点（图 5-31C），中央叶肉浅黄绿色，叶脉浅黄色。武夷岩茶可耐五次以上冲泡，被称为"岩骨花香"。

图 5-31　武夷岩茶
A. 外形；B. 汤色；C. 叶底

11. 普洱茶

属黑茶类。产于云南省，为历史名茶。据史料记载，唐代滇南的银生府（今云南省西双版纳傣族自治州的澜沧江流域）为云南主产茶区，而普洱府古属银生府，滇南之茶均集散于普洱府，然后运销各地，故以普洱茶为名而著称。因此，历史上所指的普洱茶，实际上是以'云南大叶种'茶加工成的晒青茶为原料，经加工整理而成的各种云南茶叶的统称。普洱茶按其加工工艺与品质形成的途径分为普洱茶（生茶）和普洱茶（熟茶）两大类型。

普洱茶（生茶，又称青饼）：是以符合普洱茶产地环境条件下生长的'云南大叶种'茶树鲜叶为原料，经杀青、揉捻、日光干燥、蒸压成型等工艺制成的紧压茶。其品质特征为：色泽墨绿，香气清纯持久，滋味浓厚回甘，汤色绿黄清亮，叶底肥厚黄绿。

普洱茶（熟茶）：是以符合普洱茶产地环境条件的'云南大叶种'晒青茶为原料，采用特定工艺、经快速后发酵熟化加工形成的散茶和紧压茶。其品质特征为：外形色泽红褐，内质汤色红浓明亮，香气独特陈香，滋味醇和回甘，叶底红褐。

普洱茶的产品类型如下。①普洱散茶（熟茶）：按其品质的高低可分为 10 个等级。

②普洱沱茶（图5-32A）：碗形，有生茶也有熟茶，重100 g或250 g，也有3～5 g重的小沱茶。③普洱砖茶（图5-32B）：长方形，重250 g，多为熟茶。④普洱饼茶（图5-32C）：圆形，有生茶也有熟茶，重357 g。⑤紧茶：多为生茶，重250 g。⑥普洱方茶（图5-32D）：方形，生茶，重100 g。⑦圆茶：圆形生茶，重100 g。除上述的传统产品外，目前市场上的普洱茶造型各异，种类繁多，品质差异悬殊。普洱茶主要供内销、侨销和边销，也有少部分外销。

图5-32 普洱茶的产品类型
A. 普洱沱茶；B. 普洱砖茶；C. 普洱饼茶；D. 普洱方茶

12. 祁门红茶

属红茶类。主产于安徽省黄山市祁门县、黟县和黄山区，及毗邻的池州市贵池区、石台县、东至县等地，为历史名茶。

祁门红茶以'槠叶群体种'茶树鲜叶为主要原料，采摘1芽2、3叶及同等嫩度的对夹叶加工而成。加工分萎凋、揉捻、发酵、烘干等工序，初制成的红毛茶经过精制再销售或出口。祁门红茶条形紧细匀秀、锋苗毕露、色泽乌润、毫色金黄（图5-33A）；入口醇和、味中有香、香中带甜、回味隽永醇厚，具有特殊的类似玫瑰花的清新持久的甜香，特称为"祁门香"，汤色红亮（图5-33B）；叶底红嫩明亮（图5-33C）。

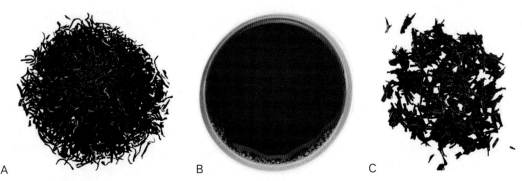

图5-33 祁门红茶
A. 外形；B. 汤色；C. 叶底

思考题

1. 试述茶起源与利用方式演变过程。

2. 列举中国历史中的饮茶方法。

3. 茶的特点有哪些?

4. 茶文化包括哪些方面? 中国茶文化发展经历几次高峰?

5. 茶树良种的作用是什么?

6. 列举茶树次生代谢产物与健康的关系。

7. 茶叶分类的原理是什么? 列举六大基本茶类。

8. 列举绿茶、红茶和青茶加工过程中的关键工艺。

9. 试述茶叶审评的四个项目和八项因子。

参考文献

陈宗懋,俞永明,梁国彪,等. 品茶图鉴 [M]. 南京:译林出版社,2016.

丁以寿. 中国茶文化 [M]. 合肥:安徽教育出版社,2011.

骆耀平. 茶树栽培学 [M]. 北京:中国农业出版社,2008.

骆耀平. 茶树栽培学 [M]. 北京:中国农业出版社,2008.

施兆鹏. 茶叶审评与检验 [M]. 北京:中国农业出版社,2010.

宛晓春,夏涛. 茶树次生代谢 [M]. 北京:科学出版社,2015.

宛晓春. 茶叶生物化学 [M]. 北京:中国农业出版社,2003.

宛晓春. 中国茶谱 [M]. 北京:中国林业出版社,2007.

王玲. 中国茶文化 [M]. 北京:九州出版社,2009.

夏涛,郭桂义,陶德臣等. 中华茶史 [M]. 合肥:安徽教育出版社,2008.

夏涛. 制茶学 [M]. 北京:中国农业出版社,2014.

杨江帆,谢向英,管曦等. 茶业经济与管理 [M]. 厦门:厦门大学出版社,2008.

姚国坤. 中国茶文化学 [M]. 北京:中国农业出版社,2019.

叶乃兴. 茶学概论 [M]. 北京:中国农业出版社,2013.

第六章

园艺产品品质与安全

第一节 园艺产品品质
第二节 园艺产品品质
　　　　形成与调控
第三节 园艺产品安全

　　园艺产品是园艺植物为人类提供服务的价值载体，不仅提供了维持人体健康所必需的营养物质，还改善了人们的生存环境，为人们提供了休闲娱乐和精神享受。我国是世界园艺生产大国，许多园艺植物的产量和种植面积排在世界首位，但我国园艺产品总体品质不高，中高端产品市场占有率不足，影响农民收入和出口创汇。本章对园艺产品品质进行定义，介绍了园艺产品品质的评价标准，总结了园艺产品品质的构成要素和影响园艺产品品质的调控因素，并提出了园艺产品安全问题。在《中华人民共和国食品安全法》等法律法规的框架下，通过选择适宜的品种、采取合理的农艺措施能生产出优质安全的园艺产品。利用精密的现代分析仪器，精准测定园艺产品品质成分，明确不同园艺产品的营养价值和特色风格，让消费者理解和认识园艺产品在膳食结构中的重要性。

第一节 园艺产品品质

一、品质与质量的概念

品质或质量（quality）在多数语境下表示同一概念，此处将采用质量的定义来进行描述。《质量管理体系 基础和术语》（GB/T 19000—2016/ISO 9000：2015）给出的质量的定义为：一个关注质量的组织倡导一种通过满足顾客和其他相关方的需求和期望来实现其价值的文化，这种文化将反映在其行为、态度、活动和过程中。组织的产品和服务质量取决于满足顾客的能力，以及对有关的相关方预期或非预期的影响。产品和服务的质量不仅包括其预期的功能和性能，而且还涉及顾客对其价值和利益的感知。

从质量的定义可以看出，质量的载体是产品或服务，可以是物质的，也可以是非物质的。园艺产品是人类以园艺植物为对象，经过生产过程而形成的产品。广义的园艺产品包括可食用的产品（如水果、蔬菜、茶），也包括可供观赏的产品（如花卉），还包括用于生产的园艺植物种子和苗木，甚至还包括园艺旅游和休闲活动等涉及的文化产品。广义的园艺产品质量反映在行为、态度、活动和过程中，包括了产品和服务质量。狭义的园艺产品主要指可食用的水果、蔬菜、茶以及可供观赏的花卉，主要涉及产品质量。此处所讲的园艺产品主要指狭义的园艺产品，即水果、蔬菜、花卉和茶。

根据以上内容，可以将园艺产品的品质定义为"园艺产品通过自身功能或性能来满足顾客要求的能力以及顾客对其价值的感知和反馈"。此定义包含了两部分内容，一是园艺产品自身特性，二是顾客对其价值的认可。需要注意的是，顾客的消费要求及对产品的感知程度受到社会发展背景、消费理念等因素的影响，是发展的、可变的，因此园艺产品的品质定义也是发展的。

二、园艺产品外观品质

1. 大小与形状

对水果而言，果实大小是水果分级的重要标准之一。根据我国出口鲜苹果专业标准，出口鲜苹果划分为 AAA 级、AA 级、A 级三个标准，AAA 级苹果要求大型果果径不低于65 mm，中型果果径不低于 60 mm。国家标准《鲜苹果》（GB/T 10651—2008）大型果优等品和大型果一等品果径（最大横切面直径）不低于 70 mm，中小型果则不低于 60 mm。果实形状是衡量果实外形的重要指标，也使得果实更加丰富多彩，比如苹果有长圆锥形、圆柱形和扁圆形等形状（图 6-1）。一般以果形端正为基本标准，国家标准《鲜苹果》（GB/T 10651—2008）优等品具有本品种应有的特征，一等品允许果形有轻微缺点，二等品果形有缺点，但仍保持本品基本特征，不得有畸形果。通常用果实横、纵径比即果形指数作为果实形状参数。

蔬菜类型较多，其产品的大小与形状差别非常大，表现出明显的多样性。比如，果菜

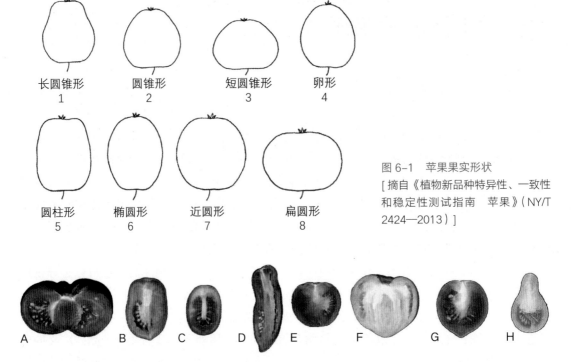

长圆锥形
1

圆锥形
2

短圆锥形
3

卵形
4

圆柱形
5

椭圆形
6

近圆形
7

扁圆形
8

图 6-1　苹果果实形状
[摘自《植物新品种特异性、一致性和稳定性测试指南　苹果》（NY/T 2424—2013）]

图 6-2　番茄的果实形状（改自 Rodriguez 等，2011）
A. 扁形；B. 长方形；C. 椭圆形；D. 长形；E. 圆形；F. 牛心形；G. 心形；H. 梨形

类的番茄有扁形、椭圆形、长方形、牛心形、心形、长形、梨形、圆形等八种主要形状（图 6-2）。叶菜类的大白菜和结球甘蓝，一般由绿色或黄绿色卷曲的叶子组成形状紧密的叶球，叶球的形状随叶子的形状、大小和曲率而变化，可分为圆形、长圆形、圆柱形和圆锥形四种形状。根菜类的胡萝卜的形状通常为圆锥形或圆柱形。

花卉形状包括花型和株型。花型是指植物的花器官形态，包括各部分器官的形状、数量、大小和对称性等，直接决定了其经济价值和市场前景。菊花根据花型分为宽带型、匙球型、疏管型、松针型和平桂型等，菊花根据花径大小可分为大菊、中菊和小菊。株型是指植株地上部分的形态特征和空间排列方式，影响株型的主要因素包括株高、分枝数、分枝角度和叶片着生角度等。

2. 色泽及光泽度

颜色是给予消费者的第一感官品质，具有重要意义。色素分为水溶性色素和脂溶性色素：水溶性色素包括花青素和黄酮类色素等，脂溶性色素包括叶绿素和类胡萝卜素等。上述色素物质的不同组合及含量水平使果实呈现紫、蓝、红、橙、黄、绿等颜色。

花色苷是使果实呈现红色的主要物质，已知天然存在的花色苷有 250 多种，确定的有 20 多种。花色苷由花青素和糖类以糖苷键缩合而成。果实中存在的花青素主要有天竺葵色素（pelargonidin）、矢车菊色素（cyanidin）、飞燕草色素（delphinidin）、芍药色素（peonidin）、矮牵牛色素（petunidin）和锦葵色素（malvidin）；糖苷主要有葡萄糖、鼠李糖、半乳糖、木糖和阿拉伯糖。不同果实含有的花青素种类不同，比如草莓富含天竺葵色素，樱桃、李、覆盆子（*Rubus idaeus*）等富含矢车菊素和芍药色素，葡萄富含多种花青素。

花色是花卉的一个主要观赏性状，形成花色的色素物质包括类胡萝卜素、花青素和黄酮类色素，它们控制着花色的形成。自然界中最常见的花色为白色，白色花中一般含有少量的类黄酮类色素。根据颜色分类已成为花卉重要的分类方法，也是我国最早的花卉分类法。比如，菊花可分为黄色系、红色系、白色系、紫色系和复色系，并且不同颜色的菊花被人们赋予了不同的寓意，比如黄色菊花代表高雅的君子品格或高洁、长寿，白色的菊花代表着对逝者的尊敬。

· 拓展阅读 6-1
花青素和类黄酮
含量测定方法

三、园艺产品风味品质

风味是通过人的味觉和嗅觉感知的一种综合性属性，主要包括口腔味觉器官感知的酸、甜、苦等味道和鼻腔嗅觉器官感知的香气。每一种风味都是以化学物质为基础，人的感觉器官与这种成分发生作用，就会产生相应的味觉和嗅觉。

1. 园艺产品的味道

水果果实味道主要由糖类物质、有机酸和苦涩味物质决定，其中糖酸比（可用固酸比表示）是决定果实口感的主要参数。不同果品等级对糖类物质、有机酸含量及糖酸比的要求不同。比如，甜橙类优等果固酸比不低于 11.6：1，一等果不低于 11.1：1，二等果不低于 9.5：1（表 6-1）。水果果实中糖类物质主要包括单糖（如葡萄糖、果糖、半乳糖）、寡糖（如蔗糖、麦芽糖）、多糖（如纤维素、半纤维素、淀粉）以及糖类物质的衍生物。多数水果果实成熟时以糖类物质为主要储藏物，水果果实中以可溶性糖为主，不同水果果实可溶性糖含量有差异。水果果实成熟时，苹果和梨以果糖为主，其次是葡萄糖、蔗糖和山梨糖醇，苹果中果糖含量为葡萄糖的 2～3 倍；葡萄和柿则以葡萄糖为主，其次是果糖和蔗糖；樱桃中主要是果糖和葡萄糖，蔗糖含量较少。不同的糖类物质甜度不同，果糖最甜，其次是蔗糖和葡萄糖。

有机酸是决定水果果实酸味的化合物，特别是游离态有机酸含量决定酸味程度。根据水果果实中主要有机酸种类可将果实分为三种：①苹果酸型果实，如苹果、梨、枇杷、桃、李等；②柠檬酸型果实，如草莓、柑橘、菠萝等；③酒石酸型果实，如葡萄。

水果果实中的苦味主要来自苷基与苷配基通过糖苷键连接形成的糖苷类物质，如苦杏仁苷、柚皮苷、新橙皮苷等。对大部分水果果实（如葡萄、柿和石榴）而言，其果皮或果肉中的涩味主要来自单宁，当单宁含量高于 1% 时，果实即具有强烈的涩味。此外，儿茶素、表儿茶素等酚类物质也能产生苦涩味。

表 6-1 鲜柑橘各等级果理化指标 *

项目	优等果		一等果		二等果	
	甜橙类	宽皮橘类	甜橙类	宽皮橘类	甜橙类	宽皮橘类
可溶性固形物 /% ≥	10.5	10.0	10.0	9.5	9.5	9.0
总酸量 /% ≤	0.9	0.95	0.9	1.0	1.0	1.0
固酸比≥	11.6：1	10.0：1	11.1：1	9.5：1	9.5：1	9.0：1

* 摘自国家标准《鲜柑橘》（GB/T 12947—2008）

不同蔬菜呈现不同的味道，主要取决于呈味化学物质的种类、含量及比例。甜瓜、番茄等蔬菜糖类物质和有机酸含量较高，蔬菜糖类物质和有机酸基本组分与水果相似，但不同蔬菜间糖类物质和有机酸主要组分差异较大，如甜瓜主要积累葡萄糖和蔗糖，番茄主要积累葡萄糖、果糖、柠檬酸和苹果酸，而菠菜、竹笋含草酸较多。

苦味是基本味觉中味觉阈值最低、最敏感的一种味觉。具有苦味的蔬菜有苦瓜、莴苣等。植物的苦味物质主要有生物碱、萜类、糖苷类物质等，葫芦素是葫芦科植物产生苦味的主要物质。正常条件下不具苦味的果蔬产生苦味则是不正常的表现，如黄瓜的苦味主要来自不正常生长条件诱发产生的葫芦素。

辣味是舌、口腔和鼻腔黏膜受到辣味物质刺激而产生的辛辣、刺痛、灼热的感觉，是某些蔬菜特有的味道。大蒜中辣味的有效成分为二烯丙基硫化物，又称大蒜素，是大蒜风味形成的主要因子。在新鲜的大蒜中，没有游离的大蒜素，只有它的前体物质蒜氨酸。当大蒜破碎时，蒜氨酸通过酶解作用转变成大蒜素。辣椒的辣味主要由辣椒素产生。辣椒素为香草酰胺的衍生物，其化学名称为 8- 甲基 -N- 香草基 -6- 壬烯酰胺。通常辣椒素的含量都小于干重的 1%。辣椒素在果实不同部位的含量不同，胎座中最高，种子中最低。

此外，果蔬还有鲜味，主要由氨基酸、核苷酸、短肽等物质产生。因所含鲜味物质种类和含量不同，表现出的鲜味特点和程度也不同。多数果蔬，如桃、梨、番茄等均有鲜味，而竹笋、芦笋中由于含有天门冬氨酸也有特殊鲜味。许多蘑菇中也富含鲜味物质，表现出极强的鲜味，成为美味的蔬菜珍品。

2. 园艺产品的香气

绝大部分水果果实会产生大量的挥发性物质，香气是大量挥发性物质组成的复杂混合物，香气的产生也标志着水果果实成熟。对水果果实组织而言，表皮要比内部组织产生更多的挥发性物质，部分原因是由于果皮组织丰富的脂肪酸底物和高的代谢活性。水果中的香气成分大约有 2 000 种，可以分为酯类、醛类、醇类、萜烯类、内酯类、酮类、醚类和一些含硫化合物等。水果果实香气物质的种类和含量因物种和品种的不同而有所差异，也就是说香气组成具有物种和品种特异性，通常以内酯类、酯类、醛类、醇类和萜类及挥发性酚类物质为主。挥发性物质有的气味强烈，有的气味较弱，有些甚至无味，只有当它们混为一体时，才体现出果实的香气特征。不同水果在香气种类和数量上存在较大差异。比如，葡萄香气包含多种化合物，目前已检测到 380 多种，包括单萜、醇类、酯类和醛酮类物质。总体上来看，自由态萜烯醇类物质沉香醇和香叶醇是红、白葡萄中主要的香气化合物。在苹果中可检测到 300 多种挥发性物质，酯类物质是苹果释放最多的挥发性化合物，占总挥发性物质的 78%～92%，且以乙酸、丁酸、己酸与乙醇、丁醇、己醇形成的酯类为主。在香蕉中可检测到 250 多种挥发性物质，香蕉特有的香味主要来自乙酸异戊酯和乙酸异丁酯等挥发性酯类物质。此外，异戊醇、乙酸异戊酯、乙酸丁酯和榄香素也参与了香蕉特征香味的形成。香蕉中最丰富的苷元（aglycone）为 3- 甲基丁醇、3- 甲基丁酸和香草乙酮。香蕉品种间也存在主要香气物质的差异，例如 'Cavendish' 最主要香气物质为 (E)-2- 己烯醛和 3- 羟基 -2- 丁酮，而 'Plantain' 最主要的香气物质为 (E)-2- 己烯醛和己醛，'Frayssinette' 最主要的香气物质为 2, 3- 丁二醇。在桃果实中，已检测到 190 多种挥发性化合物，主要为 C6～C11 的内酯类物质，其中 δ- 葵内酯含量最多，乙酸己酯和 (Z)-3- 乙酸己酯等酯类也是影响桃果实风味的重要成分。

蔬菜中的香气物质主要为含量极低的挥发性物质，包括酯类、醇类、酮类、醛类、挥发性酚类、萜类和烯烃类。比如，甜瓜的香气物质主要是乙酸乙酯；番茄的香气物质以醇类、醛类和酮类物质为主，主要有己烯醇、己烯醛；萝卜、豇豆、芜菁中的主要香气物质分别为4- 甲硫基 -3- 丁烯基异硫氰酸酯、乙酸叶醇酯、异硫氰酸苯乙酯；白菜、芥菜的主要香气物质为异硫氰酸烯丙酯。香辛类蔬菜是一类香味比较浓的蔬菜，大蒜中含量相对较高的香气物质主要是二烯丙基三硫、二烯丙基二硫和 1,3- 二噻烷，挥发性辛辣物质主要是大蒜素。

花香是花卉的重要性状特征，使花卉在带给人们视觉美感的同时具有嗅觉美感。"掬水月在手，弄花香满衣""梅须逊雪三分白，雪却输梅一段香"等大量描绘花香的诗句充分说明自古以来花香是人们最为在意的品质性状之一。花香物质主要是萜烯类、苯型烃类、含硫氮的化合物、脂肪酸及其衍生物、醇类。桂花主要含有 α- 紫罗兰酮、β- 紫罗兰酮及 γ- 葵内酯。茉莉花香富含吲哚、芳樟醇、顺式 - 苯甲酸 -3- 己烯酯、反式 -β- 金合欢烯和乙酸苄酯。盛产于摩洛哥的百叶蔷薇（*Rosa centifolia*）是玫瑰精油的提取原料，其花朵气味纯香甜美，优雅柔和，富含苯乙醇、香茅醇、香叶醇和橙花醇等香气成分。不同成分使花朵呈现不同的香型，华南农业大学范燕萍教授团队发现姜花属（*Hedychium*）植物具有清凉辛香型、果甜香型、香料香型、浓郁花香型、弱香型和无香味等多种香型（图 6-3）。

拓展阅读 6-2
葡萄香气物质
测定

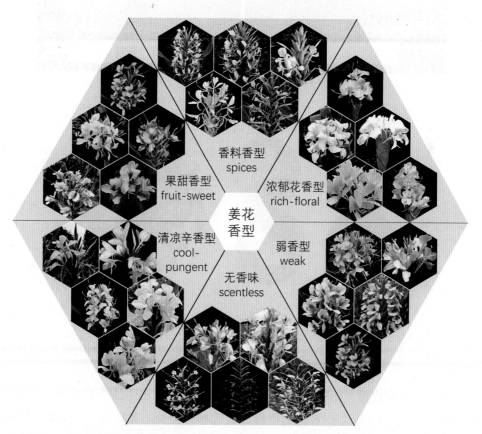

图 6-3　不同姜花属植物的香型分类

四、园艺产品功能性成分

功能性成分指具有增强人体免疫能力、预防疾病、调节身体节律、延缓衰老等功能的一类物质。园艺产品含有功能性成分，某些风味物质本身也是功能性成分，功能性成分是园艺产品品质的重要内容。

1. 酚类化合物

酚类化合物是目前研究最充分的功能性成分，包括黄酮类物质（花青素和原花青素等）和非黄酮类物质（酚类、酸类和萜烯类物质等）。花青素是自然界中抗氧化能力最强的生物活性物质之一，是园艺产品主要的功能性成分之一。普通果实只在果皮中积累花青素，而红肉水果，包括红肉苹果、葡萄、火龙果等，各个果实组织均积累花青素，花青素含量高，可称为功能性水果（图6-4，图6-5）。比如，红肉葡萄果皮、果肉和种子中花青素含量分别达到19.6 mg/g、18.6 mg/g和2.1 mg/g（鲜重），每克果实总花青素含量为白肉葡萄的3倍以上。

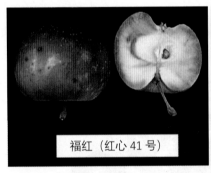
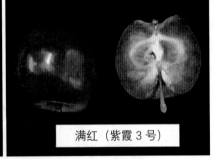

福红（红心41号）　　　满红（紫霞3号）

图6-4　红肉苹果（张宗营摄）

图6-5　红肉葡萄

除了花青素之外，还有许多具有较强生物活性的其他酚类化合物也属于功能性成分，包括肉桂酸（尤其是羟基肉桂酸）、没食子酸、香豆酸、咖啡酸、儿茶素、表儿茶素、原花青素、根皮素、槲皮素、杨梅苷和白藜芦醇。槲皮素在水果中的含量较高，能占到其所含总类黄酮物质的70%以上。对白藜芦醇的研究相对较少，其在葡萄、桑葚和猕猴桃果实中含量相对较高。

2. 膳食纤维

膳食纤维，即植物非淀粉多糖，其不能被人体消化酶所消化，也不能被人体小肠吸收，包括寡糖、多糖、木质素及其他植物成分，可分为水溶性和水不溶性膳食纤维。膳食纤维广泛存在于园艺产品中。比如，柑橘类水果的果皮中富含膳食纤维，每克酸橙果皮膳食纤维含量达 0.70 g（干重），每克橙子果皮膳食纤维达 0.64 g（干重），每克柚子果皮达 0.63 g（干重）；每克鱼腥草（学名蕺菜，*Houttuynia cordata*）根中膳食纤维达 0.12 g（鲜重），黄秋葵（学名咖啡黄葵，*Abelmoschus esculentus*）、辣椒、香菇等蔬菜膳食纤维含量也较高，每克含量均在 0.03 g（鲜重）以上。膳食纤维的营养与保健功能得到医学界和营养学界的广泛认可，1991 年世界卫生组织将膳食纤维推荐为人类膳食营养必需成分，成为继糖、蛋白质、脂肪、水、矿物质和维生素之后的"第七大营养素"。

3. 类胡萝卜素

类胡萝卜素是一类重要天然色素的总称，属多异戊间二烯化合物。已知的类胡萝卜素有 700 多种，有近 40 种是在人类饮食中发现的，许多园艺植物中富含类胡萝卜素（表6-2）。类胡萝卜素的颜色因共轭双键的数目不同而变化，共轭双键的数目越多，颜色越偏向红色。类胡萝卜素是体内维生素 A 合成的主要原料来源，人体自身不能合成类胡萝卜素，必须通过外界摄入。当人体摄入类胡萝卜素时，一些类胡萝卜素被分解成维生素 A 前体，进而合成维生素 A。儿童缺乏维生素 A 可能会引起严重的视力问题，如夜盲症。

表 6-2　富含类胡萝卜素的园艺植物（Yuan 等，2015）

园艺植物	品种	颜色	主要类胡萝卜素	其他类胡萝卜素
番茄	野生种	红色	番茄红素	β-胡萝卜素、番茄红素
	'Delta'	橙色、红色	δ-胡萝卜素、番茄红素	叶黄素、α-胡萝卜素
	'Beta'	橙色	β-胡萝卜素、番茄红素	番茄红素
	'Old-gold'	金色	番茄红素	β-胡萝卜素、番茄红素
辣椒	—	红色	辣椒红素	玉米黄质、隐黄质、β-胡萝卜素
	—	橙色	玉米黄质、辣椒红素、叶黄素	β-胡萝卜素、隐黄质
	—	黄色	叶黄素、β-胡萝卜素	玉米黄质、α-胡萝卜素
胡萝卜	—	橙色	β-胡萝卜素	α-胡萝卜素、叶黄素
	—	红色	番茄红素、β-胡萝卜素	叶黄素
	—	橙色	叶黄素	β-胡萝卜素
甜瓜	'Cantaloupe'	橙色	β-胡萝卜素	
西瓜	—	红色	番茄红素	β,ζ-胡萝卜素、紫黄质
	—	黄色	紫黄质或新黄质	叶黄素
	—	橙色	β-胡萝卜素	番茄红素
橙子	—	橙色	β-胡萝卜素或番茄红素	番茄红素
柚子	—	红色	β-胡萝卜素或番茄红素	六氢番茄红素
柑橘类	—	橙色	β-隐黄质	茄红素、紫黄质、β-胡萝卜素

园艺植物	品种	颜色	主要类胡萝卜素	其他类胡萝卜素
桃	'Redhaven'	黄色	环氧玉米黄质、黄体黄质、玉米黄质	β‒隐黄质、β‒胡萝卜素
木瓜	—	红色	番茄红素	β‒隐黄质、β‒胡萝卜素
菊花	—	黄色、橙色	叶黄素及其环氧化物	紫黄质、β‒胡萝卜素
蝴蝶兰	'Gower Ramsey'	黄色	紫黄质	叶黄素
百合	'Connecticut king'	黄色	环氧玉米黄质、紫黄质、叶黄素	β‒胡萝卜素

4. 其他功能性成分

园艺产品中还含有其他一些功能性成分，比如植物甾醇和褪黑素。植物甾醇是 3 位为羟基的甾体化合物，目前在植物体中已发现了 40 种较为主要的甾醇，其中含量较高的有β‒谷甾醇、菜油甾醇、豆甾醇等，豌豆、菜豆等蔬菜中含有一定量的植物甾醇。植物甾醇可减少胆固醇吸收，降低低密度脂蛋白含量，预防胆结石的发生；一些植物甾醇还具有调节脂肪腺分泌的功能，可用于前列腺瘤的防治。

褪黑素是吲哚胺类激素，于 1958 在牛松果体中被发现，又名美拉酮宁、抑黑素、松果体素。葡萄、猕猴桃、苹果、草莓等水果中均存在褪黑素，以葡萄果实褪黑素含量最高；在菠菜、黄瓜、白菜、萝卜、胡萝卜、番茄等蔬菜中也发现了褪黑素。

第二节　园艺产品品质形成与调控

园艺产品品质形成受遗传因子和环境因子共同调控。温度和光照是调节果实品质的主要外在因素，水分、营养和生长调节物质是影响果实品质的主要内在因素，通过适当的农艺措施改变果实发育的内外因素，能够提高果实品质，反之则不利于果实品质形成。此外，果实品质调控基因的鉴定和基因工程技术的发展也为果实品质改良开辟了新途径。

一、遗传基础与园艺产品品质

园艺产品品质性状有的是质量性状，有的是复杂的数量性状，了解这些性状的遗传基础不仅有助于深入了解品质性状形成的机理，而且有助于通过遗传学的方法实现性状改良。

1. 大小和形状

果实大小和形状（果形）为典型的数量性状，由多个遗传位点控制，遗传位点间的贡献率不同。杂交后代果形变异幅度通常小于果实大小的变异幅度，并存在较明显的趋中变异现象。与亲本相比，杂交后代果形倾向于栽培品种的中间型、原始品种或野生类型的果实形状。

番茄果实大小和形状存在较大差异。栽培种番茄含有多个子房室，单果重可达 1 kg，为某些野生番茄单果重的 1 000 多倍（图 6-6A）。野生型、半野生型番茄果实几乎全部为圆形，而栽培型果实形状具有多态性，包括圆形、梨形、甜椒形等（图 6-6A）。加工用番茄果形的遗传，无论纵径、横径还是果形指数（纵横径比）均有较高的遗传力，果形指数广义遗传力达 95.99%，狭义遗传力达 91.86%。番茄果实大小和形状为典型的数量性状，数量性状位点（quantitative trait locus，QTL）分析定位到多个与番茄大小和形状相关的遗传位点。决定番茄果实形状的位点有 SUN、OVATE、LC 和 FAS，图 6-6B 阐明了以上位点与番茄果实形状的关系。fw1.1、fw2.2、fw3.1、fw4.1 等位点可控制番茄果实大小。研究发现，在辣椒上也存在 fw1.1 等相似的遗传位点。

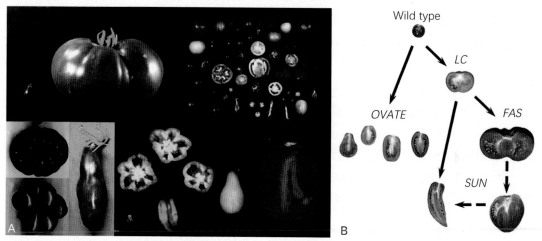

图 6-6　番茄果实大小、形状及调控基因（Tanksley, 2004; Rodriguez 等，2011）
A. 番茄果实大小与形状的多样性；B. 控制番茄大小和果形的关键基因

果实大小受基因加性效应和非加性效应的影响。加性效应指影响数量性状的多个微效基因的基因型值的累加，是性状表型值的主要成分。非加性效应指由于基因之间的交互作用而影响表型值的效应，不能遗传给子代。杂交后代因非加性效应的解体有果实偏小的趋势，桃果实大小的平均遗传力为 68.5%，欧洲甜樱桃果实大小的平均遗传力为 75%，鲜食葡萄果实大小的平均遗传力为 60.23%。利用大果型欧洲甜樱桃'Emperor Francis'和野生小果型樱桃'New York 54'的 190 株 F1 代杂交后代群体，定位到 3 个控制欧洲甜樱桃果实大小的 QTL 位点，分别位于'Emperor Francis'2 号染色体和'New York 54'的 2 号和 6 号染色体上。

果实形状遗传背景比较复杂，不同园艺植物或同一园艺植物的不同类型间的遗传都存在差异。桃果形大体上可分为圆、椭圆、扁圆和扁盘四种形状，也有过渡类型。一般认为，蟠桃的扁盘形对其他果形为隐性，由一对单基因（Sa/sa）控制，隐性纯合表现为扁盘形。苹果果形指数的变异较果重小，变异系数通常在 0.06 ～ 0.10 之间，双亲果形指数大的，一般杂种中果形指数大的个体所占比例较大。

2. 色泽

色泽形成取决于花青素、类黄酮、类胡萝卜素和叶绿素等色素物质的含量及其相互作用。一般来说，花青素呈红色，类胡萝卜素呈黄色，叶绿素呈绿色，花青素为最重要的色素物质。此外，液泡 pH 能影响色泽，低 pH 趋向于红色，高 pH 趋向于蓝色。花青素主要通过苯丙氨酸途径合成。苯丙氨酸在苯丙氨酸裂合酶（PAL）等酶的催化下形成对香豆酰辅酶 A，再由查尔酮合酶（CHS）催化形成查尔酮，然后再由查尔酮异构酶（CHI）催化生成黄烷酮，经黄烷酮 –3– 羟化酶（F3H）和类黄酮 –3′– 羟化酶（F3′H）催化形成二氢黄酮醇，经二氢黄酮醇 –4– 还原酶（DFR）催化生成无色花青素，经花色素合成酶（ANS）催化合成花青素，最后在类黄酮 –3–O– 葡糖基转移酶（UFGT）的作用下形成稳定的花青素。

果皮着色或不着色是典型的质量性状，着色为显性性状，着色品种为显性纯合或杂合，不着色品种为隐性纯合。控制果皮着色的主要遗传因子在苹果、葡萄、梨等多种果树上已研究的比较清楚，主要由 MYB（v-myb avian myeloblastosis viral oncogene homolog）转录因子控制，MYB 与 bHLH（basic helix-loop-helix protein）和 WD40 转录因子相互作用形成三元复合体，共同调控果皮花青素积累。葡萄果皮着色遗传位点包含两个 MYB 基因，即 MYBA1 和 MYBA2，两个基因具有相同的起源，序列非常相似，都能控制葡萄果皮着色，只有二者同时突变才能导致果皮不着色。在苹果中，MYB1 和它的等位基因 MYB10、MYBA 是花色苷生物合成的关键正调控因子。最近，山东农业大学郝玉金课题组研究发现 MYB1 在激素和环境因子调控花色苷生物合成过程中发挥核心作用。

柑橘果实色泽形成的花色苷和类胡萝卜素研究比较明晰。栽培柑橘除了血橙以外罕有积累花色苷的品种，而在野生柑橘经常见到花色苷积累的现象。华中农业大学柑橘研究团队发现在原始芸香科植物酒饼簕（Atalantia buxifolia）中，Ruby1-Ruby2 基因簇分别控制果实和叶片的花青苷积累，而野生资源如紫皮柚、香橼和酸橙则依赖 Ruby1 来控制，表现出基因簇的亚功能分化现象。除了 Ruby1 和 Ruby2 之外，柑橘花色苷的调控还有更多 MYB 和 bHLH 转录因子参与调控。其中 bHLH 转录因子同时参与了花色苷和柠檬酸的调控，bHLH 的变异能部分解释柑橘驯化过程中花色苷和柠檬酸共选择的现象。柑橘果实主要以类胡萝卜素着色为主，有各种色泽突变体，明确了积累番茄红素的红肉突变体与八氢番茄红素合成酶基因（PSY）和番茄红素 –β– 环化酶基因（LCYb）两个关键酶的基因有关。对柑橘色泽的研究更新了人们对柑橘驯化过程中柑橘果实色泽变异和遗传机制的认识。

果皮着色除了受主要遗传因子控制外，还受其他调控或修饰基因的影响。比如，苹果果皮颜色是带有数量性状特点的质量性状，梨果皮红晕遗传不存在简单的显隐性关系，桃果皮红色程度有多个微效基因参与调控。

部分园艺植物存在红肉类型，比如红肉苹果、红肉葡萄、红心火龙果等。果肉着色也为质量性状，受主效基因控制。目前山东农业大学苹果研究团队在苹果上基本阐明了控制红肉的关键因子 MdMYB1 和 MdbHLH3 响应高温、低温和光信号的网络途径。低温和高温主要通过对 MdbHLH3 的调控，光调控主要通过 CRY-COP-MYB 途径（图 6-7）。

花色遗传调控更加复杂，花色与花瓣所含色素的颜色并不完全相同，还受花瓣细胞的构造及 pH 等因素的影响。矮牵牛红色花瓣匀浆 pH 在 5.5 左右，而紫色花瓣匀浆 pH 在 6.0 左右。类似的，飞燕草（Consolida ajacis）花瓣在低 pH 时呈紫红色，在高 pH 时呈蓝紫色。较高液泡 pH 与高含量的辅色素也是月季等花卉蓝花品种形成的必要条件。调控花

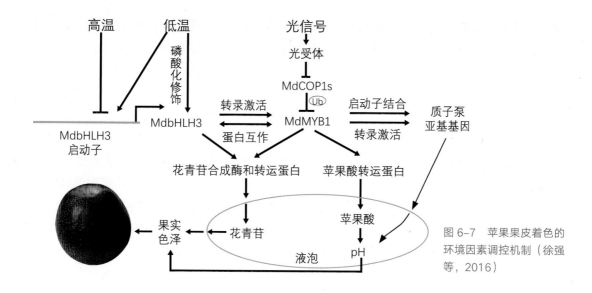

图 6-7　苹果果皮着色的环境因素调控机制（徐强等，2016）

色素合成的基因有单基因、双基因或多基因。金鱼草的白化症受单基因控制；大丽花的花色受多基因控制，基因间关系复杂，因而其花色十分丰富。

3. 味道

糖组分及含量高低均是数量遗传性状，且非加性效应起主要作用，由多基因控制。桃果实蔗糖积累是蔗糖降解、再合成和运输相关基因共同互作调控的结果。糖代谢途径中关键基因过量表达能提高糖含量，比如，液泡膜糖运输载体基因 *CmTST2* 过量表达能提高草莓果实蔗糖、葡萄糖和果糖积累。目前，在桃中定位了近 50 个糖酸组分相关的 QTL 位点，表型变异率大于 10% 的有 30 多个，最高的表型变异率达 27%。在甜瓜的 10 号染色体上发现了两个与果实糖含量性状连锁的 SSR 标记 *MU5035* 和 *chr10-0380*，并且二者与甜瓜基因组中糖代谢关键酶基因存在共定位关系。

果实中酸 / 低酸性状由一个主效基因控制，含酸量的连续变化由其他多基因控制。苹果果实含酸量由一对主效基因（*Ma/ma*）和其他多基因控制，主要受基因的加性效应控制，隐性纯合体表现为低酸，但对 *Ma/ma* 之间的显性程度观点不一致。有人认为 *Ma* 对 *ma* 表现为完全显性，显性纯合体和杂合体表现为高酸或中酸是受加性多基因作用的结果；也有人认为 *Ma* 对 *ma* 是不完全显性，显性纯合体（*MaMa*）表现为高酸，杂合体（*Mama*）表现为中酸，在同一酸型内株系间表现出的连续性的酸度差异，则是多基因控制的结果。葡萄主要含有苹果酸和酒石酸，苹果酸含量的广义遗传力在 0.75～0.86 之间，其遗传主要受加性效应的影响；而酒石酸含量的广义遗传力在 0.08～0.88 之间，其遗传主要受非加性效应的影响。

果实苦涩味主要取决于果实中单宁、苷类、萜类物质的有无和含量。葫芦素属于萜类物质，是葫芦科植物最主要的苦味物质。中国农业科学院黄三文研究团队将控制黄瓜苦涩味的遗传位点定位在 6 号染色体 442 KB 的区间内，含有 67 个基因，其中 9 个基因与葫芦素生化合成有关，其中两个基因 *Bl* 和 *Bi* 为主开关基因，分别负责叶片和果实苦味。甜瓜第 2 号染色体上存在 3 个与苦味物质显著相关的 QTL 位点。

辣椒辣味的强弱，即辣椒素含量的多少，呈现数量性状遗传特征。具有加性效应和非加性显性效应，以及上位性、超显性和显性互补等遗传效应。辣椒的辣味由单显性基因 *Pun1* 控制，*Pun1* 编码辣椒酰基转移酶，该基因位于辣椒 2 号染色体上，并且在无辣味辣椒中发现了 3 个 *Pun1* 等位基因，分别为 *pun1¹*、*pun1²* 和 *pun1³*，均为 *Pun1* 的突变类型。另外，在无辣味辣椒中发现第 2 个控制无辣味性状的位点 *Lov*（loss of vesicle）。

4. 香气

香气是由多个基本上独立遗传的单位性状构成的综合性状，由多基因控制，遗传十分复杂。从分子水平上鉴定了许多控制萜、苯丙素或呋喃酮等香气物质合成的关键基因和调控因子，包括：在柑橘果实上与朱栾倍半萜形成有关的倍半萜烯合酶；草莓果实细胞质萜烯合酶（TPS）基因，该基因编码的酶能催化产生倍半萜烯橙花叔醇和单萜 –S– 沉香醇；在草莓上与呋喃酮合成相关的基因；在桃上控制类胡萝卜素和 norisoprenoid 代谢的类胡萝卜素裂解双加氧酶（CCD）；在苹果上与萜烯类物质生成有关的 TPSs。

目前已鉴定了多个控制葡萄香气的遗传位点。比如，在 5 号染色体上存在一个与芳樟醇、橙花醇和香叶醇相关的主效 QTL 位点，一个与单萜水平相关的主要 QTL 位点，与 1– 脱氧不酮糖 –5– 磷酸合成酶（1-deoxy-D-xylulose 5-phosphate synthase）相关的 QTL 位点能解释 17%～93% 的芳樟醇、橙花醇和香叶醇的变异。除了主要 QTL 位点外，还鉴定了大量香气相关的微效 QTL 位点。此外，葡萄部分香气合成的遗传基础研究取得较大进展，比如已鉴定了多数单萜和单萜来源香气生化合成途径的关键基因（图 6-8）。

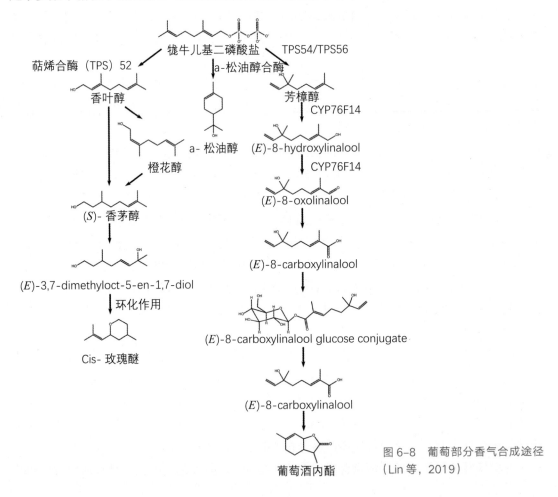

图 6-8 葡萄部分香气合成途径
（Lin 等，2019）

矮牵牛花苯芳香烃气味合成路径基因及开关基因 *Dorant1*（*ODO1*）受昼夜节律时钟蛋白（late elongated hypocotyl，LHY）的直接调控。矮牵牛中超表达 *PhLHY* 几乎完全抑制了花朵香气的释放；而抑制 *PhLHY* 表达，则会导致气味的释放从下午晚些时候推迟到了上午。此外，矮牵牛 PhMYB4 通过抑制肉桂酸 –4– 羟化酶基因的转录调节花香，从而导致挥发性苯丙烷类物质的增加。

二、农艺措施提升园艺产品品质

影响园艺产品品质的因素除了品种的遗传特性外，园艺植物生长发育过程中的生态环境及农业措施都对园艺产品品质形成起着重要的作用。

1. 改善光照条件，提高园艺产品品质

光照可以从光质、光照时间和光照强度来影响果实品质。光对果实品质最直接的影响是调控果实着色。光照能通过两个方面调控花青素合成：一是影响花青素合成需要的底物，包括糖基、苯丙氨酸等；二是直接调控花青素生物合成基因的表达和酶活性。光照不仅影响花青素合成的速率，而且影响其积累量。光照是果实花青素合成的前提条件，果实完全不照光可以积累糖分，但无花色素形成。

在透光率方面，与 100% 透光率下的草莓果实相比，在 75% 和 25% 透光率下花青素含量分别下降了 41.58% 和 92.54%。在光质方面，蓝紫光、紫外光对果实着色最有效，而远红光效果最差，甚至抑制着色；不同品种间对光质响应也不同，比如有研究表明 27 个梨品种可以分为三种光响应模式。光照通过影响光合作用，也对果实有机物积累、大小及其他品质产生影响，以苹果为例，30% 全光照是苹果优质生产的最低要求。在草莓中的研究表明，与遮光果实相比，充足光照能提高草莓果实的糖酸比、总酚含量、总黄酮含量、花青素含量及抗氧化能力（图 6-9）。实际生产操作上，可以通过铺反光膜、套袋、转果、改善叶幕条件等措施来改善光照条件，提高苹果、葡萄等果实着色程度。设施栽培条件下，也可通过人工补光来提高桃、葡萄、草莓等果实着色。

2. 通过控温调控品质

温度主要通过影响呼吸作用、蒸腾作用、光合效率及基因表达而影响同化物分配、转换和代谢途径，进而影响园艺产品的大小、着色及风味品质。

积温影响果实体积增长速度和品质形成。苹果不同品种果实体积增长与 10 ℃ 以上有效积温呈线性相关。花青素积累对温度非常敏感。着色期高温不利于着色，研究表明全球变暖已在世界范围内影响了酿

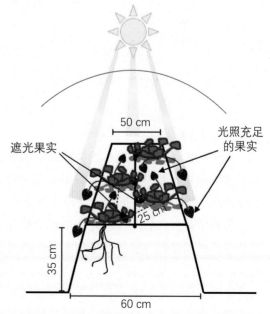

图 6-9　光照对草莓品质的影响（Cervantes 等，2019）

酒葡萄花青素积累；在日本西南地区，气候变暖已导致葡萄着色不良。'富士''红玉'苹果着色的最适温度范围为 15～25 ℃，20 ℃时着色效果最好。成熟季最高温超过 27 ℃时会导致葡萄果皮着色不充分。日平均温度高于 25 ℃能显著抑制红肉猕猴桃'hongyan'果肉花青素积累。温度还会影响果实糖酸积累。苹果从落花到果实成熟的活动积温与晚熟品种果实含糖量呈显著正相关。积温与葡萄果实发育密切相关，因此可以利用温度参数预测葡萄的糖、酸含量。昼夜温差大，利于光合作用，降低呼吸消耗，从而利于果实糖分积累。在柑橘上，昼夜温差与总糖含量、糖酸比、维生素 C 含量等呈正相关。绝对温度过高不利于品质形成，以桃为例，当温度升高至 30 ℃时，桃果实非还原糖含量降低，甜味下降。

露地栽培环境下，通过调控环境温度来改善着色比较困难，生产上主要通过适地适栽、充分利用当地气候特点来提高产品品质，也有尝试利用着色期喷雾降低环境温度来促进果实着色的研究。设施栽培条件下，通过温度调节可有效改善果实品质。以葡萄温室栽培为例，通过空调等各种设备（图 6–10）控制温室夜间平均温度为 17.1 ℃，对照条件（无空调）平均温度 18.9 ℃。结果发现，降低夜间温度可显著提高葡萄果实可溶性固形物、花色苷和类黄酮含量，花色苷含量增幅达 51.7%；此外，夜间低温还提高了醛类、萜烯类和脂类化合物的相对含量。

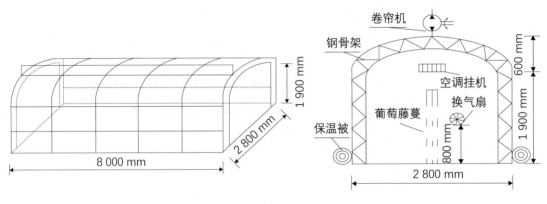

图 6–10　葡萄温室栽培控温示意图（杨洋等，2020）

3. 土肥水调控

水和肥是调控果实大小的关键环境因素，适度适时水肥供应是果实增大的保障。果实体积增大和需水量呈线性关系，缺水会严重影响果实体积增大，有时还会引起早期落果。水分状态还能影响果实形状，元帅系苹果果形指数的大小与其盛花后 30 天降水量极显著相关。葡萄果实发育后期控水能增加果实糖分和黄酮类物质合成，降低酸度；但严重水分胁迫会降低果实品质，水分过量则不利于糖类物质和花青素积累，还容易导致葡萄裂果。亏缺灌溉（以实际需水量的 75%、50% 和 25% 来灌溉）能提高桃果实品质，并且 75% 亏缺灌溉是桃树实现产量、水分利用效率和果实品质平衡的最佳灌溉量。土壤有机质含量高，矿质营养元素种类齐全且平衡，是园艺植物高产稳产、产品优质所应具备的营养条件。氮肥利于果实膨大，但过量使用会降低品质指标；适当施用钙肥和钾肥，有利于果实品质形成。

4. 激素调控

目前乙烯利和脱落酸（ABA）被商业化用于调控果实着色及果实成熟。乙烯利是一种乙烯释放剂，在植物体内能快速转化为乙烯。乙烯利能有效提高果实着色效果，但需要相对较多的使用次数，有些研究表明其使用效果不稳定，其安全问题目前也有争议。高浓度的 ABA 能够有效提高果实着色和果实成熟，成本相对较高。ABA 处理可以增加跃变性和非跃变性果实花青素含量，能同时提高各种花青素含量。目前，ABA 在美国、日本广泛应用于改善葡萄果实着色和提高果实品质，国内在葡萄、桃、甜樱桃和草莓等果实着色上也有所应用。最近，两种 ABA 衍生物被成功用于各种果实的着色调控，这两种物质是 3-methyl-(S)-abscisic acid（美国专利号 Ser. No. 62/022，037）和 3-propargyl-(S)-abscisic acid（美国专利号 Ser. No. 14/593，597），这两种产品比 ABA 价格低，但效果相似。生产上，激素膨大处理获得无核葡萄是必需的生产措施，常用的激素为赤霉素（GA）、细胞分裂素（CTK）和氯吡苯脲（CPPU），施用时间和浓度因品种而异。

拓展阅读 6-3
园艺产品品质
遗传改良

第三节 园艺产品安全

一、影响园艺产品安全的主要因素

1. 农药污染

现阶段，农药使用是园艺产品生产过程中不可缺少的生产环节，包括杀虫剂、杀菌剂和除草剂，杀虫剂占 70% 左右，杀菌剂占 15% 左右，除草剂占 15% 左右。不正确使用农药，会导致农药污染。尤其应注意，随着新农药开发、标准法规、新品种选育及生产实践等方面的新进展、新数据和新经验，安全生产所允许的农药类别会发生变化。比如 2020 版《绿色食品 农药使用准则》（NY/T 393—2020）删除了 7 种原先允许的杀虫杀螨剂，增加了 9 种杀虫杀螨剂。目前我国园艺产品出口量仅占世界园艺产品出口量的 3%，农药残留量超标是重要影响因素之一。

农药不正确使用会产生一系列危害，主要包括以下几个方面：①农药残留在产品器官，通过食物链积累，影响到消费者健康。②某种农药的长期使用会使害虫产生抗药性，改变了田间昆虫的种类组成，破坏生态平衡，会带来一些新的生产问题。③造成土壤污染，以及铅、铜等重金属超标。比如，一些果园（尤其是葡萄园）长期使用铜制剂农药波尔多液，土壤铜含量严重超标。

2. 化肥污染

施用化肥是提高园艺产品产量和质量的一项重要措施，目前我国园艺产业仍然处于"化肥农业时期"，合理使用化肥需要加强培训。施用化肥不当会对土壤、园艺植物（包括其产品）和环境产生不利的影响。过量施用化肥会导致环境污染，这是因为化肥施入土壤后，吸收率仅为 30% 左右，相当一部分随雨水流失或进入地下水，造成地下水系氮、磷等元素污染，如 20 世纪日本濑户内海赤潮现象与化学肥料等化学污染有重要关系。化肥过量施用还会造成土壤理化性状、透气性和酸碱度恶化，长期大量使用过磷酸钙、硫酸铵、氯化铵等生理酸性肥料，会导致土壤板结、土壤酸化或盐渍化。在土壤酸化严重的地区，地区土壤 pH 低于 4.0，导致或加重了多种病害的发生，如苹果粗皮病、腐烂病等；盐渍化严重的导致叶片黄化，树势衰退。同时，过量施用化肥还会造成土壤化学污染。化肥中常含有副成分，包括有害离子、附属离子和重金属离子等，比如磷肥、复合肥等肥料中砷含量过高，这些有害物质不仅污染土壤而且可进入果实，最终危害消费者的健康。

3. 土壤污染

除了农药、化肥能造成土壤污染外，固体废物不断向土壤表面堆放和倾倒，有害废水向土壤中排放或渗透，大气中的有害气体及飘尘随雨水降落到土壤都能导致土壤污染，水污染是造成土壤污染的重要因素。重金属污染是土壤污染的重要方面，常见重金属主要有铅、汞、镉、铬等。重金属污染具有长期性、积累性和滞后性的特点，防治难度较大，成为农业安全生产环境控制的重要难题。重金属在土壤中积累到一定程度时，就会造成土壤质量下降、园艺植物产量和内在品质降低等问题。

4. 大气污染

大气污染主要来自工业废气的排放、能源的燃烧、汽车尾气及农药、化肥产生的挥发性物质，包括二氧化硫、氟化物、氧化剂、氯气等。敏感植物的二氧化硫伤害阈值为 0.25 μL/18 h、0.35 μL/14 h、0.55 μL/12 h，典型的二氧化硫伤害症状为叶脉呈不规则的点状、条状或块状坏死区，嫩叶易受危害，在葱、蒜、韭菜等叶片上呈黄色斑块。氟化物广泛存在于自然界中，也是人和动物的必需元素之一，过量摄入氟会对人体产生危害。蔬菜中氟化物含量与大气氟浓度之间存在明显的相关性；化工厂、火电厂、农药厂产生的氟化物可对果树产生严重危害，包括长势衰弱、不坐果、腐烂病严重等。大气污染物中的氧化剂以臭氧为主，近几十年来臭氧已成为对流层首要污染物，其具有强氧化性，对园艺植物生长造成很大影响。由于人类活动和生物源排放，大气臭氧浓度以每年 0.5% ~ 2.5% 的速度增长，应该引起足够的重视。

二、园艺产品有害物质残留及天然有毒物质

1. 农药残留

农药残留是指农药使用后残存于植物中的农药原体、有毒代谢物、降解物和杂质的总称。用于园艺植物的农药既有以有机氯、有机磷等化学成分为主的有机物，也含有铅、铜等重金属元素的无机物。一方面，农药残留来自施药后农药对园艺植物的直接污染。实际上，施药过程中农药直接落在防治对象上的数量很少，有相当一部分农药落在园艺植物各个器官。以杀虫剂为例，直接落到害虫上的农药不到用量的 1%，有 10% ~ 20% 的农药落到作物上（对于叶面积较高的园艺植物，此比例可达到 60%），其余则散布于大气、土壤和水中。另一方面，农药残留来自园艺植物对环境中农药的吸收。散落在土壤中的农药可通过根系被作物吸收，挥发到空气中的农药可被叶片吸收。尽管农药存在自身降解或在

园艺植物体内酶系的作用下发生代谢转化而降解，但降解速度差异大，当园艺植物体表或体内农药原体、有毒代谢物、降解物和杂质总量超过最大允许残留量时将导致农药残留污染。

农药残留水平与农药的性状和剂型、施用方法、园艺植物种类和栽培方式及种植环境有关。农药的理化性质是影响农药残留多少的决定性因素。比如，水溶性高的农药易通过土壤等途径被园艺植物吸收，导致体内积累；稳定性强的农药黏附于园艺植物表面，被吸收到植物体内不易发生变化而保持原来的性质，易产生农药残留。一般来讲，粉剂和乳剂在园艺植物的残留期相对较长，可湿性制剂相对较短。品种抗病性决定了使用农药种类和农药使用量，比如'摩尔多瓦'和'香百川'葡萄抗病能力强，在病害防治上，其农药使用量仅为一般葡萄品种的 20% 左右，大大降低了农药残留风险。栽培模式对农药使用量也有较大影响，比如避雨栽培可以大大降低病菌孢子通过雨水传播的概率，从而降低农药使用量。光照、湿度、水分和土壤性质等环境因素也影响农药使用量及农药降解速度，比如，充足的光照能加速农药降解；高温高湿易加重病虫害发生，增加农药使用量。因此，生产上适地适栽是降低农药使用量、提高园艺产品安全性的重要途径。

2. 硝酸盐 / 亚硝酸盐残留

蔬菜极易富集硝酸盐 / 亚硝酸盐，人体摄入的硝酸盐 / 亚硝酸盐 80% 以上来自于蔬菜。长期食用富含硝酸盐 / 亚硝酸盐的蔬菜对人体健康产生较大影响，会增加人体患消化道癌症、高铁血红蛋白症等疾病的概率。蔬菜中硝酸盐和亚硝酸盐的污染主要来自化学肥料，尤其是氮肥的施用。氮肥除部分被植物利用合成蛋白质外，大部分以铵态形式残留在土壤中，在氧化条件和土壤微生物的参与下通过硝化作用转变为硝酸根离子，部分为植物吸收，部分进入地下水，部分在反硝化作用下以气态形式流入大气或在土壤中形成亚硝酸根离子。一般来讲，根菜类、绿叶菜类易积累硝酸盐，豆类、茄果类和多年生蔬菜硝酸盐积累量低。

3. 重金属残留

重金属是指密度大于 5 g/cm³ 的一类金属，包括铜、锌、铅、镉、铬、镍等。尽管有些重金属属于植物必需元素，但是过量积累就会产生毒害。当食品中重金属含量超过了其在食品中的限量值就造成重金属污染，如镉在水果中的限量值为 0.05 mg/kg，铅在水果中的限量值为 0.1 mg/kg [《食品安全国家标准 食品中污染物限量》（GB 2762—2017）]。重金属被果蔬吸收的程度由低到高为镉、汞、锰、铅、铬、锌和铜。

就蔬菜而言，胡萝卜、茄子、芥菜、丝瓜和番茄为重金属低积累型，萝卜、花椰菜、葱和韭菜等为重金属中度累积型，芹菜、茴香、芫荽等为重金属重度累积型。植物对重金属的吸收主要积累在根部，其次是茎和叶。对葡萄而言，土壤中重金属被葡萄根系吸收后，大部分会被截留在根系的细胞壁和液泡中，少量通过导管从根系向地上部转移，在葡萄枝蔓、叶片和果实中积累，叶片吸收富集能力大于果皮和果肉。不同葡萄品种间对重金属的吸收特性也不同，'玫瑰香'葡萄偏向于富集锌，'沪太 8 号''巨玫瑰'则富集铬、镉和铅。柑橘果肉中锌、铜、镍、铅富集量与其土壤含量呈正相关，而铬、镉、汞呈负相关。

4. 天然有毒物质

凝集素又称植物红细胞凝集素，是植物合成的一类对红细胞有凝集作用的蛋白质。凝集素广泛存在于 800 多种植物的种子和荚果中，尤其是豆科植物。生食或烹调不充分，会引起食用者恶心、呕吐等症状，严重者甚至死亡。加热处理、热水抽提等措施可以去毒。

动物消化酶抑制剂包括胰蛋白酶抑制剂和淀粉酶抑制剂等，主要存在于种子和荚果中。这类物质实际是植物为繁衍后代，防止动物啃食的防御性物质。生食含有此类物质的植物组织或器官，会由于胰蛋白酶受到抑制，反射性地引起胰腺肿大。

β–氰基丙氨酸是一种神经毒素，存在于蚕豆中，能引起肌肉无力、不可逆的腿脚麻痹甚至致命。

毒苷是指一类含氮的生物碱有机化合物，果蔬含有的毒苷主要包括生氰苷类、硫苷类和皂苷类。生氰苷类，比如生氰糖苷，是由氰醇衍生物的羟基和 D–葡萄糖缩合形成的糖苷，广泛存在于豆科、蔷薇科、禾本科等科的 1 000 余种植物中，含有生氰糖苷的园艺产品有核果和仁果的种仁、木薯（*Manihot esculenta*）的块根和枇杷等。生氰糖苷可水解生成高毒性的氢氰酸，对人的致死量为 18 mg/kg。硫苷是甘蓝、萝卜等十字花科蔬菜及洋葱、大蒜等葱蒜类蔬菜主要的辛辣成分，分为致甲状腺肿素和硫氰酸酯两类。皂苷类又称皂素，是一类广泛分布于植物界的苷类物质，按苷配基不同分为三萜烯类苷、螺甾醇类苷和固醇生物碱类苷。食物中的皂苷在经口服时一般无显著毒性，但少数则有剧毒（如茄苷）。

血管活性胺类包括天然存在的苯乙胺类衍生物（酪胺、二羟苯乙胺及肾上腺素）和 5–羟色胺和组胺，该类物质有强烈升高血压的作用。这些物质存在于果蔬中，大量食用会引起身体不适或损伤，比如组胺能引起头疼。

生物活性胺，包括多巴胺和酪胺等，存在于香蕉、牛油果（学名鳄梨，*Persea americana*）、番茄、马铃薯等多种园艺植物中。多巴胺是重要的肾上腺素型神经细胞释放的神经递质，可直接收缩动脉血管，提高血压。酪胺是哺乳动物的异常代谢产物，可调节多巴胺水平，间接提高血压。

三、园艺产品加工及食品添加剂

食品添加剂是指为了改善食品品质和色、香、味以及防腐、保鲜和加工工艺需要而加入食品的人工合成物质或天然物质。食品添加剂在改善园艺产品加工品质方面起到了重要作用。果品加工中常用的食品添加剂见表 6-3。

我国允许添加的防腐剂包括钾盐类、丙酸及其盐类等，在果皮加工中应用较多的是苯甲酸及其钠盐、山梨酸及其钾盐，两者经常混合使用。苯甲酸对多种细菌、霉菌和酵母有抑制作用，在人体内降解速度快，75% ～ 80% 的苯甲酸可在 6 h 内排出，10 ～ 14 h 可完全排出体外。山梨酸及其钾盐对各种酵母和霉菌有较强的抑制作用，但对细菌的抑制能力较弱。山梨酸是一种直链不饱和脂肪酸，基本上无毒。

表 6-3　果品加工中常用的食品添加剂种类及其用途

食品添加剂种类	果品加工制品	用途
防腐剂	果汁、果酒、果酱	防腐
抗氧化剂	果汁、罐头、果酒、速冻品	防止氧化褐变

食品添加剂种类	果品加工制品	用途
食用色素	罐头、果酱、蜜饯、果汁	调色
调味剂	罐头、果汁、果酒、果酱、蜜饯	调味
香精、香料	果汁、果酒	增味
漂白剂	果酒、果干、果脯	增白、护色

果蔬加工常用的抗氧化剂有维生素 C、D- 异抗坏血酸钠、亚硫酸钠、乙二胺四乙酸二钠、茶多酚等。维生素 C 是一种在果酒发酵中常用的还原剂，能显著降低果酒的氧化还原电位，防止或减缓氧化反应。乙二胺四乙酸二钠在果酒中能很好地防止金属离子引起的变色、变质、变浊及维生素 C 氧化，起到护色、抗氧化作用。茶多酚是茶叶中所含的一类多羟基酚类化合物，是一种新型的天然抗氧化剂，具有优良的抗氧化性能，并且还具有抑制细菌和病毒活性、抗辐射等多种作用。在果品加工过程中，多种抗氧化剂混合使用，抗氧化效果要优于单一抗氧化剂效果。

尽管果蔬中含有丰富的天然色素，但加工过程会影响其稳定性，使果蔬汁发生变色。添加食用色素来保护和改善果蔬加工产品的色泽是提高其商品性的重要途径。食用色素可分为人工合成色素和天然色素两大类。人工合成色素来自化学合成，天然色素是从植物、微生物或动物中提取的食用色素。在果蔬汁产品中，天然色素的使用量要高于人工合成色素。果蔬加工制品允许使用的天然色素包括栀子蓝、黑豆红、β- 胡萝卜素、辣椒素、天然苋菜红、栀子黄等共 20 多种，允许使用的人工合成色素包括苋菜红、赤藓红、靛蓝、日落黄等。

调味剂包括甜味剂、酸味剂、鲜味剂和苦味剂等。甜味剂按营养价值可分为营养型和非营养型，按甜度可分为低甜度和高甜度型，按来源可分为天然和人工合成型。甜味剂是食品添加剂行业中最重要的产业之一。美国主要使用阿斯巴甜，占比 90% 以上；日本以甜菜糖苷为主，欧洲安赛蜜使用比例较高。我国共批准使用 15 种甜味剂（GB 2760—2014），包括甜蜜素、D- 甘露糖醇、阿力甜、麦芽糖醇、阿斯巴甜、安赛蜜等，其中甜蜜素、阿斯巴甜、安赛蜜使用较多。酸味剂主要是柠檬酸和苹果酸，安全性均较高。鲜味剂主要是 L- 谷氨酸钠。

四、绿色及有机园艺产品的品质标准

1. 绿色园艺产品品质标准

"绿色园艺产品"是遵循可持续发展原则，按照特定生产方式生产，经专门机构认证（如中国绿色食品发展中心），许可使用绿色食品（green food）标志的无污染的安全、优质、营养产品。无污染是指生产、储运过程中，通过严密监测、控制，防止农药残留、放射性物质、重金属、有害细菌等对产品生产及运销各个环节的污染。

绿色食品标志为正圆形图案（图 6-11A），图案中上方为太阳，下方为叶片，中心为蓓蕾，描绘了一幅明媚阳光照耀下生机勃勃的景象，表示绿色食品是出自优良生态环境的安全无污染食品，并提醒人们必须保护环境，改善人与环境的关系，不断地创造自然界的和谐状态和蓬勃的生命力。A 级标志为绿底白字，AA 级标志为白底绿字。绿色食品标志是中国绿色食品发展中心（以下简称"中心"）在国家知识产权局商标局正式注册的质量证明商标。该商标的专用权受《中华人民共和国商标法》保护，一切假冒伪劣产品使用该标志，均属违法行为，各级工商行政部门均有权依法予以处罚。

图 6-11　绿色食品与中国有机产品标志
A. 绿色食品标志；B. 中国有机产品标志

　　通过绿色食品认证的产品可以使用统一格式的绿色食品标志，有效期为 3 年，时间从通过认证获得证书当日算起，期满后，生产企业必须重新提出认证申请，获得通过才可以继续使用该标志，同时更改标志上的编号。从重新申请到获得认证为半年，这半年中，允许生产企业继续使用绿色食品标志。如果重新申请没能通过认证，企业必须立即停止使用标志。另外，在 3 年有效期内，中心每年还要对产品按照绿色食品的环境、生产及质量标准进行检查，如不符合规定，中心会取消该产品使用标志。

　　绿色食品标志在包装、标签上或宣传广告中的使用，只能用在许可使用标志的产品上。例如：某饮料生产企业产品有苹果汁、桃汁、橙汁等，其中仅苹果汁获得了绿色食品标志使用权，则企业不能在桃汁、橙汁的包装上使用绿色食品标志，广告宣传中也不应使用"某某果汁，绿色食品"之类的广告语，只能使用"某某苹果汁，绿色食品"广告语，以免给消费者造成误解。

　　绿色食品标准体系一般由以下几个方面构成：绿色食品产地环境质量标准、生产技术标准、产品标准、包装标签标准、储藏运输标准及其他一些相关标准。本书以我国农业行业标准《绿色食品 温带水果》（NY/T 844—2017）为例介绍绿色水果体系组成。本标准中涉及的温带水果包括苹果、梨、桃、草莓、山楂、蓝莓、无花果、树莓、桑葚、猕猴桃、葡萄、樱桃、枣、杏、李、柿、石榴、梅和醋栗等。本标准规定了绿色食品温带水果的术语和定义、要求、检验规则、标签、包装、运输和贮存。术语和定义部分，定义了以下术语：不正常外来水分、成熟度、可采成熟度、食用成熟度、生理成熟度和后熟；要求部分则对产地环境、生产过程、感官、理化指标、农药残留限量提出了明确要求。

　　除了行业标准外，还有一些绿色园艺产品生产的地方标准，比如山东省地方标准《绿色食品 露地番茄生产技术规程》（DB37/T 1499—2020），团体标准《绿色食品 夏黑葡萄生产技术规程》（T/YQMTYX 003—2020）。

2. 有机食品品质标准

　　有机食品（organic food）又称生态食品或生物食品等。有机食品是国际上对无污染天然食品比较统一的提法。有机食品通常来自有机农业生产体系，根据国际有机农业生产要求和相应的标准生产加工的，并通过国家有机食品认证机构认证的一切农副产品及其加工品，包括粮食、食用油、水果、蔬菜、干果、奶制品等。截至 2019 年，我国有机产品认证机构有近 100 家，有效认证证书超过两万张，获证企业一万多家。

　　中国有机产品标志（图 6-11B）主要由三部分组成，即外围的圆形、中间的种子图形及其周围的环形线条。标志外围的圆形形似地球，象征和谐、安全；圆形中的"中国有机产品"字样为中英双语，既表示中国有机产品与世界同行，也有利于国内外消费者识别；标志中间类似于种子的图形代表生命萌发之际的勃勃生机，象征了有机产品是从种子开始的全过程认证，同时昭示出有机产品就如同刚刚萌发的种子，正在中国大地上茁壮成长；种子图形周围圆润自如的线条象征环形道路，与种子图形合并构成汉字"中"，体现出有机产品植根中国，有机之路越走越宽广；同时，处于平面的环形又是英文字母"C"的变体，种子形状也是"O"的变形，意为"China organic"。绿色代表环保、健康，表示有机产品给人类的生态环境带来完美与协调。橘红色代表旺盛的生命力，表示有机产品对可持续发展的作用。

我国于 2005 年 1 月 19 日发布了国家标准《有机产品　生产、加工、标识与管理体系要求》（GB/T 19630），2012 年 3 月对该标准实施修订（GB/T 19630—2011），2018 年该标准再次进行了全面修订（GB/T 19630—2019），并于 2020 年 1 月 1 日实施。该标准详细规定了有机产品生产、加工、标识与管理体系要求。该标准定义了有机生产、有机加工和有机产品，有机生产指遵照特定的生产原则，在生产中不采用基因工程获得生物及其产物，不使用化学合成的农药、化肥、生长调节剂、饲料添加剂等物质，遵循自然规律和生态学原理，协调种植业和养殖业的平衡，保持生产体系持续稳定的一种农业生产方式。有机加工指主要使用有机配料，加工过程不采用基因工程获得的生物及其产物，尽可能减少使用化学合成的添加剂、加工助剂、燃料等投入品，最大限度地保持产品的营养成分和 / 或原有属性的一种加工方式。有机生产、有机加工的供人类消费、动物食用的产品为有机产品。该标准规定了有机产品生产、加工、标识和销售、管理体系具体的要求。比如，有机植物生产中允许使用的矿物质源植物保护产品见表 6-4。

有机农业面积排名前 10 的国家为澳大利亚、阿根廷、意大利、美国、巴西、德国、英国、西班牙、法国、加拿大。我国有机农业起步较晚，但发展迅速。1990 年，我国首次对外出口了经国际有机认证的茶叶，标志着我国有机食品产业步入发展阶段。2019 年，我国有机食品获证企业总计 1 184 家，获证有机产品数量 4 381 个，有机种植园面积 304.12 万亩，有机产品产量达 203.9 万 t。

表 6-4　有机植物生产中允许使用的矿物质源植物保护产品

产品名	使用条件
铜盐（如硫酸铜、氢氧化铜、氯氧化铜、辛酸铜等）	杀真菌剂，每 12 个月铜的最大使用量 ≤ 6 kg/hm^2
石硫合剂	杀真菌剂、杀虫剂、杀螨剂
波尔多液	杀真菌剂，每 12 个月铜的最大使用量 ≤ 6 kg/hm^2
氢氧化钙（石灰水）	杀真菌剂、杀虫剂
硫黄	杀真菌剂、杀螨剂、趋避剂
高锰酸钾	杀真菌剂、杀细菌剂；仅用于果树
碳酸氢钾	杀真菌剂
石蜡油	杀虫剂、杀螨剂
轻矿物油	杀虫剂、杀真菌剂；仅用于果树和热带作物（例如香蕉）

产品名	使用条件
氯化钙	用于治疗缺钙症
硅藻土	杀虫剂
黏土（斑脱土、珍珠岩、蛭石等）	杀虫剂
硅酸盐（如硅酸钠、硅酸钾等）	趋避剂
石英砂	杀真菌剂、杀螨剂、趋避剂
磷酸铁（三价铁离子）	杀软体动物剂

五、园艺产品质量安全市场准入

2017 年 2 月，国务院印发了《"十三五"国家食品安全规划》，指出"十三五"时期是全面建成小康社会的决胜阶段，也是全面建立严密高效、社会共治的食品安全治理体系的关键时期。尊重食品安全客观规律，坚持源头治理、标本兼治，确保人民群众"舌尖上的安全"，是全面建成小康社会的客观需要，是公共安全体系建设的重要内容，必须下大力气抓紧抓好。2021 年 3 月发布的《中华人民共和国国民经济和社会发展第十四个五年规划和 2035 年远景目标纲要》提出，应加强和改进食品药品安全监管制度，完善食品药品安全法律法规和标准体系，探索建立食品安全民事公益诉讼惩罚性赔偿制度，深入实施食品安全战略，推进食品安全放心工程建设攻坚行动，加大重点领域食品安全问题联合整治力度，加强食品药品安全风险监测、抽检和监管执法等。2018 年修订的《中华人民共和国食品安全法》指出：供食用的源于农业的初级产品（以下简称食用农产品）的质量安全管理，遵守《中华人民共和国农产品质量安全法》（以下简称《质量安全法》，2018 年修订版）的规定。

除了以上两部法规之外，针对农产品质量安全问题，国家相关部门还制定了保障食品安全的其他国家标准和管理办法等，比如《食品安全国家标准 食品中污染物限量》（GB 2762—2012）、《食品安全国家标准 食品中农药最大残留限量》（GB 2763—2016）、《食用农产品市场销售质量安全监督管理办法》等。

六、园艺产品质量安全追溯制度

追溯（trace）是指能够在特定的生产、加工和分销阶段跟踪某一产品运动的能力。追溯系统（trace system）是指通过正确识别、记录、传递信息，实现产品的可追溯性。园艺产品质量安全追溯系统是指对园艺植物种植、加工、包装、仓储和销售等环节中质量安全信息的记录存储和可追溯的保证系统，包括单一生产经营者独立完成的追溯和环节生产经营者合作完成的追溯。

追溯理念起源于英国，英国在 1999 年成立食品标准局，职责之一是对食品供应链各个环节进行监控。2002 年，"推进欧洲可追溯性的优质化与研究"计划有力促进了欧盟农产品追溯的研究和实施。《欧盟主要农产品追溯法案》（第 834/2007 号法案）对有机产品提出了追溯和标识要求。我国农产品追溯系统相对欧美国家起步较晚，于2004年开始建设农产品追溯系统。随后，《中华人民共和国农产品质量安全法》（2006年）、《中华人民共和国食品安全法》（2015年）等相关法律出台，有力推动了农产品追溯系统的建设和推广实施。

质量安全追溯系统由各环节节点的追溯系统、中央数据库、质量安全预警系统、数据审计系统、质量安全检测系统和产品信息查询系统构成，追溯能力主要涉及园艺产品生产过程的种植（土肥水管理、花果管理、农药使用及采收管理等）数据实时监控，包装、贮藏、运输过程品质追踪，以保证生产全过程信息可记录、可追溯、可召回、可查询。射频识别技术（radio frequency identification，RFID）是追溯系统的核心技术，同时结合数据库技术、计算机网络技术，整合农产品供应链全程信息，通过网络、短信、销售商终端网络的农产品信息查询，实现全程质量安全管理。追溯系统构建主要包括以下过程：用标签信息识别技术创建水果、蔬菜产品的标签信息，形成识别二维码；运用智能数据传感技术采集种植、加工、销售各环节的基础数据信息，由物联网技术传递到信息分析和整理中心；运用双向跟踪的方法，智能分配农产品对应的农场、加工厂和消费者，并提供质量安全预警系统、审计系统、质量安全监测系统，同时供消费者查阅。

质量安全追溯系统中，质量安全预警系统对农产品的基础信息进行检测，通过案例库中数据的对比，快速发现农产品的质量安全问题，并及时查询问题源头；若农产品质量安全信息超出了国家的质量安全标准，则迅速撤离市场。数据审计系统通过对企业上传的数据与质量部门认证的信息进行对比，以此来鉴定企业上传的信息是否真实可靠；系统管理员则利用审计追溯的信息，保障数据库中存放的农产品记录信息的安全性和有效性。质量安全监测系统指执法部门对市场上销售农产品进行抽检，不达标的农产品迅速撤离市场，并对企业进行警告和处罚。数据审计系统和质量安全监测系统是从两个不同的方面来保障追溯的农产品质量安全信息的真实性和安全性；消费者在信息查询系统中通过互联网、短信查询、销售网点终端查询机等渠道可查询到农产品及其流通过程相关企业的认证信息，以了解农产品质量安全信息。

目前，针对园艺产品生产、运输及加工特性，也形成了一批主要适用于园艺产品的质量安全追溯系统。比如，"一种生鲜蔬菜产品质量安全溯源系统设计"（发明专利公开/公告号CN109003032A），对分散的生鲜蔬菜种植基地的信息进行统计与采集，同时监管生鲜蔬菜的生产与质量安全，并为消费者提供专业的质量追溯功能；既为农户提供销售渠道，又保证了消费者的权益。"基于互联网＋物联网的果蔬园艺产品质量安全追溯系统"（发明专利公开/公告号CN106971307A）包括前台功能展示模块、后台管理模块和手机端二维码扫描展示追溯信息模块，可对园艺产品生产过程中的关键控制点进行跟踪与记录，实现集视频连线园艺产品生产基地、无线传感器环境监控、生产农事记录信息、二维码追溯、园艺产品健康养生信息等综合性追溯系统采集于一体的园艺产品质量安全追溯系统。袁艺等（2019）针对现有系统存在的追溯信息的实时采集与上传、追溯信息可信度低、系统易用性差、建设运维成本高等不利于中小企业独立建设应用追溯系统的问题，采用基于云计算服务器的B/S多层分布式体系架构和模块化设计，在追溯编码及二维码运用、数据库管理、移动数据采集、远程视频监控、追溯信息查询等方面整合应用了云计算技术，开发出基于云计算技术的蔬菜产品质量安全追溯系统。系统提供手持终端、计算机管理后台、网站、智能手机等多渠道录入 / 查询通道，方便快捷。该系统经企业运行试用获得了良好的效果。

思考题

1. 园艺产品的外观品质包括哪些方面？
2. 园艺产品风味品质包括哪些方面？
3. 果实风味主要由糖酸物质决定，试述果实中主要的有机酸和可溶性糖。
4. 果蔬中的酚类化合物主要有哪几大类？试述其生物活性。
5. 果皮着色 / 不着色为典型质量性状，试述葡萄中该性状产生机制。
6. 提升园艺产品品质的农艺措施有哪些？
7. 影响园艺产品安全的主要因素包括哪些？
8. 园艺产品中含有哪些天然有毒物质？

参考文献

陈学森，郭文武，徐娟，等. 主要果树果实品质遗传改良与提升实践 [J]. 中国农业科学，2015，48（17）：3524-3540.

郎文培，赵善仓，高晓东，等. 寿光地区设施蔬菜硝酸盐与亚硝酸盐风险评估 [J]. 现代农业科技，2018（7）：261-263.

杨洋，张小虎，张亚红，等. 设施调控夜间温度对赤霞珠葡萄果实品质的影响 [J]. 食品科学，2021，42（4）：80-86.

叶志彪. 园艺产品品质分析 [M]. 北京：中国农业出版社，2011.

袁艺，李石开，汪骞，等. 基于云计算的蔬菜产品质量安全追溯系统 [J]. 中国蔬菜，2019（2）：11-16.

CERVANTES L, ARIZA M T, GOMEZ-MORA J A, et al. Light exposure affects fruit quality in different strawberry cultivars under field conditions [J]. Scientia Horticulturae, 2019 (252): 291-297.

ESPLEY R V, BRENDOLISE C, CHAGNE D, et al. Multiple repeats of a promoter segment causes transcription factor autoregulation in red apples [J]. Plant Cell, 2009, 21 (1): 168-183.

LIN J, MASSONNET M, CANTU D. The genetic basis of grape and wine aroma [J]. Horticulture Research, 2019 (6): 81.

RODRIGUEZ G R, MUNOS S, ANDERSON C, et al. 2011. Distribution of SUN, OVATE, LC, and FAS in the tomato germplasm and the relationship to fruit shape diversity [J]. Plant Physiology, 2011, 156 (1): 275-285.

TANKSLEY S D. The genetic, developmental, and molecular bases of fruit size and shape variation in tomato [J]. The Plant Cell, 2004 (16): s181-s189.

UMEMURA H, OTAGAKI S, WADA M, et al. Expression and functional analysis of a novel MYB gene, MdMYB110a_JP, responsible for red flesh, not skin color in apple fruit [J]. Planta, 2013, 238 (1): 65-76.

WALKER A R, LEE E, BOGS J, et al. White grapes arose through the mutation of two similar and adjacent regulatory genes [J]. The Plant Journal, 2007, 49 (5): 772-785.

YUAN H, ZHANG J, NAGESWARAN D, et al. Carotenoid metabolism and regulation in horticultural crops [J]. Horticulture Research, 2015 (2): 15036.

第七章

园艺植物品种改良

第一节 品种的概念及内涵

第二节 园艺植物主要育种目标

第三节 园艺植物种质资源

第四节 园艺植物品种改良的主要途径

提高园艺植物生产效益主要通过以下两个途径实现：一是改善园艺植物生产环境，如改良土壤、肥水管理及生态条件；二是品种改良，即通过遗传特性的改良使相应品种满足生产环境及条件，达到降低生产成本、提升产量及品质的目的。园艺植物品种选育往往涉及产量、品质、营养、抗虫、抗病、抗环境胁迫、观赏性等多个方面，其中品质是园艺植物育种的核心目标。虽然园艺植物所包含的生物多样性范围远大于大田作物，但在大田作物中的植物育种理论及方法也同样适用于园艺植物的品种选育。园艺植物品种选育应以市场需求为导向确定育种目标，通过不同的方法创制相应的育种材料，并根据不同园艺植物繁殖习性采取不同的育种途径，选育出符合预期育种目标的新品种后进行市场推广。

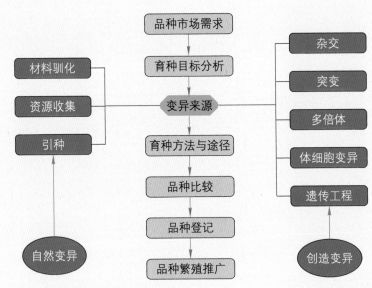

园艺植物品种改良基本路线图

第一节 品种的概念及内涵

一、品种的概念

品种（cultivar）是在一定的生态和经济条件下，经人工选择培育的生物群体，其具有相对的遗传稳定性和生物学及经济学上的一致性，并可以用普通的繁殖方法保持其恒久性。育种家的目标是创造优良的品种，世界上的农作物品种几乎都是为提高产量、品质和抗病性等性状而产生，现在很少有野生植物直接用于生产。由于品种作为农业生产的重要资料，应具备性状优良和适应特定生态环境及耕作方式的属性，因此景士西将品种概念定义为"在一定时期内主要经济性状上符合生产和消费市场的需要，生物学特性适应于一定地区生态环境和农业技术的要求，可用适当的繁殖方式保持群体内不妨碍利用的整齐度和前后代遗传的稳定性，以及具有某些可区别于其他品种的标志性状的家养动植物群体。"

二、品种的内涵

品种的概念是相对的，任何一个品种不可能满足所有地区的气候条件和生产条件；同时，任何一个品种都有缺点和不足。因此，作为一个优良的品种，应具备的内涵主要包括以下五个方面的内容。

1. 优良性（excellence）

指品种所具备的主要性状或经济性状应符合生产和市场主体（销售者、消费者）的需求，各市场主体能够通过使用该品种获得较好的经济效益、生态效益和社会效益，如抗病、优质、丰产、耐贮运、适宜加工、美化环境、保障公众身心健康等。例如月季、

图 7-1 重要切花
A. 月季；B. 菊花；C. 香石竹；D. 非洲菊

菊花、香石竹和非洲菊等花卉的切花品种具有花色丰富、观赏期长的优点（图 7-1）。

2. 适应性（adaptability）

指品种应具有对特定地区气候、土壤、病虫害和不时出现的逆境条件的适应性，以及对特定栽培和利用方式的适应性，如对设施栽培、土壤贫瘠、重金属污染的适应性，以及对机械化、智能化生产、管理工艺等的适应性。

3. 整齐性（uniformity）

指品种在整个生产过程中，品种内的不同个体间株型、物候期、生长习性及产品的主要经济性状等方面相对整齐一致。

4. 稳定性（stability）

指针对不同繁殖习性的园艺植物，在采用适当的繁殖方式时，这些繁殖后获得的群体与繁殖前的群体在遗传背景及表型上均能保持稳定性和一致性。如多年生园艺植物一般采用扦插、压条、嫁接、组织培养等方法进行繁殖（图7-2），而绝大多数的一二年生园艺植物则采用种子进行繁殖（图7-3）。

图 7-2　柑橘苗繁殖　　　　　　　　　　　　　图 7-3　黄瓜种子繁殖

5. 特异性（specificity）

指品种至少有一个以上明显不同于其他品种的可供辨认的标志性状。如株型、大小、成熟期、颜色、抗性等。除了各种直观的标志性状外，品种之间还可通过基因组信息特征的不同来区别。

三、优良品种在园艺植物生产中的作用

优良品种是农业生产上重要的生产资料，是扩大再生产的物质基础。优良品种在各种农业科技投入中的贡献率稳定在43%以上，在所有农业丰产要素中贡献最大。

受消费者喜好的园艺植物品种往往在品质性状方面表现突出，如含糖量高的食荚豌豆，三倍体无籽西瓜，芳香浓郁的菠萝。

逆境条件往往导致园艺植物生长势下降、产量及品质降低，而经过遗传改良后的优良品种表现出较强的抗逆性，从而可以保持稳产和防止品质变劣。此外，通过避开逆境条件对园艺植物生长发育的影响，也能间接实现高产稳产的目的。如四川农业大学选育的'春花枇杷'

将枇杷开花时间从秋冬季推迟到春季，可以有效避开秋冬季低温对枇杷开花结果的负面影响（图7-4）。

利用早熟或者晚熟品种，解决了产品集中上市后供大于求，市场供应不平衡以及采用储藏措施导致产品成本上升，产品生产效益下降的问题，如栽培晚熟桃品种（图7-5）。

随着劳动力成本的急剧上升以及可用劳动力的下降，适应集约化、机械化管理及生产的品种往往受到生产者的追捧。日本育成

图7-4　枇杷品种'春花枇杷'（王永清摄）

的青花菜品种'Godzilla'具有一个中高的花球位置，附着叶片较小且着生于花球茎的下部，利于花球的快速修剪和收获（图7-6）。

图7-5　晚熟桃品种'黄金蜜3号'（中国管理科学研究院红豆杉研究中心）

图7-6　青花菜品种'Godzilla'

四、园艺植物品种类型

园艺植物因不同的遗传变异特点，形成了不同遗传背景特点的品种。目前，园艺植物生产上常用的品种类型如下。

1. 纯育品种（pure-breeding cultivar）

纯育品种指由遗传背景相同和基因型纯合的一群植物组成，包括有性繁殖（种子繁殖）植物从杂交育种、突变育种中经系谱法育成的品种。纯育品种基因型纯合，因此该类品种可以自行留种供第二年种植，不用重新购买商品种子，但不利于品种保护。纯育品种主要是源于自花授粉的一二年生园艺植物，如豇豆、豌豆等的育成品种。浙江省农业科学院园艺研究所选育的长豇豆品种'之豇28-2'即是通过杂交育种育成的纯育品种，已在全国大面积推广，1987年获国家发明二等奖。

2. 杂交种品种（hybrid cultivar）

杂交种品种指用遗传上纯合的纯系（亲本）在控制授粉条件下生产特定组合的一代杂种群体，俗称杂种一代（F_1）品种。杂交种品种的不同个体间基因型彼此相同但又都是高

度杂合，具有明显的杂种优势现象。杂交种品种主要产生于异花授粉或者自花授粉的一二年生园艺植物中，如十字花科蔬菜、瓜类蔬菜、茄果类蔬菜，花卉中的矮牵牛、三色堇等。中国农业科学院蔬菜花卉研究所和北京市农林科学院于1973年育成的杂交种'京丰一号'作为我国育成的第一个结球甘蓝杂交种，获得了我国蔬菜领域唯一的一个国家发明一等奖。因该类品种留种自交会产生性状分离，失去品种的一致性，种植者每年都要购买 F_1 商业种子。相对纯育品种，杂交种品种最大限度保护了育种者权益。

3. 营养系品种（clonal cultivar）

营养系品种主要指多年生园艺植物育成的品种，是由有性杂交或芽变等产生的优选单株经无性繁殖而成。例如，'富士'苹果是1951年由日本果树试验场盛冈支场从'国光'与'元帅'的596株杂交种中选出的一个优株，经过多次嫁接繁殖而成的。陕西省农业科学院1967年育成的"秦冠"于1988年获得国家发明二等奖，是中华人民共和国成立以来苹果育种领域最早获得的国家级奖励。另外，南京农业大学菊花育种团队选育不同花期切花菊、盆栽小菊、园林小菊、茶用菊、食用菊等系列新品种400余个，获得2018年度国家技术发明二等奖。由于营养系品种可通过无性繁殖方式扩繁，也不利于品种权利保护。

五、品种管理

1. 品种登记

根据2017年农业农村部颁布实施的《非主要农作物品种登记办法》规定，列入非主要农作物登记目录的品种，在推广前应当登记。品种登记（cultivar registration）指对新选育或新引进的品种，在育种者自愿申请的基础上，履行必要的登记备案程序，经国家农作物品种审定委员会审议合格后登记在案的一种新品种管理方式。应当登记的农作物品种未经登记的，不得发布广告、进行推广，不得以登记品种的名义销售。2017年4月，农业部发布了《第一批非主要农作物登记目录》，该批次一共有29个非主要农作物进入目录，其中包括大白菜、结球甘蓝、黄瓜、番茄、辣椒、茎瘤芥（学名榨菜，*Brassica juncea* var. *tumida*）、西瓜、甜瓜等8种蔬菜，苹果、柑橘、香蕉、梨、葡萄、桃等6种果树以及茶树。另有4种常作为蔬菜栽培食用的粮食作物［马铃薯、豌豆、蚕豆、甘薯（即番薯）］，或作为水果食用的甘蔗（*Saccharum officinarum*）进入目录。

花卉不在《第一批非主要农作物登记目录》中，不能在国内进行登录，可以到国际园艺学会（international society for horticultural sciences, ISHS）下设的命名与登录委员会（commission for nomenclature and registration）负责的新品种审核登记组织，即国际登录权威（international cultivar registration authority, ICRA）去进行登录。国际登录权威包括权威机构与登录专家，现在全世界仅有14个国家（地区），81个国际登录权威在正常工作。截至2017年，中国取得了8个种（属）花卉的国际登录权威（表7–1）。

表 7-1　中国负责的花卉品种国际登录权威

国际登录权威	负责种（属）	登录专家	批准时间
中国梅花蜡梅协会	梅 *Prunus mume*	北京林业大学张启翔教授 华中农业大学包满珠教授	1988
中国花卉协会桂花分会	木樨属 *Osmanthus* spp.	南京林业大学向其柏教授	2004
美国国际睡莲与水景协会	莲属 *Nelumbo* spp.	上海辰山植物园田代科研究员	2010
中国科学院华南植物园	姜花属 *Hedychium* spp.	夏念和研究员	2013
中国林业科学研究院西南花卉研究开发中心	禾本科竹亚科 Bambusoideae	史军义研究员	2013
中国梅花蜡梅协会	蜡梅属 *Chimonanthus* spp.	西南林业大学陈龙清教授	2013
国家植物园	苹果属（苹果除外） *Malus* spp.（excluding *M. domestica*）	郭翎研究员	2014
国际山茶协会	山茶属 *Camellia* spp.	中国科学院昆明植物研究所 王仲朗高级工程师	2015*

* 表示登录专家变更时间

2. 植物新品种保护

植物新品种保护指完成育种的单位或者个人对其授权品种享有排他的独占权。任何单位或者个人未经品种权所有人许可，不得以商业目的生产或者销售该授权品种的繁殖材料，不得以商业目的将该授权品种的繁殖材料重复使用于生产另一品种的繁殖材料。植物新品种保护又称"植物育种者权利"，同专利、商标、著作权一样，是知识产权保护的一种形式。国务院颁布了《中华人民共和国植物新品种保护条例》（2013 年修订），国家林业局颁布了配套的《中华人民共和国植物新品种保护条例实施细则（林业部分）》，农业部颁布了配套的《中华人民共和国植物新品种保护条例实施细则（农业部分）》（2007 年修订）。目前针对植物新品种保护，我国在全国主要生态区建立 1 个植物新品种测试中心、27 个测试分中心和 3 个专业测试站。截至 2018 年底，我国农业植物新品种保护总申请量超过 2.6 万件，授权近 1.2 万件。品种权的保护期限，自授权之日起，藤本植物、林木、果树和观赏树木为 20 年，其他植物为 15 年。

第二节　园艺植物主要育种目标

一、园艺植物主要目标性状

育种目标（breeding objective）是指对所要育成品种的要求，即所要育成的新品种在一定的自然、生产及经济条件下的地区栽培时应具备的一系列优良性状指标。园艺植物种类繁多，育种者往往结合具备的软硬件条件选择少数目标，解决众多目标性状中的关键问题。

1. 产量（yield）

产量目标主要包括两个内容，一是生物产量，指植物在整个生育过程中所积累的有机物质的总量，不同园艺植物计算生物产量的部位有差异；如甘蓝、白菜、生菜（*Lactuca sativa* var. *ramosa*）等园艺植物通常以地上部的产量计算；胡萝卜、萝卜、马铃薯则以地上和地下部的产量计算。二是经济产量，只计算所收获的具有经济价值的主要产品总量（种子、果实或块茎）。如茄果类、瓜类的经济产量指其果实产量，切花类品种则关注其花器官的数量。

2. 品质（quality）

在现代园艺植物育种中，品质已逐渐上升为比产量更为重要、突出的目标性状。消费者购买欲受基于食品固有的"质量"特征激发的，如风味、颜色、形状、大小和营养水平。不同园艺植物品质育种目标侧重点不同。如花卉侧重于观赏性，而蔬菜、果树等则侧重于营养品质等，茶侧重于茶多酚、儿茶素、咖啡碱等具体成分含量。按产品用途和利用方式，园艺植物品质大致可分为感官品质、营养品质、加工品质和贮运品质等。

3. 成熟期（mature period）

园艺产品主要以鲜活状态供应市场，不耐储运或者长期储藏会导致品质下降或成本上升。另外，园艺植物生产应满足市场需要，在不同季节实现均衡供应。因此，园艺植物生产需要做到早、中、晚熟品种配套，这就对成熟期提出了要求。一方面，解决同一种类单一品种集中上市所带来的供大于求、经济效益下降压力；另一方面，也可以解决园艺产品作为加工原料集中上市后给加工企业带来的生产压力问题。

4. 适应性（adaptability）

园艺植物生产面临温度、水分、盐碱、重金属污染、大气污染以及农药（含除草剂）等非生物胁迫和病害、虫害等生物胁迫，引起植株形态、生理等方面的变化，严重影响植物发育和产量。培育适应性优良的园艺植物品种是胁迫条件下提高与稳定产量和品质最有效的方法（图7-7）。

5. 保护地及机械化生产（production for greenhouse and mechanization）

近年来，我国园艺植物保护地栽培发

图 7-7 对青枯病抗性不同的番茄品种（左：感病品种；右：抗病品种）

展很快。选育适应保护地低温、弱光照以及高温、高湿环境下的园艺植物保护地栽培专用品种是必要的。而随着劳动力成本的不断增加，育成株型紧凑、秆壮不倒、成熟期一致、果实耐机械压力，果皮有韧性的适合机械化生产的园艺植物品种将极大缓解上述矛盾。

二、园艺植物育种目标的特点

1. 育种目标多样化

相对大田作物，园艺植物由于其产品用途或消费喜好的不同，决定了其育种目标具有多样化的特点。如葡萄育种可以根据其产品用途分为鲜食、制汁、干制、酿酒等不同育种目标，其中鲜食葡萄又有颜色、果形等不同育种目标。

2. 优质是园艺植物最有价值的育种目标

相对其他农作物，品质优良的园艺植物品种市场竞争能力更强，其产品价格较一般品种价格高出数倍到数十倍。在花卉中，除了切花专用品种外，其他花卉多不重视产量性状。

3. 早、晚熟和长采收期的品种受到广泛重视

园艺植物生产的季节性和需求的经常性与产品需要以鲜活状态供应市场之间存在着较大的矛盾，导致产品供应的不平衡和价格波动。而解决这一矛盾的有效途径是选育早熟品种和晚熟耐储运的品种。另外，随着劳动力成本的逐步攀升，具有较长采收时期的品种可以减少重新耕种及栽培的劳动力投入，延长产品供应时间，降低单位面积成本。

4. 兼用型园艺植物品种逐渐成为园艺植物品种选育的新方向

长期以来，市场对兼用型园艺植物品种的受关注度不断上升。如兼具食用、药用、保健功能的花卉的选育；兼具观赏功能的蔬菜品种在观光农业、都市农业中应用广泛。

第三节 园艺植物种质资源

一、园艺植物种质资源的概念和类型

在植物领域，种质资源（germplasm resources）指包含一定的遗传物质，表现一定的优良性状，并能将其遗传性状稳定传递给后代的植物资源的总和。种质资源包括全球植物遗传资源、地区植物资源、群落内植物资源、物种资源、品种群，以及单株、器官、组织、单个细胞、一个基因片断等不同形式。园艺植物种质资源是对园艺植物品种改良和栽培拥有一定利用价值的遗传物质总和。园艺植物种质资源是园艺产业发展的基础，也是园艺植物品种创新、丰富园艺植物种类的主要原材料，同时多样化的种质资源是开展园艺植物起源、演化、分类、生理、生态等研究的物质基础。

园艺植物种质资源可以按自然属性、来源和育种利用等不同特点进行归类。其中从育种角度来看，园艺植物种质资源主要包括如下一些类型。

1. 市场主流品种

市场主流品种指那些经过各种育种手段育成，在特定区域大面积栽培的优良品种。该类品种作为生产上最受欢迎的品种，表明其具有良好的经济性状和广泛的适应性。如'红富士'苹果，'纽荷尔'脐橙。

2. 传统地方品种

传统地方品种亦称农家品种、传统品种、地区性品种等。是在当地自然或栽培条件下，经长期自然或人为选择形成的品种，对当地自然或栽培环境具有较好的适应性。如涪陵榨菜加工原料品种'永安小叶'，荔枝品种'妃子笑'等。传统地方品种因生物学混杂或者退化，易呈现整齐度差或产量低等现象，在现代园艺生产中占有比例逐渐下降。但育种者可以通过提纯复壮或者回交导入其他重要性状实现品种改良，或者作为杂交育种中的亲本材料，提高新选育品种的适应性。

3. 外地品种资源

外地品种资源指引自外地区或国外的品种或材料。该类种质资源的主要特点是具有与本地品种不同的生物学特性和遗传性状。如在甘蓝类蔬菜中缺少抗根肿病的资源，导致抗根肿病品种选育难度大。因此，育种者从先正达公司引入了圆球形的结球甘蓝抗病品种'先甘336'作为推广或者育种材料应用。福建省农业科学院果树研究所从日本引进枇杷品种'森尾早生'作为杂交亲本，育成了'早钟6号'枇杷品种。

4. 近缘野生种和原始栽培类型

近缘野生种和原始栽培类型具有独特的生物学特性，部分种质资源是现代植物的原始种，常分布于起源中心附近的某些隔离区域，一般作为野果、野菜、野花采集和利用，常具有栽培品种缺少的抗耐特性。近缘野生种和原始栽培类型可驯化为新的栽培植物，或通过远缘杂交、细胞工程等手段转移有用的基因或染色体片段。如新西兰的猕猴桃育种产业领先全球，即是利用了来自中国神农架地区的野生猕猴桃资源（图7-8）。我国利用东北野生山葡萄与

图7-8　野生猕猴桃（李大卫、胡光明摄）

栽培葡萄杂交，先后选育'北醇''黑山''公酿一号'等抗寒品种。毛华菊和野菊是菊花的原始亲本，后来又有紫花野菊、菊花脑、甘菊等基因资源的渗入，经过上千年的人工选择，而逐渐形成了如今的菊花。

5. 人工创造的育种材料

人工创造的育种材料一般来自人工诱变产生的突变体、远缘杂交的新类型、育种过程中的中间材料以及基因工程材料等。这些种质资源一般具有自然群体内没有的特性，大多数情况下存在综合性状不佳或者遗传不稳定的特点，往往需要经过多代选育才具有相应的利用价值。如将甘蓝和白菜之间杂交后获得的 BC_1 代具有甘蓝和白菜的特点，但表现雄性不育，需要多代回交方能恢复育性。

二、园艺植物种质资源的收集

随着现代农业发展，单一作物和纯系品种的大量使用大大降低了农作物品种的遗传多样性，导致现存的许多变异类型逐渐丧失。在过去的200年里，人们开始努力收集潜在有用的各类种质资源，以种子或植株形式保存在贮藏库或相应的生态环境中。

种质资源的收集是一项经常性的工作，具有广泛性和长期性的特点。种质资源的收集一般通过普查、专类收集、国内征集、国际交换等途径进行，其中野生种质资源收集之

前要了解植物的起源中心和分布中心，防止盲目收集资源。可供种质资源收集的材料有接穗、插条、植株、根蘖以及种子等。对于以种子为对象的种质资源收集，其采集的种子要充分体现被收集对象的遗传多样性。相对于异花授粉植物，自花授粉植物的种子应在多个单株上采集方能代表所收集资源的遗传多样性。从国外引入或收集的种质资源，应在检疫后再进行隔离试种或高接观察，防止检疫性病虫害的传入蔓延。

拓展阅读 7-1
作物起源中心
及中国园艺
植物种质资源

三、园艺植物种质资源的保存

种质资源保存是指在天然或人工创造的适宜条件下贮存种质以及基因载体，使其保持生活力、遗传变异度和适当的数量。

1. 就地保存

就地保存指在种质资源植物的原生地，通过保护生态系统和自然生境，并在其自然环境中维持和恢复可生存的物种种群来实现保存的方式。这种保存方式的局限性在于可能因环境恶化以及人的活动而造成种质资源丢失。常见就地保存方式是建立各类自然保护区和国家公园。到 2019 年 6 月，我国国家级自然保护区有 474 处，其中 34 处国家级自然保护区已被联合国教科文组织的"人与生物圈计划"列为世界生物圈保护区。

2. 迁地保存

迁地保存是针对种质资源植物的原生境变化很大，导致相应植物资源难以正常生长、繁殖和更新，选择生态环境相近的地段建立迁地保护区（避难所）进行集中保护，常通过建立植物园以及资源圃的形式实现。植物园一般集调查、采集、鉴定、引种、驯化、保存和推广利用等功能为一体，如中国科学院西双版纳热带植物园、华南植物园等。

资源圃种质保存主要用于顽拗型种子以及无性繁殖植物种质资源的保存，也称为田间基因库。中华人民共和国成立后，我国先后依托各地农业科学院建立了多个果树资源圃（表 7-2）。另外，我国依托中国农业科学院茶叶研究所在杭州建立了"国家种质杭州茶树圃"，依托云南省农业科学院茶叶研究所在云南省勐海县建立"国家种质勐海茶树分圃"，主要保存云南大叶茶资源。资源圃种质保存是一项劳动密集型、空间占用大的工作，所保存种质资源容易因病虫害和自然灾害而导致种质资源的丢失。由于资源圃保存的栽培品种多属营养系品种，每一品种在资源圃中只能种植少数几株，根据土地及人力，原则上乔木类每份栽植 2～5 株、灌木和藤本 5～20 株、草本 15～25 株。

表 7-2　农业部第一批果树资源圃（1980）

序号	单位	所在地	果树种类
1	吉林省农业科学院果树研究所	吉林公主岭	寒地果树
2	辽宁省农业科学院果树研究所	辽宁熊岳	李、杏
3	中国农业科学院果树研究所	辽宁兴城	白梨、秋子梨、苹果
4	北京市农林科学院林业果树研究所	北京	桃、草莓
5	山东省农业科学院果树研究所	山东泰安	板栗、核桃

序号	单位	所在地	果树种类
6	山西省农业科学院果树研究所	山西太谷	枣、葡萄
7	陕西省农业科学院果树研究所	陕西眉县	柿
8	新疆农业科学院园艺作物研究所	新疆轮台	新疆特色果树
9	中国农业科学院郑州果树研究所	河南郑州	葡萄、桃
10	江苏省农业科学院园艺所	江苏南京	桃、草莓
11	湖北省农业科学院果茶所	湖北武汉	沙梨
12	中国农业科学院柑桔研究所	重庆	柑桔
13	云南省农业科学院园艺作物研究所	云南昆明	云南特有果树
14	福建省农业科学院果树研究所	福建福州	龙眼、枇杷
15	广东省农业科学院果树研究所	广东广州	荔枝、香蕉

3. 种子保存

种子保存是植物遗传资源长期保存最简便、最经济、应用最普遍的资源保存方式（图7-9）。大多数种子通过适当降低含水量、降低贮存温度即可显著延长其贮存时限，称为正常型种子，通过低温种子库进行资源保存。根据保存温度和空气湿度的不同，低温种子库可分为短期库（温度10～15℃或稍高，可存放5年左右）、中期库（温度0～5℃，相对湿度50%～60%，种子含水量8%，保存期10年）、长期库

图 7-9　挪威"斯瓦尔巴全球种子库"（Sekhon B 摄）

（温度 –10～–15℃，相对湿度 32%～40%，保存期 30～50年）。但一些热带和亚热带园艺植物，如菠萝、可可（*Theobroma cacao*）、咖啡（学名小粒咖啡，*Coffea arabica*）、油棕（*Elaeis guineensis*）、芒果、波罗蜜等的种子是顽拗型种子，临界含水量低于 10%～30% 时在低温保存下会丧失活力，因而一般不用种子保存资源。

4. 离体试管保存

离体试管保存是指将遗传资源（如细胞或愈伤组织）放置在密封试管中进行保存的方式。该保存方式适合中短期保存的缓慢生长系统，通过在培养基中加入生长抑制剂、降低培养室温度等手段，使相应材料的细胞或组织继代培养周期可延长至 1～2 年。超低温保存系统是将植物组织（如分生组织、胚乳、胚珠、植物细胞、原生质体、愈伤组织、茎尖等）经特殊处理后置于 –196℃液氮中长期保存。

5. 利用保存

利用保存是指发现有利用价值的种质资源后，及时用于育成品种或中间育种材料，是一种切实有效的保存方式。如野菊和菊花杂交育成'毛白''铺地雪'等菊花新品种，其实质是把野生资源的有利基因保存到栽培品种中。另外，优良地方品种的自留种栽培方式

对于地方品种保存是有益的，如目前各地推行的地理标志园艺产品，很多就是由地方品种生产而来。但该方式存在从地方品种向现代品种转移而导致种质资源丧失的风险。

6. 基因信息保存

基因信息保存是指将种质资源以 cDNA 和基因组 DNA 文库的形式进行保存，或者直接将种质资源的全基因组信息保存到计算机中。该保存方式是伴随 DNA 分析及分子生物学技术的不断进步而发展起来的，是一种较为特殊的保存方式，具有高效、简单的特点，克服了其他保存方式的诸多物理限制。一旦种质资源中所含的基因功能被明确后，可通过转基因表达的方式加以利用。

第四节 园艺植物品种改良的主要途径

园艺植物种类繁多，在植物经典分类系统中跨度大，具有非常高的遗传多样性。园艺植物繁殖方式分为无性繁殖和有性繁殖两类，而有性繁殖又可根据其授粉习性分为自花授粉和异花授粉两大类。植物的育种途径和育种方法与开花授粉习性和繁殖方法紧密相关，要根据每一种园艺植物的繁殖习性，选择合适的育种方法。

> 拓展阅读 7–2
> 园艺植物
> 繁殖习性与
> 育种特点

一、引种

1. 引种的概念和意义

人类为了某种需要把植物的种、品种或品系从其原分布区引进种植到新的地区的实践活动称为引种。引种是最古老的育种方法之一，分为简单引种（simple introduction）和驯化引种（domestication introduction）。简单引种是指引种地与原分布区的自然条件差异较小或引种品种本身适应范围较广，只需采用简单的栽培措施就能适应新环境并能正常生长发育的引种方式。驯化引种是指引种地与原分布区的自然条件差异较大或引种品种本身适应范围较窄，只有通过人工措施改变其遗传组成才能适应新环境，或者必须采用相应的农业措施，使其产生新的生理适应性的引种方式。引种方法的选择取决于品种本身对环境的适应能力。

与其他育种方法相比，引种所需的时间短，见效快，投入的人力物力少，因而是最为经济且迅速丰富本地园艺植物种类的一种有效方法。引种的植物还可以作为中间材料，以培育新品种。我国有着丰富的观赏植物资源，被誉为"园林之母"，据统计，100 多年以来，仅英国爱丁堡皇家植物园栽培的中国原产的植物就达 1 500 种之多。北美引种的中国原产的乔木和灌木就达 1 500 种以上，意大利引种的中国原产的观赏植物约 1 000 种。这些优良的观赏植物一方面直接应用于欧美园林，另一方面作为中间育种材料，被用于继续创造新品种。中国园艺植物资源具备的优良特性成功推进了世界花卉的育种进程，中国也在引进国外的优异资源。例如，我国目前主栽的果树品种中，'红富士'苹果、'纽荷尔'脐橙、'巨峰'葡萄、'阳光玫瑰'葡萄等均为引种品种，其中'纽荷尔'脐橙引种自美国，其他都是日本品种；蔬菜中的'白玉春'萝卜，'千禧''夏日阳光'樱桃番茄也是从国外引种栽培。

2. 影响引种成败的因素

植物和生长环境之间存在非常复杂的关系，而对植物生长发育有明显影响的主要是生态环境因素，如温度（平均气温、极端低温、极端高温、有效积温和需冷量）、光照（光照时间和光照强度）、水分（降雨量和湿度）、土壤（pH和含盐量）及其他生态因子（菌根、授粉植物和病虫害等），这些因子相互依存，相互制约，构成一个复杂的环境系统，并综合地作用于植物。因此，有目标、有计划地重现当地生态环境特点，遵循生态系统动态平衡原理是引种成败与否的关键。"气候相似论"指出：木本植物引种成功的最大可能性取决于树种原产地和新栽培区域气候条件有相似的地方。此外，植物的适应性大小，还与其系统发育历史上经历的生态条件有关，生态历史越复杂，其适应性就越广泛。

二、选择育种

1. 选择育种的概念

选择育种（selection breeding）简称选种，是根据育种目标，针对现有品种或育种材料内出现的自然变异类型，经比较鉴定，通过多种选择方法选优去劣，选出优良的变异个体，培育新品种的方法。园艺植物选择育种包括基于有性繁殖后代群体的选择育种和基于无性变异的芽变选种两种类型。有性繁殖后代群体的选择育种是指利用植物在有性繁殖过程中获得的植物个体基因重组和突变所产生的各种遗传变异，经过一次或者多次定向选择，获得新品种的方法。芽变选种是指利用植物在生长发育过程中芽的分生组织产生可遗传的变异，进而发生芽变，通过人工选择、鉴定和培育而获得新品种的方法。

选择育种本身并不能产生新基因，但可以增加群体内具有育种价值的基因频率，降低不需要的基因频率。选择群体中存在遗传变异是选择育种的基础，无论是自然选择还是人工选择，都能使群体内的入选个体产生后代，其余个体因被淘汰而不能产生后代。所以，选择的实质是造成群体内不同个体有差别的繁殖率，实现不利基因的淘汰，使群体产生新的基因平衡。

2. 有性繁殖后代的选择育种

主要采用单株选择法（individual selection）和混合选择法（mass selection）两种方法。

（1）单株选择法

单株选择法是指从原始群体中选出的优良单株的种子或种植材料分别收获、分别保存、分别繁殖的方法（图7-10）。在此方法中，由于一个单株就是一个基因型，一个单株形成了一个谱系，故又称系谱选择法或基因型选择法。根据群体内目标变异单株遗传变异背景的复杂程度和变异的纯化方式，可以分为一次单株选择和多次单株选择法。

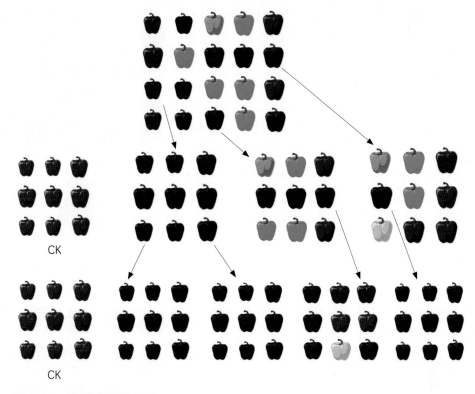

图 7-10　单株选择法示意图

采用营养繁殖的多年生园艺植物的天然实生群体中，针对育种目标只需要通过一次单株选种，选出优良单株后可通过营养繁殖对优良性状进行保存。不少优异的果树品种都是通过此法选育而来，如'元帅苹果''泰安巴旦水杏''大久保桃''砀山酥梨'（图 7-11）等。

通过种子繁殖的一二年生园艺植物中，豆类、茄果类等自花授粉园艺植物几乎没有近亲繁殖衰退现象，采用 1 次或者 2～3

图 7-11　'砀山酥梨'（陈德虎摄）

次单株选择可以快速实现变异个体的纯合。对异花授粉园艺植物进行单株选择法隔离成本高，多次选择后基因型趋于纯合，但是易引起生活力衰退。因此，对异花授粉园艺植物来说，单株选择法主要用于培育自交系，满足后续的杂交一代育种。而部分无法进行杂种优势育种的自花授粉园艺植物，可利用该方法选育纯系品种。

（2）混合选择法

混合选择法是指从一个原始混杂群体中选择符合育种目标的优良单株，混合留种，次年播种于同一块圃地，与标准品种及原始混杂群体小区相邻种植，进行比较鉴定的选择法（图 7-12）。根据入选个体遗传变异背景的复杂程度，可以分为一次混合选择和多次混合选择两种形式。安徽省农业科学院园艺研究所等单位从收集的凤丹（*Paeonia ostii*，可用于生产中药材丹皮）。种质资源的原始混杂群体中，经过连续 5 年混合选择，从中选育出了白色的'凤丹 1 号'和粉色的'凤丹 2 号'品种。

混合选择法基于选择群体中各个体的表型进行选择，是植物育种中最简单、最经济的方法。该方法无须单株之间隔离，不同单株间可以自由授粉，可以保持丰富的遗传特性，故不会造成后代生活力衰退。但是混合选择方法不能鉴别每个个体基因型的优劣，因此，入选个体中可能存在因环境条件引起的性状表现优异个体，而该类个体在单株选择中可以通过其后代表现而进行淘汰。因此，混合选择法的选择效果不如单株选择法好。

3. 芽变选种

被子植物顶端分生组织存在相互区分的细胞层，分为 LⅠ、LⅡ、LⅢ，植物组织及器官均由这三层组织发生层所衍生。正常情况下这三层细胞具有相同的遗传物质基础。芽变通常最初发生于某一组织发生层的个别细胞，以后随着细胞分裂而扩大其变异部分，使层间或层内不同部分之间具有不同遗传物质组成的细胞，由此形成嵌合状的组织结构称为嵌合体。如果组织发生层层间不同部分含有不同的遗传物质基础，则称为周缘嵌合体（图 7-13A～C）；例如，华中农业大学柑橘研究团队选育的'早红'周缘嵌合体品种，其果肉类似于温州蜜柑，果皮类似于脐橙（图 7-14A）。如果组织发生层层内不同部分含有不同的遗传物质基础，则称为扇形嵌合体（图 7-13D-F；图 7-14B 和图 7-15）。

针对大多数的果树、茶以及多年生花卉及蔬菜的芽变选种主要在开花时期、果实成熟时期以及灾害性气候发生后开展。芽变选种的关键，首先是发现芽变，相对来说，肉眼可见的芽变易于被发现，如引起花器官形态学变异的芽变以及开花时间、果实成熟时

图 7-12　混合选择法示意图

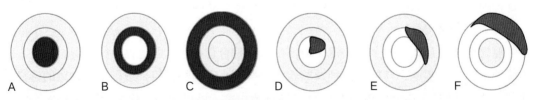

图 7-13　顶端分生组织 LⅠ、LⅡ、LⅢ层细胞突变示意图
A-C 分别示 LⅠ、LⅡ、LⅢ层细胞 周缘嵌合体；D-F 分别示 LⅠ、LⅡ、LⅢ层细胞扇形嵌合体

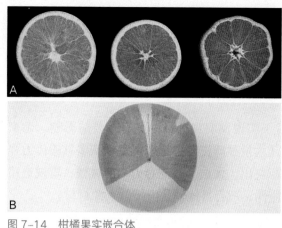

图 7-14 柑橘果实嵌合体
A. '早红'周缘嵌合体品种，从左到右依次为脐橙'早红'，周缘嵌合体'早红'和'温州蜜柑'；B. 柚扇形突变体

图 7-15 牡丹花扇形嵌合体'二乔'（孙丽华摄）

间、抗逆境及病虫害等芽变。而涉及园艺植物品质性状如可溶性固形物含量、风味品质等性状较为难以发现。其次是如何固定和同质化发现的芽变，一般通过扦插繁殖、短截或多次短截修剪、组织培养等方法将嵌合体分离同型化后，采用无性固定的方式选育成新品种。据统计，最近 40 年我国培育的果树品种中，78% 柑橘品种、80% 香蕉品种、32% 苹果品种来自芽变育种。华中农业大学邓秀新院士团队研究表明，114 个甜橙芽变（体细胞变异）材料中，平均每个芽变材料有 76 个单核苷酸突变、20 个结构性变异以及近 8 个转座子跳跃事件，分析发现果实酸味的变异主要和转座子的活性有关系。我国近 50 年从 32 个梨品种中选育梨芽变品种（系）多达 94 份，变异性状主要涉及树性（干性、抗病性）、果实（大小、果皮颜色、内在品质、成熟期以及耐贮性）、花（花序、自交亲和性）等。

三、杂交育种

不同基因型的个体之间交配，取得双亲基因重新组合的个体，称为杂交（cross）。该方式可以实现不同遗传背景育种资源之间的遗传重组，从而产生新的性状。通过杂交途径育成新品种的方法称为杂交育种（cross breeding）。根据杂交材料之间遗传背景差异大小，杂交育种可分为远缘杂交和近缘杂交；根据育种程序及育成品种的类型，杂交育种又可分为常规杂交育种和优势杂交育种等。此处所述杂交育种特指常规杂交育种。

1. 常规杂交育种的概念

常规杂交育种是指通过人工杂交的手段，将位于两个或两个以上不同种质资源中的优良性状综合到一个个体上，继而在 F_2（或分离世代）中已经发生了基因重组的后代群体中，针对育种目标性状采取连续自交或者回交等方式选择出遗传性相对稳定、有栽培利用价值的定型新品种的育种方法。

孟德尔的杂交试验奠定了杂交在育种中的重要地位。常规杂交育种作为重要的育种手段之一，是与其他育种途径相配套的重要程序，可同时改良多个目标性状，常用于异花授粉植物自交系的培育以及自花授粉植物定型品种的选育。常规杂交育种与选择育种的主要区别为：常规杂交育种是将分别位于不同亲本材料上的性状通过人工杂交集中到一个个体，通过遗传重组，自交分离将不同性状固定到同一个体上的过程；而选择育种是在一个天然的变异群体内寻找已具有目标性状个体，通过自交纯合将其性状固定的过程。

2. 杂交亲本的选择与选配

（1）亲本选择

常规杂交育种中杂交亲本的正确选择对于实现预期育种目标具有重要的影响。杂交前，应对照育种目标尽可能多地搜集资源，从大量种质资源中选择优良性状多且遗传力强的种质材料作亲本；亲本中的主要经济性状应突出，优选一般配合力高的材料；重视选用对当地的自然条件和栽培条件具有良好的适应性，适合当地消费习惯的资源材料。

（2）亲本选配

亲本选配杂交时，亲本双方可以有共同的性状优点，不允许有共同的性状缺点；选配不同生态型的亲本配组可以拓宽品种的适应范围，且一般以具有较多优良性状的亲本作母本；要注意父母本的花期和雌蕊的育性。由于园艺植物长期无性繁殖，常伴随有性繁殖能力不同程度的退化，可能导致在杂交中发生品种之间杂交不亲和、正反交亲和差异或者正反交均不亲和等现象。如甜樱桃在同一类群中的'深紫''大紫1号''大紫2号''若紫'等品种间无论正反交均无法获得杂交后代。

> 视频资源 7-1
> 花卉有性杂交
> 试验

3. 杂交配组方式

（1）两亲杂交

两亲杂交指参加杂交的亲本一个为父本，另一个为母本，有正交和反交之分；在不涉及细胞质遗传时，正交与反交在遗传效果上是相同的。在某些情况下，两亲杂交互换母本时，杂交后代中细胞质基因差异会导致育性、叶色、光合效率出现变化（图7-16）。两亲杂交中另外一种特殊杂交方式是回交，即其中一个亲本多次参与杂交，称为轮回亲本；只参加一次杂交的亲本称为非轮回亲本或者供体亲本。经多次回交后得到的回交后代的遗传背景将无限接近轮回亲本遗传背景，又称饱和回交。回交的实质是将来自非轮回亲本中的个别优良性状渗入轮回亲本中，用于轮回亲本个别性状的修缮或改良（图7-17）。

（2）多亲杂交

多亲杂交指3个或3个以上的亲本间杂交。根据亲本参加杂交的次序不同，可分为添加杂交和合成杂交。添加杂交是多个亲本逐个参与杂交，每杂交一次，将加入一个亲本的性状。随着参加杂交亲本的增加，杂种综合优良性状增多的同时，伴随育种年限的延长。如布尔班克曾以英国野生菊、英国栽培雏菊、德国雏菊、日本雏菊为亲本，经过添加杂交，选育出了大花、纯白、高度重瓣的沙斯塔雏菊。添加杂交中，性状遗传力高的亲本应先参与杂交；隐性性状基因缺少分子连锁标记时，需先自交使性状表现后，再添加下一个亲本。合成杂交则是参加杂交的亲本先两两配成单交杂种，然后将两个单交杂种再杂交获得双交杂种，双交杂种中来自不同亲本的遗传比例相同。

在实际育种工作中，往往会根据不同亲本性状构成及遗传力大小，将上述不同杂交方式引入整个性状聚合过程，从而选育出综合性状优良的纯系品种。如美国佛罗里达大学历时17年，利用6个亲本育成了两个多抗、优质西瓜品种'Sugarlee'和'Diexlee'。随着

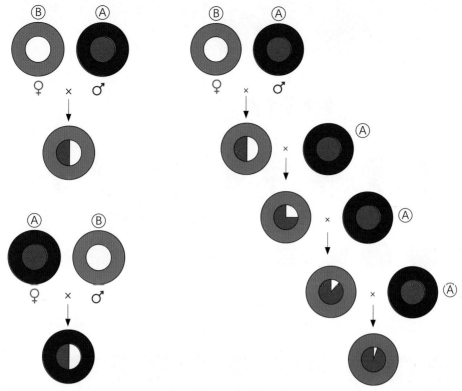

图 7-16　正交与反交示意图　　　　图 7-17　回交示意图

分子标记技术的不断发展，对于这种多性状聚合育种，通过分子连锁标记辅助选择，其效率将得到极大提升，进而降低品种选育年限。

4. 杂交分离后代的选择

无性繁殖园艺植物杂交后，由种子发育而来的群体是由不同的高度杂合基因型组成的，每株植物都可能是一个潜在的新品种。因此，无性繁殖园艺植物的杂交后代群体中一旦发现理想的基因型，即可通过单株无性繁殖的方式固定并释放应用。以苹果有性杂交育种为例（图 7-18），其育种过程有以下几步：①从杂交后代的变异群体中，根据产量、成熟度、抗病性等，选择几百到几千株理想的个体，将有明显弱点的植株淘汰。②将选定的单株克隆为无性系，根据观察结果剔除劣质无性系，选留 50～100 个无性系。③进行重复的初步试验，选择优系无性系进行多点试验。④在几个地点进行重复试验，对无性系的产量、品质、抗病性等进行严格评价，选留一个或多个特征明显的无性系确定为品种（这一过程可能持续 3～5 年）。⑤繁殖优良无性系并作为品种发布。由于大多数果树存在童期（指果树从种子播种萌芽到实生苗具有分化花芽潜能和正常开花结实能力所经历的时期），因此，在杂交后代培育过程中，应针对不同的果树种类采取诸如嫁接、环割、生长调节剂以及创造适宜生长环境等措施抑制杂交后代植株营养生长，促进生殖生长。山东农业大学将乙烯敏感型（绵肉）新疆红肉苹果与乙烯迟钝型（脆肉）品种'红富士'杂交，选育出具有红肉、脆肉、高类黄酮含量等多个品质性状的苹果品种'美红'，填补了我国红肉苹果品种的空白。西南大学柑桔研究所以'爱媛 30 号'为母本，'沙糖桔'为父本，在众多杂交后代群体中精选优良单株，选育出了优质杂柑新品种'金秋砂糖桔'。

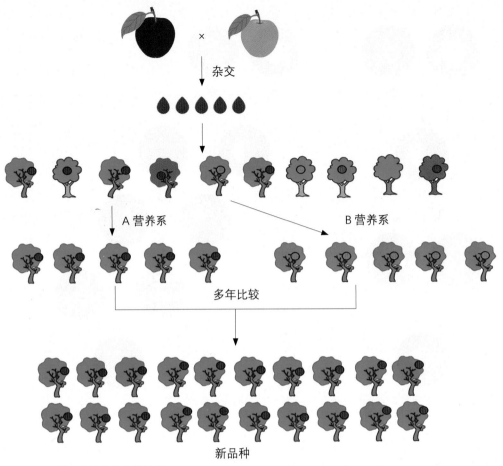

图 7-18　苹果有性杂交育种流程

有性繁殖园艺植物杂交后代获得的遗传变异需要额外的步骤来固定（获得纯合基因型），以便作为一个品种释放。自花授粉园艺植物一般基因型纯合，性状分离在自交 F_2 开始。而异花授粉园艺植物育种材料基因型多为杂合，在杂种 F_1 就会发生剧烈分离。因此，开始选择目标性状的世代是根据杂交后代群体是否发生遗传分离确定。育种者在分离世代需要保留群体的大小取决于杂交亲本有多少共同的性状，以及育种者希望在后代中结合的来自父母本的不同基因位点的数量多少决定。通常分离群体的规模在 1 000 ～ 10 000 株范围内，在分离基本停止后（第 5 代或第 6 代），即基因型基本纯合，达到纯系品种的要求，再将具有所需亲本特征的优良群体通过田间试验，并与亲本进行比较，评价新品系的表现。处理杂种后代的方法很多，但基本的处理方法有系谱法、混合单株法、单子传代法等，以及在这些基本方法上的综合应用。

> 拓展阅读 7-3
> 有性繁殖园艺植物杂交后代的选择方法

四、杂种优势育种

1. 杂种优势育种的概念

杂种优势（heterosis）是指遗传杂合体在一种或多种性状上优于两个亲本的现象。例如不同品系、不同品种、甚至不同种属间的亲本杂交所得到的杂种一代，往往比它的双亲表现更强的生物势和代谢功能，如器官发达、体型增大、产量提高，或者抗病、抗逆、生殖力等的提高。德国植物学家Koelreuter于1761年首次报道了烟草种间杂交的杂种优势，认为杂交通常比自交更有益。杂种优势作为生物界普遍存在的现象被育种者广泛利用，包括自花授粉和异花授粉园艺植物均大量采用杂种优势途径选育商业品种。目前，大多数有性繁殖蔬菜均采用该方式培育新品种，即使是以无性繁殖方式为主的马铃薯。中国农业科学院深圳农业基因组研究所黄三文团队成功应用"基因组设计"理论和方法体系，克服了自交不亲和与自交衰退，在国际上首次实现了二倍体杂交马铃薯育种，将马铃薯无性繁殖方式改变为种子繁殖方式。杂种优势育种（heterosis breeding）是指利用植物的杂种优势，选用合适的杂交亲本，通过特定的育种程序和制种技术培育超亲品种的育种方法。

2. 杂种优势的遗传机制

F$_1$杂种优势的遗传机制解析仍然是一个未解之谜，显性假说、超显性假说、上位性假说以及生理、细胞质和生化因素等被尝试用于解释杂种优势的遗传及生理生化机制。其中两种最为流行的假说是显性假说和超显性假说。

（1）显性假说（dominance hypothesis）

该假说于1908年由Davenport首次提出，后来由Bruce、Keeble和Pellow进行了补充。根据这一假说，在每个位点上，显性等位基因对性状表现具有有利的作用，而隐性等位基因具有不利作用。在杂合子状态下，隐性等位基因的有害效应被显性等位基因所掩盖（图7-19）。

（2）超显性假说（overdominance hypothesis）

该假说由East和Shull于1908年独立提出，又称单基因杂种优势或超显性理论。根据这一假设，杂合子或至少一些基因座优于两个纯合子。1936年，East提出杂合等位基因间不仅是显隐关系，也有互作关系，即AA产生一种物质，aa产生另一种物质，但Aa可产生两种甚至第三种物质；而更多不同等位基因之间的杂合子将更具杂合性（图7-20）。

3. 杂种优势的固定

杂种优势利用最大的问题是每年都必须制种（生产F$_1$种子），而且有些园艺植物如豇豆、菜豆等尚未找到简化制种的办法以降低种子成本，进而未能在生产实践中应用。F$_1$的杂种优势固定方法成为杂种

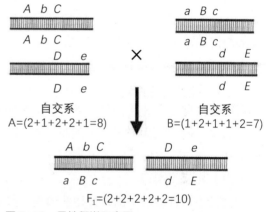

图7-19 显性假说示意图

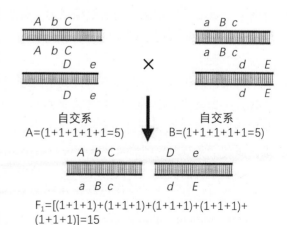

图7-20 超显性假说示意图

优势利用的重要研究领域，目前主要有以下几种方法。

（1）无性繁殖法

无性繁殖园艺植物一直在用此法固定杂种优势，无性繁殖园艺植物经有性杂交后，一旦发现了强优势植株，便可立即采用无性繁殖法固定。但有性繁殖园艺植物的 F_1 用无性繁殖法会导致成本大幅度增加，超过制种所需的费用，在生产上应用受到限制。

（2）无融合生殖法

无融合生殖法是利用未经减数分裂的珠心、珠被组织的二倍体体细胞发育而获得植株的方法。从形态学讲是种子，而实际上是无性繁殖的一种特殊形式。柑橘类、芒果常存在孢子体无融合生殖，其他植物也存在多倍体的无融合生殖。目前，控制柑橘孢子体无融合生殖的关键基因 *CitRWP* 已经被克隆鉴定，且开发出与无融合生殖完全共分离的分子标记，目前该分子标记已经应用于砧木和接穗的分子育种。

（3）基于减数分裂调控方式

2018年，美国加州大学戴维斯分校的科学家通过在卵细胞中异位表达 *BBM1* 基因进而在水稻中诱导孤雌生殖，并利用有丝分裂替代减数分裂建立了水稻无融合生殖体系，实现了水稻种子无性繁殖。同年，中国农业科学院的科学家针对杂交水稻中的三个关键减数分裂基因（*REC8*，*PAIR1* 及 *OSD1*）的多重编辑，导致二倍体配子和四倍体种子的产生，随后通过编辑参与受精的 *MATRILINEAL*（*MTL*）基因诱导杂交水稻产生了非减数的二倍体种子，实现了杂种的固定。该途径在水稻上的成功应用，为后续在园艺植物中实现杂种优势固定奠定了重要的基础。

4. 杂种优势育种程序

杂种优势育种的主要程序包括：①产生两个或两个以上的分离群体；②从两个群体中分别培育自交系；③从表型上评估自交系的表现；④评估所选自交系的一般配合力及特殊配合力；⑤确定配组方式；⑥对优良 F_1 株系进行品比试验、区域试验和生产试验；⑦育成优良品种进行市场推广（图7-21）。

（1）自交系培育

自交系培育是杂交优势育种的前提。其培育过程与常规杂交育种中纯系品种的培育过程相似，可采用混合选择法、系谱法、混合/单株选择法、单子传代法等进行。自交系选育的一个重要目标是保持高的植株活力，确保自交系自身具有高的繁殖能力，因为异花授粉园艺植物连续自交常导致自交衰退现象。

（2）配合力测定

将来自两个或两个以上不同自交系的理想基因结合在一起，产生优于亲本类型的杂交后代，成为杂种一代（F_1）。对于许多具有已知遗传规律和遗传力较高的花色、果实颜色以及抗病性等性状来说，针对杂交亲本直接进行表型选择，即可期望在 F_1 中获得相应的结果。而对于多基因控制数量性状来说，亲本自交系选择需要结合配合力测定进行。

杂交组合的配合力（又称生产力）是指自交系在杂交过程中相互结合，将目标基因或性状传递给后代的能力。配合力包括一般配合力（general combining ability，GCA）和特殊配合力（special combining ability，SCA）两个概念。一般配合力是指自交系在一系列杂交组合

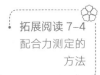
拓展阅读 7-4
配合力测定的
方法

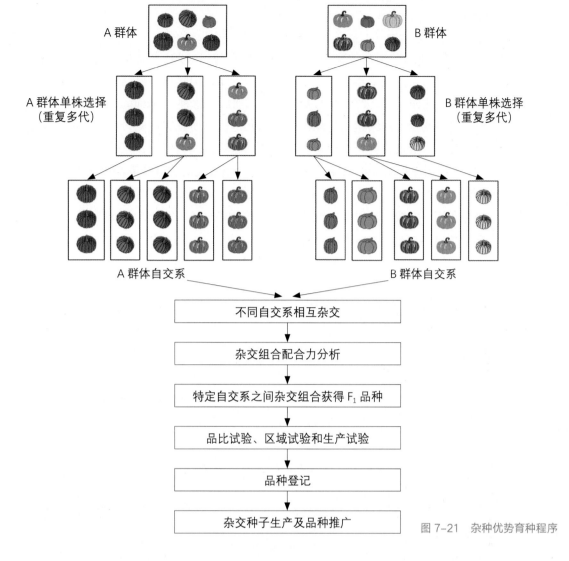

A 群体

B 群体

A 群体单株选择
（重复多代）

B 群体单株选择
（重复多代）

A 群体自交系

B 群体自交系

不同自交系相互杂交

杂交组合配合力分析

特定自交系之间杂交组合获得 F₁ 品种

品比试验、区域试验和生产试验

品种登记

杂交种子生产及品种推广

图 7-21　杂种优势育种程序

中的平均表现，而特殊配合力是指自交系在某些特定杂交组合的表现比亲本自交系的平均表现更好或更差的情况。如果特定自交系在大多数杂交组合中表现出高的配合力，则被认为具有良好的一般配合力；如果自交系的良好表现仅局限于某个特定的杂交组合，则被认为具有良好的特殊配合力。一般配合力和特殊配合力对植物育种中的自交系评价和群体组合力提升具有重要影响。

（3）杂交种子生产

由于 F₁ 品种遗传上杂合，经过有性杂交过程后会出现分离，因此，需要每年利用两个亲本进行制种，同时其父本和母本也应进行自身繁殖。杂交种子生产需要以尽可能低的成本和获得最大比例的杂交后代为目标。常见的园艺植物杂交种子生产方式有人工杂交制种、核不育系制种、细胞质雄性不育系制种和自交不亲和系制种。

拓展阅读 7-5
杂交种子的
生产方式

五、诱变育种

"突变"一词最早由荷兰植物学家德弗里斯（de Vries）于1901年提出，指细胞中的遗传基因在复制时发生错误，或受辐射、化学物质等的影响，引起单个碱基的点突变，或多个碱基的缺失、重复和插入等，产生新的变异类型。而诱变育种（mutation breeding）是指人为利用物理、化学或者生物因素来处理生物，引起遗传物质发生突变，在短时间内获得有利用价值的突变体，根据育种目标要求，对突变体进行选择和鉴定，直接或间接地培育成生产上有利用价值新品种的育种途径。本部分主要介绍常见的物理诱变和化学诱变。

1. 物理诱变

物理诱变是利用γ射线、X射线、β射线、中子、电子束、激光、紫外线等照射，造成染色体的变异和基因突变。1934年，世界上第一例用X射线诱变技术培育的烟草突变品种'Chlorina'诞生，开启了辐射育种的新篇章。早期辐射育种主要采用X射线，后来逐渐发展了γ射线、β射线、中子、激光、电子束、紫外线等（表7-3）。近年来，育种者开始利用航天器搭载生物材料在宇宙环境下接受强辐射、微重力和弱地磁的共同作用进行诱变育种。中国利用航天育种已经育成50多个高产、优质、耐旱的植物新品种并实现了商品化，如太空蝴蝶兰、太空醉蝶花、太空万寿菊等多个花卉新品种。利用γ射线辐射诱变，西南大学柑桔研究所从有核'沃柑'品种中选育出'091无核沃柑'品种，保留了'沃柑'生长势强、高糖、肉脆、多汁、味浓、越冬落果少、成熟后挂树期长等优点，克服了普通'沃柑'多籽的缺点，已在我国柑桔主产区大面积推广应用。

表 7-3　常见的物理诱变源和作用特点

诱变源	来源	特点	危险性	植物组织穿透性
X射线	X光机	电磁辐射	危险	几毫米到数厘米
γ射线	放射性同位素与核反应堆	电磁辐射；来源是^{60}Co和^{137}Cs；组织穿透性强	危险	整株植物
中子（快、慢、热）	核反应堆或加速器	不带电粒子；来源^{235}U	非常危险	数厘米
β射线	放射性同位素或加速器	电子；浅穿透力；来源包括P^{32}和C^{14}	危险	1 mm以下
α射线	放射性同位素	一个氦原子核，能产生重电离	危险	数厘米
质子或氘核	核反应堆或加速器	来自氢原子核	非常危险	数厘米

2. 化学诱变

C. Auerbach和J. M. Robson于1941年首次发现芥子气可以诱发基因突变，由此揭开了化学诱变育种的序幕。在植物中，包括烷化剂、叠氮化物、羟胺、抗生素、碱基类似物等化学诱变剂均在植物诱变中得到应用。其中的烷化剂在植物诱变育种中应用最为广泛，国际原子能机构（IAEA）已登记的通过化学诱变获得的植物新品种中，80%以上是由烷化剂诱导的。

相比物理诱变，化学诱变作用比较温和，不依赖于复杂的仪器设备，诱变具有较高的专一性，通过与遗传物质发生化学反应进而诱发基因点突变。化学诱变在花卉、果树、蔬菜等园艺植物育种中均已选育出新品种。杭州市农业科学研究院采用烷化剂甲基磺酸乙酯（EMS）诱变，从亮红色一串红品种'神州红'中选育出橙红色突变品种'非凡'；意大利研究者利用 EMS 诱变在 1983～1985 年期间育成三个茄子品种'Floralba''Macla''Picentia'。法国安格斯果树育种试验站用 0.1%的 EMS 溶液处理'King of the Pippin'苹果品种枝条，育成早熟、果大、颜色好的新品种'Belrene'。

拓展阅读 7–6
常见化学诱变剂的种类及其作用特点

3. 诱变剂量及诱变处理材料

（1）诱变剂量

选择适当的诱变剂量是诱变育种取得成功最重要的因素。诱变剂量过高时，所有细胞都可能被杀死；诱变剂量过低，则很少有突变类型产生。在实际工作中，一般将致死率为 50% 的剂量（LD_{50}，半数致死剂量）作为诱变育种的诱变剂量。物理诱变可以通过改变与辐射源的距离、辐射形式、辐射强度、辐射暴露时间来调整；化学诱变则可调整化学诱变剂的浓度、浸泡时间。剂量不一定与有用突变的比例呈正相关，高剂量并不一定能产生最佳效果，诱变剂剂量取决于突变负荷和找到理想突变的机会。

（2）诱变处理材料

种子、花粉、各种营养器官、子房、愈伤组织、细胞、原生质体以及单倍体等均是诱变处理的对象。其中种子处理是多数育种者的首选，操作简便。另外，基于配子（如花粉）培养的诱变处理获得的突变植株，其表型更容易被观测到，经染色体数目加倍后，可获得表达隐性和显性突变等位基因的纯合体。而通过辐射场的方式，植株生长发育过程中不同阶段均可进行诱变处理。无性繁殖园艺植物的插条和顶芽接受辐射或化学诱变剂处理后，需要解决诱变后的突变细胞的同型化问题，一般结合短截、修剪、嫁接、组织培养等方式实现。

六、倍性育种

生物细胞中的染色体通常是成组存在的，组内的染色体数目稳定，染色体数目的改变常常会导致一些遗传特性的变异，如形态、解剖、生理生化的改变等。针对植物染色体组的调控育种称为倍性育种（ploidy breeding），根据染色体组的增加或减少，倍性育种可分为多倍体育种和单倍体育种。

1. 多倍体育种

植物属内各个种所特有的、维持其生活机能的最低限度数目的一组染色体称为染色体组，其构成一个物种基本特征。体细胞的染色体组数是 2n，而配子细胞中的染色组数是 n。多倍体（polyploidy）是指含有三套或三套以上完整染色体组的植物。根据染色体组的来源，多倍体可以分为同源多倍体和异源多倍体两大类。

拓展阅读 7–7
同源多倍体和异源多倍体的区别

园艺植物中多倍体现象十分普遍，目前已知有多倍体类型的果树包括 19 科 30 属 372 种，占鉴定总数的 50%。常见的园艺植物中，草莓、香蕉、樱桃、柑橘、葡萄、马铃薯、韭菜、蔷薇、冬青（*Ilex chinensis*）、山茶、杜鹃等为天然多倍体类型。

目前，基于秋水仙素处理和未减数分裂的 2n 配子是获得多倍体的主要途径。其中秋水仙素诱导染色体加倍的原理是通过破坏纺锤丝的形成，使复制后的染色体不能分向两极，也不能形成细胞板，使细胞分裂停止在中期阶段，从而形成染色体加倍的多倍体细胞。具有活跃生长的分生组织的幼苗被认为是诱导多倍体的最佳材料。幼苗或顶端分生组织可以浸泡在秋水仙碱溶液中，或者用棉花、琼脂或羊毛脂将秋水仙碱溶液涂在芽上。2n配子偶尔在一些物种中自然发生，如马铃薯、芸薹属植物、木瓜、洋葱、百合等园艺植物自交后代中可发现多倍体。

多倍体的鉴定一般可通过叶、茎、果实、花、种子形态学，气孔大小，花粉活力，组织发生层细胞，小孢子母细胞分裂行为，染色体计数和细胞DNA含量测定等方式鉴定。

与二倍体植物相比，多倍体植物往往表现出叶大、叶厚、花大、果大等器官巨大化和抗逆（抗寒、抗旱、抗热、抗盐等）能力增强等特征。同源多倍体及奇数性异源多倍体可育性差，可用于培育无核或少核园艺品种，如无籽的三倍体西瓜，香蕉、甜橙和枇杷以及四倍体少核白葡萄等。中国农业科学院郑州果树研究所从日本引入'旭大和四倍体'西瓜，1963年育成无籽西瓜品种'无籽3号'，60年代中期至70年代在我国大面积生产栽培用于出口和内销，是我国第一个具有生产价值和经济效益的无籽西瓜品种。西南大学园艺园林学院在世界上首次实现了三倍体无籽枇杷品种（'华玉无核1号'）的培育和商业化生产。通过染色体加倍可克服远缘亲本间的杂交不亲和。如二倍体甘蓝与白菜、芥菜、油菜不易杂交，但加倍成四倍体甘蓝后再进行杂交则容易成功。由于异源四倍体可孕性高，将远缘杂种染色体加倍成异源四倍体，可以克服远缘杂种的不稳性。在获得了白菜和甘蓝的杂种后，经染色体加倍，育成了能够正常繁殖的"白蓝"蔬菜。

2. 单倍体育种

单倍体（haploid）是指体细胞染色体数与其配子染色体数相同的细胞或个体（n）。单倍体中每个同源染色体只有一个成员，每一等位基因也只有一个成员，所以，控制质量性状的主基因不管是显性或隐性，都可得到表现。双单倍体（double haploids，又称DH系）是单倍体染色体加倍后得到的纯合二倍体（2n）。对于杂种一代品种选育的作物来说，双单倍体的产生有效地替代了传统自交系纯系的产生，可以加速遗传育种材料的纯合，大幅缩短育种周期（图7-22）。

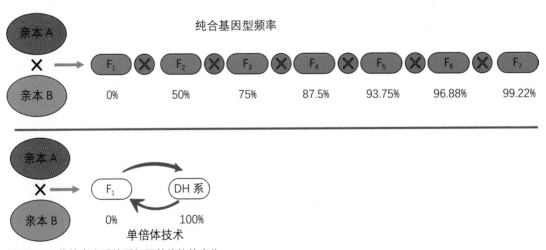

图7-22　传统自交系纯系与双单倍体的产生

单倍体的自然发生频率很低，如孤雌生殖。因此一般采用人工方法诱导单倍体，常用的人工诱导方法有远缘花粉刺激，延迟授粉，花药、花粉及未授粉的子房培养，小孢子培养，单倍体诱导系等。在茄科植物中主要采用花药培养，北京市海淀区植物组织培养技术实验室用花药培养单倍体育种法在世界上首次育成了甜椒品种'海花三号'，随后在辣椒上也选育出系列品种。在甘蓝和白菜等十字花科蔬菜中主要采用小孢子培养诱导单倍体，河南省农业科学院园艺研究所利用小孢子培养方法，培育出'豫新''豫园'系列大白菜品种。利用胚珠培养可获得甜瓜单倍体。近年来，除了广泛使用配子培养获得单倍体外，利用单倍体诱导系介导的染色体消除已经在模式植物拟南芥、玉米、小麦、番茄等植物中得到应用。

七、现代生物技术育种

（一）组织培养与细胞工程

1. 组织与器官培养

组织培养与器官培养是在受控的营养和环境条件下对分生组织、输导组织、根、茎、叶、花、果实以及合子胚、珠心胚、子房、胚乳、未成熟胚等器官进行的体外无菌培养。细胞是所有生物的基本结构单位，植物体的细胞中含有该植物所有的遗传信息，在合适的条件下，一个细胞可以独立发育成完整的植物体即植物细胞全能性。20世纪30年代，White首次利用植物细胞全能性建立了番茄无性繁殖系；20世纪50年代利用胡萝卜体细胞培养成完整植株，随后曼陀罗花药离体培养获得了单倍体植株，开启了植物组织培养的时代。

目前，植物组织与器官培养技术主要在园艺植物下述领域应用：①茎尖与分生组织培养，广泛应用于马铃薯、蓝莓等园艺植物脱毒苗的生产及兰花等的营养繁殖；②离体授粉受精后的胚珠和子房培养，主要解决远缘杂交不亲和、不孕和不结实；③离体胚的培养，克服远缘杂交不育，挽救杂交胚促使成苗、促进核果类早熟品种胚的正常发育、打破种子的休眠期，提高种子发芽率，帮助育种材料的加代繁殖；花药、花粉、小孢子、胚珠、雌配子培养，用于获得杂交育种的纯系和单倍体；胚乳培养，主要用于诱导三倍体植株，用于获得无籽果实；离体叶片、茎段等培养，用于良种的快速繁殖，自交不亲和系、雄性不育系的无性繁殖，突变体的诱导与分离以及转基因受体材料。

2. 细胞工程育种

利用植物细胞全能性，生物学家通过组织培养来繁殖名贵花卉、消灭果树上的病毒，以及通过对细胞核物质的重新组合进行植物遗传改造等。细胞工程育种主要包括如下形式。

（1）体细胞突变体的筛选

尽管细胞培养属于无性繁殖过程，在实践中常发现脱分化的细胞再经过愈伤组织诱导产生不定芽后，会产生一些形态异常的再生植株。Shahim（1986）用尖孢镰刀菌番茄专化型2号生理小种的毒素"萎蔫酸"处理番茄体细胞获得了抗病突变体。为增大细胞变异幅度和范围，往往将体细胞突变体筛选与诱变技术结合，即将筛选前的体细胞接受物理或者化学诱变处理，再进行突变体细胞的富集和筛选。

（2）原生质体培养及体细胞杂交

原生质体是指脱去细胞壁的植物、真菌或细菌细胞，其主要特点是无细胞壁障碍，可以方便地进行有关遗传操作，是植物遗传工程修饰的理想受体。原生质体在离体培养条件下更易受外界环境因子的影响，是细胞无性系变异和突变体筛选的重要来源。原生质体间融合形成杂种细胞，可克服传统杂交育种生殖障碍，在新物种及新材料创制方面具有重要的价值。此外，也可以利用原生质体开展植物细胞膜、细胞器等的基础研究。

体细胞杂交又称原生质体融合，是在离体条件下将同一物种或不同物种的原生质体进行融合培养并获得杂种细胞的再生植株的技术（图7-23）。常见原生质体融合方式有化学融合和电场融合两种。体细胞杂交可以克服植物传统有性杂交途径在物种间存在的生殖隔离障碍，可以实现不同品种或物种上细胞质遗传基因转移。因此，体细胞杂交为创造新种质资源提供了一条有效途径。如华中农业大学柑橘研究团队培育的'华柚2号'（图7-24）是'国庆1号'温州蜜柑（雄性不育）与'华柚1号'（果实有核）经原生质体融合培育的无核柚新品种，其细胞核基因组来自'华柚1号'，线粒体基因组来自温州蜜柑，果实可食率由48%提高至57%。这是世界上首例柑橘细胞工程直接培育的胞质杂种新品种。

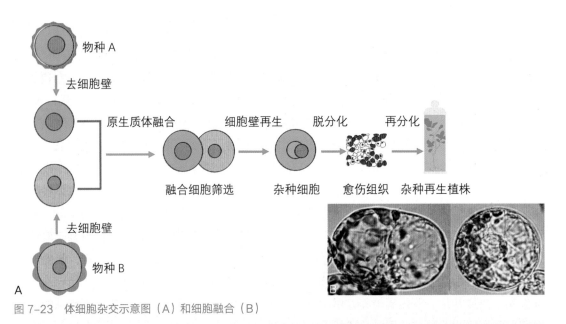

图 7-23　体细胞杂交示意图（A）和细胞融合（B）

图 7-24　无核柚新品种'华柚2号'（郭文武摄）
A. '华柚2号'植株；B. '华柚2号'果实与'华柚1号'果实的比较

（二）基因工程

植物基因工程是随着 DNA 重组技术、基因遗传转化技术及植物组织培养技术的发展而兴起的生物技术。近年来，随着分子生物学研究取得一系列重要进展，园艺植物基因工程已发展成为园艺植物生物技术中最为活跃的技术之一。

1. 转基因植株的获得

（1）目的基因的分离与克隆

根据育种目标，育种者需要首先获得调控目标性状的关键基因。这些基因可能来自植物、动物甚至其他的低等生物。

（2）植物表达载体的构建

为使目的基因在植物细胞中正常表达，需要构建植物表达载体，在目的基因上游加启动子、下游加上终止子。同时，为了实现对成功转化细胞的有效筛选，需要将筛选标记基因与目的基因表达框连锁。常见的植物遗传转化筛选标记基因有抗卡那霉素基因（*NPT Ⅱ*）、抗除草剂基因（*Bar*）、抗潮霉素基因（*hpt*）、β- 葡萄糖苷酸酶基因（*GUS*）、绿色荧光蛋白基因（*GFP*）等。

（3）植物的遗传转化

植物的遗传转化是指用生物或物理手段，将外源基因导入植物细胞以获得转基因植株的过程。目前最常见的转化方法是农杆菌转化法和基因枪法，而其他的方法，诸如电激法、显微注射法、花粉管通道法使用较少。农杆菌转化法依赖于农杆菌将位于植物表达载体上T-DNA 左右边界内的外源 DNA 导入植物的染色体中，从而实现基因的转移（图 7-25）。基因枪法的实质是物理转化，使用高压气体将包被在金属颗粒上的目的基因 DNA 穿透靶细胞的细胞壁和细胞膜进入细胞核，导入的目标基因 DNA 整合到植物基因组中表达。

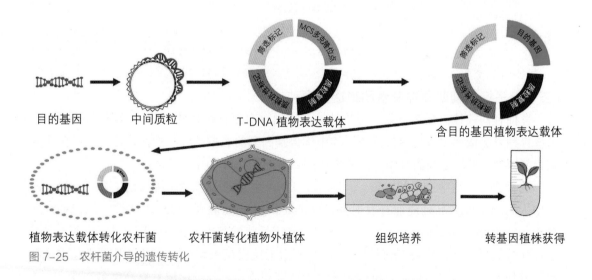

目的基因　　　中间质粒　　　T-DNA 植物表达载体

含目的基因植物表达载体

植物表达载体转化农杆菌　　　农杆菌转化植物外植体　　　组织培养　　　转基因植株获得

图 7-25　农杆菌介导的遗传转化

（4）转基因植株鉴定

目的基因阳性植株可以通过筛选连锁标记基因或报告基因初步确定。如针对 *NPT Ⅱ*、*Bar* 基因，可在培养基中分别加入卡那霉素、膦丝菌素（PAT）进行转化细胞筛选，凡是能够在一定浓度下正常分化的为转化细胞，否则为非转化细胞。此外，还可以采用

PCR、Southern 杂交等方法直接对转入的 DNA 序列进行检测；采用 Northern 杂交对转录 mRNA，Western 杂交对目的基因表达的蛋白质进行检测。亦可直接对目的基因的表型进行鉴定，如抗虫性、抗病性及花色等。

2. 转基因技术在园艺植物育种中的应用

耐储运番茄'Flavr Savr™'是全球第一种供人类作为商品消费的基因改良品种，1994年被美国食品药品监督管理局（FDA）核准上市销售。随后，部分转基因园艺植物陆续批准上市，国际农业生物技术应用组织（ISAAA）中记录有番茄、马铃薯、苹果、香石竹等17种已应用的园艺植物转基因资源。转基因技术在园艺植物重要性状的遗传改良、抗逆抗病育种、品质改良与种质创新等方面发挥着日益巨大的作用（表7-4）。

表 7-4　部分转基因园艺植物

物种	基因	性状	选育人	品种名	上市年份	上市国家和地区
月季	$F3'5'H$ 等花色素合成有关的一些关键基因	蓝色玫瑰花	日本三得利公司	'APPLAUSE'	2004	日本
菠萝	类胡萝卜素积累关键基因	粉色果肉	美国德尔蒙特新鲜农产品公司	'Pinkglow™'	2017	美国
苹果	RNA 干扰多酚氧化酶基因（PPO）	果肉不变色	美国奥卡纳根特色水果公司	'Arctic®'	2015	美国、加拿大
南瓜	病毒外壳蛋白（CP）	抗三种病毒病	加拿大圣尼斯蔬菜种子公司	'CZW-3'	1997	美国、加拿大
茄子	苏云金芽孢杆菌基因（Bt）	抗虫	印度 Mahyco 公司	'Bt Kajla'	2013	孟加拉国
甘蔗	胆碱脱氢酶基因（betA）	提高抗旱性	日本味之素公司	'NX1-4T'	2018	印度尼西亚
菊苣	barnase 基因	雄性不育材料	荷兰比久公司	'RM3-4'	1997	欧盟、美国

（三）分子标记辅助育种及基因组选择育种

育种者们往往需要更有效、更快捷地筛选出含有目标性状的个体用于新品种的培育，传统育种方法依赖于杂交后代分离群体中优势基因型的表型选择。然而，这些表型鉴定面临着基因型与环境之间的互作，具有成本高、时间长和可靠性差等特点。

随着分子生物学技术的发展，一种基于 DNA 水平的多态性遗传标记（分子标记）的应用大大缩短了新品种商业开发时间。Foolad 和 Sharma 将基于 DNA 的分子标记辅助选择（marker assisted selection，MAS）定义为基于性状的基因型选择（图7-26），而不是基于性状的表型选择。MAS 允许基于基因类型而不仅仅是表型进行育种，其越来越多地被植物育种者、育种公司和研究机构用于品种选育和改良。分子标记具有高度多态性、在整个基因组中均匀分布、共显性表达、单一拷贝、成本低、易于分析/检测和自动化等优势，且在植物的所有发育阶段都可以检测，是一种简单、快速的植物性状选择工具。瑞典农业科学大学的育种者在 255 个苹果材料中发现乙烯产生基因 Md-$ACS1$ 与耐储运种质资源的基因分型相关系数达到 0.93 以上，是苹果耐储运辅助选择育种的有效标记；截至

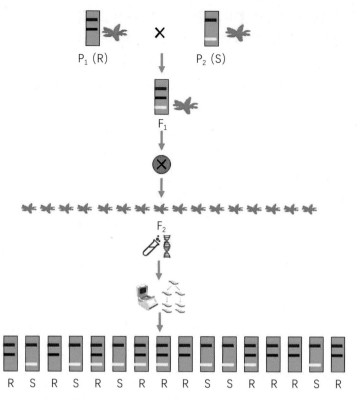

拓展阅读 7-8
分子标记的类型
和育种应用

图 7-26　分子标记辅助选择示意图

2012 年，已公开报道番茄抗真菌病害的分子标记达到 60 个，其中番茄叶霉病抗性分子标记就有 14 个。

　　近年来，基于全基因组背景选择方法大幅提升了育种材料的回交转育效率。中国农业科学院蔬菜花卉研究所的育种者将甘蓝抗枯萎病基因快速导入骨干育种自交系，回交二代（BC_2F_1）即选育出几乎与骨干亲本材料遗传背景完全相同的抗枯萎病自交系。基于番茄基因组、果实发育过程的转录组、代谢组系统分析，中国农业科学院深圳农业基因组研究所和华中农业大学揭示了番茄代谢育种与驯化历史。

（四）基因编辑育种

　　基因编辑技术始于锌指核酸酶（ZFN）和后来的转录激活因子样效应物核酸酶（TALEN），再到目前炙手可热的成簇的规律间隔的短回文重复序列（CRISPR/Cas9）技术。不同类型的基因编辑技术涉及特异性核酸酶及其针对的特定序列，以刺激目标基因组 DNA 核苷酸序列的变化，实现编码基因功能的敲除、敲入或寡核苷酸定向突变。基因编辑技术一般是诱导 DNA 双链断裂后，细胞周期启动基于非同源性末端接合（NHEJ）以及同源定向修复（HDR）中发生错误所导致。

　　CRISPR/Cas9 是一种核苷酸序列驱动的核酸酶系统，在细菌中进化为抵御病毒攻击的防御机制，其方式与限制性内切酶相似。通过将 Cas9 核酸酶与合成导向 RNA（sgRNA）复合物导入细胞，可以在所需位置切割细胞基因组，从而去除现有基因和 / 或添加新基因的目的。该系统已被证明对真核生物基因组的所有形态（常染色质、异染色质、重复区域、编码基因、内含子／外显子、顺式／反式表达控制序列）均有较高的编辑效率。由于 CRISPR/Cas9 技术操作简单，成本低廉，该技术出现后，迅速被广泛应用于植物的性状改良。

一方面，利用基因组编辑技术所诱导的 DNA 突变可以非常精确的方式改变，达到仅有个别碱基被替换或删除，这与自然界中由于随机突变而不断发生的基因组变化基本相同，也与人工物理、化学诱变的结果相似。另外，基因编辑系统导入植物实现基因突变需要借助农杆菌、基因枪及其他遗传转化方法，虽然创制突变的过程引入了转基因的手段，但是这些转基因成分可以通过自交的方式实现与目标突变位点的分离，从而获得不含有任何转基因成分的遗传改良材料。因此，美国的相关监管机构不将基于基因编辑技术所产生的改良材料作为转基因衍生物来加以监管。当然，考虑到基因编辑系统确实引入了外源 DNA 并整合入细胞，因此，附有相关文件证明外源 DNA 已经被完全去除，对于通过此手段获得的改良材料作为常规育种品种管理是必要的。目前基因组编辑技术已经被用来改善果树、蔬菜和花卉的产量、成熟度、外观、风味和贮藏品质。

思考题

1. 园艺植物品种的特点有哪些？
2. 如何发挥不同来源的园艺植物种质资源在育种中的价值？
3. 芽变的细胞学基础及其衍生组织特点有哪些？
4. 种子繁殖的园艺植物选择育种的遗传学原理及主要选择方式有哪些？
5. 试述有性杂交育种的主要方式、杂交后代的选择方法及其特点。
6. 简述园艺植物杂种优势育种的主要途径及其制种方法。
7. 园艺植物诱变育种的主要途径和特点是什么？
8. 试述倍性育种的细胞学基本原理及其在育种中的价值。
9. 试述不同生物技术的特点及其在园艺植物育种中的应用方向。

参考文献

景士西. 园艺植物育种学总论 [M]. 2 版. 北京：中国农业出版社，2011.

刘文革，何楠，赵胜杰. 我国西瓜品种选育研究进展 [J]. 中国瓜菜，2016,29（1）：1-7.

武春昊，卢明艳，闫兴凯，等. 我国近五十年梨芽变育种研究进展与展望 [J]. 北方园艺，2018（19）：156-161.

BLISS F A. Marker-assisted breeding in horticultural crops [J]. Acta Horticulturae, 2010, 859: 339-350.

BROWN J, CALIGARI P D S, CAMPOS H A. Plant Breeding [M]. 2nd Ed. HOBOKEN: Wiley-Blackwell, 2014.

CECCARELLI S, GUIMARAES E P, WELTZIE E. Plant breeding and farmer participation [M]. Rome: Food and agriculture organization of the United Nations. 2009.

CHEN Y T, MAO W W, LIU T, et al. Genome editing as a versatile tool to improve horticultural crop qualities [J]. Horticultural Plant Journal, 2020, 6(6): 372-384.

FOOLAD M R, PANTHEE D R. Marker-assisted selection in tomato breeding [J]. Critical Reviews in Plant Sciences, 2012, 31: 93-123.

ORTON T J. Horticultural Plant Breeding [M]. New York: Academic Press, 2019.

POEHLMAN J M, SLEPER D A. Breeding Field Crops [M]. 4th Ed. Aines: Iowa State University Press, 1995.

PRIYADARSHAN P M. PLANT BREEDING: Classical to Modern [M]. Singapore: Springer, 2019.

第八章

园艺植物栽培管理

第一节　种植园的规划
　　　　设计
第二节　种植园的建设
第三节　园艺植物的繁
　　　　殖与栽植
第四节　园艺植物栽培
　　　　管理

园艺植物高效栽培的基础是有一个规划科学、设计合理的种植园，现代种植园功能多样，可进行生产、观光、农事体验、科普教育、娱乐休闲、度假等活动。种植园建好后，园艺植物可以通过种子繁殖（有性繁殖）以及嫁接、扦插、分生和压条等无性繁殖方式来繁育良种幼苗，扩大繁殖系数。"三分种七分管"，园艺植物在加强土壤、水肥、病虫害等环境条件管理的基础上，尤其要侧重树形管理和花果管理，才能培育出高品质的园艺产品，提高经济效益，促进乡村振兴。

具有生产观光、农事体验、科普教育、娱乐休闲、度假功能的种植园及不同的种植方式

第一节　种植园的规划设计

种植园规划设计是一个系统的工程，是园艺植物优质安全高效栽培的基础。种植园规划设计的基础是环境条件，能满足园艺植物正常生长发育和安全生产是种植园规划设计的

基础条件。同时，种植园规划设计应注重农业科技创新，要根据经济实力、市场因素确定主题、功能和市场定位。在规划设计时还应考虑配套加工、交通运输设施及安全问题。因此，必须要提前搜集环境、人文历史资料，通过综合的现场考察，在论证的基础上，组织人员进行全面规划设计。

一、规划设计的依据

规划设计是总体策划方案的形象表达，而做好规划设计工作不仅需要画好规划图，更重要的是需要创新设计理念、遵循设计程序、遵守设计规范、全面勘查现场、深入沟通，才能形成可行可靠的全景设计理念（图8-1）。规划设计的主要依据包括自然条件、项目背景和单位经济实力。

1. 自然条件

自然条件包括地理、气候和土壤条件。

地理条件包括种植园的地理位置、地形、道路交通、周边环境情况。如位于江苏兴化的中国最大的垛田油菜花海——千垛景区，油菜花宛若从水中升起，充满了浓郁的江南水乡风情（图8-1）；"中国最美乡村"江西省婺源县的梯田油菜花海与白墙黛瓦的民居相辉映，美如画卷。这些均为因地制宜，凸显特色的种植园规划设计典范。

图 8-1 江苏兴化垛田油菜花海

气候条件是影响园艺植物生长发育的重要因素，最高、最低温度和有效积温均影响植物的生长发育。此外，需冷量会影响梨和苹果等果树的开花结实。年日照时数、光周期变化、春化作用、降水量和地下水位高低、无霜期、年主要风向也影响植物布局和产品种植采收。

土壤是园艺植物生长发育的基础，肥沃的土壤能同时满足园艺植物对水、肥、气、热的要求。盐碱、酸化、沙荒地需进行土壤改良或选择无土栽培。选择适宜土壤种植可以降低成本，减少前期投入。

2. 种植园建设开发方案的定位、定向

种植园功能定位有生产观光、农事体验、科普教育、娱乐休闲、度假等，这是确定目标体系、园艺植物和产品的重要依据。时代发展、消费者喜好会影响园艺产品受欢迎程度和销售，在规划设计时就应考虑这些因素。如随着人们生活水平提高，对园艺产品风味品质的要求越来越高，中国农业科学院深圳农业基因组研究所通过前沿的基因组学和代谢组学等多组学技术手段，发掘番茄风味相关基因并应用于育种，于 2020 年发布了"深爱"系列美味番茄（图 8-2A）。此外，好的园艺产品离不开商品化包装和宣传，这也是种植园规划的一项重要工作。如南京农业大学研制的菊花口红（图 8-2B）和用不结球白菜'黄玫瑰'做成花束（图 8-2C）等新产品，极大提高了其经济价值。

图 8-2　园艺植物的新品种和新产品
A."深爱"系列番茄；B. 菊花口红；C. 不结球白菜'黄玫瑰'做成的花束

3. 政策法规与区域规划

种植园种植区大小、适宜的品种、种类和产品规划需考虑政府的区域规划（工业区、居民小区、旅游区等）、设施、交通和周围环境等，这样针对性强，取得的经济效果好。如果区域规划有综合的加工设施和地区，就可规划种植与加工产品相应的园艺植物。如果区域规划是旅游区或具有交通便利、环境优美等特征，就可根据旅游特点规划种植相应的园艺植物。

种植园规划设计需考虑国家的政策、法规，国家总体规划或地区五年、十年甚至长远规划和社会发展的方针，特别是整体农业发展的方针与本规划的协调关系，以及城镇的发展规划、市场发展规划及其相关的政策和法规，这些都对种植园的规划设计有重要影响。

4. 规划种植的前景

规划种植的园艺植物在几年、几十年后的发展前景是选择园艺植物的重要依据。新技术的利用前景以及产品综合开发利用的前景也是规划的重要依据。园艺植物种植要明确以市场为导向、以农业科技为依托、以经济效益为中心，充分利用政策优势进行综合开发，不仅要布局合理，经济效益、社会效益和生态效益互相兼顾，还要体现未来，保持先进性。

5. 明确规划设计目标

种植园规划设计要有总体目标、具体目标及阶段目标，阶段目标又要有近期目标、中期目标和远期目标，规划设计要依据这些目标来制订。每一项园艺植物项目还应各具特色，有具体的内容。例如，温室蔬菜应考虑到珍、稀、名、特、优蔬菜生产，无土栽培蔬菜生产，工厂化繁育制种等；大棚蔬菜应考虑春、夏季蔬菜早熟栽培，秋季蔬菜提早上市，冬季蔬菜延迟上市，抗高温、暴雨等的特殊栽培等；露地栽培应考虑名优蔬菜、野生蔬菜、香辛蔬菜等，水生蔬菜应考虑深水蔬菜、浅水蔬菜、盐沼湿地蔬菜。高山和冷凉地区可考虑越夏园艺植物栽培等。

6. 经济预算

由于园艺植物产品产出和景观形成都有一定的时间过程，同一块土地上因耕作制度、茬口等不同，植物占用土地时间长短不一致，不同时期园艺产品的价格差异等，因此在规划时经济效益只能根据预算来评估。预算主要包括投资概算、年产值、年成本、年毛利润及税后利润。其中投资概算包括无经济回报的基础设施项目和配套项目，以及有经济回报的项目。随着国家经济形势的变化，在实际运作中还会有变化。因此，规划时还应考虑不可预见的费用。通过编制预算可以了解种植植物的大体效益。

7. 经营思路、经营渠道与组织管理

经营思路是经营决策的指导思想，对今后经营的成败和经营效益的大小至关重要。经营思路需立足当前、着眼长远，立足本地、放眼世界，拓宽经营渠道，明确经营重点，构建品牌体系，以追求经济效益为中心，兼顾生态效益、社会效益及发展的可持续性等。食用的园艺产品还应以鲜活安全健康为特色。

经营渠道包括贸易市场、加工市场、种苗市场、旅游市场、餐饮市场、联营市场、专贸市场、出口市场，也包括网络平台、直播带货等新兴渠道。每一种园艺植物产品可根据其特点来选择几个经营渠道作为重点来安排。

种植园组织管理工作直接关系到种植的成功或失败。应以人为本，根据个人的特点来安排，重要人员中包括管理人员、生产人员和服务人员。

在对上述情况进行调查之后，需要有实际的数字和必要的图表，如地形图、区位图、植被图、水系图和人员情况表等，根据这些资料写出说明材料，并将这些说明材料作为规划设计的依据。

二、规划设计的内容

标准化建园是园艺植物优质高效栽培的基础，科学管理则是获得高产高效的保证。因此，园艺植物标准化建园必须全面规划设计、合理安排布局。既要充分考虑园艺植物的特点与要求，又要综合考虑市场等其他因素，因地制宜地实行科学规划设计建园与科学管理（图8-3）。

园艺植物种植园在生产上通常包括果园、菜园、花圃和茶园等。园艺植物种类和品种繁多，栽培管理技术上各有特点，但共同之处也很多。我国许多地区的种植园是以农户种植地块延续过来的，既没有规模，也没有小区、道路、排灌系统、防护林的规划设计。近年来，随着农业产业的发展，特别是产业基地建设和观光农业基地建设，规划设计就显得十分重要。种植园规划设计要点如下。

1. 种植园园址选择

园艺植物种植园园址选择最主要的是依据气候、土壤、水源和社会因素等，其中又以

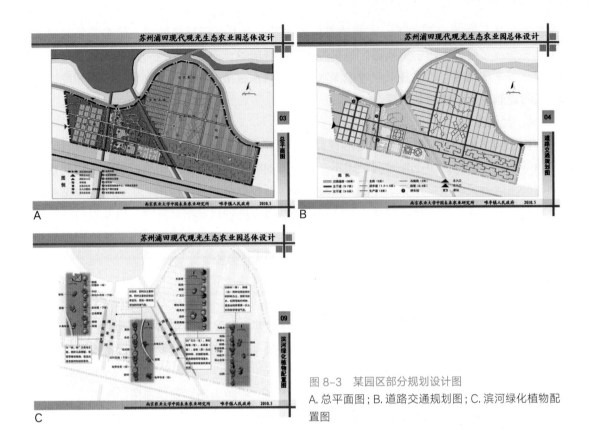

图 8-3 某园区部分规划设计图
A. 总平面图；B. 道路交通规划图；C. 滨河绿化植物配置图

气候为优先考虑的重要条件。园址选择必须以较大范围的生态区域为依据，选择园艺植物最适生长的气候区域，在灾害性天气频发、无有效办法防止灾害性天气的地区不宜选择建园。

蔬菜和花卉都是对肥水依赖较重的植物，需选择肥沃的平地建园，且应有水源条件。同时，平地建园时应考虑地下水位的高低，如果一年中有 15 d 以上时间地下水位高于 $0.5 \sim 1.0$ m，则不宜建园（水生植物园除外）；易内涝的地块更不宜建园。园艺产业应遵循可持续发展原则，严禁在风口地块、低洼山谷、交通主干路两侧、工业园区、采矿场和垃圾场附近建园，以确保生产的园艺产品安全、营养、优质。

2. 种植园小区规划

种植园小区又称作业区，为种植园的基本单位，是为了方便生产而设置的。种植园小区基本要求是：①小区内气候和土壤条件应基本一致；在山地和丘陵地，要选择有利于防止水土流失，有利于防止风害，便于机械作业等地块。②小区的面积应因地制宜，大小适当。③小区形状主要考虑作业方便和防风效果等，以长方形为好，小区长边应与当地主风向垂直。④山地、丘陵地带的果园小区长边还应与等高线走向一致，由于等高线并非直线，因此小区形状也不完全为长方形。

3. 种植园防护林规划

无论是果园、菜园或花圃都需要建立防护林。防护林具有给种植园提供良好稳定的生态环境，降低风速，减少风、沙、寒和旱等的危害，调节温度，提高湿度，保持水分，防止风蚀，有利蜜蜂活动，提高授粉受精效果等优点。

防护林有紧密型和疏透型之分。紧密型防护林带由高大乔木、中等乔木和较矮的小灌木树种组成。疏透型林带由高大乔木和灌木组成，或只有高大乔木树种。紧密型防护林的有效防护距离为防护林高的 10～15 倍，疏密型防护林则为 20～30 倍。通常情况下，园艺植物种植园宜采用疏透型防护林。风沙危害严重的地区需采用疏透型林带；而水蚀严重的地区应采用紧密型林带。

防护林所选用的树种应具有适应当地环境条件，生长迅速，枝叶繁茂，乔木树冠高但不一定大，抗逆性强，抗风力强，与栽培的园艺植物无共同病虫害，根系不串走很远，容易间伐等特点。我国北方较好的防护林树种有杨属（*Populus* spp.）树种、槐（*Styphnolobium japonicum*）、杜梨（*Pyrus betulifolia*）等；果树的砧木树种，如山桃（*Prunus davidiana*）和海棠（学名海棠花，*Malus spectabilis*）等也可选用。南方防护林树种以选用杉木（*Cunninghamia lanceolata*）、华山松、女贞（*Ligustrum lucidum*）和油茶（*Camellia oleifera*）等为宜。

4. 种植园道路系统规划

种植园中良好而合理的道路系统，是现代化种植园的重要标志之一。各级道路应与小区、防护林、排灌系统等统筹规划。

平地种植园的道路规划设计，主路、干路、支路依次按 6～8 m、4～6 m 和 2.5～3 m 的宽度设计，主路可设在防护林旁，应达到任何天气下各种交通车辆都通行无阻的要求。在山地种植园的道路规划设计上，主要应按车辆功能、水土保持要求，结合地形地势变化，既有一定坡度，又尽量减少复杂的工程。小型种植园为减少非生产占地，只设支路即可。

5. 种植园排灌系统规划

种植园排灌系统（又称排灌工程）是种植园规划设计中的一项重要内容，设计时应注意水土保持和节水问题。生产中通常规划设计明渠排水，有条件可规划暗渠排水，能节省土地。

6. 种植园建筑物规划

一定规模的种植园都应有一定的建筑物配置，主要指管理用房和生产用房，如工具、农药、化肥仓库，包装棚等，规模较大的种植园还要考虑贮藏加工设施建造。标准的种植园还应有一定数量的温室和塑料大棚，延长园艺产品的供应期。

7. 树种、品种选择和授粉树配置

中国地域辽阔，园艺植物品种资源极其丰富。在选择园艺植物品种时，一定要清楚了解本地自然资源和市场情况，做到因地制宜，适应市场发展需要。选择的园艺植物品种应具备适应当地气候土壤条件、品种优良、适应市场需要等优点。

多数果树品种是自花不实（即自交不亲和），需异花授粉，目前也选育出一些自交亲和品种，如南京农业大学梨课题组选育的梨新品种'宁翠''宁酥蜜'都是自交亲和性品种。但对于自花不实品种，果园中应为主栽品种配置不同授粉品种。配置授粉树时还应考虑基因型，以梨为例，只有不同 S 基因型梨品种才能相互授粉，相同 S 基因型品种作为授粉树，即使授粉也不结果（表 8-1）。此外，当主栽品种不能给授粉品种授粉时，还应配置第二授粉品种。授粉树配置分为中心式和行列式。

表 8-1　梨部分品种的 S 基因型

品种名	S 基因型	品种名	S 基因型
库尔勒香梨	$S_{21}S_{28}$	红酥脆	$S_{12}S_4$
砀山酥	S_xS_{17}	金水酥	S_4S_{21}
苹果梨	$S_{17}S_{19}$	金水三号	S_5S_{29}
新梨七号	$S_{28}S_d$	金水一号	S_3S_{29}
八月酥	S_3S_{31}	龙泉酥	S_3S_{22}
恩梨	$S_{19}S_{11}$	雪芳	S_4S_{31}
雪花	S_xS_{31}	雅清	S_4S_{17}
细花麻壳	$S_{17}S_{31}$	新雅	S_4S_{17}
高平大黄	S_2S_{11}	台湾蜜梨	$S_{11}S_{22}$
京白	$S_{16}S_{30}$	黄句句	$S_{17}S_{22}$
早梨 18	S_4S_{28}	早熟句句	$S_{17}S_{19}$
谢花甜	$S_{17}S_{29}$	伊犁红句句	$S_{22}S_{28}$
黄山	S_xS_{32}	乃希木特阿	$S_{19}S_{28}$
五香	S_xS_{33}	葫芦梨	S_aS_b
南果	$S_{11}S_{17}$	八里香	S_xS_{19}

三、不同种植园的规划设计特点

1. 果园、菜园、花圃和茶园规划设计

果园地面可有一定坡度。种植草本园艺植物如蔬菜、花圃对地面平整度要求最高（图 8-4）。同时，对园地的土壤、空气、水源等，要按建园要求进行科学检测和评估，根据生产需要，达到无公害、有机园区等相关要求。

（1）果园规划设计

根据"果树上山下滩，不与粮棉油争地"的国家政策，鼓励在山坡、丘陵、沙荒、河滩、海涂，乃至戈壁滩上建立果园。在生态适宜、土地富裕的地区，也可以在平地规划设计果园。

合理的小区面积，应该是小区内土壤气候条件大体一致，便于防止果园土壤的侵蚀和风害，有利于运输和机械化管理。根据地形条件，小区面积可为 $8 \sim 12 \, hm^2$ 或可缩小到 $1 \sim 2 \, hm^2$。

配置果树品种要因地制宜。一般柑橘类、仁果类果树宜配置在肥水条件比较良好的地段上，而核桃、葡萄、杏、枣等，则可配置在砾质土壤和较干燥的地段上。在南方海拔不高的山地，下部可配置柑橘、枇杷、梨、柿等，中部可配置桃、李、梨等，上部可配置板栗、枣等。在山地，也可将同种果树栽在不同的高度上，使成熟期有先有后，以延长市场供应期。

图 8-4　各种种植园地形
A. 丘陵果园；B. 丘陵茶园；C. 平地菜园

　　在南坡上，通常可以栽植比较喜光的核果类果树。在砾层分布不深的土壤种植杏、桃比较合适。在容易遭受大风的地区，不适于栽植仁果类。在沙荒地种梨，以杜梨为砧木最好；水田种蕉柑（*Citrus reticulata* 'Tankan'），以酸橙作砧木为佳；在盐碱土中，可以种葡萄和梨。

　　在配置果树种类和品种时，也应该考虑到果树生产组织形式和经济上的因素。在同一小区内，最好配置同一种果树，这是因为它们对生长条件的要求相近，便于在同一小区内采用相同的管理。在同一果园内栽培几个品种时，最好选择成熟期相同的品种或成熟期相衔接的品种，以便同时或先后进行采收，管理较为方便。

　　（2）菜园规划设计

　　菜园规划设计应考虑生态条件有利于蔬菜产量和品质的提高及产品质量安全，考虑生产与消费的关系、生产成本及社会经济发展水平等因素。

　　针对不同蔬菜栽培方式，要求有所不同。露地栽培要求土地宽阔、平坦、肥沃，土壤质地良好、保水保肥、无盐渍化及有害杂质，具备规模化、机械化农事操作的基本条件。对于设施蔬菜种植园，也可选择缓坡、梯田及戈壁、荒滩、盐碱地等非耕地。

　　菜园要求光照充足，周围无建筑或山冈等遮阴，尤其对于设施栽培应选择冬季晴天较多的地区。地下水位不宜过高或过低。此外，菜园选址应尽量靠近蔬菜加工或采后处理企业，减少损耗。由于蔬菜主要采用冷链流通，菜园择址时应尽量选择交通便利区域。易使蔬菜生产形成"大生产、大市场、大流通"的格局。

由于菜园建设尤其是设施蔬菜种植园建设中需配备水、电、路、房等基础设施，这就要求建设方具有良好的投资能力。此外，蔬菜生产用工量较大，对从业人员素质要求较高，所以还要考虑到劳动力资源及人员专业素质等问题。

城郊蔬菜生产可考虑出口蔬菜、加工配送蔬菜、特色蔬菜、蔬菜采摘休闲与高新技术示范孵化5类。可重点发展以下品种：①传统优势品种，如大白菜、黄瓜、番茄、芹菜等。②出口加工等专用品种，如青花菜、豌豆等。③地方传统品种，如南京八卦洲的芦蒿（学名蒌蒿，*Artemisia selengensis*）、常州溧阳的白芹（即旱芹）、苏州太湖的莼菜（*Brasenia schreberi*）等。④名优特色品种，主要指特菜品种。而一些耐贮存的蔬菜，如辣椒、胡萝卜、大蒜、姜、芋等可在山区或交通欠便利地区种植（图8-5）。

图8-5 地方传统品种蔬菜及耐储蔬菜
A. 芦蒿；B. 莼菜；C. 辣椒

（3）花圃规划

花圃具有使用年限长、面积大、生产周期长、经营管理难度大、生产集约化程度高等特点。因此，花圃用地的选择要全面考虑当地的自然条件和经营管理水平等因素。

花圃地形宜选择排水良好、地势平坦的开阔地带，坡度以小于3°为宜。低洼地、风口地带不适宜作为花圃。生产用地可划分为保护地生产区、露地生产区、引种驯化及资源区、附属设施区、展示展览区等（图8-6）。保护地生产区的主要任务是在不适合花卉自然生长的季节生产花卉或进行苗木繁殖；幼苗一般对不良环境的抵抗能力较弱，要求管理精细，因此对土壤质地、肥力、水分等条件的要求也较高；保护地生产区应设在地势平坦、排灌方便、土壤条件较好、背风向阳、便于管理的地方。露地生产区的主要任务是常规生产及苗木的生产。引种驯化及资源区一般设在苗圃的一角，以栽培研究外来品种或珍贵品种，保存和繁殖资源为主要目的。附属设施区主要包括建设荫棚、冷库的区域，荫棚一般建在温室附近，冷库一般建在边角且交通便利的地方。

（4）茶园规划

新建茶园园地必须考虑选择适宜茶树生长的环境条件。茶树生长对气候条件的要求是：年均温13 ℃以上，全年≥10 ℃的活动积温3 500 ℃以上，大气湿度以80%～90%为宜，年降雨量1 000 mm以上，生长期间的月降雨量能达到100 mm以上。对土壤的要求

图 8-6　花卉生产与展示

A. 南京农业大学白马湖菊花基地俯瞰图：①保护地生产区；②引种驯化及资源区；③附属设施区；④展示展览区（室内）；⑤展示展览区（室外）；B. 室内展览区的造型菊

是：土壤酸性，pH 4.0～6.5；土壤疏松，土层深达 100 cm 以上；土壤中氧化钙的含量低于 0.05%，石灰性紫色土和石灰性冲积土不宜选作茶园。一般 30° 以上的陡坡地不宜开垦茶园，最好选择在 5°～25° 坡地或丘陵为宜。

第二节　种植园的建设

良好的规划设计需要落实才完整。种植园的建设前期主要有种植园土壤的选择与改良以及种植制度确定等。土壤是园艺植物生长的基础，是营养、水分以及空气供给的来源。

但新建园区的土壤地形可能很难满足园艺植物高产优质需求，因此需进行改良。种植制度是指园区一年或几年内所采用的植物种植结构、配置、熟制和种植方式的综合体系，是种植制度的基础。种植方式包括连作、轮作、间作、套作、混作等。合理的种植制度，应有利于土地、阳光和空气、劳力、能源、水等各种资源的最有效利用，取得当时条件下植物生产的最佳社会、经济、环境效益，并能可持续地发展生产。

一、种植园土壤的选择与改良

目前我国农业土壤问题主要表现在盐渍化、酸化、微生物区系被破坏、养分失调、有害物质积累等 5 个方面。

土壤改良的目的主要是改善土壤结构，提高土壤水分渗透能力和蓄水能力，减少地表径流，增加土壤肥力。可通过土壤的耕作、晒垡、冻垡、黏土掺沙、沙土掺黏土、增施有机肥料、补充菌肥、补充生物碳、补充土壤改良剂等措施来改良土壤。若有不透水层时，还应加深耕作深度，以打破不透水层。通过改良和修复土壤，可达到有效控制土传病害，节约技术成本，减少能源浪费的目的。本节主要介绍盐碱地改良和酸化土壤的改良。

1. 盐碱地改良

盐碱地面积占世界总土地面积的 10%，其中 90% 是由于自然因素形成，10% 是由于人们不正确地运用灌溉、化学改良剂和砍伐森林造成土壤次生盐渍化所致。目前我国现有内陆盐碱地面积近 1 亿 hm^2，滩涂面积 233.4 万 hm^2，并逐年扩大。虽然我国盐碱地改良已取得良好成效，但仍需继续努力。

土壤次生盐渍化的表观特征为：土壤干燥时表面出现白色盐霜，破碎后呈灰白色粉末；土壤湿润时颜色较正常土壤暗，当土面上出现块状紫红色胶状物（紫球藻）时，表明土壤含盐量超过 10 g/kg（图 8-7A）。

我国盐碱地改良主要采用淡水洗盐和农业改良措施，如翻淤压碱、增施有机肥、深耕平整、客土改良、测土施肥、广种绿肥、建立防护林等。此外，建设暗管排水工程、添加化学改良剂（如沸石、磷石膏、糠醛渣等）在加速土壤脱盐、降低土壤 pH 等方面也取得

图 8-7　土壤盐碱化和酸化
A. 土壤盐碱化；B. 土壤酸化

了比较好的效果。

我国还通过耐盐植物扩大盐地作物种植面积。目前我国已发掘出不少盐生园艺植物。例如：中国科学院植物研究所和中国农业科学院作物科学研究所从 100 种野生和栽培蔬菜中筛选出 10 余种能耐受高盐浓度的品种；南京农业大学园艺学院从现有的果树栽培种类中选出一批耐盐果树品种，如梨、银杏、无花果等，并在沿海地带建立了果园，进行推广应用。

2. 酸化土壤的改良

土壤酸化（图 8-7B）是一个相对较慢的过程，英国洛桑实验站观测发现，由于酸沉降等影响，110 年后林地土壤 pH 将由 6.2 降为 3.8，草地土壤 pH 将由 5.2 降至 4.2。美国学者的研究发现，施用铵态氮肥会加速土壤酸化，土壤酸度随氮肥用量增加而增加。中国农业大学张福锁院士团队研究发现，自 20 世纪 80 年代到 21 世纪初，我国农田土壤 pH 下降了 0.5 个单位，未来土壤酸化程度或将继续增加。

施用石灰石粉等碱性物质改良农田土壤酸度是酸性土壤地区的一项传统农业措施。一些工业废弃物如粉煤灰、碱渣、造纸废渣等也用于酸性土壤改良，其中磷石膏的应用最广泛。由于石膏（$CaSO_4 \cdot 2H_2O$）的溶解度大于石灰石（主要成分为 $CaCO_3$），其在土壤剖面中的移动性高于石灰石粉，对改良高度风化的热带、亚热带地区的亚表层和底层土壤酸度有很好效果。秸秆等农业有机废弃物可以改良土壤酸度，农业有机废弃物经热解制成的生物质碳也是一种很好的有机改良剂。但农业有机废弃物及其衍生物对酸性土壤的改良研究大多停留在室内模拟阶段，离田间实际应用还有较大差距。

拓展阅读 8-1
山地改造

二、种植制度的确定

园艺植物栽培方式决定了其特有的种植制度。园艺植物种植包括露地栽培和设施栽培（反季节栽培）。在露地栽培中又有多年熟制（如园林花木，种植多年后一次收获）、一年一熟制（如部分蔬菜和花卉，种植后从开始结果每年收获一次或当年种植当年收获一次）和一年多熟制（如蔬菜和花卉中的一些种类以及果树中的部分种类，种植后一年可以多次收获）。

1. 连作

连作是指在同一块土地上一年内或连续几年安排种植同一种或同科植物（作物）的种植制度（图 8-8A）。连作能充分利用同块土地的资源多次种植同种作物，在管理上较方便，成本也低。但生产上一般都不提倡连作，连作后随着植物分泌物的积累，植物"偏好"元素的减少，易导致生理性病害及病虫害增多、产品品质降低、产量下降，这种现象又称为连作障碍。果树中桃、樱桃、葡萄等不适宜连作。尤其桃最忌重茬连作。蔬菜中番茄、辣椒、西瓜、黄瓜等都不耐连作。花卉中翠菊（*Callistephus chinensis*）、郁金香、百合、香石竹等不耐连作。

2. 轮作

轮作是指在一块土地上轮流种植不同种类或不同科的园艺植物（作物）的种植制度（图 8-8B），其循环期短则一年，在一年内种几茬不同作物；循环期长的可持续 3 ～ 7 年或更长时间。轮作是克服连作障碍的最好方法。

轮作的优点有以下几方面：①减轻病虫害：一些作物有其特有的病虫害，换种作物这种病虫害就不会大面积发生，甚至从根本上消除。②培肥地力：一种植物吸收某种矿质营养多些，而吸收另一种可能少些。轮作有利于纠正连作中某种矿质营养"贫化"现象，提高土壤肥力。③充分利用季节：有的园艺植物生长期短，年内再种一茬其他作物可以提高土地的复种指数。

轮作的方式有水生作物和旱生作物轮作、不同种的作物轮作、园艺作物和大田作物轮作、深根性和浅根性作物轮作、对肥水要求不同的园艺作物轮作、病虫害种类不同的作物轮作等多种方式。

3. 间作

间作是指在同一块土地上同时种植两种或两种以上园艺植物（作物）的种植制度（图8-8C）。间作可以充分利用不同层次的营养和不同层次的空间：高秆与矮秆作物间作，既能充分利用光能，又能解决通风透光问题，如枣树和小麦、果树和绿肥、果树苗木和幼龄果树间作等。生长期长、短间作，如小麦地间作耐寒的青菜、菠菜等。间作原则是以主栽作物为主，如影响主栽作物生长，间作就要控制或去除。

4. 套作

套作是指前一种植物（作物）生长期结束前，种植上另一作物的种植制度（图8-8D）。

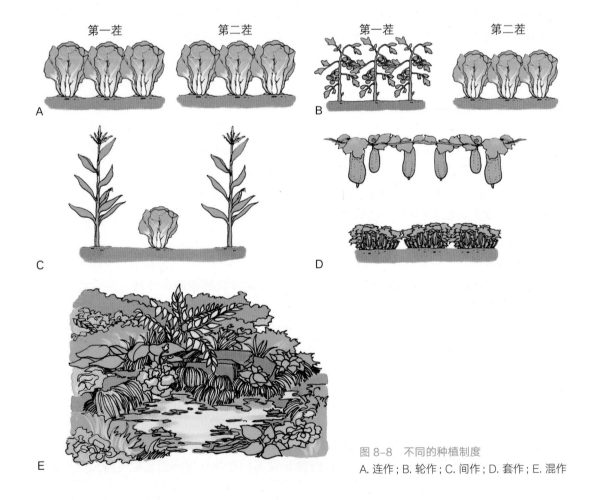

图 8-8　不同的种植制度
A. 连作；B. 轮作；C. 间作；D. 套作；E. 混作

前者收获后，后者很快长起来，套作的作物共同生长的生育期很短，一般不超过整个生育期的一半。蔬菜栽培上有冬瓜架下栽茼蒿、菜豆架下栽芹菜等形式。生产上采用套作，也是为了更充分地利用生长季节，提高复种指数。

5. 混作

混作是指在一块土地上无次序（而有一定比例）地将两种或两种以上植物（作物）混合种植的种植制度（图 8-8E）。利用生长速度、株型、收获时间不同进行合理混作，尤其花卉混作后能取得更好的观赏效果。庭院经济中，小面积种植蔬菜、花卉，为了充分占有空间和土地，更好地利用生长季节，可以多种作物混作。观赏园艺园、旅游景点周边，为突出其观赏性，可以采用多种作物混作。

第三节　园艺植物的繁殖与栽植

生物都有繁殖的本能，这是生物重要的生命现象之一。简而言之，繁殖即是繁衍产生子代，包括有性繁殖和无性繁殖两大类。有性繁殖（sexual propagation）又称种子繁殖（seed propagation）、实生繁殖；无性繁殖（asexual propagation）又称营养器官繁殖（nutritive organ propagation），即利用植物营养体的再生能力，用根、茎、叶等营养器官，培育成独立的新个体的繁殖方式，包括扦插、嫁接、压条、分株、组织培养等。组织培养技术在本书第七章已经介绍，此处不赘述，本节重点介绍各种园艺植物优质种苗培育方法的特点、原理及其关键技术环节。

一、种子繁殖

种子繁殖是利用种子或果实进行植物繁殖的一种繁殖方式。这类植物在营养生长后期转为生殖生长期，通过有性过程形成种子。种子繁殖的一般程序包括采种→贮藏→种子活力测定→播种→播种后管理。

1. 种子繁殖的特点与应用

种子繁殖的优点包括：①种子体积小、重量轻，在采收、运输及长期贮藏等环节简便易行。②种子来源广，播种方法简便，易于掌握，便于大量繁殖。③实生苗根系发达，生长旺盛，寿命较长。④种子对环境适应性强，并且种子不易携带和传播病毒病。但种子繁殖也有缺点：①木本的果树、花卉及某些多年生草本植物采用种子繁殖开花结实较晚；②种子繁殖后代易出现变异，从而失去原有的优良性状，在蔬菜、花卉生产上常出现品种退化问题；③种子繁殖不能用于繁殖无籽植物，如无核葡萄、无核柑橘、香蕉及许多重瓣花卉植物。

大部分蔬菜、一二年生花卉及地被植物采用种子繁殖；实生苗常用作果树及某些木本花卉的砧木；杂交育种必须使用种子繁殖，可以利用杂种优势获得比父母本更优良的性状。

2. 影响种子萌发因素

（1）环境因素

①水分：种子吸水使种皮变软，胚与胚乳吸胀，胚开始生长发育，最后胚根突破种皮，种子萌发生长。可采用覆盖（盖草或盖塑料薄膜等）、遮阳等办法保湿，到幼苗出土再逐步去除。

②温度：适宜的温度能够促进种子迅速萌发。一般温带植物以 15～20 ℃为最适，亚热带与热带植物以 25～30 ℃为宜。变温处理有利于种子萌发和幼苗的生长。

③氧气：种子发芽时需进行呼吸，要摄取空气中的 O_2 并放出 CO_2，假如播种后覆土过深、压土太紧，或土壤中水分过多，种子会因缺氧而腐烂。

④光照：光照条件对种子来说影响很小或不起作用。但有些植物的种子有喜光性，如莴苣、芹菜种子，所以它们播种后不覆土或覆薄土则发芽较快。也有另一类植物种子的发芽会被光抑制，如水芹（*Oenanthe javanica*）、飞燕草、葱等。

（2）休眠因素

种子有生活力，但即使给予适宜的环境条件仍不能发芽，此现象称种子的休眠。种子休眠是长期自然选择的结果。种子的休眠有利于植物适应外界自然环境以保持物种繁衍，但这种特性对播种育苗会带来一定的困难。造成种子休眠的主要原因有种皮或果皮结构的障碍、种胚发育不全、化学物质抑制和植物激素抑制等。可采用机械破皮、化学处理、清水浸种和层积处理等方法来打破种子休眠。

拓展阅读 8-2
千年古莲子
发芽之谜

二、无性繁殖

无性繁殖主要包括扦插、嫁接、压条、分株、组织培养等方法。因无性繁殖的苗木相对稳定，可保持原品种的特征和特性，后代一致性强，随着优良品种及其种源的增多，无性繁殖将成为培育生产用苗的主要方法。

1. 嫁接

嫁接（grafting）即人们有目的地将一株植物上的枝或芽接到另一株植物的枝、干或根上，使之愈合生长在一起，形成一个新的植株。用来嫁接的枝或芽称为接穗或接芽，承受接穗的植株称为砧木。嫁接用"+"表示，即砧木＋接穗；也可用"/"表示，接穗放在"/"之前。如山桃＋桃，或桃/山桃。

（1）嫁接繁殖的优点

①嫁接苗能保持优良品种接穗的性状，且生长快，树势强，结果早；②利用砧木的某些性状可增强栽培品种的适应性和抗逆性；③可利用砧木调节树势，使树体矮化或乔化，以满足栽培上或消费上的不同需求；④多数砧木可用种子繁殖，故繁殖系数大，便于在生产上大面积推广种植。

（2）嫁接成活的过程

当接穗嫁接到砧木上后，在砧木和接穗伤口的表面，死细胞的残留物形成褐色的薄膜，覆盖着伤口。随后在植物激素的刺激下，伤口周围细胞及形成层细胞旺盛分裂，并使褐色的薄膜破裂，形成愈伤组织。愈伤组织不断增加，待接穗和砧木间的空隙被填满后，砧木和接穗的愈伤组织薄壁细胞便相互连接，将两者的形成层连接起来。愈伤组织不断分化，向内形成新的木质部，向外形成新的韧皮部，进而使导管和筛管也相互沟通，这样砧木和接穗就结合为统一体，形成一个新的植株。

（3）影响嫁接成活的因素

影响嫁接成活的因素很多，其中最重要的是砧木和接穗间的亲和力，其次是接穗与砧木的质量。除此之外，嫁接的时期，嫁接时的温度、湿度以及伤流、树胶、单宁物质的有无等，都会影响嫁接的成活。

（4）嫁接的方法

嫁接的方法很多，依据所用的接穗类型，可以分为芽接、枝接和根接。枝接又可分为劈接、切接、皮下接、切腹接、舌接、合接、插皮接、靠接、桥接、髓心形成层贴接、平接（置接）等（图8-9）。

芽接又可分为"T"字形芽接（图8-10）、方块芽接、环状芽接（又称套接）、"工"字形芽接、槽形芽接、带木质部芽接等。蔬菜如番茄、瓜类等嫁接方法有靠接、插接、贴接、套管接（图8-11）、劈接、针式嫁接（内固定嫁接）等方法。

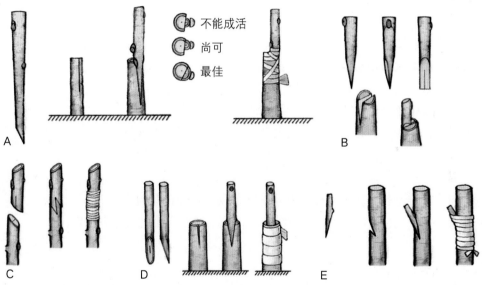

不能成活
尚可
最佳

图8-9 果树枝接的主要方法（改自朱立新和李光晨，2015）
A. 切接；B. 劈接；C. 舌接；D. 插皮接；E. 切腹接

图8-10 "T"字形芽接（改自朱立新和李光晨，2015）

图 8-11 番茄套管接

（5）嫁接苗的管理

检查成活、解绑及补接：枝接一般在嫁接后 20～30 d，芽接一般在嫁接后 10～15 d 即可进行成活检查，成活的接穗上芽新鲜、饱满甚至已经萌动，未成活的则接穗干枯或变黑腐烂。成活的接穗应及时割断绑缚物，未成活的应及时补接。

剪砧和去蘖：芽接后，芽已经成活的要及时剪去接芽以上部位的砧木，以促进接穗萌发；并要注意及时除去砧木萌蘖，以保证接穗生长良好。

其他管理：嫁接苗长出新梢时应及时立支柱，以防止幼苗弯曲或被风吹折。嫁接苗生长过程中要做好中耕除草、追肥灌水及病虫害防治等工作。

2. 扦插

（1）扦插的概念

扦插（cutting propagation）是切取植物的枝条、叶片或根的一部分，插入基质中，使其生根、萌芽、抽枝、长成为新植株的繁殖方法。

（2）扦插的种类及方法

扦插有叶插、茎插和根插。其中叶插又包括全叶插和芽叶插；茎插包括芽叶插、嫩枝扦插和硬枝扦插。

①叶插：叶插多用于能在叶上发生不定芽及不定根的园艺植物，以花卉居多，大多具有粗壮的叶柄、叶脉或肥厚的叶片。如球兰（*Hoya carnosa*）、虎尾兰（*Sansevieria trifasciata*）、大岩桐（*Sinningia speciosa*）、秋海棠（*Begonia grandis*）、落地生根（*Bryophyllum pinnatum*）等（图 8-12）。

②茎插：硬枝扦插指使用已经木质化的成熟枝条进行的扦插，常用于葡萄、石榴、无

视频资源 8-1
移花接木术
——嫁接

花果等园艺植物；嫩枝扦插又称绿枝扦插，以当年新梢为插条，通常长 5～10 cm，组织以老熟适中为宜，过于幼嫩易腐烂，过老则生根缓慢（图 8-13）。

③根插：指利用根上能形成不定芽的能力扦插繁殖苗木的方法。在少数果树和宿根花卉上可采用，如枣、山楂、梨等果树，宿根福禄考（学名天蓝绣球，*Phlox paniculata*）、芍药等花卉。一般选取粗 2 mm 以上、长 5～15 cm 的根段进行沙藏。

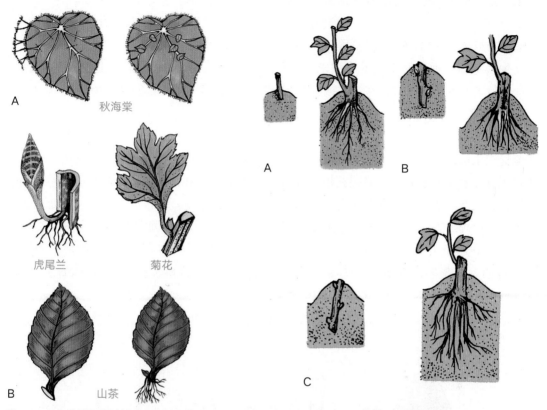

图 8-12　全叶插和芽叶插（朱立新和李光晨，2015）
A. 全叶插；B. 芽叶插

图 8-13　硬枝扦插（马凯和侯喜林，2012）
A. 单芽插；B. 二芽插；C. 三芽插

（3）影响插条生根的因素

①内在因素：主要有植物种类和品种，树龄、枝龄和枝条的部位，枝条发育状况，激素水平和插穗的叶面积等。

不同园艺植物插条生根的能力有较大的差异。极易生根的有柳、常春藤（*Hedera nepalensis* var. *sinensis*）、番茄、月季等；较易生根的有二球悬铃木（*Platanus acerifolia*）、葡萄、柑橘、石楠（*Photinia serratifolia*）等；较难生根的植物有君迁子（*Diospyros lotus*）、楝（*Melia azedarach*）等；极难生根的植物有核桃、栗、红枫等。同一种植物不同品种枝插生根的难易也不同。

此外，插条的年龄以一年生、发育充实的枝条再生能力最强；生长素和维生素对生根和根的生长有促进作用；由于植物内源激素的极性运输特点，扦插时应特别注意不要倒插；插条未生根前，为避免蒸腾量过大，一般留 2～4 片叶，大叶种类要将叶片剪去一半或一半以上。

②外界因素：主要有湿度、温度、光照、氧气和生根基质等。

湿度：插床湿度要适宜，透气要良好，一般维持土壤最大持水量的 60%～80% 为宜。

温度：一般树种扦插时，白天气温达到 21～25 ℃，夜间 15 ℃，就能满足生根需要。不同品种略有差异，且土温高于气温，更利于生根。

光照：光对根系的发生有抑制作用，必须使枝条基部埋于土中避光。同时扦插后适当遮阳，可以减少圃地水分蒸发和插条水分蒸腾。

氧气：扦插生根需要氧气。插床中水分、温度、氧气三者是相互依存、相互制约的。一般土壤气体中以含 15% 以上的氧气并保有适当水分为宜。

生根基质：理想的生根基质要求保水性、透气性良好，pH 适宜，可提供营养元素，既能保持适当的湿度，又能在浇水或大雨后不积水，而且不带有害的微生物。

3. 压条

压条（layerage）是在枝条不与母株分离的情况下，将部分枝条埋于土壤中，或包裹在能促进生根的基质中促进枝条生根，然后再与母株分离成独立植株的繁殖方法。这种方法对于扦插易于或不易成活的园艺植物都适合，缺点是繁殖系数低。压条繁殖在果树上应用较多，而花卉中仅有一些温室花木采用。采用刻伤、环剥、绑缚、扭枝、黄化处理、生长调节剂处理等方法可以促进压条生根。压条方法有直立压条、曲枝压条和空中压条。

①直立压条（图 8-14A）：直立压条又称垂直压条或培土压条。苹果和梨的矮化砧木、石榴、无花果、木槿（*Hibiscus syriacus*）、玉兰、夹竹桃（*Nerium oleander*）、樱花（*Prunus serrulata*）等，均可采用直立压条繁殖。

②曲枝压条（图 8-14B）：葡萄、猕猴桃、醋栗、树莓、苹果、梨和樱桃等果树以及

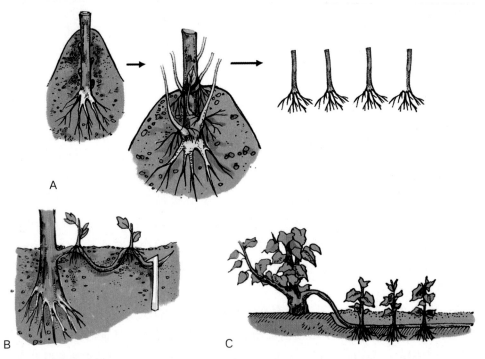

图 8-14　常见压条方法（马凯和侯喜林，2012）
A. 直立压条；B. 曲枝压条；C. 水平压条

西府海棠（*Malus × micromalus*）、紫丁香（*Syringa oblata*）等观赏树木，均可采用此法繁殖。曲枝压条可在春季萌芽前进行，也可在生长季节枝条已半木质化时进行。根据曲枝方法不同，曲枝压条可分水平压条（图 8-14C）、普通压条和先端压条。

③空中压条（图 8-15）：空中压条又称高枝压条，在我国古代早已用此法繁殖石榴、葡萄、柑橘、荔枝等，此法技术简单，成活率高，但对母株损伤较重。空中压条在整个生长季节都可进行，但以春季和雨季为好。办法是选充实的二三年生枝条，在适宜部位进行环剥、切口或撬枝皮，然后用 500 mg/L 的 IBA 或 NAA 溶液涂抹伤口，以利伤口愈合生根；再于伤口处敷以保湿生根基质，用塑料薄膜包紧。两三个月后即可生根，待发根后便可剪离母体使之成为一个新的独立的植株。

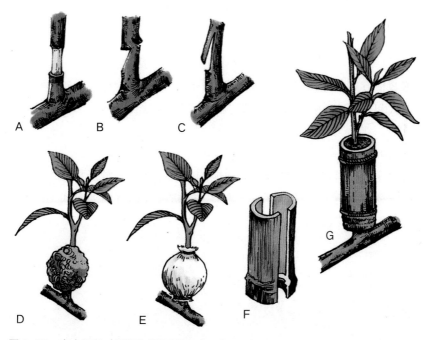

图 8-15　空中压条（马凯和侯喜林，2012）
A. 环剥；B. 切口；C. 撬枝皮；D. 用苔藓沃土包裹成团；E. 塑料薄膜包裹；
F. 竹套筒；G. 完成图

4. 分生

分生（Division）是利用植株的营养器官来完成的，即人为地将植物体分生出来的吸芽、珠芽、根蘖等，或者植物营养器官的一部分（变态茎或变态根等）进行分离或分割，脱离母体而形成若干独立植株的方法。新的植株自然和母株分开的，称作分离（分株）；而人为将其与母株割开的，称为分割。分生繁殖的新植株容易成活、成苗较快、繁殖简便，但繁殖系数低。分生中最常见的是利用匍匐茎与走茎繁殖，如草莓和吊兰（*Chlorophytum comosum*）；利用蘖枝繁殖的如山楂、枣、海棠、树莓、石榴、樱桃等；利用吸芽繁殖的如菠萝等；百合可以分子球进行繁殖（图 8-16）。

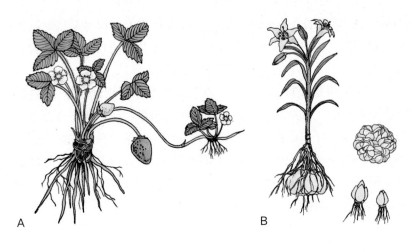

图 8-16 分生图例
A. 草莓匍匐茎繁殖；B. 百合分子球繁殖

三、园艺植物栽植方式与定植

园艺植物栽植方式与定植是园艺植物栽培中的重要环节，有了健壮的苗木，采用科学合理的栽植方式和定植方法，才能保证苗木健壮生长、开花结果，达到丰产、优质高效的栽培目的。

1. 园艺植物栽植方式

栽植方式决定植物群体及叶幕层在种植园的配置方式，对经济利用土地和田间管理有重要影响。通常分为正方形、长方形、三角形、带状和计划栽植等方式（图8-17）。

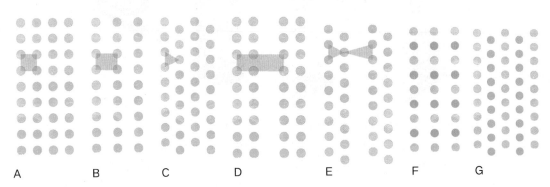

图 8-17 园艺植物栽植的几种方式
A. 正方形栽植；B. 长方形栽植；C. 三角形栽植；D, E. 带状栽植；F, G. 计划栽植 ⬤永久株 ⬤间伐株（临时株）

①正方形栽植方式：正方形栽植方式指株距与行距相等，如桃、苹果栽植采用5 m×5 m。正方形栽植一般不适宜密植。

②长方形栽植方式：长方形栽植方式指行距大于株距，相邻4株间构成的图形是长方形。这种栽植较适宜密植和行间作业。在果树、蔬菜栽培中采用均较多。

③三角形栽植方式：三角形栽植方式指相邻两行的单株错开栽植，成正三角形或等腰三角形，这种栽植方式也适宜密植。

④带状栽植方式：带状栽植方式一般是指两行一带，这两行内可以是长方形栽植，也可以是正方形或三角形栽植，带间距离大于带内的行间距离。这是最适宜密植的方式，带

间作业方便，透光、通气状况也好。

　　⑤计划栽植方式：计划栽植方式是指种植开始时密度大，以取得较高的经济效益，而后随植株冠幅增大，再移走或间伐一部分的栽植方式。

2. 园艺植物栽植密度

　　园艺植物栽植要有合理的栽植密度，栽植过密、过稀都不利于产量、品质和经济效益的提高。确定栽植密度要从植物种类、品种和砧木特性、地势和土壤条件、气候条件和栽培技术等方面综合考虑。

3. 园艺植物播种和栽植

　　园艺植物生物学特性、各地自然条件市场需求是决定园艺植物栽培季节及播种时期的主要依据。园艺植物栽培可采用直播或育苗移栽，直播又可分撒播、条播和点播，如不结球白菜、菠菜等叶菜一般采用撒播，大蒜可采用条播或点播，豆类一般采用点播；许多木本园艺植物及茄果类和瓜类蔬菜都采用育苗移栽。对于降雨量较多地区（如长江流域等），一般采用高畦或起垄栽培；降雨较少地区一般采用平畦栽培；降雨极少的地区采用低畦栽培（图8-18）。一年生喜温蔬菜如茄果类、瓜类、薯芋类、水生蔬菜及喜温性豆类等，都需在晚霜过后才可在露地种植，设施可提早或推迟。在生长期较长地区，番茄、黄瓜、菜豆和马铃薯等可一年春、秋两茬进行栽培，在高山冷凉地区也可进行越夏栽培。二年生耐寒性蔬菜如白菜类、甘蓝类、根菜类等主要在秋季播种，不结球白菜可周年种植。

　　果树和观赏树木的栽植时期视当地气候条件和树种而异。落叶树种多在落叶后至春季萌芽前栽植；冬季严寒地区，秋栽苗木易受冻或抽条，以春栽效果好。

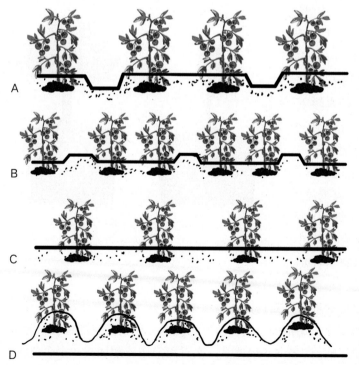

图 8-18　根据降雨量及畦宽不同园艺植物栽培方式的差异
A. 高畦栽培；B. 低畦栽培；C. 平畦栽培；D. 起垄栽培

4. 园艺植物定植和移栽方法

（1）木本园艺植物定植方法

①定植穴（沟）准备：定植穴（沟）是木本园艺植物根系最初生存的基本环境，它关系到成活与否，也关系到以后根系的生长发育，是木本园艺植物健壮生长、早结果、早丰产的关键措施之一。定植穴直径和深度通常要求80 cm左右。浅根性园艺植物定植穴可浅些，深根性园艺植物定植穴可深些；土层深厚、土质疏松的土壤定植穴可浅些，土壤状况不好的定植穴应深些。挖定植穴的时间尽量提前，以便穴土充分晾晒熟化，并能积蓄较多的雨雪，提高土壤墒情。春栽则秋挖定植穴，秋栽则夏挖定植穴，干旱缺水地区应边挖定植穴边栽植，有利保墒成活。茶苗可采用单行、双行或三行条植，每丛1～3株茶苗，开深、宽各30 cm的定植穴。

园艺植物也可采用限根栽培，限根栽培是指利用一些物理或生态的方法将植物根域范围控制在一定的容积内，通过控制根系的生长来调节地上部和地下部、营养生长和生殖生长过程的一种栽培方式。限根栽培常见的方式有垄式、箱筐式以及坑式三种。

②苗木准备：木本园艺植物栽植的关键是要有好的苗木，苗木要按质量分级。定植时不仅要按规划设计确定苗木种类、品种，还应当按苗木质量分级栽植。选用的苗木要生长健壮、根系发达、芽饱满且无检疫病虫害；剪除苗木的根蘖和折伤枝，并修剪根系，用杀菌剂蘸根消毒；栽前用泥浆沾根保湿，有利于根系与土壤密接，提高成活率。

③树木定植或移栽：在已挖好并已回土、灌水、压实的定植穴中部，再挖一小穴，在中间堆小土堆；把苗置于小土堆上，前、后、左、右对直，使根系舒展，并均匀分布在四周，避免根系相互交叉，盘结；然后将苗木扶正，纵、横对准填土，边填土边踏，边提苗，并轻轻抖动苗木，使根系与土壤密接。栽植后通常使苗木茎口上原有地面痕迹与地面相平，过高、过低均不适宜。栽植后及时平地、做畦、灌水，待水渗下、土壤稍干后扶正苗并培小土堆，目的在于保湿、防风。北方寒冷地区秋季定植苗木，为防止苗木越冬出现抽条，可采用苗木弯倒埋土越冬措施。对于断根且带有根坨的大树的移栽，剪掉固定根坨的草绳后放入定植穴填土即可，并再次进行疏枝疏叶，一般疏掉总枝叶量的1/3～1/2（图8-19）。

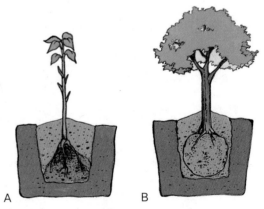

图8-19　木本园艺植物定植和移栽方法
A. 木本植物的定植；B. 木本植物的移栽

（2）草本园艺植物定植方法

①定植前准备：春季露地定植的种苗，需提前在温室中培育好，同时在定植前要经过充分锻炼，以适应外界大气候的变化，定植前1周左右停止浇水。如果是容器育苗，为保护根系，可进行割苗块处理，即定植前3～4 d浇透水，次日用刀按苗距切成一个个苗块，拉开距离晾晒，以保证种苗健壮，这样定植后缓苗快，生长好。

春季定植的整地工作，应以提高地温为中心，要施入一定数量腐熟基肥。定植前，可提前 1～2 d 挖定植沟或定植穴，晒沟晒穴。可在定植前沟施或穴施一定数量的磷肥，也可局部施些优质有机肥。

②定植方法：一般是开沟或开穴后，按预定距离栽种苗，覆一部分土并浇水，待水渗下后，再覆以干土。这种栽植法，既保证土壤湿度，又利于地表温度的提高。也可采用"坐水栽"（又称随水栽）的方法，即在开沟或开穴后，先引水灌溉，随水将苗栽上，水渗后覆土封苗，这种栽苗法速度快，根系能够散开，成活率也较高。栽植深度依种苗种类不同而异，如黄瓜宜浅栽，大葱深栽有利于茎的加长。在春季，温暖且天晴无风时定植容易成活，苗期也短。夏季定植时，在阴天和无风的下午定植易于成活；越冬前定植要求种苗必须在越冬时已发出一定数量的新根，否则易遭冻害。

③定植后的管理：定植后 3～5 d 应注意保温，促进缓苗。缓苗后浇缓苗水，中耕疏土，促进根系发育。对于果菜类蔬菜而言，缓苗后至植物器官进入迅速生长期前的一段时间，应控制浇水进行蹲苗，蹲苗时间一般 10～15 d，根据不同草本园艺植物种类、栽培季节及生长状况等灵活掌握。

第四节　园艺植物栽培管理

园艺植物栽培管理工作主要包括土肥水管理、植株管理、花果调控、病虫草防治、园艺机械使用等。木本园艺植物和草本园艺植物在管理上有共同点，也有不同之处。栽培管理的好坏直接影响着经济效益。本节根据木本园艺植物和草本园艺植物特点分别做了介绍。

一、土肥水管理

良好的种植园土肥水营养状况，是种植园的园艺植物优质丰产的前提，因此，合理的土肥水管理技术在种植园生产中显得尤为重要。

1. 种植园土壤管理

（1）清耕法

清耕法是指生长季内多次浅耕，松土除草，一般灌溉后或杂草长到一定高度即中耕的土壤管理方法。清耕法可使春季土壤温度上升较快，经常中耕除草，植物间通风透光性好，采收产品较干净（叶菜类蔬菜等）。但清耕法同时也存在以下问题：①水土流失严重；②土壤有机质含量降低快；③犁底层坚硬；④种植园无草化，生态条件恶化，植物害虫的天敌减少；⑤劳动强度大、费工费力。今后应尽量减少土壤耕作次数，提倡种植园长期实施免耕法、生草法，而后进行短期耕作。

（2）免耕法

免耕法是指对土壤表面不耕作或极少耕作，利用化学除草剂等方法来控制杂草生长的土壤管理方法。免耕法保持了土壤的自然结构，土壤通气性、水分渗透性好，地面径流和水分蒸发少；土层较坚硬，吸热、放热快，能减轻辐射霜冻危害；便于人工操作和机械作业，省时省工；无杂草竞争，根系分布在疏松的层次内，根系发育好，营养供应强，园艺产品产量高、品质好。但免耕法也存在着除草剂污染、除草剂浓度和种类选择限制多、土壤有机质降低快和依赖人工施肥等缺点，所以一般不应多年连续免耕。土壤肥力和土壤有机质含量较高的种植园适宜实施免耕法。果树多种植在山地、荒地等比较贫瘠的土壤上，可推广使用改良免耕法，效果更好。所谓改良免耕法，就是对杂草不采取全灭除策略，以除草剂控制杂草的害处，而利用其有利的一面，提高土壤有机质含量。茶园采用免耕法较多。

（3）生草法

生草法是指在作物的行间种植草类而不进行耕作的土壤管理方法。主要可种植禾本科和豆科等草类。生草法具有以下优点：①防止或减少水土流失，保肥、保水、保土，尤其是在山坡易冲刷地和沙荒易风蚀地效果好；②土壤的"凝聚力"大大增强，土壤团粒结构好；③土壤有机质含量及一些营养元素有效性提高；④生草有利于种植园保持良好的生态平衡；⑤生草可提供有益植物生长的环境，有利于植物根系的生长和吸收活动，减轻涝害、果实日烧病及减少落果；⑥生草种植园便于开展机械作业、省人力。但生草法同时也存在着多年连作使土壤表面有板结层而影响透气与渗水，生草第一年灭除杂草较费工、某些病害会加重等缺点。

较干旱地区、密度较大的蔬菜和花卉种植园不宜实施生草法，而果园和风景园林可推广应用，优势明显。在国外，生草法已普遍应用，我国也逐渐开展应用。实施生草法是提高果园整体管理水平的重要途径，是果园优质、高产、高效的重大措施。在茶园种植苕子（学名救荒野豌豆，*Vicia sativa*）或绿豆（*Vigna radiata*）等既可进行生物固氮为茶苗提供氮元素，还可以作为植物源的有机肥，增加土壤中有机质含量。生草法要购买草种子、播种或移栽，初期需一定物力和人力投入。也可以实施自然生草法，即让种植园自然生草，只铲除个别高大的杂草，常进行刈割和肥水管理。

（4）覆盖法

覆盖法是指采用塑料薄膜、秸秆和砂石等覆盖材料对土壤进行覆盖的土壤管理方法。生产上应用得比较广泛。

塑料薄膜覆盖具有提高地温、控制杂草、提高肥效和减少水分蒸发等优点。同时也存在土壤需肥量增加、对降雨利用率低等缺点。塑料薄膜覆盖在园艺植物栽培中已普遍应用，尤其是蔬菜和园林育苗上应用得更为广泛。

秸秆（包括农副产品）覆盖有粉碎性秸秆覆盖和整段性秸秆覆盖两种，具有增加土壤有机质含量、保肥保水、改善土壤结构性能等优点。但有易发生鼠害和火灾、植物天敌数量少、春季地温上升慢等缺点。秸秆覆盖采用株间覆盖效果更好。这种方法适用于干旱地区果园。

砂石覆盖具有增温保墒、提高土壤肥力、防止水土流失和减轻病虫害等优点。砂石覆盖适宜于取材容易的山地和干旱及半干旱地区应用。

2. 种植园施肥管理

营养元素是植物生长发育的物质基础。施肥就是供给植物生长发育所必需的营养元素。如果某种营养元素过量或不足，就会影响园艺植物生长发育或出现缺素症。所以对于高产的园艺植物来说，必须根据土壤肥力状况、园艺植物生长发育的需要和生长发育状况科学施肥。

（1）园艺植物营养诊断

园艺植物种植园做到科学施肥必须依靠营养诊断（nutritional diagnosis）。通常采用的营养诊断方法为土壤分析、形态诊断、叶分析和生化诊断等。

①土壤分析：土壤分析就是在种植园中挖取有代表性的土壤样品进行土壤分析。土壤分析的项目有土壤质地、有机质含量、pH、营养元素（如氮、磷、钾）含量等。所得数据与常规数据比较，可判断土壤中营养元素的丰缺状况和肥力水平。

②形态诊断：是一种根据植物生长发育的外观形态，如叶面积、叶色、新梢长势和果实等来确定植物营养状况的方法。

拓展阅读 8-3
植物的缺素症

（2）园艺植物的施肥种类和数量

无论是果树、蔬菜还是花卉，园艺产品产量都很高，需要大量元素（氮、磷、钾）以及多种中微量元素的均衡供应。生产中有基肥和追肥，推荐根据植物需肥规律，采用水肥一体化管理。施肥种类和数量应依据植物不同时期养分需求特性、土壤养分、目标产量以及限量标准，采用生物有机肥与化肥配合施用、中微量元素与大量元素配合施用、施用新型缓释/控释肥料、硝化抑制剂与稳定性肥料、生物刺激素等肥料增效剂、精准施肥管理系统与水肥一体化等重要技术，改善园艺植物营养元素供应，协调植物整个生长发育期对营养元素的需求，减少化肥投入浪费，提高化肥利用率，综合提升土壤物理、化学和生物肥力。

不同植物对施肥种类和数量有所区别。一些蔬菜的氮、磷、钾施用量及比例见表8-2。在土壤肥力不同情况下，施肥量还需进行调整。

表 8-2　主要蔬菜的推荐施肥量（黄绍文，2017）

蔬菜种类	产量（t/hm²）	每 1 000 kg 经济产量对应的肥料吸收量（kg）			肥料施用量/推荐量（kg）		
		N	P_2O_5	K_2O	N	P_2O_5	K_2O
设施栽培							
番茄	135.0±58.9	2.27	1.00	4.37	1.9	5.1	1.3
黄瓜	149.5±77.0	2.15	1.10	2.75	2.2	5.0	2.4
辣椒	83.5±61.8	2.32	0.74	3.60	2.0	7.2	1.6
茄子	127.2±79.7	3.00	1.00	4.00	1.4	4.4	1.0
露地栽培							
辣椒	40.5±19.1	2.32	0.74	3.60	3.6	11.0	2.1
白菜	70.8±61.6	2.07	0.97	2.91	3.3	4.1	1.2
大白菜	74.0±24.5	2.07	0.97	2.91	2.5	4.2	1.4
甘蓝	68.4±24.2	3.01	0.78	2.66	1.5	4.2	1.2

（3）园艺植物施肥方法

园艺植物施肥方法有两类：①土壤施肥，即植物根系从土壤中吸收施入的肥料，有全

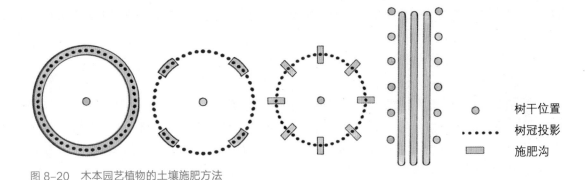

图 8-20　木本园艺植物的土壤施肥方法

● 树干位置

┈┈┈ 树冠投影

▭ 施肥沟

园铺施、条施、沟施、穴施、水肥一体化等方式。②根外施肥，有叶面喷施、枝干涂抹或注射和产品采后浸泡等多种方式（图 8-20）。

叶面喷施具有肥效发挥快和直接增强叶片光合作用等优点，但施用浓度有限，施肥量也小，只能作为土施的补充。生产上常用于叶面喷施肥料种类有尿素、磷酸二氢钾、硼酸、亚硫酸铁和硝酸钙等。

另外，多年生树木缺铁、锌、硼等微量元素时，可用注射的方法将肥料施入树干中，效果明显。

（4）园艺植物施肥时期

园艺植物最需要营养元素的时期和最佳吸收期一般在开花前和枝叶迅速生长期，及时施肥对增产和改进品质最有效。

园艺植物在不同物候期的营养元素需要有不同特点，一般植物生长前期需较多氮肥，生长后期需较多的磷、钾、钙肥。生产中根据肥料性质，速效肥可在植株需要时稍前施用，而迟效肥则需要早施。园艺植物主要施肥时期如下。

①早春或晚秋施基肥：提倡生物有机肥配合化肥，如一二年生草花以基肥为主，果树提倡秋施基肥。

②花前追肥：一年生植物多在蹲苗同时或之后进行花前追肥，以氮肥为主。如茄果类蔬菜、甜瓜和西瓜幼苗期施肥促进花芽分化，多年生果树和观赏树木在萌芽开花前追肥促进萌芽开花。

③花后追肥：为促进坐果，除氮肥外应重视磷、钾、钙和其他需要的营养元素肥料供应并进行花后追肥，如茄果类蔬菜和西（甜）瓜开花坐果后，对钾、钙、镁的需要量增加。

④果实膨大期：果树在果实膨大期追肥，除促进果实膨大外也有利于花芽分化；球根花卉和根菜类蔬菜应注意在球茎和块根膨大期追肥。

⑤采前追肥：果实采收前追肥以磷、钾、钙为主，增进采摘产品的产量和品质。

⑥采后恢复树势的追肥：主要针对多年生木本园艺植物，目的是增加树体贮藏营养，提高越冬能力。

3. 种植园水分管理

（1）园艺植物节水栽培

节水栽培是在全球水资源危机之后，农用水受到限制的最低灌溉方法。节水栽培应从减少有限水资源的损失以及提高水资源利用效率来考虑。实施节水栽培的重要途径有选择利用耐旱、省水的园艺植物种类、品种或砧木，开展工程拦水蓄水，推行节水灌溉措施，完善保墒措施，进行植株管理如矮化密植和喷施抗蒸腾剂等。我国是世界上严重缺水的国家之一，要提倡节水灌溉。

（2）种植园灌溉方式

①地面灌溉（ground irrigation）：根据其灌溉方式，地面灌溉又分为全园漫灌、细流沟灌、畦灌、盘灌（树盘灌水）和穴灌等。种植园中漫灌害处很多，既浪费水，又易造成土壤冲刷、肥力降低等，应禁止使用。

②喷灌（spray irrigation）：指一种模拟自然降雨状态，利用机械和动力设备将水射到空中形成细小水滴来灌溉的技术。喷灌具有适应性广、不破坏土壤结构等优点。目前应用比较普遍，效果好。但在病害严重的果园，喷灌有助病害传播，应引起注意（图8-21A，B）。

③滴灌（trickle irrigation）：指以水滴或小水流形式将水慢慢灌入植物根部土壤中，使土壤经常保持湿润，是一种直接供给过滤水（和肥料）到种植园土壤表层或深层的灌溉方式。滴灌可给根系连续供水，还可结合施肥一起进行，具有不破坏土壤结构，土壤水分状况稳定，湿度密度均匀，适宜各种地势，节约土地，省水、省工等优点。滴灌在园艺植物中应用非常普遍（图8-21C）。

④地下灌溉（underground irrigation）：指在土壤表层以下一定深度铺设有渗漏能力的管道供水灌溉。这种灌溉是最理想的灌溉方式，对土壤结构最有益，无土壤表层以上的水损失，对植物根系吸水及植物生长发育最好，但目前应用较少。

图 8-21　种植园灌溉方式
A. 园林喷灌；B. 果园喷灌；C. 蔬菜滴灌

（3）种植园排水

园艺植物种植园的积水来源包括雨涝、上游地区泄洪、地下水异常上升和灌溉不当淹水等。种植园排水非常重要，应当在规划设计和种植前就将排水问题解决好。种植园一旦出现积水要及时排水，如不及时排水就会出现涝害。生产中通常采用明沟和暗沟的排水方式，明沟排水的"沟"应低于地表 0.6 ～ 1.0 m，才能排除栽培植物根系层土壤的积水。

二、植株管理

植物的生长发育主要按其遗传特性进行，然而人们对不同园艺植物的产品器官要求不同，因此需要人为地通过植株管理来调控其生长发育，使之有利于产品器官的形成。园艺植物植株管理的目的主要是使各器官在地上部与地下部生长、主枝与侧枝生长、营养生长与生殖生长、花芽分化与结果等方面保持协调，以充分利用光、热、土、肥、水等环境条件，使其生长发育良好。良好的植株管理，有利于产品器官的生长发育，提高单位面积产量和产品质量，增加种植园效益。

1. 草本园艺植物的植株调整

每一棵植株都是一个整体，植株上任何器官的消长都会影响其他器官的消长。因而在其生长发育过程中，人为地调整其生长与发育，促进食用器官的形成，可提高产品价值。进行植株调整的作用是：①平衡营养器官和生殖器官的生长；②使产品个体增大并提高品质；③使植株群体间和植株内通风透光良好，提高光能利用率；④减少病虫害和机械损伤；⑤提高栽植密度及增加单位面积的产量。

蔬菜植株调整是一项细致的栽培管理工作，它主要包括支架、压蔓、整枝、摘心、打杈、绑蔓、摘叶、束叶及疏花疏果等技术。

（1）支架、压蔓

需要直立栽培的蔓性蔬菜和直立性较差的蔬菜种类，需借助其他物体辅助支撑才能很好地生长。支架栽培有利通风透气，可大大增加叶面积指数，更好地利用阳光，进而增加株数和产量，减轻病虫害。常用的有支架、棚架、吊架等（图 8-22）。对于爬地生长的蔓性蔬菜，生产上常采用压蔓处理。

（2）整枝、摘心、打杈

整枝是指除去一部分枝，对留下的枝引放于一定位置的措施。摘心就是除去生长枝梢的顶芽，又称为打尖。其作用主要是抑制生长，促进分枝、花芽分化和果实发育。如对番茄、茄子、蚕豆、黄秋葵等蔬菜进行摘心，能促进果实发育；对香椿摘心能促进侧枝生长以多收香椿芽。打杈是指摘除侧芽或侧枝。

（3）绑蔓

对于攀缘植物或藤本植物，其自身的能力不足以使其牢固地附着在支架上，必须人为地加以绑缚。如将黄瓜固定于支架上，使生长点在同一水平面上，既防止大株遮小株，又避免黄瓜植株过早爬满架，宜采用"S"形绑蔓法。

（4）摘叶、束叶

成熟的叶片光合作用旺盛，制造的营养物质能积累同化产物供其他组织器官利用；而

图 8-22　支架栽培
A. 番茄支架；B. 番茄吊架；C. 瓜类棚架；D. 番茄新型栽培架

衰老的叶片同化作用弱，制造的营养物质少于其自身的呼吸消耗，摘除老叶对同化产物的影响很小，同时还能改善通风透光状况，减少病虫害发生。如黄瓜展叶 30 ～ 35 d 后光合效率迅速降低，展叶后 45 ～ 50 d 基本无积累，宜摘除。大白菜束叶是为防止越冬过程中叶球受冻，在强寒流到来之前用稻秆、甘薯藤等在叶球距地面 2/3 处将外叶捆起以保护叶球。这一操作可使大白菜心叶不致受冻，还可促进大白菜叶球软化，使植株间通风良好。花椰菜束叶能使花球洁白柔嫩。

　　蔬菜植株调整过程中，调整措施有时单独进行，但更多情况是几种技术交叉或同时进行，才能完成蔬菜植株调整。番茄生产中，采用较多的是单蔓整枝、改良式单蔓整枝和双蔓整枝。一般只留顶芽向上生长，侧枝全部摘除，称为单蔓整枝；有时除顶芽外，第一穗果下又留一侧枝与顶芽同时生长，称双蔓整枝。目前，番茄还有三蔓或四蔓整枝栽培。辣椒可采用三干、四干、多干和不规则整枝，厚皮甜瓜可采用立蔓整枝或匍匐式双蔓整枝（图 8-23）。

　　花卉种类繁多，不同花卉植株调整方式不同。菊花采用的植株调整方式较多，有独本菊、多本菊（保留每盆 3/5/7/9 根枝干，均取单数）、多头小菊等（图 8-24），作为盆景造型更是千姿百态。月季可在花后修剪掉 1/3 ～ 1/2 的开花枝条，尽量保留下部叶片，以便重新发出新枝继续开花。

2. 木本园艺植物的植株调整

树木整形是通过修剪把树体塑造成某种树形。修剪是为了控制树体枝梢数量、方位及生长势，对树体直接采用剪枝及类似的外科手术的总称。整形修剪的意义在于：①构成坚

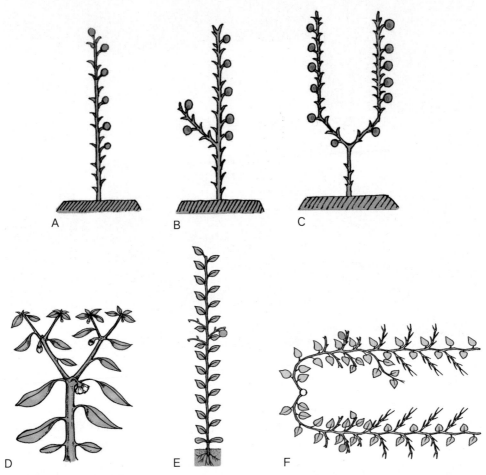

图 8-23　蔬菜植株调整方式示例
A. 番茄单蔓整枝；B. 番茄改良式双蔓整枝；C. 番茄双蔓整枝；D. 辣椒整枝；E. 厚皮甜瓜立蔓整枝；
F. 厚皮甜瓜匍匐式双蔓整枝

图 8-24　菊花的植株调整方式
A. 独本菊；B. 多本菊；C. 多头小菊

实的树体骨架、使树体具有较大的负载能力；②改善树体的生态条件，充分利用光能及具有良好的通风性能，减少病虫害的发生，维持树体健壮；③调节地上部与地下部的平衡关系；④维持树体良好的营养生长和生殖生长的平衡；⑤控制树冠的体积大小与高度，便于管理；⑥使树体适应不良的土壤与生态环境条件，扩大栽培范围。

（1）树体结构

了解树体结构，对于进行合理的整形修剪至关重要。每种树的树体都可分为地上和地下两大部分，地下部分指整个根系，虽然根系的好坏也影响地上部分的生长发育，但在常规修剪中一般不涉及根，所以本节主要介绍地上部分。地上部分包括主干和树冠两部分。树冠又由中心干、主枝、侧枝（又称副主枝）和枝组构成，有时还会有辅养枝（图8-25），但有些树形的果树无明显中心干。

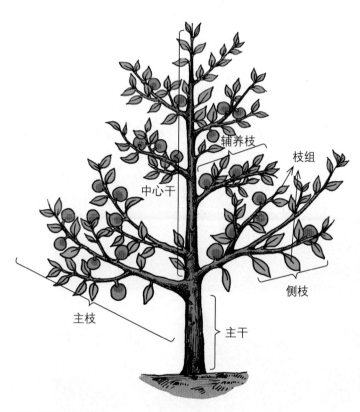

图 8-25　树体结构

（2）树形（自然式、人工式）

果树自然式树形主要包括有中心干形、开心形、篱壁形和棚架形等。

①有中心干形：包括纺锤形、小冠疏层形和圆柱形等（图8-26，图8-27）。

纺锤形是一种适宜极矮化密植的树形。其特点是：修剪易、成形快、树冠小、枝组紧凑、便于更新，成花快、结果早、产量高、品质好。

小冠疏层形是生产上乔化树整形修剪应用较多的树形，也是乔化或半矮化密植栽培的良好树形，其结构简单，级次少，修剪方法简单、管理方便。

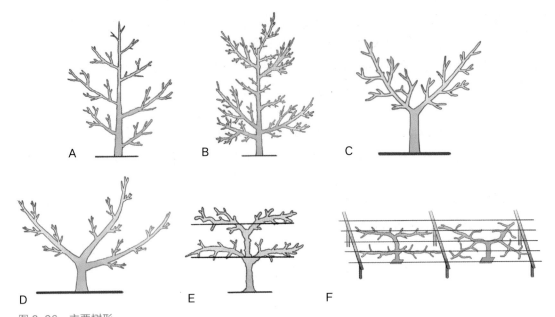

图 8-26　主要树形
A. 纺锤形；B. 小冠疏层形；C.“Y”字形；D. 自然开心形；E. 单篱架形；F.“H”字形和“X”字形

图 8-27　树形实例
A.“Y”字形；B. 主干形；C. 双臂顺行式棚架；D. 开心形；E.“H”字形；F. 篱壁形

②开心形

此类树形主干上有 2～4 个主枝向外延伸呈开心状，无中心干，适用于喜光性果树，核果类果树多用此类树形，苹果也偶尔采用（图 8-26，图 8-27）。常用的开心形树形有自然开心形、"Y"字形。常用于桃、梨、梅等。

③篱壁形

特点是株间树冠相接，群体成为树篱。有些树篱可以自然直立，有些需要篱架支撑。这类树形适于矮化密植，光照较好，有利于丰产优质和机械化操作，是现代果树生产中的重要树形。此树形的代表有单篱架形、棕榈叶形、扇形等（图 8-26，图 8-27）。

④棚架形

棚架形主要用于藤本植物，如葡萄、猕猴桃、紫藤、凌霄等。常用的有"H"字形和"X"字形等。在日本为防台风，梨的栽培中也常采用棚架形（图 8-26，图 8-27）。

⑤人工式

人工式树形则是人为对植物进行整形，使其按人的艺术要求生长，几乎完全不顾植物的生长发育特性，是一种特殊的装饰性的整形方式。人工整形现在有减少的趋势，但它在公园和城市街道等园林局部和要求特殊美化的环境中，仍是一种吸引人的植物艺术造型方式。

以树冠外形来说，常见的有圆头形、圆锥形、卵圆形、倒卵圆形、杯形、自然开心形等。树形上大体与果树整形类似，只是更多地从提高观赏价值的角度进行，而果树则更多地考虑如何提高产品质量和效益。在观赏植物栽培上常见树形有单干式、双干式、丛生式、悬崖式等，盆景的造型更是千姿百态（图 8-28）。

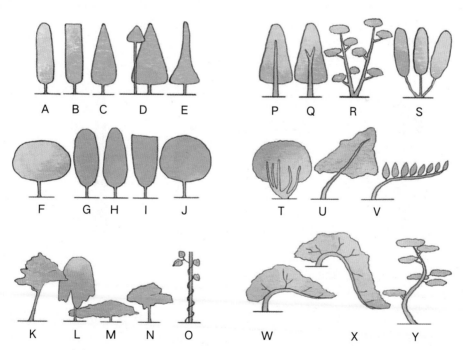

图 8-28　观赏植物主要树形示意图

A. 柱形；B. 圆筒形；C. 圆锥形；D. 伞形；E. 塔形；F. 圆盖形；G. 长圆形；H. 卵形；I. 杯形；J. 球形；K. 波状圆盖形；L. 垂枝形；M. 葡匐形；N. 覆盖形；O. 藤蔓形；P. 单干式；Q. 双干式；R. 二挺身；S. 三挺身；T. 灌木式；U. 倾斜式；V. 水平式；W. 半悬崖式；X. 悬崖式；Y. 曲干式

树形选择以植物生物学特性和整形目的为基本原则，如实现优质果品生产或提高观赏性。需要考虑的生物学特性应包括：树体的干性、层性及生长势强弱，成枝力高低，花芽特性，枝条生长姿势及枝条的硬度，树种的耐阴能力等。另外，所选择的树形最好还应具备如下优点：①能在短期内尽可能迅速地占领空间；②树冠的通风透光条件好；③整形技术相对简单，树形保持容易，管理简便省工。

（3）修剪的时期、方法及作用

果树的修剪一般分两个阶段进行：一是休眠期修剪，二是生长期修剪。

①休眠期修剪：又称冬季修剪（winter pruning）。休眠期树体内贮藏养分较充足，修剪后枝芽减少，有利于集中利用贮藏养分。落叶树木一般自秋冬落叶开始至春季萌芽之前，常绿树木从晚秋梢停止生长至春梢萌发之前都是冬季修剪的适宜时期。

休眠期修剪常用方法有短截（图 8-29）、疏剪、缩剪、长放、开张枝条角度（图 8-30）、刻伤和环割手法等。

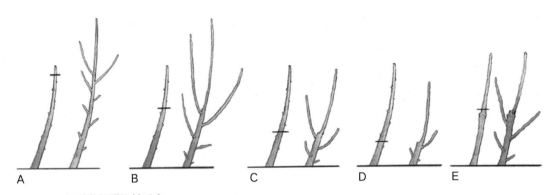

图 8-29　短截的轻重及其反应
A. 轻截；B. 中截；C. 重截；D. 极重截；E. 戴帽截

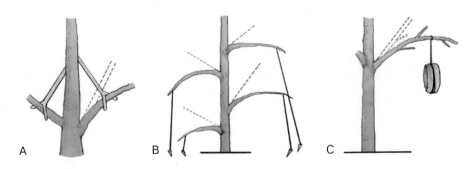

图 8-30　开张枝条角度的主要方法
A. 撑枝；B. 拉枝；C. 石块坠枝

②生长期修剪：又称夏季修剪。指春季萌芽后至落叶果树秋冬落叶前，或常绿果树晚秋梢停止生长前这段时间进行的修剪。生长期修剪又可分为春季修剪、夏季修剪和秋季修剪，但主要在夏季进行，目的是改善树体通风透光条件，抑制过旺的营养生长，促进花芽分化。生长期修剪由于树体贮藏的营养较少，同时因修剪减少了叶面积，与休眠期相比，同样的修剪量却对树体的生长有较大的抑制作用。在一般情况下，生长期修剪应该从轻。

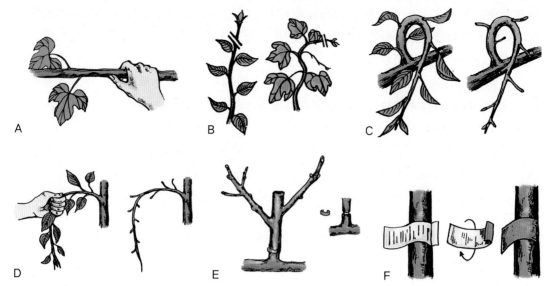

图8-31　生长期修剪主要方法示意图
A.葡萄抹芽；B.新梢摘心（左：苹果摘心；右：葡萄摘心）；C.扭梢（左：生长季扭梢；右：到冬季已形成短梢）；D.拿枝及其效果；E.环状剥皮；F.倒贴皮

生长期修剪主要有除萌和疏梢、摘心和剪梢、扭梢和拿枝、环割、环剥、倒贴皮、大扒皮等手法（图8-31）。

三、花果调控

花果调控主要包括促花、花期调控、保花保果、疏花疏果及果实外观品质调控等技术措施。其目的是获得优质、高产、稳产的花或果实，对提高花和果实的商品性、增加经济效益具有重要意义。

1. 促花措施

促进花芽的分化和形成是园艺植物栽培管理的重要环节，特别是对园艺植物花期调控和促成栽培具有重要意义。促花主要是促进植物从营养生长向生殖生长转化，包括人工促花和化学促花两种形式。目前，园艺植物生产上所采用的促花技术往往将人工促花与化学促花配合使用，效果更显著。

（1）人工促花

人工促花措施主要有：①肥水管理：肥水管理中适当减少氮肥施用量，配合增施磷肥和钾肥；适当减少土壤水分供给量，生产上称"蹲苗"，均能减缓植株营养生长，利于成花；②栽培措施：开张角度、环剥或环割、扭梢和摘心等。

（2）化学促花

如采用乙烯利处理具有与摘心相似的作用，能控制植株营养生长，促进发枝和成花。据薛进军等报道，乙烯利与比久（B₉）混合处理效果更佳。

2. 花期调控

花期控制就是采用人为措施，使植物提前或延后开花的技术，又称催延花期，特别在观赏植物应用最多。它可以根据市场需求按时提供产品，以满足节日需要或实现周年供应。同时人工调节花期，能准确安排栽培程序，缩短生产周期，加速土地利用周转率，提高经济效益。此外，还可以通过花期调控来避开灾害性天气。

花期调控的途径主要是控制温度、光照等气候因素，调节土壤水分、养分等环境条件，采用相应栽培技术措施及生长调节剂处理等。

（1）栽培技术措施

①调节种植期：通过改变植物的种植期来调节花期。如温室育苗，提早开花，秋季盆栽后移入温室也可延迟开花。

②采用修剪措施：月季、茉莉、一串红等花卉，通过摘心等措施，可在适宜条件下可以多次开花。

③肥水管理：通常氮肥和水分充足可促进营养生长而延迟开花，增施磷、钾肥有助于抑制营养生长而促进花芽分化。二氧化碳肥料不仅能提高植物的光合作用，还有促花效应。

（2）环境条件

①温度处理：温度处理进行花期调控主要是通过调节积温以及最高、最低、最适温度等，调节休眠期、成花诱导与花芽形成期、花径伸长期等主要进程而实现花期调控。如植物休眠和春化时进行温度调控。

②光照处理：许多园艺植物开花受光周期调控，可通过调节光照时间来达到花期调控的目的。有些植物临界日长受温度影响，需同时考虑温度。

（3）植物生长调节剂处理

植物生长调节剂可以促进或抑制植物的开花。如矮壮素、比久、嘧啶醇等可促进多种植物的花芽形成，而脱落酸结合长日照处理可以推迟香石竹的花期，2,4-D对菊花等观赏植物的花芽分化和花蕾发育有抑制作用。

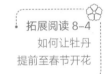
拓展阅读 8-4
如何让牡丹
提前至春节开花

3. 保花保果

（1）保花保果的意义

坐果率是产量构成的重要因子，提高坐果率，尤其是在花量少的年份提高坐果率，是保证丰产的重要环节。多数植物的自然坐果率都较低，如苹果、梨为15%左右，桃、杏为5%～10%。除树体原因，不良环境也会造成落花落果，应根据具体情况采取相应的措施。保花保果还可以稳定植株的生长势，使之少徒长，取得生长与结果的平衡，在幼年果树上尤其重要。

（2）保花保果的措施

①提高树体营养水平：通过加强土肥水管理，合理修剪，秋季保护叶片和加强后期营养积累，以提高植株营养水平，改善花器官发育状况，是提高坐果率的基础。

②保证授粉质量：近年来，由于授粉不良而大幅度减产的事件发生较频繁。授粉可通过配置授粉树、蜜蜂授粉、人工授粉和液体授粉进行。配置授粉树易受天气影响，授粉的随意性大。国家梨产业技术体系首席团队克服了长期限制液体授粉技术的难题，发现最适宜的花粉活力保存和萌发的液体营养液组成为 150 g/L 蔗糖 +1 g/L 硼酸 + 5 g/L 硝酸钙 + 4 g/L 黄原胶，并成功在新疆等地开展大面积试验示范。花粉液应在配置 2 h 内喷完，以免花粉发芽。

③植物生长调节剂和矿质元素的应用：落花落果的直接原因是果柄离层的形成，而离层形成与内源激素（如生长素）不足有关。外源补充植物生长调节剂，如生长素、赤霉素等，可以改变树体内源激素的水平和不同激素间的平衡关系而促进坐果。需要注意的是不同的植物生长调节剂作用相差很大，应用时必须先进行试验，以免造成损失。多种类植物生长调节剂混合喷施，有增效作用。

④改善环境条件：对风害引起的落花落果，应营造防护林减少风害；预防花期霜冻和花后冷害、干旱、水涝等也是保花保果的重要措施；花期应降低土壤湿度，提高空气湿度，在花期除非十分干旱，尽量不要灌水，可在花期向空中喷水提高坐果率，但脐橙花期如空气湿度太高则不利于授粉。

4. 疏花疏果

疏花疏果是指人为地去掉过多的花或果实，使植株保持合理负载量的技术措施。园艺植物花量过大、坐果过多时，植株负载过重，营养消耗过多，影响园艺产品器官的生长发育和树势。正确运用疏花疏果技术，调控植株合理负载，能提高园艺产品品质和产量。如大蒜、百合等摘除花蕾有利于地下产品器官的肥大。

（1）果实负载量的确定

确定某种果树适宜的负载量较为复杂，通常要考虑3个条件：①保证当年果实数量、质量及最好的经济效益；②不影响翌年花果的形成；③维持当年的健壮树势并具有较高的贮藏营养水平。确定负载量常用的方法有干周法、距离法、枝果比法、叶果比法等。

（2）疏花疏果的作用与时期

在确定负载量过多的情况下，进行适当的疏花疏果可以控制坐果数量，使树体负担合理，保证树势健壮；有效地调节大小年，保证稳产丰产，提高果实品质。疏花疏果时期应根据具体情况来确定。通常生产上疏花疏果要进行3～4次，最终实现保留合适的树体负载量，切忌一次到位，以防遇见灾害性天气引起落花落果造成产量不足。

（3）疏花疏果的方法

目前生产上采用的方法主要有人工疏除和化学疏除两种。人工疏除能够准确地掌握疏除量，留果均匀，但费时费工。蔬菜的花果量不大，可采用人工疏花疏果。化学疏花疏果虽然省时省工，疏除及时，成本低，但使用时影响因素较多，疏除效果不够稳定，但大果园人工很紧张时可选用。常用的化学疏花疏果剂有：①西维因，主要用于疏除幼果；②乙烯利、萘乙酸和萘乙酰胺，可疏花，也可疏果；③石硫合剂，主要用于疏花。

5. 果实外观品质的调控

果实形状、大小、色泽、洁净度、整齐度等是最重要的外观品质，它直接影响商品价值。

（1）改善果形

果形除受品种本身的遗传控制外，还受砧木、气候、果实着生位置及树体营养状况等的影响。果实发育期间的肥水管理也影响果形。改善果形应做到选择适宜的栽培区、保持土壤适宜湿度、优选果枝和果实。

（2）促进果实着色

果实的色泽发育主要受光照、温度、土壤水分、树体营养、果实内糖分的积累等因素的影响，其中光照的影响最大。因此，应选择适当的树形，配合合理修剪、适量留果等措施尽可能改善树体的光照条件。提高光照强度，促进果实着色的主要方法有摘叶、转果、铺反光膜等。

（3）提高果面洁净度

通过套袋、合理使用药剂、加强植物保护、喷施果面保护剂等措施可明显地提高果面洁净度。但是，果实套袋技术对果袋质量、套袋及摘袋时期、摘袋后管理都有较严格的要求，掌握不当，会给生产造成一定的损失。

（4）果穗整形

穗状果实的外观品质不但与单果粒的大小、形状有关，还与果穗的大小、形状和紧密度有密切关系。果穗整形对葡萄、枇杷、荔枝等果实的品质和商品价值形成具有十分重要的作用，果穗整形虽然较费工，但增加效益显著。一般果树果穗整形主要通过疏花序（或果穗）、整穗和疏粒三步来完成。整穗是为使保留的果穗生长整齐、穗形良好，一般在开花前数天对花序进行修整。

四、病虫草防治

病虫草害防治在种植园管理中非常重要，应以预防为主，采用农业、物理、生物、化学方法综合防治（图8-32）。在种植园管理时还应注意植物检疫，对植物及其产品进行管理和控制，防止危险性有害生物的传入、传出及扩散，保护园艺植物生产安全和生态环境，促进国际及国内经济贸易的发展。

图8-32　有害生物的综合防治技术
A. 深沟高畦全覆盖农业防治技术；B. 防虫网物理防控技术；C. 无人机高效化学防控技术；D. 性诱剂生物防控技术

（1）农业防治

农业防治（agricultural control）是指利用农业栽培管理技术措施，有目的地改变某些环境因子，创造有利于植物生长发育而不利于有害生物生存和繁殖的条件，从而避免或减轻病虫的防治手段，是农业有害生物综合治理的重要基础。但农业防治也有其局限性，单独使用有时收效较慢，效果较低，在病虫大量发生时不能及时获得防治效果。农业防治的基本方法如下。

①利用抗性品种：这是防治植物病虫害最经济和有效的措施，发挥了重要作用。但随着抗病品种的推广和种植年限的增加，容易出现抗性"丧失"的现象。为克服这一现象，除了加强对多抗性品种、水平抗性品种、耐病、避病品种的利用外，要高度重视抗病品种的合理布局和科学利用，采用具有不同抗病基因的品种并轮换使用。

②改革耕作制度：如轮作可起到抑制和中断病虫害传播作用，是减轻连作障碍的重要措施。也可通过间作套种合理配置植物种类以减轻病虫草害。

③改善栽培方式：科学的田间管理如适时播种和定植、平衡施肥、膜下滴灌、深耕晒垡、中耕除草等，环境调控如覆盖地膜、地面覆草、加强通风等可改变植物的营养状况和生长环境，还能恶化病虫草生存环境，达到抑制病虫草发生或直接消灭病虫草的目的。无土栽培、嫁接栽培、高畦栽培等都可以降低病虫草害的发生率。

④田园清洁：田园清洁措施包括清除收获后残留在田间的病株残体和杂草，生长期拔除病株与铲除发病中心并集中深埋或烧毁，施用净肥以及清洗消毒农机具、工具、架材、农膜、仓库等。这些措施可以显著地减少病原物、害虫和杂草的数量。

⑤使用无病虫繁殖材料：使用无病虫害种子、种球、苗木以及其他繁殖材料，可以有效地防止病虫害的传播和蔓延。采用脱毒快繁可脱除病毒（图8-33）。

图 8-33　马铃薯脱毒种薯的工厂化生产（白建明摄）

（2）物理防治

物理防治（physical control）是指用各种物理因素处理种苗、土壤等来防治病虫害的措施。对多年生果树的枝干病害，还可以用外科手术方法治疗。

①热力处理：指利用热力对种子、种苗或休闲土壤进行处理，杀死其中的病原物和虫卵。生产中普遍应用的方法有温汤浸种、热处理土壤、干热处理种子、热力治疗感染病毒的植株或无性繁殖材料、控制温室大棚温度等。

②光的作用：指利用害虫对一些光谱的趋避性，可使用光选择透过性薄膜、黑光灯等设备诱杀害虫。例如利用蚜虫对黄色的趋向性用黄板诱杀有翅蚜、银灰色驱避蚜虫等。

③捕杀害虫：指根据害虫的栖息部位、活动习性，用人工或机械来捕杀害虫。如利用害虫的假死性和群集性灭虫，人工采卵和人工捉虫等。

④机械阻隔：指利用地膜、遮阳网、塑料大棚和温室等设施来阻止病虫害传播和为害。果树上用果实套袋的方法来防治果实病虫害有普遍应用。

⑤人工摘除：常结合田间管理进行，如拔除受病虫危害的植株、摘除受病虫危害的叶片和果实及铲除杂草等。

⑥树干涂白：秋季用石灰刷树干，可防止果树的冻害并消灭大量病原菌和害虫。

⑦电磁波的利用：利用 γ 射线、紫外线、X 射线、红外线、超声波等进行处理，可直接杀死病虫，或使害虫不育。多用于蔬菜和水果的贮藏。此外，农业上常利用振频灯来诱捕害虫。

（3）生物防治

生物防治（biological control）是利用有益生物及其代谢产物控制有害生物种群数量的一种防治技术。生物防治是综合防治的重要组成部分，但生物防治受环境因素影响较大，有的发挥作用较慢，需结合其他方法应用。

①利用有益微生物防治病害：利用生物之间的竞争作用、重寄生作用、交互保护作用等控制病原物的数量，从而减轻病害的发生。如用木霉制剂防治园艺植物的立枯病、根腐病、白绢病等。

②利用天敌生物防治害虫：可利用病原微生物对害虫的寄生、利用天敌昆虫及其他食虫动物的捕食作用以及昆虫的生理活性物质防治害虫。如园艺植物上应用最广泛的苏云金杆芽孢菌，对菜粉蝶、甘蓝夜蛾等多种鳞翅目害虫有很好的防治效果。生产上用性外激素可以迷惑并消灭昆虫。

③利用生物农药防治病虫害：主要有微生物源农药和植物源农药。"农抗120"对蔬菜白粉病、瓜类枯萎病和炭疽病、番茄叶霉病，井冈霉素对茄科植物的白绢病和炭疽病等都表现出明显和较好的防治效果。烟碱、苦参碱、印楝素等植物源农药可防治蚜虫、蓟马、叶蝉等多种害虫。

（4）化学防治

化学防治（chemical control）指用化学药剂防治病虫害的方法，是目前农业生产中一项很重要的防治措施。化学防治具有见效快、效果好、受环境条件影响小、便于机械化操作等优点，但使用不当可对植物、人畜和天敌产生危害，导致病虫产生抗药性、污染环境等。使用化学药剂防治病虫害应分析防治对象、保护对象和环境条件之间的关系，力求用最少药剂达到最佳防治效果。

①正确选择药剂种类：每种药剂都有适合的防治对象和一定的残留期，要认真了解每种药剂的性质，正确选择和使用，达到防治病虫害和保护天敌的目的。同时限制高毒农药使用，选用高效低毒、低残留的农药，转换使用药剂种类，以免防治对象产生抗药性。

②科学确定用药量、用药时期、用药次数和使用方法：要根据药剂的性质、气候状况和防治对象，确定用药浓度、用药次数、用药时期和使用方法。

③合理混用农药：由于各种农药的理化性质不同，有些不能混用。可以混合使用的农药可考虑长效和短效、杀虫和杀菌、农药和肥料、农药和展着剂等几种混合方式。

④加大对新型施药器械的推广力度，提高喷药质量和农药利用率：在使用农药时，应引进和推广新型施药器械，使用低容量、细雾喷洒的方式，提高喷药质量和防治效果，特别是高大的果树和观赏树木更要喷洒周到、细致、全面。

五、园艺机械使用

园艺生产有整地、播种育苗、施肥、栽植、灌溉、植株调整、采收等作业步骤。为实现"优质、高效、低耗、安全"的农业生产，园艺产业将逐步向现代化、机械化发展。在园艺生产中，常用以下几种机械，或者几种机械混合开展生产作业。

1. 耕地机械

耕地机械是对整个耕作层进行耕作的机具，常用的有铧式犁、圆盘犁、松土犁和深松机等（图8-34）。其中历史最悠久、使用最广泛的是铧式犁，它的翻土和覆盖性能为其他耕地机具所不及。圆盘犁多用于铧式犁难以入土的干硬土壤或黏湿土壤。黑龙江、吉林等省广泛使用深松机，其具有较强的入土能力，可以破碎犁底层。

2. 整地机械

犁耕之后，土块间存在着很多大孔隙，地面不平，土壤的松碎、紧密和平整程度是不能满足播种或栽植要求的，因此还需

图8-34　犁式深松机

要进行整地，松碎土壤、平整地表等工作，达到土壤表层松软、下层紧密、混合化肥和除草剂的目的，为植物发芽和生长创造良好的条件。整地作业包括耙地、平地和镇压，有的地区还包括开沟、起垄、作畦等（图8-35）。

3. 播种育苗机械

播种作业是农业生产过程的关键环节。机械化播种较人工播种均匀准确，深浅一致，

而且效率高、速度快，是实现农业现代化的重要技术手段之一。播种机按植物种植模式可分为撒播机、条播机和点（穴）播机。按作业模式可分为施肥播种机、旋耕播种机、铺膜播种机、通用联合播种机等（图 8-35）。

图 8-35　整地播种机械
A. 开沟精整机；B. 旋耕起垄覆膜一体机；C. 精量播种机；D. 免耕施肥播种机

　　大型育苗企业可用全自动精量育苗播种机，一次性完成基质装盘、刮平、压穴、播种、覆土、洒水（选配）等作业工序。

　　嫁接也是育苗中重要环节，嫁接机器人是一种集机械、自动控制与园艺技术于一体的高新技术机械，它可极大加快嫁接速度。

4. 移栽机械

　　植物在育成秧苗后，将其移植到田间的机械称作移栽机械或栽植机械。根据自动化程度，移栽机械可分为简易移栽机、半自动移栽机和自动移栽机。

5. 施肥机械

　　施肥机械是指在地表、土壤或植物的一定部位施放肥料的农业机械。有中耕施肥机、有机肥抛撒机和水肥一体化机械等。水肥一体化技术是借助压力灌溉系统，通过可控管道将可溶性固体肥料或液体肥料配兑而成的肥液与灌溉水一起均匀、定时、定量地输送到植物根部，以满足植物对水分和养分的需求的技术。近年来，水肥一体化技术及其衍生机械的应用越来越广泛（图 8-36）。

6. 植保机械

　　植保机械是指防治植物病虫害的机械。一般按所用的动力可分为人力（手动）植保机械、畜力植保机械、小动力植保机械、拖拉机配套植保机械、自走式植保机械和航空植保

图 8-36　施肥机械
A. 中耕施肥机；B. 有机肥抛撒机；C. 水肥一体化机械

图 8-37　植保机械
A. 牵引式喷雾机；B. 高地喷杆喷雾机；C. 悬挂式喷杆喷雾机

机械。按照施用化学药剂的方法可分为喷雾机、喷粉机、土壤处理机、种子处理机和撒颗粒机等（图 8-37）。

7. 疏花疏果及植株调整机械

机械疏花疏果作为一种对花果管控的友好型技术，运用柔性疏刷装置进行疏花疏果。与人工疏花疏果和化学疏花疏果相比，该方法机械作业效率高，且不存在农药残留、环境污染、受气候条件影响等问题。目前技术还不成熟，但将成为今后重点发展方向。

目前植株调整还是以人工为主，或使用升降机械辅助人工植株调整。有部分修剪机械

图 8-38 疏花疏果及植株调整机械
A, B. 植株调整机械；C. 疏花机械

已面世，但应用范围还不广（图 8-38）。

8. 采收和商品化处理

采摘作业所用劳动力占整个生产过程所用劳动力的 33%～50%，目前我国的水果采摘绝大部分还是以人工采摘为主。使用采摘机械可提高采摘效率，节省人工成本，提高果农的经济效益，因此提高采摘作业机械化程度有重要的意义。

国外对果园采摘机械的研究始于 20 世纪 40 年代，机械式采摘主要有振摇式、撞击式、切割式三种类型。日本在 20 世纪 90 年代着手研究陡坡地果园的机械化，目前研制出的采摘车轮距宽，重心低，故爬坡能力强。

20 世纪 70 年代，随着计算机和自动控制技术的迅速发展，美国首先开始研究各种农业机器人。目前，以日本为代表的发达国家，相继试验成功了多种采摘机器人。采摘机器人主要由机械手、末端执行器、视觉识别系统和行走装置等四大系统组成，但应用还不广泛。

蔬菜收获机械是用于收割、采摘或挖取各种蔬菜的食用部分等作业的特种植物收获机械。根据收取蔬菜部位的不同，可分为根菜类收获机、果菜类收获机和叶菜类收获机等类型。由于蔬菜的食用部分极易损伤，机械收获难度较大。现有的蔬菜收获机械多为一次性收获机械。

果蔬产品是鲜活商品，具有易腐、易变质、种类多样且不均一的特点。果蔬的采后处理就是为保持和改进产品质量并使其从农产品转化为商品所采取的一系列措施的总称。果蔬的采后处理过程主要包括整理、挑选、预贮、预冷、清洗、涂膜、分级、防腐、灭虫、包装、催熟、脱涩处理等环节。可根据产品种类，选用全部的措施或只选用其中的某几项措施。通过采后的科学处理，果蔬可最大限度地减少园艺产品采后损耗、提供最优化的条件调控水果的生理状态，稳定并强化它们的商品性。

思考题

1. 种植园规划设计的依据和主要设计内容包括哪些？
2. 如何进行盐碱和酸化土壤的改良？
3. 连作障碍表现在哪些方面？如何进行改良？
4. 园艺植物的繁殖方式主要有哪些？
5. 植株调整的作用主要有哪些？主要果树的树形有哪些？
6. 花果调控的方法主要有哪些？
7. 种植园土壤管理制度主要包括哪些？施肥的种类、时期和方法有哪些？
8. 如何进行病虫草害的综合防治？
9. 园艺作业包括哪些步骤？主要的机械种类包括哪些？

参考文献

程智慧. 园艺概论 [M]. 2 版. 北京：科学出版社，2018.

付荣利. 果园采摘机械的现状及发展趋势 [J]. 农业开发与装备，2011（5）：17-19.

胡繁荣. 园艺植物生产技术 [M]. 上海：上海交通大学出版社，2007.

湖北省农业机械化技术推广总站，中国农业机械学会，农业机械杂志社组. 农业机械实用手册 [M]. 北京：中国农业大学出版社，2018.

劳动和社会保障部教材办公室. 果树工（中级）[M]. 北京：中国劳动社会保障出版社，2007.

李鉴方. 现代农业装备与应用 [M]. 杭州：浙江科学技术出版社，2018.

罗正荣. 普通园艺学 [M]. 北京：高等教育出版社，2005.

马凯，侯喜林. 园艺通论 [M]. 2 版. 北京：高等教育出版社，2006.

徐仁扣. 土壤酸化及其调控研究进展 [J]. 土壤，2015，47（2）：238-244.

章镇，王秀峰. 园艺学总论 [M]. 北京：中国农业出版社，2003.

朱立新，李光晨. 园艺通论 [M]. 4 版. 北京：中国农业大学出版社，2015.

第九章
园艺产品采后生物学

第一节 园艺产品采后
品质保持
第二节 园艺产品采后
生理
第三节 园艺产品采后
技术

园艺产品多以鲜活产品的形式销售，其产品的新鲜度和其生产效益、经济价值密切关联。但是鲜活的园艺产品含水量高，在产品采收后极易遭受失水等逆境胁迫而造成产品在数量和品质上的损耗。园艺产品采后生物学主要就是围绕产品的采后品质保持，研究产品采后的生理生化变化规律及其与环境的互作关系，研发从采收到销售整个采后流通链的综合贮运保鲜技术的科学。茶的采后主要是加工工艺，保鲜涉及较少，因此本章重点介绍果树、蔬菜和花卉的采后品质保持和保鲜技术。

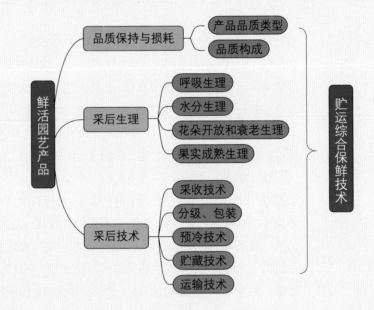

园艺产品采后品质保持

一、园艺产品采后损耗

根据园艺产品的用途，园艺产品品质（quality）具有不同维度的含义，例如市场品质（market quality）、食用品质（edible quality）、甜点品质（dessert quality）、运输品质（shipping quality）、餐桌品质（table quality）、营养品质（nutritional quality）、外观品质（appearance quality）、内部品质（internal quality）、观赏品质（ornamental quality）等。产品的品质构成主要包括颜色、大小、形状、质地等外观品质因子和香气、味道、口感等风味品质因子。园艺产品从田间到消费者，通常需要经过采收、分级、包装、预冷、运输、贮藏、批发、零售等一系列环节。在采后流通过程中的园艺产品面临着多种逆境胁迫，比如机械损伤、失水胁迫、冷藏期冷害等，都会对产品品质产生不利的影响。园艺产品的采后损耗（postharvest loss of quality and quantity）是指园艺产品采收后因中间流通过程而导致的产品品质下降和数量减少。园艺产品采后损耗造成商品价值减小，严重的甚至使园艺产品直接失去其商品价值。例如，贮藏期间腐烂的果蔬直接无法出售、盆花等花朵萎蔫直接失去观赏价值等（图9-1）。目前，我国的果蔬采后损耗在总产量的25%～30%，切花的采后损耗达到总产量的30%以上。

根据采后损耗的产品品质因子的类型，园艺产品采后损耗可分为外观品质损耗、风味品质和营养物质等损耗。外观损耗包括园艺产品在颜色、形状、质地等方面的劣变；风味品质和营养物质的损耗包括园艺产品营养成分含量下降、果实香气和味道上的变化。花卉是满足人们精神文化需求的观赏产品。花卉产品品质主要是外观品质，采后损耗也集中在外观品质损耗。不同类型的花卉产品损耗表现有差异。例如，切花损耗一般表现为花朵外瓣枯焦、花蕾不能正常开放、瓶插寿命缩短等；盆花损耗一般表现为枝干弯折、花朵掉落、出现病虫害导致的病斑等。在当今的园艺产业分工越来越细的背景下，很多产品的产销地分离。因此，其采后流通过程也会经常因一些突发事件造成巨大的损耗。例如2019年末突发新冠肺炎疫情，全国各地的花卉市场陆续关闭，花卉的物流运输也进入停滞状

图 9-1　不同类型园艺产品的采后损耗

态，切花和盆花销售都遭受沉重打击。据《中国花卉报》的报道，在浙江生产蝴蝶兰、兜兰、石斛等多个花卉品种的一个中型体量的公司，其直接经济损失就达到 200 多万元。果蔬的采后损耗也会有外观品质损耗，例如绿叶菜的叶片失绿、番茄表皮破裂、香蕉褐变产生黑斑等；另外还存在风味品质损耗，例如菠萝无氧呼吸后散发酒精气味、猕猴桃经低温贮藏丧失后熟能力而口感酸涩等。此外，果蔬作为人们日常消费的食物，需要为人们提供生命活动必不可少的维生素、矿物质和纤维素等营养成分，其采后损耗也包括营养物质损耗。全球农业和粮食系统促进营养小组（Global Panel on Agriculture and Food Systems for Nutrition）的数据显示，在没有营养强化和补充剂的情况下，全球生产的可食用作物中含有的维生素 A 平均量大约超过全部人类所需量的 22%；然而在损耗后，全世界实际短缺了 11% 的维生素 A 需求量，仅维生素 A 在采后损耗就超过了总损耗量的 27%。同样地，以人体所需的铁元素为例，全球生产的食物总量中有全球人口所需摄取铁元素量的 7 倍多，但是经采后损耗后，仅有约 2 倍的铁元素总量还可以供人们利用。

二、园艺产品采后品质保持

社会分工使得园艺产品出现产销分离的现象，只有建立采后流通链体系，才能有效应对产销分离的产业基本形态并提高经济效益。在这一过程中，园艺产品会不可避免地遭受逆境胁迫的影响。因为鲜活的园艺产品采收后仍然是具有生命活动的有机体，仍然在进行正常的生理代谢，因此其产品在采收后仍会有许多复杂的采后生理变化，包括呼吸生理、水分生理、成熟生理、衰老生理等（图 9-2）。采后生物学就是致力于解析园艺产品采后生理生化变化及其与外部环境的相互作用机制，其目的是调节园艺产品采后生理变化，为制定采后综合贮运技术、保持园艺产品采后品质提供理论基础。

针对不同类型的园艺产品，采后品质保持具有不同的核心质量因子。香蕉、猕猴桃等

图 9-2　园艺产品采后生理示意图
A. 失水生理；B. 成熟生理；C. 呼吸生理；D. 衰老生理

呼吸跃变型果实完熟后不利于储运，生产上一般在果实形态成熟时就进行采摘。刚采收果实内的大部分糖类物质以淀粉的形式存在，并含有大量的有机酸和单宁，不适合食用，需要经过后熟才能达到食用品质。所以，这类园艺产品的采后过程也是品质形成的过程，其品质保持的目标侧重于促进果实顺利完成后熟，即保证产品品质形成。对于没有后熟特性的果蔬，采收时就已经具备最佳的市场和食用品质，其产品品质会在采后处理和流通过程中逐渐下降，例如新鲜爽脆的黄瓜由于不断失水而萎蔫疲软，这类园艺产品的品质保持目标则侧重于延缓品质降低速率。切花产品品质包括正常开放和尽量长的瓶插寿命，因此其品质保持较为特殊；而切花采收时为了减少储运损耗，需要在花朵刚绽蕾时采收，因此其采后一方面需要促进切花顺利开放以达到最佳观赏效果，另一方面需要延缓切花衰老以延长切花瓶插寿命。盆花可分为观花观果型和其他类型，前者类似切花的品质保持，既要保证花朵和果实的正常发育，又要延长它们的观赏期；后者的观赏部位在叶、茎和根等，其品质保持主要是维护这些观赏部位的形态完整，即减少机械损伤和病虫害等。

不同的园艺产品采后处理环节，存在不同的品质保持技术方法（图9-3）。例如产品的包装技术，除了提升商品的美观度，更重要的是减少碰撞、摩擦、挤压对园艺产品造成的机械损伤。苹果常用的包装为聚乙烯发泡棉网套，柑橘常用瓦楞纸隔板进行包装。在产品预冷技术方面，预冷可快速散去园艺产品所带的田间热，能够降低产品的呼吸速率，延缓病原菌生长，减少产品腐烂，目前采用的预冷技术包括风冷、水冷、冰冷和真空预冷等。园艺产品贮藏技术包括机械冷藏库贮藏、气调贮藏和减压贮藏等，冷藏方式有机械制冷、冰制冷、液氮或干冰制冷以及蓄冷板制冷等。运输是园艺产品流通中的重要环节，运输中的温度、湿度、空气成分等环境条件与园艺产品品质有着紧密联系。冷藏运输对园艺产品品质保持具有显著效果，常见的冷藏运输设备有冷藏汽车、铁路冷藏车、冷藏集装箱等。

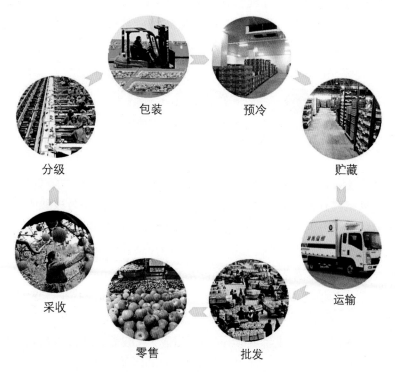

图 9-3　园艺产品采后流程图

园艺产品采后生理

园艺产品的器官分别来自植物的根、茎、叶、花、果实、种子等不同部位，种类繁多。但是无论来自哪一器官的产品，在脱离了母体水分和养分的供给之后，为了适应外部条件的改变，其组织内部的代谢机能会发生一系列变化，各种生理状态会在与外界因子的互相作用下，按照一定的方向和强度发生变化。产品在采后生理变化的基础上，发生产品品质形成、维持和劣变等变化。在园艺产品的采后流通过程中，要想保持产品品质，提高贮藏性能，必须先了解产品的采后生理变化，如呼吸、蒸腾、休眠、衰老等，才能采取有针对性的措施减弱不利影响，保持良好的产品品质。

一、园艺产品呼吸生理

1. 呼吸作用基本概念

呼吸作用（respiration）是在一系列酶参与的生物氧化下，经过许多中间环节，将生物体内的复杂有机物分解为简单物质，并释放能量的过程。

2. 呼吸代谢的类型

采后的园艺产品，根据自身和环境原因，主要有以下三种不同的呼吸类型。

（1）有氧呼吸

有氧呼吸（aerobic respiration）是指在环境氧气充足的条件下，园艺产品从空气中直接吸收氧气，在酶的催化下，把有机物分解为水和 CO_2 等无机物，同时释放出能量的过程。一般来说，淀粉、葡萄糖、果糖、蔗糖等糖类是最常被利用的直接或者间接呼吸底物。以葡萄糖为呼吸底物，有氧呼吸的总反应见图 9-4。

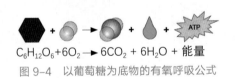

$$C_6H_{12}O_6 + 6O_2 \longrightarrow 6CO_2 + 6H_2O + 能量$$

图 9-4　以葡萄糖为底物的有氧呼吸公式

高等植物有氧呼吸是一个复杂的系统，主要是通过糖酵解到三羧酸循环再到电子传递链系统。另外戊糖磷酸途径也在生命过程中发挥重要作用，比如为核酸的合成提供核糖、经过异构和基团转移变为三碳糖、四碳糖以及七碳糖等戊糖途径中间产物等。

（2）无氧呼吸

在缺少氧气的情况下，园艺产品则会进行无氧呼吸（anaerobic respiration），又称分子内呼吸（图 9-5）。在高等植物中，这一过程称为无氧呼吸，在微生物中，这一过程一般称为发酵（fermentation）。无氧呼吸是一个不完全分解的过程，糖酵解产生的丙酮酸不再进入三羧酸循环，而是脱羧成乙醛，或者继续还原成乙醇、乳酸等物质。以葡萄糖作为底物时，反应式如下。

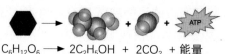

$$C_6H_{12}O_6 \longrightarrow 2C_2H_5OH + 2CO_2 + 能量$$

图 9-5　以葡萄糖为底物的无氧呼吸公式

园艺产品在采后贮藏时，尤其是气调贮藏时，如果贮藏环境通风不良，或者控制的环境中氧气浓度过低，均易发生无氧呼吸，使产品品质劣变。

（3）愈伤呼吸

园艺产品在受到机械损伤、病虫害侵染时呼吸速率显著增高的现象称为愈伤呼吸（healing respiration），又称创伤呼吸、伤呼吸。一方面，愈伤呼吸的发生使体内物质大量消耗，对于采后园艺产品应尽量减少其机械损伤等伤害，防止愈伤呼吸的产生；另一方面，愈伤呼吸是呼吸保卫反应的主要机制，在园艺产品对损伤的自我修复中发挥重要作用。

3. 测量呼吸作用的指标

（1）呼吸速率

呼吸速率（respiration rate）指在一定温度下单位时间内、单位质量的园艺产品呼出的 CO_2 或吸入的 O_2 质量，单位通常用 $mg\,CO_2/(kg \cdot h)$ 或 $mg\,O_2/(kg \cdot h)$ 来表示，又称呼吸强度。呼吸速率是表示园艺产品新陈代谢能力的重要指标，是估算采后寿命的依据之一。呼吸速率高的园艺产品种类和品种，比呼吸速率低的贮藏期短，如青花菜、莴苣、豌豆、菠菜和甜玉米（呼吸速率高）贮藏期短于苹果、柠檬、洋葱和马铃薯（呼吸速率低）（表9-1）。

表 9-1　不同园艺产品的呼吸速率

类别	呼吸速度［5℃下，以 CO_2 计 mg/（kg·h）］	园艺产品名称
很低	＜5	坚果、枣
低	5~10	苹果、柑橘、葡萄、猕猴桃、洋葱、马铃薯
中等	10~20	杏、香蕉、樱桃、桃、梨、李、无花果、甘蓝、胡萝卜、生菜、辣椒、西红柿
高	20~40	草莓、黑莓、覆盆子、大豆、牛油果
很高	40~60	菜豆、抱子甘蓝、切花
极高	＞60	芦笋、蘑菇、豌豆、菠菜、甜玉米

（2）呼吸系数

呼吸系数（respiration quotient），又称呼吸商，是植物呼出的 CO_2 和吸入的 O_2 之间的体积比，用 RQ 表示。根据呼吸系数可大体估算出园艺产品呼吸性质和呼吸底物类型（表9-2）。

表 9-2　不同呼吸底物类型及其对应的 RQ

RQ	呼吸底物
RQ = 1	葡萄糖
RQ < 1	脂肪或蛋白质［含碳（C）高］
RQ > 1	有机酸［含氧（O）高］
RQ 很大	无氧呼吸

RQ 越高，园艺产品无氧呼吸占的比例越高；RQ 非常高，说明园艺产品在进行无氧呼吸生成乙醇。某些园艺产品组织中 RQ 快速变化，说明产品的呼吸代谢方式存在有氧呼吸到无氧呼吸的转变。RQ 与贮藏温度有关，同种水果在不同温度下，RQ 也不同。如伏令夏橙 25 ℃时 RQ 为 1 左右，而 38 ℃时为 1.5。这表明高温下可能存在有机酸的氧化或有无氧呼吸，也可能二者兼而有之。

（3）温度系数

温度系数（temperature quotient of respiration）指温度每提高或降低 10 ℃时，呼吸速率增大或减小的倍数，用 Q_{10} 表示。Q_{10} 反映呼吸速率随温度而变化的程度，该值越高说明园艺产品呼吸受温度影响越大。

（4）呼吸热

园艺产品进行呼吸作用要释放能量，此能量除一部分用于维持生命活动外，大部分能量以热的形式散发于体外，这部分能量称为呼吸热（respiration heat）。呼吸热使贮藏环境的温度升高，所以在贮藏过程中，必须随时消除产品本身释放的呼吸热及其他环境热源，才能保持较恒定的温度条件，减少温度波动对园艺产品品质的影响。

（5）呼吸跃变

在园艺产品的生命过程中，呼吸作用的强弱不是一成不变的，而是有高低起伏的。很多果实的呼吸强度在其生长发育过程中逐渐下降，达到一定成熟度时又显著上升，上升到一个顶峰时又再度下降，直至果实衰老死亡。这种现象是由 Kidd 于 1992 年发现，并于 1995 年将此现象命名为呼吸跃变（respiration climacteric）。

在园艺产品采后生物学体系中，我们把开始成熟时出现呼吸强度显著上升的果实称为跃变型果实（climacteric fruit），比如香蕉、苹果、牛油果等；而有的果实没有明显的呼吸跃变现象，其呼吸强度在采后一路下降，不再上升，这类果实被称为非呼吸跃变型果实（non-climacteric fruit），如柑橘、葡萄、菠萝等（表 9-3）。

和果实的不同呼吸跃变类型相似，切花采后的呼吸代谢变化也表现为两种不同的类型。呼吸跃变型切花如香石竹、月季、金鱼草等，有明显的呼吸跃变高峰；非呼吸跃变型如菊花、非洲菊、千日红（Gomphrena globosa）等，其特征为没有明显的呼吸跃变高峰（表 9-3）。

表 9-3　主要园艺产品的呼吸类型

产品类别	跃变型	非跃变型
果实	苹果、梨、油梨、香蕉、杏、李、猕猴桃、柿、桃、无花果、番石榴、芒果、面包果、番木瓜、波罗蜜、蓝莓、甜瓜、西番莲、木瓜、番荔枝、山竹	甜橙、温州蜜柑、柚、柠檬、葡萄柚、葡萄、草莓、荔枝、龙眼、凤梨、可可、腰果、橄榄、枣、樱桃、黑莓、树莓、越橘、枇杷、石榴、杨桃、桑葚、海枣
蔬菜	番茄	西瓜、黄瓜、西葫芦、辣椒、茄子、豌豆、葫芦、石刁柏
花卉	香石竹、满天星（学名圆锥石头花）、唐菖蒲、蝴蝶兰、紫罗兰、金鱼草、风铃草	菊花、非洲菊、千日红、仙人掌

二、园艺产品水分生理

园艺产品在田间采收时，其含水量一般高达 65% 以上，器官水分充足，细胞膨压大，产品呈现出坚挺、饱满的状态，具有较好的光泽和弹性，表现出新鲜健壮的优良品质。园艺产品从母体脱离后，外界的水分供给减少甚至没有，但是其蒸腾作用（transpiration）持续进行，使得园艺产品的水分平衡被破坏，进而导致一系列和园艺产品品质劣变相关的生理生化变化。因此，充分解析园艺产品采后水分生理变化，对于保持园艺产品品质具有重要意义。

1. 水分散失

园艺产品水分散失主要是通过器官表面水的蒸发进行的。水的蒸发是从液态到气态的相变，发生在低于沸点的温度下，是水的物理性质之一；它出现在液体的表面，当水汽分压小于平衡水汽分压时，则发生蒸发作用。

失水和失重是园艺产品品质下降的重要因素。失重是一种贮藏过程中的自然损耗，包括水分和干物质两个方面。在控制适宜贮运温度条件下，园艺产品在贮藏过程中造成的失重所占比例很小。例如，苹果在 –1.1 ～ 3.3 ℃冷库中贮藏 120 d，因呼吸作用所引起的失重仅占总质量的 0.8%。但是产品在常温、自然存放状态下，因失水造成的失重可达 10%。不

图 9-6 'Yolo Wonder' 绿灯笼椒在 4 ℃冷藏 20 天后的失水形态

同园艺产品因水分散失造成产品品质损耗表现差异大。例如切花失水达到总质量的 3% ～ 5% 时，就会出现萎蔫状态，并且伴随花瓣焦边、叶片干尖等现象；苹果贮藏期间失水达总质量的 5%，就会出现光泽消退、形态萎蔫、质地变软、果肉变沙等现象。部分辣椒品种在 4 ℃低温冷藏失水 10 ～ 20 d 后也会明显失去光泽，果实形态萎蔫，失去商品价值（图 9-6）。

2. 蒸腾作用

（1）蒸腾途径

植物组织表面的蒸腾途径有两个：①自由孔道；②角质层。自由孔道是指气孔和皮孔。叶和花表面分布有气孔；皮孔多在根、茎、一些果实和一些花卉器官（表皮由木栓细胞组成）上，其经常保持开放状态，使产品内部组织与外界相连，从而保证气体交换的进行。

（2）蒸腾的原理及参数

一定量的水汽存在于空气中时，会产生一定的压力，压力的大小与水汽的质量成正比。空气中所含水蒸气产生的压力称为水汽压（water vapor pressure）。水汽压与温度密切相关，不同温度下，空气的饱和水汽压不同。由于园艺产品本身富含水分，因此其内部的水汽压可以近似为空气的饱和水汽压。

相对湿度（relative humidity）是指在一定温度下，空气中的水汽压与饱和水汽压的比值。因为园艺产品内部水汽压近似等于饱和水汽压，所以当空气湿度小于 100% 时，饱和水汽压与空气实际水汽压存在一个差值，导致园艺产品失水。

如何确定园艺产品和周围空气的水汽压差？为了计算水汽压差（vapor pressure

difference，VPD），需要知道环境温度和相对湿度。假如环境温度设定为 20 ℃、相对湿度设定为 70%，查询 20 ℃下空气饱和水汽压可知：

拓展阅读 9-1
部分温度下的
空气饱和水汽压

　　20 ℃时的饱和水汽压 = 2 336.33 Pa；

　　实际空气水汽压 = 2 336.33 × 0.70≈1 635.43 Pa；

　　园艺产品水汽压 ≈ 饱和水汽压 = 2 336.33 Pa；

　　所以，园艺产品与空气之间的水汽压差 VPD = 2 336.33 − 1 635.43 = 700.90 Pa。

3. 切花的水分平衡

对于观赏植物而言，其价值很大一部分体现在新鲜上，水分平衡与此直接相关。切花的水分平衡是指切花的水分吸收、运输以及蒸腾之间保持良好的状态。在观赏植物中，切花和切叶类产品品质与水分平衡密切相关。世界四大切花是指月季、菊花、香石竹和唐菖蒲，它们采后的产品质量、观赏品质的实现都与产品水分平衡的维持密切相关。

切花水分吸收速率有两种情况：一般变化规律是刚刚采收的切花水势低，水分吸收速率高；随后水分吸收速率与蒸腾速率一致，达到一个稳定的状态，然后逐渐降低，如月季、落新妇（*Astilbe chinensis*）、菊花、晚香玉、马蹄莲、银桦属（*Grevillea* spp.）、鱼柳梅属（*Leptospermum* spp.）等；另一种情况是水分吸收速率刚开始增加缓慢，降低也缓慢，如蝎尾蕉（*Heliconia metallica*）。影响切花水分吸收速率的主要因素有蒸腾拉力、温度、瓶插液中离子组成等。

切花体内水分运输途径与有根植物一样经过质外体和共质体途径。水分主要靠渗透作用进入切花茎基部，即顺水势梯度运行。切花花枝没有根压，水分向上运输的动力是叶面的蒸腾拉力。在切花水分运输过程中，由于人为操作不当等原因，可能会造成堵塞。切花水分运输过程中发生的堵塞可分为下面五种情况：①茎秆基部或木质部内部的堵塞；②茎秆基部创伤反应引起的堵塞；③果胶和多糖类物质在木质部中沉积造成的堵塞；④切口表面乳汁和其他物质造成的堵塞；⑤侵填体造成的堵塞。

根据蒸腾部位和性质，蒸腾作用可以划分为气孔蒸腾（stomatal transpiration）和表皮蒸腾（cuticular transpiration）；其中，前者是切花水分散失的主要方式。切花蒸腾与气孔分布关系极大，一些常见的切花品种花瓣的气孔分布见表 9-4。需要指出的是，花瓣上的气孔通常被认为缺乏生理功能或者根本没有生理功能。不过关于切花花瓣上气孔的作用是否与叶片相同，还有待进一步研究。

表 9-4　不同切花花瓣气孔数量及分布 *

所在属	品种	气孔数量	气孔分布
万代蜘蛛兰属（*Aranda*）	'Christine'	38/cm^2	近主叶脉处
	'Wendy Scott'	45/cm^2	近主叶脉处
兰属（*Cymbidium*）	'Alexalban'	无	无
	'Sirius'	无	无
	'Tapestry'	无	无
	'King Arthur'	少量	近轴处

所在属	品种	气孔数量	气孔分布
菊属（*Chrysanthemum*）	'Reagan'，'Cassa'	20/cm²	近主叶脉处
石竹属（*Dianthus*）	'White Sim'	无	无
	'Scaniaq'	无	无
非洲菊属（*Gerbera*）	'Mickey'	无	无
	'Liesbeth'	无	无
	'Tamara'	无	无
百合属（*Lilium*）	'Enchantment'	10/cm²	近主叶脉处
月季属（*Rosa*）	—	无	无
郁金香属（*Tulipa*）	'Apeldoorn'	—	内层和外层花瓣

*：资料来源为高俊平（2002）。

目前在世界四大切花中，对月季的研究较为充分。月季在按照商业标准采收后瓶插，经历蕾期、初开、盛开和衰老的过程。在这期间，花朵鲜重先是逐渐增加，达到最大值后又逐渐降低。在正常情况下，切花从瓶插至盛开期间花瓣鲜重增加明显，花枝吸水速度大于失水速度，保持着较高的膨压，花枝充分伸展，花朵正常开放。水分供应不足，花朵无法正常开放，出现僵蕾、僵花等现象。当花朵盛开后，花枝的吸水速率逐渐下降，水势降低，当失水明显大于吸水时，花朵便出现萎蔫。

三、开花和衰老生理

切花进行商品采收时，一般是在花蕾期采收，有利于控制其采后流通过程中的损耗。采切后切花经历开花（flower opening）和衰老过程。被子植物的花有的是单生，但大多数是花序。花序可分为无限花序和有限花序两大类，无限花序的花开放顺序是由花序基部向上依次进行的；有限花序则是顶点或中心的花先开，限制了花序轴顶端继续生长，因而以后开花顺序渐及下边或周围。花是一个复合器官，一般由萼片、花瓣（花冠）、雄蕊和雌蕊等组成，各器官的寿命不同，衰老的速度也不同，因此了解花衰老过程的生理变化对切花产品的品质维持有重要的意义。

1. 开花和衰老过程中的生理生化变化

切花的开花是指花卉采切后从花蕾期开始、经初开到盛开的过程（图9-7A，B）。

切花衰老（cut flower senescence）是指花朵开放后期，花瓣出现萎蔫、皱缩，最终失去观赏价值的过程（图9-7C，D）。切花衰老可分为落瓣衰老和落叶衰老。落瓣衰老的切花类型，花的衰老先于叶，如月季切花；落叶衰老的切花类型，叶的衰老先于花，如菊花切花。

从开花到衰老过程中会发生一系列生理生化变化。开花过程伴随细胞膨压的变化、细胞骨架重构和新的细胞壁物质合成等。而花衰老时，花瓣细胞中膜的流动性减小、透性增加，膜开始从液晶相向凝胶相转变，从而引起衰老组织的物质渗漏，导致花瓣萎蔫。另外，

图 9-7　切花的开花和衰老

A. 百合的开花过程；B. 月季的开花过程；C. 月季切花衰老；D. 菊花切花衰老

衰老花瓣中的大分子物质如淀粉、蛋白质等的瓣干重下降。

2. 花朵开放和衰老与乙烯生成

不同植物激素都会参与切花的衰老进程，其中乙烯在切花的衰老过程中发挥重要作用。根据切花衰老过程中乙烯大量产生与否，将切花种类划分为跃变型和非跃变型两大类（图 9-8）。乙烯跃变型切花在开花和衰老过程中乙烯产生量有突然升高的现象；切花的开花和衰老能够由超过阈值的微量乙烯的处理而启动。在跃变前期除去切花环境中

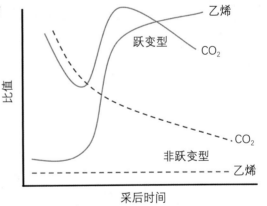

图 9-8　花卉呼吸跃变类型模式图

的微量乙烯则能够延缓切花的开花和衰老进程。香石竹切花是乙烯跃变型的典型代表。

非乙烯跃变型切花的开花和衰老进程与乙烯没有直接的关联，在健全状态下切花的开花和衰老过程中并不生成具有生理意义的乙烯。但是在遭到胁迫的时候，也会产生乙烯，进而对切花的开花和衰老产生影响。菊花切花是典型非跃变型切花。在切花中，由于部分切花品种在培育过程中亲本来源具有高度杂合性，其采后的乙烯代谢类型存在一种乙烯末

期上升型的特征，乙烯生成量随着开花和衰老过程逐渐升高。例如月季切花品种'黄金时代'，其采后乙烯代谢具有末期上升型的特征。

（1）乙烯的生物合成

植物组织中乙烯的生物合成一般是由花衰老、果实成熟等诱导因子启动，在一系列基因精确地调控下进行。切花的乙烯生物合成和其他植物一样，可根据生成量和性质分为微量乙烯（System Ⅰ - ethylene）和大量乙烯（System Ⅱ - ethylene）。微量乙烯是指非跃变型花卉或者跃变型花卉在跃变前期所释放出的微量乙烯，对切花的开花和衰老不产生直接的作用。大量乙烯是指跃变型花卉进入跃变期后所释放的大量乙烯，对切花的开花和衰老产生直接的影响。当微量乙烯达到一定程度会诱导大量乙烯生成，进而启动快速衰老进程。

1979 年，华裔科学家杨祥发及同事发现了从甲硫氨酸合成乙烯的循环过程。即从甲硫氨酸经 1- 氨基环丙烷 -1- 羧酸（ACC）合成乙烯，在产生 ACC 的同时也形成 5′- 甲硫基腺苷，5′- 甲硫基腺苷经过几步循环又重新转变为甲硫氨酸。为了纪念这一伟大发现，这一循环被称为杨式循环（Yang's Cycle）。以 ^{14}C 标记的甲硫氨酸为底物，证实了 ACC 是乙烯生物合成前体。在乙烯生物合成中，ACC 合成酶（ACC synthase，ACS）和 ACC 氧化酶（ACC oxidase，ACO）是两个关键限速酶。

（2）乙烯的信号转导

一百多年前，人们就已经发现，暴露在照明气中的豌豆黄化苗会出现一个特别的反应：上胚轴变粗、变短，并且呈现出放射状的横向生长。生物学家在 1901 年揭示了豌豆的"三重反应"是由乙烯导致的。在解析乙烯信号转导途径的过程中，生物学家以拟南芥为实验材料，进行了大规模的乙烯反应突变体的筛选，并结合遗传学分析，成功构建乙烯信号转导通路的基础模型，即拟南芥中的 ETRs → CTRs → EIN2 → EIN3/EIL 乙烯信号转导通路。通过 *EIN2* 单基因缺失突变导致拟南芥乙烯不敏感的表型，鉴定了乙烯信号通路中正调控成员 EIN2，其具有跨膜蛋白特性，是 CTRs 下游信号成员。EIN3 是转录因子，是 EIN2 下游乙烯信号的正调控成员。

拓展阅读 9-2
乙烯信号转导
通路基础模型

乙烯信号转导在基因表达和蛋白质互作等不同层面受多种信号影响和调控修饰等，是植物生理学和分子生物学研究的热点之一。园艺产品采后主要利用乙烯作用抑制剂处理，阻断乙烯信号途径，达到保鲜效果。1- 甲基环丙烯（1-MCP）是一种乙烯作用抑制剂，它通过竞争性地与乙烯受体结合，抑制乙烯作用。在切花月季中外施 1-MCP 有效延缓月季花朵开放，改善开花质量（图 9-9）。

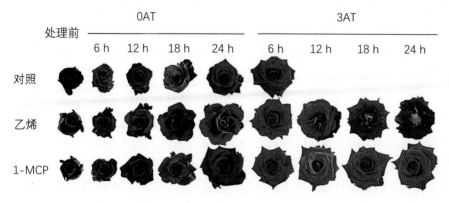

图 9-9 乙烯及乙烯作用抑制剂对月季衰老的影响

月季用乙烯或者 1-MCP 处理 6，12，18，24 h；0AT：处理后 0 天的表型；3AT：处理后 3 天的表型

四、果实成熟生理

果实是园艺产品中重要组成部分，其类型非常丰富。水果的食用部分，从水果发育的植物学器官来源分析，不同类型果实差异很大（图9-10）。在园艺采后生物学中，果实采后在消费者食用前，达到最好的营养、风味等状态，是果实成熟一系列生理生化变化的结果。果实成熟一般是指果实生长定型，细胞体积、重量增加基本结束，出现本品种特征的颜色、风味、质地、香气等状态，是果实特有的生理过程。

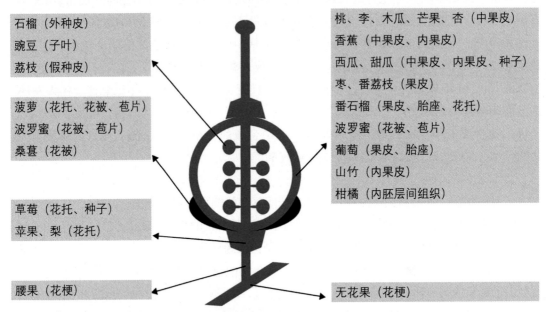

石榴（外种皮）
豌豆（子叶）
荔枝（假种皮）

菠萝（花托、花被、苞片）
波罗蜜（花被、苞片）
桑葚（花被）

草莓（花托、种子）
苹果、梨（花托）

腰果（花梗）

桃、李、木瓜、芒果、杏（中果皮）
香蕉（中果皮、内果皮）
西瓜、甜瓜（中果皮、内果皮、种子）
枣、番荔枝（果皮）
番石榴（果皮、胎座、花托）
波罗蜜（花被、苞片）
葡萄（果皮、胎座）
山竹（内果皮）
柑橘（内胚层间组织）

无花果（花梗）

图9-10　常见水果食用部分的发育器官来源（在括号中表示）

1. 果实的成熟与追熟

果实的成熟一般可以分为三个阶段，即成熟、完熟和衰老阶段。成熟是指采收前果实生长的最后阶段，即达到充分长成的时候。在这一时期果实中发生了明显的变化，如含糖量增加，含酸量降低，淀粉减少（苹果、梨、香蕉等）。完熟是指果实达到成熟以后的阶段，这时果实的风味和质地已经达到适宜食用的程度。衰老阶段是指果实生长已经完全停止，完熟阶段的变化基本结束，进入衰老过程。

果实采后生物学中经常用到生理成熟和商品成熟的概念。生理成熟是指果实经过一系列生理生化变化，达到生理上的完熟阶段，其主要标志是种子充分发育，可以繁衍后代。商品成熟，是成熟和完熟阶段，是指果实长成后，经过一系列生理生化变化，包括果皮颜色的变化、风味的增加、果实的软化等，达到最适食用状态的过程。在园艺产品采后生理及技术领域，人们习惯于把商品成熟称为成熟。由于商品成熟往往含有生理成熟过程，在采后产业流通实践中，较少使用生理成熟这一专门的名称。

在水果生产和流通实践中，由于果实成熟后不适宜运输等原因，部分水果种类不能等到果实自然成熟才去采收，其产品采后需要追熟。果实的追熟指与果实在树上进行的成熟不同，是采收后创造适宜条件进行的成熟过程。例如西洋梨、猕猴桃、香蕉等，在植株上发育到一定程度后，即使是未熟阶段采摘，经过追熟过程也能达到可食用状态，这种类型的果实称为追熟型果实（ripening type of fruit）。还有一些果实不具有追熟特性，只有在植株上才能完成其成熟过程，如荔枝、菠萝、葡萄等，这种果实称为非追熟型果实（non-ripening type of fruit）。

2. 果实的呼吸跃变

果实采收后，部分种类的产品在经过一定时间后呼吸强度开始升高，不久达到峰值，然后会逐渐降低，这种呼吸强度突然升高的现象称为果实呼吸跃变。果实的呼吸类型也分为跃变型、非跃变型和末期上升型。呼吸跃变型果实的呼吸跃变进程与果实的生理成熟进程非常吻合。即呼吸跃变前期，果实的成熟现象还未开始；呼吸跃变上升期，果实的成熟进程迅速开始；呼吸跃变高峰期，果实的成熟进程继续进行；呼吸跃变后期，果实进入完熟阶段。苹果就是一种典型的呼吸跃变型果实。另外，还有非呼吸跃变型果实，例如柑橘果实在整个成熟过程中呼吸强度一直很低，并且不呈现增加趋势。

3. 果实成熟和乙烯生成

呼吸跃变型果实的最大特征是果实的成熟过程是由果实本身生成的乙烯来诱导的，对跃变前期的果实进行乙烯处理就能诱导成熟过程。因此，在衡量果实的呼吸特性和速率时，国际上也经常采用乙烯生成量和对乙烯的反应作为衡量的标准。

（1）乙烯跃变型果实

果实在成熟过程中乙烯生成量有突然升高的现象，果实的成熟能够由超过阈值的微量乙烯的处理而启动。诱导果实成熟的阈值因果实的种类等略有差异，大多为 $0.1 \sim 0.3\ \mu L/L$。在跃变前期除去果实环境中的微量乙烯则延缓果实的成熟衰老进程。总的说来，乙烯生成量高的果实耐贮性差。

（2）非乙烯跃变型果实

这种类型的果实成熟过程与乙烯没有直接的关联，在健全状态下果实成熟过程中并不生成具有生理意义的乙烯。但是，在遭到各种胁迫时，也会产生乙烯，进而对果实的成熟衰老产生影响，如笋瓜（*Cucurbita maxima*）。

4. 果实成熟的调节

植物激素在果实成熟过程中发挥重要作用。乙烯在诱导和刺激乙烯跃变型果实的成熟中起着初始的和直接的作用。果实在发育前期，乙烯生成量很少；随着发育进程，果实内的乙烯生成量增加到约 $0.1\ \mu L/L$，就足以激起一些跃变型果实的成熟；含量大于 $1\ \mu L/L$，通常足以刺激大多数果实的成熟进程；而 $10\ \mu L/L$ 则达到饱和状态。在草莓等非乙烯跃变型果实中，脱落酸（ABA）是促进果实成熟的重要激素。例如外源ABA 处理可显著促进草莓果实的成熟（图9-11）；ABA 处理可以促进部分葡萄品种果实着色，而柑橘的成熟也伴随着 ABA 含

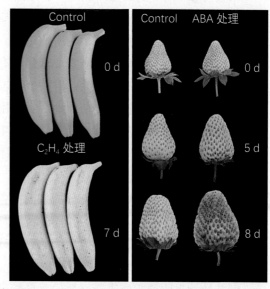

图 9-11　乙烯（C_2H_4）和脱落酸（ABA）对香蕉和草莓成熟的影响

量的增加。在其他植物激素研究中，也有很多种植物激素参与果实成熟过程的报道，例如生长素和赤霉素能够抑制果实成熟等。

另外，环境因素也是影响果实成熟的重要因素。低温和高温均会引发自由基的产生，引起细胞膜的膜脂过氧化，加速果实成熟衰老。光照影响苹果、梨等的果实成熟。环境氧气浓度过高会加速自由基的生成，促进果实衰老。高浓度的二氧化碳可以抑制乙烯生成和降低呼吸速率，延缓成熟和衰老；用 5% ~ 10% 的二氧化碳结合低温，可以延长果实的贮藏期。

第三节　园艺产品采后技术

园艺产品采后技术是指延缓园艺产品衰老进程、提高流通质量的技术措施。包括采收技术、切花保鲜剂处理技术、产品分级和包装技术、预冷技术、贮藏技术、运输技术、产品批发和营销技术等。园艺产品的采后处理是连接生产实践和市场消费的重要环节。采后技术的应用直接影响园艺产品的流通质量、贮运损耗，最终决定了园艺产品品质和经济价值。园艺产品的采后流程包括采收、采后处理、预冷、贮藏和运输以及货架期管理等环节。了解不同环节中的采后技术有助于降低采后损耗，提高产品品质，实现产品增值和经济收益。

一、园艺产品采收和采后处理技术

采收（harvest）是园艺产品生产和采后流通链的衔接环节，是指在果树、蔬菜、花卉等园艺植物生长发育到一定阶段，其产品品质达到市场流通的质量要求，采用适宜的技术措施，从生产地集中收集到贮运场所的过程。园艺产品在采收脱离母体后，仍然是具有活力的有机体。因此采收环节的基本要求是要有助于产品延长采后寿命，保持新鲜度。园艺产品的采收直接影响随后的包装、贮藏、运输、市场销售等环节，最终决定产品品质和商品价值。因此，在采收技术环节因地制宜使用科学的技术和方法，对于实现园艺产品的最佳流通品质和经济效益具有重要的意义。在生产实践中，园艺产品的采收可以分为采前准备与管理、采收标准的判定、采收技术的选择及采后处理等环节。

1. 采前准备与采前管理

园艺产品采收前需要进行充分的采前准备。采收前要预估产量，制订采收计划，做好采收及采后处理的工具器械和人力准备，协调好采后处理和贮运流程，从而提高采收效率，确保采收后的产品及时进入后续的贮运环节，从而最大限度地确保产品新鲜度，降低采后损耗。

园艺植物采收前需要进行必要的采前管理，其目的是使产品达到最佳采收状态，为后期采收、贮藏运输做好准备。采前管理主要包括调节植株生长状态、控制病虫害、调节产品相对含水量等。例如球根类花卉、洋葱、食用百合等，采收前适当控水，可以保证种球后期生长、叶片营养回流、表皮角质化等生理过程的顺利完成。适当的采前管理可以有效控制植株生长期，诱导贮藏器官进入休眠期，从生理上提高种球的采后抗病性、耐贮性等。

2. 采收标准的判定

采收标准是对采收时期的把握，应充分考虑园艺产品种类、品种、生产季节、环境条件、距离目标市场的远近和目标市场的特殊要求等进行适时采收。适宜的采收时期要满足以下要求：①到达消费者手中处于产品最佳时期；②处于可以形成产品风味和品质外观的成熟度；③达到市场接受的产品大小；④无毒安全；⑤有足够的货架期。目前，我国各类大宗园艺产品都制定了国家采收标准。例如《苹果采收与贮运技术规范》（NY/T 983—2015）、《草莓采收与贮运技术规范》（NY/T 2787—2015）、《月季切花种苗等级规格》（NY/T 1593—2008）等。

园艺产品种类丰富多样，是否达到采收标准，也经常需要通过多元的评价方法来进行判定，例如主观评价、化学及物理分析、开花日期计算等。主观评价内容一般包括表皮颜色及色泽、外形及大小、香气、脱落情况、植株形态变化等指标；化学物理分析内容包括糖、酸、可溶性固形物的含量，汁液含量（如柚子、柑橘），淀粉含量（如梨、苹果、马铃薯），油和干物质含量（如牛油果）、乙烯含量、硬度等；此外，还可计算从开花到采收的时间是否达到产地采收的平均时间。必要时还可以借助仪器进行更加准确的测定，例如用于测定香气的水果探测器、测定水果硬度的便携式硬度计等。

3. 采收技术的选择

针对不同的园艺产品种类、生产水平、生产模式等，园艺产品采收方式主要分为人工采收和机械采收。人工采收（manual harvesting）主要包括传统人工采收、人工辅助式采收等，优点是可以分期采收，对成熟度、品质不均一的产品进行人为挑选，并且通过简单的器械辅助能够减轻劳动强度，并小幅度提高收获效率，成本较低。目前园艺资材市场上，具有各种各样的园艺产品的人工辅助采收工具。

机械采收（mechanical harvesting）包括集中式机械收获技术和更加智能的选择性收获技术，其适用于成熟期一致、品质均一、集约化生产的园艺植物产品采收，可以节约劳动力，提高采收效率，降低生产成本。例如规模化生产萝卜幼苗的机械锯式采收，根茎类蔬菜（如马铃薯、番薯）使用大型爬犁机进行翻土采收，而果实（如枣、核桃）采用振动式采收机使其脱离枝干进行采收。但由于机械采收容易造成物理损伤、选择性差、成本较高，大多数园艺产品尚未实现完全的机械采收。目前机械采收具有一定的区域性，主要应用在种植规模较大、经济较为发达的国家和地区，如美国佛罗里达州柑橘种植区、欧洲地中海沿岸橄榄种植区、欧美国家和澳大利亚酿酒葡萄主产区等；适应的产品类型以加工类果实和干果为主，如果汁（苹果、柑橘、酸樱桃、蓝莓等）、葡萄酒、植物油等加工类产品，阿月浑子、核桃等干果类产品。

4. 采后处理

采后处理（postharvest treatment）是采收后产品整理、清洗、分级、包装、消毒、预冷等一系列流程的统称，其核心目的是控制贮运过程潜在的机械损伤、病虫害侵染及其他采后损耗等。

分级（grading）可以实现园艺产品标准化、商品化、优质优价。通过分级可以区分产品的质量，为其使用性和价值提供参数，也有助于园艺产品生产者、经营者和管理者在产品上市前做好准备工作和标价。分级的依据称为质量分级标准，是评定园艺产品质量的技术准则和客观依据。统一的质量分级标准在销售中可作为一个重要的工具，给生产者、收购者和流通渠道中各环节提供贸易语言，还能为优质、优价提供依据，有助于解决买方和卖方赔偿损失的要求和争议。

图 9-12　根据大小和质量进行园艺产品分级（番茄）

我国目前对苹果、梨、柑橘、香蕉、核桃、枣、龙眼等16种水果制定了质量分级标准，如《加工用苹果分级》（GB/T 23616—2009）。大白菜、青椒、番茄、黄瓜、花椰菜等多种鲜食蔬菜质量分级和包装技术也有相应的国家或行业标准，如《黄瓜等级规格》（NY/T 1587—2008）。国家也颁布了切花、盆花、盆栽观叶植物、种子、种球、草坪草等不同产品的质量分级标准，如《主要花卉产品等级　第一部分：鲜切花》（GB/T 18247.1—2000）。其中水果的质量分级标准主要包括果形、新鲜度、颜色、品质、病虫害、大小等；蔬菜的质量分级标准主要包括新鲜度、坚实度、清洁度、大小、重量、颜色、形状、病害感染、机械损伤等（图9-12）；花卉的质量分级标准主要包括花茎长度、花数量、开放度、种子或种球活力、整体观赏效果等。

包装（package）是指为在流通过程中保护园艺产品、方便储运、促进销售，按一定的技术方法使用特定的容器、材料和辅助物对产品进行包裹分装的技术。其主要目的是防止园艺产品受机械损伤，确保产品处于适宜的温度、减少水分的散失保持新鲜度，隔离灰尘及病虫害等。根据包装方式可以分为外包装、内包装和填充等。外包装主要是使用纸、木材、塑料、泡沫等材质的箱体对产品进行批量的分装，以方便集中贮运。内包装主要使用纸袋、塑料膜、小盒等进行单个或若干个产品的分装，以确保单个产品质量并方便分装销售。填充是指使用纸条等软质材料对包装箱中的空隙进行填充，以减轻运输中因互相挤压造成的机械损伤。包装材料和方式多种多样，通常需要根据产品特点、贮运条件、市场需求等多种因素灵活搭配使用。

二、园艺产品预冷技术

园艺产品采收时具有大量的田间热，在较高的温度下园艺产品呼吸代谢旺盛，很容易腐烂变质。预冷（precooling）作为园艺产品冷链流通的第一步，是指通过人工措施将园艺产品的温度迅速降到所需范围的过程，也称为除去田间热的过程。预冷既可以除去产品的田间热，迅速降低温度，抑制园艺产品采后生理生化活动，又可以降低冷链运输的负荷以及温度波动，具有重要的生理意义和经济意义。预冷的生理意义主要体现为：①降低产品呼吸活性，减少产品呼吸消耗；②减少水分散失，保持鲜度；③抑制微生物生长，减少病害，降低贮运风险；④降低乙烯对产品的危害。预冷的经济意义主要体现为：①通过快速降温，减少园艺产品采后流通过程中的损耗，提高流通质量；②减少能耗，地面预冷使用电能，可以减少运输途中使用汽油或柴油等不可再生能源的消耗。

根据不同的冷却方式，园艺产品采后预冷技术可以分为水预冷、空气预冷、真空预冷和压差预冷等。不同预冷方式具有各自的适用范围和优缺点，应当根据生产条件、园艺产品特性、贮运需求选择适合的预冷方式。

1. 水预冷

水预冷（hydrocooling）是指用接近 0 ℃的冷水，通过热传导和对流热传导，使园艺产品冷却的方式。水冷却装置有浸渍式、喷淋或喷雾式、混合式等类型（图 9-13）。与空气相比，水的热传导系数要高得多，具有冷却速度快，产品失水少的特点，并且操作简单、成本低。但是由于冷却水通常进行循环使用，病菌容易积累并通过水进行传播，造成病原菌侵染园艺产品，因此需要定期更换冷却水或添加适当的杀菌药剂。水预冷适用于表面积与体积比小的园艺产品（如番茄、李等）以及含水量较低的园艺产品（如胡萝卜、萝卜等）。

图 9-13　水预冷装置图
A. 浸渍式；B. 喷淋式

2. 空气预冷

空气预冷（air cooling）包括冷库空气预冷（room air cooling）和强制通风预冷（forced-air cooling）两种形式。冷库空气预冷又称室内预冷，是将果品、蔬菜、花卉等产品经过包装、堆垛，放在冷库中，依靠空气自然对流和热传导进行的预冷方式（图 9-14A）。强制通风预冷是在冷库空气预冷的基础上发展起来的一项预冷技术，根据通风方式的不同可以分为压差预冷、隧道式预冷和喷射式预冷。压差预冷是将装有被预冷产品的包装箱按照一定的方向排列码接在一起，包装箱之间开有通气孔道，以确保箱体之间的

图 9-14　空气预冷

A. 冷库空气预冷；B. 强制通风预冷——压差预冷（黑色为差压罩）

气体流通，然后将码接在一起的包装箱垛的一侧与抽风机直接连接，而整个箱垛暴露在冷库内（图 9-14B）；当抽气机工作时，箱内形成一定的负压促使库内冷空气按照希望的气体流通方向通过被预冷物，利用对流热传导使产品达到预冷的目的。隧道预冷是借助特定的通风隧道，进行循环通风冷却。喷射式预冷是通过冷空气喷射装置进行冷空气喷淋预冷。

强制通风预冷冷却速度更快，且不易造成损伤和病害传播。但是快速的空气流动会降低冷库湿度，容易造成园艺产品的萎蔫。此外，强制通风预冷需要配置专门的设备（如抽气机等），不仅降低了冷库收容体积，而且操作相对麻烦。因此该方法更适合于表面积与体积比大、含水量高不易萎蔫的果蔬预冷，如莴苣、甘蓝、花椰菜以及各种浆果等。

3. 真空预冷

真空预冷（vacuum cooling）的原理是在接近真空的减压状态下，促使被预冷物沸点降到接近 0 ℃，由此促进蒸发失水，并通过蒸发带走潜热降低产品温度，达到预冷目的。该方式冷却速度快、效率高、不受包装方式的限制。预冷产品每下降 10 ℃时，会损耗约 1.7% 的含水量，同时需要专用设备。真空预冷适合于处理表面积与体积比大、新鲜寿命较短、附加价值较高的叶菜类和切花类园艺产品，例如叶用莴苣、茼蒿、菠菜、青花菜、花椰菜、芹菜、石刁柏、草莓等。

总之，预冷主要在园艺产品运输前或贮藏前进行，选择适宜的预冷方式应遵循一定的原则：①预冷要及时，必须在产地采收后尽快进行预冷处理。②要根据园艺产品的形态结构选择适当的预冷方式。③要把握适当的预冷温度和速度，冷却的温度要在冷害温度以上，否则会造成冷害和冻害，尤其是热带和亚热带园艺产品。④预冷后处理要适当。园艺产品预冷后要在适宜的贮藏温度下及时进行贮运，若仍在常温下进行贮运，不仅达不到预冷的目的，甚至会加速腐烂变质。

三、园艺产品贮藏和运输技术

贮藏（storage）和运输（transportation）是园艺产品从产地到市场的重要中间环节。

园艺产品的主要产销地分离、产品采收和上市供应时期等特征，都要求在采收后对园艺产品进行一定时间的贮藏处理。园艺产品贮藏可以调节市场的淡旺季，延长产品的供应期，对于实现园艺产品均衡供应和供应种类多样化具有重要意义。根据园艺产品贮藏保鲜方式的不同，贮藏技术可以分为简易贮藏、低温贮藏、气调贮藏、减压贮藏等。运输是指将园艺产品从原产区或贮藏地运送到市场或集中集散地的过程，采后的运输技术主要包括运输方式的选择和产品鲜度保持技术等方面。

1. 简易贮藏

简易贮藏（simple storage）是我国农民在长期的生产实践中创造的贮藏方式，一般是利用自然冷源来维持贮藏温度、湿度等条件，达到贮藏保鲜的目的。简易贮藏包括堆藏（piled storage）、沟藏（ditch storage）、窖藏（cellar storage）以及由此衍生出的假植贮藏（temporarily planting storage）等形式。堆藏是将园艺产品直接在田间地面或浅坑中堆放成圆形或长条形的垛，表面覆以土壤、秸秆等来维持适宜的温湿度、保持产品的水分、遮蔽风雨、防止太阳直射，常用于大白菜、马铃薯、洋葱等。沟藏又称埋藏，是将园艺产品以一定的厚度堆放在沟或坑内，上面用土壤覆盖，多用来贮藏根菜类蔬菜。窖藏的形式较为复杂，主要是利用棚窖、井窖等方法进行贮藏，目前在我国部分农村地区仍普遍使用。在窖藏和沟藏基础上衍生出的假植贮藏是把连根收获的蔬菜密集假植在沟或窖内，使产品处在极其微弱的生长状态，但仍然保持正常的新陈代谢过程，是一种抑制生长贮藏法。该方法适用于芹菜、花椰菜、结球莴苣、萝卜等园艺产品的贮藏。

2. 低温贮藏

低温贮藏（low temperature storage）是指利用降温设备降低贮藏温度，实现长期贮藏的方式。依据降温方式分为通风库贮藏（ventilated storage）和冷库贮藏。通风库贮藏是指通过通风设备将室外较冷的空气引入具有隔热性能的贮藏库内，以维持相对较低的温度。该方式利用自然冷源进行降温，不借助机械制冷设备。

冷库贮藏是利用专门的机械制冷设备，实现精准控制贮藏库温度的人工降温贮藏形式。冷库贮藏需要配备具有较高隔热性能的库体结构以及专门的制冷系统，库内温度不受外界影响。冷库贮藏可以实现温度、湿度、风速等贮藏环境的精准调控，可以实现终年贮藏的目的。机械制冷系统包括直接冷却和间接冷却两种形式，直接冷却即通过制冷剂的蒸发直接冷却产品或库内空气，是最为常用的制冷形式；间接冷却是通过中间介质，将库内的热量传递给制冷剂，而后通过蒸发散热。目前常用的制冷剂包括氨、卤代烃类（例如氟利昂）、碳氢化合物类等。在现在的制冷技术发展过程中，需要开发在安全性、稳定性、热力性质、制造成本等方面更安全经济环保的制冷剂种类。

3. 气调贮藏

气调贮藏（controlled atmosphere storage）是一种将低温的效果及低浓度 O_2、高浓度 CO_2 和去除有害气体（如 CO）的效果结合起来的新的贮藏技术。通过降低园艺产品贮藏环境中的 O_2 浓度和提高 CO_2 浓度，可以有效降低呼吸强度和乙烯生成量，延缓园艺产品软化、衰老等进程。与其他贮藏方式相比，气调贮藏保鲜效果更好，能减轻园艺产品生理失调并一定程度上抑制病虫害的发生，同时不会对园艺产品造成污染。

温度、O_2 和 CO_2 之间的环境因子组合是影响气调贮藏效果的决定因素，生产实践中需要根据产品类型、品质、贮藏时间以及用途等多种因素来共同确定最佳的贮藏条件。气体调节具有多种方式：①产品自发气调法，即依靠产品自身呼吸作用，不断消耗 O_2，释放 CO_2，最终达到所需的气调环境。其中，多余的 CO_2 通常用石灰或活性炭等除去。②气体燃烧法，即利用气体燃烧机械，通过燃烧使空气中的 O_2 浓度降低，CO_2 浓度升高，达到所需的气体组成，将所需气体经冷却后持续输入库内维持所设定的贮藏气体条件。③充氮降氧法，利用制氮设备或分子筛等氮气分离设备将空气中的 N_2 和 O_2 进行分离，而后把 O_2 排入大气，把 N_2 输入贮藏库中，从而将贮藏库内的 O_2 浓度控制到预定值。与产品自发气调法比较，后两种方法可以有效缩短气调所需环境平衡时间。

4. 减压贮藏

减压贮藏（hypobaric storage）是在冷藏和气调贮藏基础上发展起来的一种特殊的气调贮藏方式，即在密闭的容器中通过抽出部分空气，并输入新的潮湿空气来创造低温、高湿、低气压的贮藏条件，实现园艺产品的长期保鲜。通过降低贮藏容器内的空气压强，即可达到低 O_2 或超低 O_2 的效果。减压贮藏有如下优点：①促进果蔬组织内挥发性有害气体向外扩散，比如乙烯、乙醇、乙醛等。②可有效降低组织内部的 CO_2 分压，从根本上消除超浓度 CO_2 对产品的毒害作用。③可有效抑制微生物的繁殖等。总结起来，减压贮藏可以实现快速减压降温、快速降氧、快速脱除有害气体成分的效果，显著延长贮藏期。相比于气调贮藏，减压贮藏更加方便灵活、经济节能，但是其成本也较高，而且由于库内换气频繁，园艺产品易失水萎蔫并导致产品芳香物质含量降低，影响风味。

在园艺产品贮藏过程中，经常结合辐射处理、电磁处理、臭氧处理、超声波处理等辅助保鲜方式。例如在大蒜的休眠期使用辐照处理可以有效抑制其发芽。近年来信息化技术在采后保鲜领域中的应用也逐渐广泛。现代园艺产品采后贮藏通过适宜贮藏方法结合保鲜技术、信息化技术的综合应用，可以实现智能化、精准化、信息化的采后流通品质管理。

5. 运输和鲜度管理技术

运输是园艺产品流通过程中必不可少的环节，运输方式和过程中园艺产品的鲜度管理影响产品流通品质。园艺产品运输方式主要包括陆路运输（主要包括公路运输和铁路运输）、水路运输以及航空运输。不同运输方式在震动、温湿度变化以及微环境空气组成等方面有不同特点。不同园艺产品特性决定了其运输的保鲜要求差异，可以简单归纳为三个层次：①可以采用常温运输或简单的保鲜运输；②进入批发市场时要求一定的鲜度；③在批发销售时具有品质要求，同时需要有一定的货架期。园艺产品运输保鲜技术主要考虑温度、湿度、震动、气体组成、光照和混载等方面。

温度是影响园艺产品贮运的重要环境因子。产品在运输过程中不仅要考虑产品的适温，还要考虑产品的变温耐性。菠菜、茄子等产品对温度变化较为敏感，在温度急剧变化时呼吸作用显著增强，品质下降；而与之相反的是，葡萄在贮运过程对温度变化不敏感。不同园艺产品在不同运输周期条件下，其运输适温也有差别（表 9-5）。运输过程中通常园艺产品需要通过使用加湿装置、洒水、添加碎冰等方式增加湿度。

表 9-5　不同园艺产品运输适温 *

水果	1～2 天运输适温（℃）	2～3 天运输适温（℃）	蔬菜	1～2 天运输适温（℃）	2～3 天运输适温（℃）
苹果	3～10	3～10	石刁柏	0～5	0～2
柑橘	4～8	4～8	甘蓝	0～10	0～6
葡萄	0～8	0～6	叶用莴苣	0～6	0～2
桃	0～7	0～3	菠菜	0～5	不推荐
樱桃	0～4	不推荐	黄瓜	10～15	10～13
甜瓜	4～10	4～10	番茄	10～15	10～13
草莓	1～2	不推荐	洋葱	−1～20	−1～13

*：温度值由国际制冷协会推荐。

震动是运输过程中特有的环境因素。园艺产品在运输过程中会产生震动加速度，导致产品遭受物理损伤，进而产生生理紊乱等，降低流通品质。不同运输方式，其震动加速度差异很大，例如铁路运输约 0.1～0.6 G、公路运输约 0.1～4.6 G、水路运输约 0.1～0.15 G。同时，运载货柜的前后位置、包装箱大小、包装箱数目、包装箱码放高度等都会影响震动强度。不同园艺产品对不同震动损耗和震动加速度耐受能力也差异很大（表 9-6）。因此，在园艺产品运输实践中需要选择合适的运输工具并进行适当的减震包装、填充等以减轻震动造成的产品损耗。

表 9-6　园艺产品运输震动过程中对跌打和摩擦的耐性

园艺产品种类	对不同震动损耗的耐受能力	运输中震动加速度的耐受极限
柿子、柑橘类水果、番茄（未熟）根菜类蔬菜、甜椒	对跌打和摩擦的耐受能力都强	3.0 G
苹果、番茄（成熟）	对跌打耐受能力弱	2.5 G
梨、茄子、黄瓜、结球叶菜类蔬菜	对摩擦耐受能力弱	2.0 G
桃、草莓、西瓜、香蕉	对跌打和摩擦的耐受能力都弱	1.0 G
葡萄	易脱粒	1.0 G

运输过程中的环境气体调控经常通过塑料薄膜包装来实现，例如产品的真空包装、除氧包装、乙烯吸收包装、O_2 和 CO_2 不同透性膜包装等，可用此维持产品运输过程的微环境气体条件。大多数产品贮运过程中一般应避免光照，但是盆花、种苗等可以提供较弱的光照来维持生长。

除了以上运输过程中的环境因子外，园艺产品运输过程的品质保持还需要考虑不同种类园艺产品混载对流通品质的影响，例如苹果和茎叶类蔬菜不适合混载，柿子不能和根茎类蔬菜（如洋葱、莲藕等）混载，甜瓜不宜与西瓜、完熟番茄、甜玉米等混载。这些产品对运输温度、乙烯敏感性以及异味干扰等方面需求特性差异大，彼此混载会降低流通品质。

四、园艺产品市场销售保鲜

园艺产品批发和零售时期的货架期保鲜管理是产品采后流通链末端环节，在销售市场的园艺产品仍需要进行适度保鲜保持其鲜活度、营养价值和商品性，延长其货架期。大型批发市场或周转中心可利用周转库进行园艺产品保鲜，降低品质损耗；零售市场则需要进行必要的货架管理。

1. 周转库管理

园艺产品种类多样，订货周期和订货量具有不确定性。因此大型批发市场或周转中心需要配备专门的贮藏场所和设施（周转库），对园艺产品进行短暂或较为长期的贮藏。周转库的贮藏保鲜原理与前述的园艺产品贮藏技术相似，但其涉及的产品种类更加丰富多样。因此需要针对不同的销售产品制订适合的贮藏方案，尽量缩短库存时间，实时监控产品质量，确保流通品质。

2. 货架管理

与产品贮藏环境相比，园艺产品在零售时的温度、湿度、气体、光照等条件发生了较剧烈变化，导致产品的衰老、变质速度加快。因此货架管理对于园艺产品品质维持也很重要。货架管理的方式包括简单的人工管理、设备辅助保鲜、化学药剂保鲜等。一般措施包括对销售产品进行分区、分级摆放；及时摘除病叶、病果，切花摘除外层病害花瓣；易萎蔫产品定时喷雾保湿；易腐败产品避免堆积、注意通风；干果类产品注意密闭防潮等。此外，对于经济价值较高、易变质的产品可以借助低温柜保鲜，例如设置切花的催花人工气候室、在瓶插液中添加切花保鲜剂等。

思考题

1. 简述园艺产品采后呼吸跃变的类型及其主要特征。
2. 利用真空预冷的方法预冷园艺产品的主要原理及其优缺点有哪些？
3. 简述园艺产品气调贮藏的原理。
4. 列举身边的园艺产品品质损耗现象，论述其品质损耗的生理生化基础。
5. 针对一种家乡出产的园艺产品，制订其综合贮运保鲜技术。

参考文献

高俊平，郭维明，洪波，等. 观赏植物采后生理与技术 [M]. 北京：中国农业大学出版社，2002.

黄绵佳，高俊平，张晓红，等. PPOH 延缓月季切花开花和衰老的研究 [J]. 园艺学报，1998，25（1）：71-75.

潘静娴，陈计峦，林多，等. 园艺产品贮藏加工学 [M]. 北京：中国农业大学出版社，2007.

秦文，曾凡坤，武运，等. 园艺产品贮藏加工 [M]. 北京：科学出版社，2012.

饶景萍，毕阳，马惠玲，等. 园艺产品贮运学 [M]. 北京：科学出版社，2009.

张秀玲，郑环宇，韩秀娥，等. 果蔬采后生理与贮运学 [M]. 北京：北京工业出版社，2011.

EIHADI M Y. Postharvest Physiology and Biochemistry of Fruit and Vegetables[M]. Duxford: Woodhead Publishing, 2019.

SUNIL P. Postharvest Ripening Physiology of Crops[M]. New York: Elsevier Academic Press, 2016.

WOJCIECH J F, ROBERT L S, BERNHARD B, et al. Postharvest Handling A Systems Approach[M]. 3rd Edition. New York: Acadernic Press，2014.

第十章

园艺植物应用与装饰

第一节 园艺植物应用
与装饰的基本
原理
第二节 园艺植物应用
第三节 露地花卉装饰
第四节 室内花卉装饰

园艺植物丰富多彩，色彩斑斓的花卉是美化环境的素材，果树、蔬菜和茶树在现代都市观光园艺中也具有举足轻重的作用，这些园艺植物也是城市绿化和美丽乡村建设中不可缺少的材料。同时，园艺植物（特别是花卉），是公共设施和家居环境中重要的装饰要素。遵从美学原理进行园艺产品的应用与装饰，既美化了环境，也愉悦了大众的心情。园艺植物在不同场景下怎样应用？了解其应用特点和装饰的类别非常关键。

广州海心沙亚运公园的花卉装饰

第一节 园艺植物应用与装饰的基本原理

一、科学性原理

1. 园艺植物的生物学特性

准确掌握园艺植物的生物学特性是充分发挥其应用和装饰功能的首要前提。不同园艺植物的生态适应性、生命周期和年生长发育周期具有差异，造就了各种园艺植物在其生命各个阶段及季节有不同的应用特点，并具有明显的地域特色。另外，因种类不同和观赏器官的差异，园艺植物具有丰富的应用和装饰类型。只有准确掌握各类园艺植物的生长发育规律和生物学特性，才能在其应用和装饰时按需配置，充分发挥各类植物的优势，达到最佳效果。

2. 环境条件对园艺植物的影响

园艺植物在生长发育过程中，除了受自身遗传因子的影响外，还与环境条件有着密切的关系，其生长发育、观赏特性和空间分布都受到各种环境条件的制约。因此，在准确掌握各种园艺植物生物学特性的基础上，充分了解应用和装饰所在地的温度、光照、水分、土壤和大气等环境条件，才能选择适宜的园艺植物种类，使园艺产品的应用和装饰效果最大化。

3. 园艺植物群落的科学配置

园艺植物群落的科学配置主要遵循的科学性原则包括生态原则、生物多样性原则和因地制宜原则。

①生态原则：在配置园艺植物时，应根据植物的生态学习性合理选配植物种类，形成结构合理、功能健全和种群稳定的园艺植物群落结构，避免物种之间直接竞争生存资源。

②生物多样性原则：生物多样性是园艺植物群落多样性的基础，在配置园艺植物群落时应根据植物观赏特性和抗逆性尽可能多地搭配使用不同物种，构建具有不同生态功能的植物群落，从而提高人工群落的观赏性，保持人工群落的稳定性（图 10-1）。

③因地制宜原则：园艺植物在长期的生长发育过程中形成了适应各自生长环境的特性。在适地适栽、因地制宜的原则下，首选具有生长优势的乡土园艺植物，再根据实际情况合理选配其他园艺植物种类，避免物种间竞争和种群不适应环境气候条件，按照当地自

图 10-1　乔木、灌木和草本植物在园艺植物群落中的层次搭配

然环境条件下的物种组成规律，组建适合本地气候条件的园艺植物群落景观。另外应根据环境条件和人们的需求来进行合理的人工群落配置，使人工群落的植物可持续化生长，并为人们营造良好的生活环境。

二、艺术性原理

1. 园艺植物配置的形式美

形式美是艺术美的基础，是所有艺术门类共同遵循的规律。在园艺植物产品应用和装饰过程中，特别是在装饰和植物配置当中应处处表现出形式美的特征。形式美是通过点、线条、图形、形体、光影、色彩等形式表现出来的。

园艺植物丰富多样的观赏特征本身就包含着丰富的形式美要素。在遵循科学配置的基础上，根据不同环境条件，按照均衡与稳定、多样与统一、对比与调和、韵律与动感等形式美原则在平面和空间进行合理配置，形成各种不同形式的园艺植物景观。

2. 园艺植物配置的色彩美

园艺植物应用与装饰是一种综合的艺术形式，充满了色彩、气味、形象和声音等审美特征。能被眼睛所感受的视觉形象是最为重要的审美特征，而眼睛最为敏感的是色彩。绿色是园艺植物最基本的色调，但是不同种类植物随着生长发育变化和环境条件改变等会展示出各种各样的色彩。在花卉的应用设计中，色彩的设计尤为重要。

（1）统一配色

统一配色是指在整体色彩设计时，追求统一、协调的效果，而不是变化突兀、对比强烈的配色方式。统一配色可创造多种艺术效果，或华丽、或浪漫、或宁静、或温馨等，如图 10-2A 所示。

（2）对比配色

强烈的对比能表现各个色彩的特征，鲜艳夺目，给人以强烈、鲜明的印象，但也会产生刺激、冲突的效果。因此在对比配色中，各种颜色不能等量出现，而应主次分明，在变化中求得统一。如图 10-2B 所示，绿色与红色形成鲜明的对比。

（3）层次配色

层次配色是指色相或色调按照一定的次序和方向进行变化的配色方式。这种配色效果整体统一，并且有一种节律和方向性。在花坛或花境设计中，层次配色时色彩的变化既可以沿其长轴方向渐次变化，亦可以由中心向外围变化，根据具体配植方式而定（图 10-2C）。

（4）多色配色

多色配色是指多种色相的颜色配置在一起的配色方式。这是一种较难处理的配色方法，把握不好往往会导致色彩杂乱无章，处理得好可以显得灿烂而华丽。花卉配置时应注意各种色彩的面积不能等量分布，要有主次以求得丰富中的统一，另外也要注意在色调上力求统一（图 10-2D）。

图 10-2　园艺植物配置的色彩设计
A. 统一配色；B. 对比配色；C. 层次配色；D. 多色配色

三、园艺植物配置的意境美

　　中国传统美学重视意境的创造。意境是艺术作品所表达的思想情感与生活形象融为一体而形成的艺术境界，在有限的艺术载体中表达无限而深远的内涵。意境的渊源十分久远，王国维在《人间词话》中说"境非独谓景物也，喜怒哀乐，亦人心中之一境界。故能写真景物、真感情者，谓之有境界。否则谓之无境界"。可见意境是在外形美基础上产生的一种崇高的情感，是情与景的结晶，即只有情景交融，才能产生意境。

　　在意境的创造中，园艺植物的选择和配置十分重要，其意境的时空变化，很多都源自园艺植物的物候或生命节律的变化。如《新昌新居书事四十韵，因寄元郎中、张博士》中"篱东花掩映，窗北竹婵娟"，《长恨歌》中"春风桃李花开夜，秋雨梧桐叶落时"等淋漓尽致地描写了观赏植物在其生命节律和物候更迭中的美学特征，以及创造出的充满生机和艺术感染力的优美环境。

　　除了对园艺植物自然生物学特征方面的深刻感悟和创造性地应用，适当配置建筑、山石和水体等其他造园要素也能创造出富有意境的优美空间。插花作品"说不完的故事"和园林小品"山涧春色"（图 10-3）就很好地利用植物和其他材料诠释了在有限的空间引导观赏者产生无限联想的深远内涵。

图 10-3　园艺植物配置的意境美（园林小品"山涧春色"）

四、园艺植物的构图和空间造型

1. 平面构图

园艺植物配置的平面构图有规则式、自然式及半自然式等。规则式构图主要有对植、列植、树坛、花坛、花台、花带、植篱及规则式的草坪等；自然式构图主要包括园艺植物的孤植、不对称式对植、丛植、群植、自然式林带、自然风景林、垂直绿化等；而半自然式构图有花境等花卉应用形式，另外由规则式和自然式构图结合而形成的混合式植物景观也为此类。平面设计时，各种植物的配置主要通过不同的平面占地大小和各种图例来呈现（图 10-4A）。

2. 立面构图

虽然平面构图能展示设计的图案美，但是由于不同园艺植物都具有各自的空间形体，因此立面构图能更准确地反映各种园艺植物组合的空间占位和比重关系。不同园艺植物具有不同的株型，这种不同的空间形体是创造园艺植物配置美的重要元素（图 10-4B）。

3. 空间造型

园艺植物的空间造型主要指园艺植物应用和装饰过程中，对植物施以人工修剪、绑扎等技术对其进行造型，或以人工制作的构件为骨架模型，在其外面栽植花卉从而形成立体植物景观。植物雕塑通常做成各种几何体造型、动物造型、抽象的立体造型甚至是建筑造型。

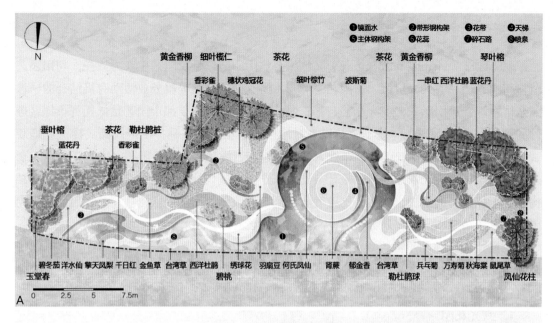

图 10-4　第 28 届广州园林博览会园林作品"攀登"设计图（程晓山设计）
A. 平面图；B. 立面图

 ## 园艺植物应用

一、都市园艺

　　都市园艺（urban horticulture）属于新兴的现代化农业产业范畴，是在具有较高的城市化水平的都市间隙地带及其周边地区，以都市文明的辐射为依托，遵循经济效益、生态效益和社会效益相统一的原则，充分利用大城市所能提供的先进生产力组织开展园艺生产经营活动，并为大城市提供先进且多功能性的现代园艺植物及其产品生产系统。都市园艺具有城乡相互渗透的生产格局特征，且生产高度集约化，实行更高标准的商业化经营。都市园艺运用现代高新技术栽培园艺植物，通过特殊的设施设备以实现智能控制温度、湿度、施肥等，是一种高效智能化的生产方式，为城市提供鲜、活、优、新和稀的高档园艺产品，还可为城市提供绿色健康的优美休闲环境和科普教育环境。

二、观光园艺

观光园艺（visiting horticulture）又称旅游休闲园艺，是以园艺生产为依托，利用园艺植物和园艺产品的人文价值，将园艺生产与旅游、交通餐饮等服务业活动有机结合的一种园艺植物综合应用形式。观光园艺与都市园艺最大的区别在于都市园艺是依托都市地区进行的园艺活动，而观光园艺主要是以乡村地区园艺生产为基础，生产产品、提供就地观赏、品尝、采摘或其他农艺活动，让人们亲身参与，满足人们体验田园之乐的需求。

观光园艺是观光农业的一个重要分支，其产生与现代社会城市人口比例提高、消费结构变化、休闲时间增加、农村结构改变和交通条件改善等诸多因素密切相关。因此，观光园艺在生产功能和园区规划等方面，有区别于传统的园艺生产。

根据建园主体的不同，观光园艺可以分为观光花园、观光果园、观光菜园、观光茶园，还有汇聚多种主体的园艺博览园等。其功能主要有：园艺产品生产功能、旅游功能、科普教育功能等。

拓展阅读 10-1
专类园

1. 观光花园

观光花园以各种花卉作为观光主体，有多种不同表现形式，常见的是通过不同花卉的搭配实现四季鲜花不断、各色花团锦簇的花园景象（图 10-5A）；也有将同类花卉集中种植为花海，欣赏某类鲜花的动人景象（图 10-5B）；或呈列外形奇特的花卉，体验自然的神奇之处；也可合理应用芳香植物，让人们在馥郁香气中流连忘返等等。

20 世纪 80 年代以后，游客们已经不再单纯满足于观赏，更希望亲身参与到农事活动中体验农家乐趣。因此，很多观光花园设计规划从原本单一的观赏性质逐渐朝集观赏、旅游、度假和农事体验等多功能为一体的方向发展。现代观光花园不仅起到美化环境的作用，还具有缓解人们情绪和辅助治疗疾病的效果，起到"园艺疗法"的作用，其原理是通过不同的花色、花香和花型影响人们的感官感受，进而调节和改善人体生理功能。同时，人们通过从事园艺活动，在绿色环境里得到情绪的平复和精神的安慰，在清新的空气和浓郁的芳香中增添乐趣，从而使身心得到放松。

2. 观光菜园

观光菜园是以各种具有观赏性的蔬菜为主体，结合高新技术和设施，建成的集蔬菜生

图 10-5　观光花园
A. 广州云台花园；B. 上海辰山植物园花海

产、销售、品尝、旅游观光和休闲娱乐一体的园艺植物应用形式。

观光菜园有多种类型，例如应用大型现代化温室，以无土栽培等方法对各类新、奇、特的瓜果品种进行培植和生产（图10-6A），配合各种独具艺术造型的攀架及管道开展斜面、柱式立体种植（图10-6B）。也有一些观光菜园展示色彩斑斓的辣椒、茄子、番茄、黄瓜以及叶型奇特的羽衣甘蓝等。

图 10-6　观光菜园
A. 巨型南瓜园；B. 观光瓜果园

3. 观光果园

观光果园是以各种有一定观赏或食用特色的果树为主体而建成的集果品生产、销售、采摘、加工、旅游观光和休闲娱乐一体的园艺植物应用形式（图10-7）。观光果园是观光园艺乃至休闲农业的主力军，具有重要的经济和社会意义。首先其产品经济效益高，用于建设观光果园的品种多为奇、特、优、稀的品种，具有极强的市场竞争力，在高新技术辅助精准调控下，果树早结果、丰产、稳产、抗性强，有连年丰收的保障，游客可就地消费精美水果礼品，易于产销一体化。其次，观光果园环境优美，同时带动交通、餐饮、娱乐

图 10-7　观光果园
A. 观光葡萄园（王惠聪摄）；B. 广州从化荔枝博览园（观光荔枝园）

和手工艺品制作等相关服务市场共同繁荣，推动地方经济发展。最后观光果园栽培管理和经营需要高新农业技术，要求从业人员具备较高的科技文化素质，带动地方科技文化教育水平的提高，有利于地方社会稳定和科技文化发展，具备重要而深远的社会意义。

4. 观光茶园

观光茶园是以茶树种植和茶叶生产为基础，经过有效的整合，把茶叶生产、观光采摘、科技示范、茶文化展示、茶产品销售、旅游观光和休闲娱乐融为一体的综合性生态农业观光园（图10-8）。

图 10-8　观光茶园
A. 贵州湄潭高产生态采摘茶园（陈文品摄）；B. 配置花木的观光性茶园（张凌云摄）

观光茶园分为采摘型、科普型、生态型和综合型。其中采摘型茶园是在园内开放成熟的茶园区，让游客在园内进行采茶等活动，利用游览、采摘、品茗和购买等过程满足游客的多种需求；科普型茶园科普以传统茶文化的历史、地域性茶文化背景、茶叶茶具种类、制茶技术和工艺等方面的知识为主；生态型茶园具有丰富的原始植被资源和优美的山水环境，以茶树为核心，利用光、温、水、土、气等生态条件，科学建立一个和谐的生态系统以供观光。综合型观光茶园是集生产销售、休闲度假、科普教育和观光体验等于一体的新形式。

5. 园艺博览会

园艺博览会（horticultural exposition）简称园博会，是以园林园艺为主要展示内容的专业博览会，一般包括室外园林园艺艺术展和室内专题展。室外依托园艺博览园来展示现代造园艺术以及园林园艺行业新成果等内容；室内主要开展各类园林园艺专题展以及学术研讨、商贸交流等活动。园博会内容丰富、覆盖面广，对促进行业进步，带动城市社会、文化、经济、生态等多方面发展起到了积极作用。根据主办单位级别可以分为世界级、国家级和地方级等类型。园艺博览会是展示园林园艺的窗口，对扩大行业影响力、美化和改善环境、提升城市品质、促进文化交流、构建和谐社会以及丰富人们的精神文明生活具有重要意义。

世界园艺博览会（简称世园会）是国际园艺界的盛会，是充分展示现代园艺生产技术和园艺植物的多样功能的盛会，也是观光园艺最高形式的展台。国际园艺生产者协会根据举办规模将世园会分为 A1、A2、B1 和 B2 四大类（表 10-1），其中 A1 为最高级别。

表 10-1　世界园艺博览会的四个级别

级别	举办期限	展会面积 /m²	参展国家或单位要求	批准机构
A1	3～6 个月	≥ 500 000	不少于 10 个参展国家	国际园艺生产者协会（AIPH）国际展览局（BIE）
A2	8～20 天	≥ 15 000	不少于 6 个参展国家	国际园艺生产者协会
B1	3～6 个月	≥ 250 000	国外参展单位不少于参展单位总数的 3%	国际园艺生产者协会
B2	8～20 天	≥ 6 000	国外参展单位的参展面积不少于 800 m²	国际园艺生产者协会

自 1960 年在荷兰鹿特丹举办首次世园会以来，截至 2021 年，世园会共举办了 30 余次，主要在欧美、日本等经济发达国家举办。我国已经成功举办过"1999 中国昆明世界园艺博览会（A1 类）""2006 中国沈阳世界园艺博览会（A2+B1 类）""2010 年中国台北国际花卉博览会""2011 中国西安世界园艺博览会（A2+B1 类）""2013 中国锦州世界园林博览会［国际风景园林师联合会（IFLA）和 AIPH 首次合作］""2014 中国青岛世界园艺博览会（A2+B1 类）""2016 中国唐山世界园艺博览会（A2+B1 类）""2019 中国北京世界园艺博览会（A1 类）"和"2021 年中国扬州世界园艺博览会（A2+B1 类）"。成都获得了 2024 年世界园艺博览会举办权。

三、家庭园艺

家庭园艺（home gardening）指在城乡家庭住宅附近及室内进行果树、蔬菜、花卉等园艺植物的布置、栽培与管理。规模最大一般不超过 100 m²，最小可以为窗户或房间里边的边角空间、一条通道、一面墙壁、一个花盆，甚至是一只盘子都可以开展家庭园艺。家庭园艺可以使人们在高楼林立的城市里体会到美好的田园情趣，在改善居住地生态环境的同时，可以缓解人们因城市快节奏生活带来的负面情绪。小规模的花卉、蔬菜、果树等园艺产品的生产还能带来一定的社会经济效益。

1. 家庭花园

家庭花园，顾名思义是一种家庭之内的花园，在住宅的前后庭院、露台、阳台、窗台、墙面等空置的地方，栽植、摆放一些花草树木，铺设石板草皮，再摆放桌椅等装饰物而形成小景观的园林应用形式（图 10-9）。

2. 家庭菜园

在城市家庭中，能直接在地面上开辟菜园的区域仅限于平房区、楼房住宅的底层庭院和别墅园地等，且一般种植面积较小。在这些有限的范围内，有的专门种菜；有的则将种菜与种花相结合，在园地边界种植多年生低矮花卉；或是栽培藤本植物作篱笆，近墙处进行基础栽植；或种植丝瓜、扁豆等种类，搭成棚架，如图 10-10A 在庭院中种植蔬菜。

图 10-9　家庭花园

A. 古典家庭花园；B. 现代家庭花园

　　居住在楼房中的人们，没有现成的土地可供种菜，便只能在露台、阳台、窗台甚至室内等场所，用花盆、木箱、塑料箱等容器种植蔬菜。由于这些场所面积较小，取土不便，一般多栽种番茄、辣椒、韭菜、大葱、大蒜和香菜等收获期较长，或可多次采收的蔬菜，如图 10-10B 中在阳台种植的番茄。

图 10-10　家庭菜园

A. 庭院种植蔬菜（柏淼摄）；B. 阳台种植番茄（柏淼摄）

3. 家庭果树

　　果树自古以来就是宅前屋后的常用树种。近些年来，果树在发展庭院经济中的作用愈发重要。在城市住宅中，利用庭院、阳台、窗台、屋顶和露台等空间栽培小型果树也成为一种时尚。但由于面积十分有限，因此在栽培果树时应注意选择树体和占地面积较小的类型和品种，藤本果树、矮化果树和一些进行整枝的果树等最适于家庭栽培，如盆栽柑橘和无花果。

第三节 露地花卉装饰

一、露地花卉装饰目的和意义

露地花卉是指应用于室外装饰广场、道路等露地的花卉植物。城市化带来了现代文明，也带来了一系列问题，其中最主要的问题是生态环境的破坏。为了改善并保护生态环境，美化人们的生活环境，大量露地花卉被用于园林装饰，起到了改善和保护环境、美化环境和丰富人类精神生活的作用。

1. 改善和保护环境

花卉是园林的重要造园要素，这些花卉植物通过自身代谢、固定土壤和覆盖地面等多种途径，从而达到改善和保护环境的效果。室外花卉能吸收二氧化碳，同时吸收某些有害气体或自身释放一些杀菌素，增加空气中的氧气，从而净化空气；通过蒸腾作用增加空气湿度，调节空气温度；通过滞尘，减少地面扬尘；通过固定土壤，覆盖地面，涵养水源，减轻水土流失；通过减少太阳光的反射，减弱城市眩光，改善城市光环境。

2. 美化环境

花卉种类繁多、色彩丰富，是色彩的来源，也是最能反映季节变化的标志。花卉不仅生长期短、布置方便、更换容易、应用灵活，而且花期便于调控，这是其他园艺植物所不能替代的优点之一。在露地花卉装饰中，乔木和灌木是绿化的基本骨架，而各类绿地中大量的下层植被、裸露地面的覆盖、重点地段的美化等都依赖于丰富多彩的花卉。因此，在园林设计中，花卉对环境的装饰具有画龙点睛的效果。

3. 丰富人类精神生活

人类不仅希望园林中有花，而且希望在人类活动所至的所有环境中都有花可赏。花卉装饰除了具有改善环境的生态功能和装饰环境的美化功能外，还可以丰富人类的精神生活，陶冶情操。

二、不同场景下的露地花卉装饰

露地花卉装饰主要以盆花摆放为主，分为临时性陈设和长期陈设，临时性陈设如会议和庆典等，长期陈设如酒店、宾馆和展览会等。

1. 广场

广场一般已有露地绿化，因此在进行花卉装饰时，标语牌、纪念碑、观礼台的四周是装饰的重点地段，还可以围绕灯柱或行道树作圈布置，有时也用小盆花组成字或符号等。特别是在节日的时候，露地花卉装饰常将大型盆花配合于高大的标语塔、牌、画像及观礼台的周围，或围绕灯柱、行道树作装饰，再加上丰富的造型和色彩，更加渲染了节日的欢庆气氛。

2. 道路

花带是道路进行露地花卉应用及装饰的重要形式，主要分布在道路中央分车绿带和两旁基础绿带中。在道路两旁、中间栽植或摆放色彩鲜明的观赏植物形成花带，不仅美化环境，还可起引导作用。

3. 人行天桥

人行天桥的花卉装饰即在天桥两侧种植可供四季观赏的植物，常见的有簕杜鹃（学名叶子花，*Bougainvillea spectabilis*）、华丽龙吐珠（*Clerodendrum splendens*）、马缨丹（*Lantana camara*）、龙吐珠（*Clerodendrum thomsoniae*）、金银花（学名忍冬，*Lonicera japonica*）、软枝黄蝉（*Allamanda cathartica*）、凌霄、龙船花（*Ixora chinensis*）、吉祥草（*Reineckea carnea*）、鸭跖草（*Commelina Communis*）以及矮牵牛等一二年生花卉。它们最主要的特点是观赏期长、色彩鲜艳、可任意搭配；很容易形成大色块绿化景观，在不同季节会呈现不同颜色；不仅可以美化环境，还具有减少粉尘的作用。

4. 街口

街口花卉装饰可以利用人行道的拐弯处、交叉道间的空地进行盆花的摆放。可选择一棵株型较大的植物做中心，围绕其进行盆花的摆放；或者设花坛配植一种或几种观赏植物；还可以在街口的围墙上做立体绿化，栽植一些攀缘性的可供四季观赏的植物。

5. 屋顶花园

屋顶花园是在屋顶绿化的基础上，把露地造园的手法运用到屋顶上，从某种程度上来说，屋顶花园只是露地绿化的替代品而已，它能够为人们提供一个休息场所。

三、露地花卉装饰的主要形式

1. 花坛

花坛（flower bed）是指按照设计意图在一定的几何轮廓范围内栽植花卉，运用其群体效果来体现图案美或色彩美的园林应用形式，通常采用一二年生草本花卉。广义的花坛还包括使用盆栽花卉摆设成各种形式的盆花组合。

花坛常设置在建筑物的前方、交通干道的中心、主要道路或主要入口两侧、广场中心或四周、风景区视线焦点处及草坪上等。

按照表现主题的不同，花坛可分为盛花花坛（图 10-11A）、模纹花坛、标题式花坛、装饰物花坛和混合花坛（图 10-11B）。

2. 花境

花境（flower border）又称为花径、花缘，是指通过适当的设计，根据自然风景中林缘野生花卉自然分散生长的规律，加以艺术提炼，自然式栽种以草本为主的观赏植物使之形成长带状，以表现植物个体所特有的自然美以及它们之间自然组合的群落美的园林应用形式，也是一种从规则式构图到自然式构图的过渡形式。

按照设计形式，花境可分为单面观赏花境（图 10-12A）、双面观赏花境和对应式花境；按所用植物材料可分为灌木花境、宿根花卉花境、球根花卉花境、专类花境和混合花境（图 10-12B）。

图 10-11 花坛
A. 盛花花坛；B. 混合花坛

图 10-12 花境
A. 单面观赏花境；B. 混合花境

3. 花台

花台（raised flower bed）是指在高出地面几十厘米的种植槽中栽植花卉的园林应用形式，主要特点是高出台面，装饰效果更为突出。花台是中国传统的花卉布置形式，在古典园林中或私人宅院中应用较多，但花台内花卉生长受限，一般不宜大量设置。常见的花台有现代公园景观花台（图 10-13A）和传统古典花台（图 10-13B）。

图 10-13 花台
A. 现代公园景观花台；B. 传统古典花台

4. 花钵

花钵（flower pot）是指选择一个钵状容器，配以几种小型的观叶花卉和 1～2 种色彩鲜艳的观叶或观花花卉的一种园林应用形式。采用的各种花卉按照艺术原理进行搭配设计，是景观节点较好的装饰方式（图 10-14）。

图 10-14　花钵
A. 单个花钵装饰；B. 广场多花钵装饰

5. 垂直绿化

垂直绿化（vertical greening）是相对于平地绿化而言，属于立体绿化的范畴。垂直绿化是指主要利用攀缘性、蔓性及藤本植物对各类建筑立面或局部环境进行竖向绿化装饰，或专设棚、架、篱和栏等进行布置的园林应用形式。这些结构可以起到掩蔽、防护和装饰的作用，能给游人提供休息场所。常见的垂直绿化形式有都市建筑垂直绿化（图 10-15A）和街道垂直绿墙（图 10-15B）。

图 10-15　垂直绿化
A. 都市建筑垂直绿化；B. 街道垂直绿墙

室内花卉装饰是指室内陈设物向大自然借景，将园林元素引入室内，在室内再现大自然景色的一种具有生命活力的装饰方式。

室内花卉装饰科学、艺术地将自然界的植物、山水等有关素材引入室内。在有形空间层面，室内花卉装饰能够丰富室内陈设的形态和色彩，绿化美化环境，同时能够净化空气、调节温度，创造出充满自然风情的美感；在人们无形的生理和心理层面，室内花卉装饰通过影响人们的感官感受，给人甜美舒适、回归自然的感觉，陶冶情操。

室内环境的特殊性和以人活动为主的功能性，使花卉装饰应用时要求充分掌握花卉的生物学特性和室内环境条件之间的相互关系，同时要重点考虑花卉装饰对人生理健康和心理感受的影响。不同室内场景由于使用功能、空间大小和布局的不同，使用的花卉装饰要求也不同，如室内居家环境和室内公共场所等。

一、室内花卉装饰的特点和要求

1. 室内花卉装饰的特点

与露地花卉装饰开放的空间相比，室内是一个相对封闭的空间，这就形成了一个人工小气候环境。就花卉的生长条件而言，室内的小环境远不如露地或温室、大棚的环境好。当然也有一些花卉，其原产地的气候条件接近于室内的环境条件，再经过人们长期驯化使它们适应了室内的环境条件，或在生长的某一阶段能适应室内的环境条件。室内环境有以下几个方面的特点。

（1）温差小

室内温度相对稳定，较室外温差变化小，而且室温可通过空调等设备调节，因此，室内温度对室内花卉的影响相对较小。一般人体所感受的最适温度为 15～25 ℃，也是大多数植物生长的适宜温度。但是室内温差小，这对于喜欢温差大的花卉，尤其在花芽分化阶段需温差大或需要低、高温的花卉不是很适宜。

（2）光照弱

室内一般是封闭的空间，大多数地方只有散射光或人工照明光，缺乏太阳直射光，室内的光照强度明显弱于露地，光照条件较差，这对于喜光花卉的生长是很不利的。

（3）湿度低

空气湿度也是影响室内花卉生长的一个重要因素，特别是对原产于亚热带和热带的植物影响较大。室内空气较为干燥，湿度较室外低。在冬季取暖期间和干旱多风的季节，室内的湿度明显不足。室内空气湿度小对多数花卉的生长来说是不利的，因此需要增加湿度，可经常喷水或用小型薄膜罩上花卉从而提高小环境的空气湿度。室内空气湿度不宜低于50%。

（4）通风差

在室内环境中，由于通风透气性较差，空气中乙烯的含量会逐渐增加，而乙烯会导致花卉衰老。当乙烯含量达到一定浓度时，很多对乙烯比较敏感的花卉特别容易出现叶片发黄。所以室内盆栽花卉要保持通风良好。

当然，室内不同位置的光、温、湿及通风性也都会有所不同，要根据具体位置选择适宜的花卉品种。

2. 室内花卉装饰的要求

室内花卉装饰以容器栽植为主，根据不同场景和需求也会使用插花装饰或综合花卉景观装饰，其主要目的是满足人们改善和美化室内环境的需要。因此，选择适宜的装饰时应以人为本，根据人们的爱好、习惯和需要来选择植物，达到比例适度、布局协调、色彩和谐等目的。

（1）比例适度，大小适宜

室内盆栽花卉装饰的比例由两方面组成：①花卉与盆、架间的比例；②花卉装饰、家具、陈设与室内空间大小的比例。比例适度才能给人以舒适感。较大的空间中配制较小的花卉装饰，则无法显示出环境气氛；较小的空间装饰较大的花卉装饰，则显得臃肿闭塞，缺乏整体感。因此，应根据室内建筑空间的大小、形状、方位及具体位置，选择相应的花卉装饰进行配置，使其彼此之间比例恰当，大小适宜，富有整体感。

（2）布局协调，错落有致

空间较大的房间可在室内一角或窗户附近安放立体小花架，分层摆放；空间小的房间可采用吊盆、吊篮、壁挂等形式向空中发展。在经常有人走动的地方切勿放置植物，以免影响通行；花卉的摆设宜靠近墙边或柜旁，在桌旁布置植物，其高度为桌面对角线的1/3最佳。在选用器官尖锐的花卉（如仙人掌类）装饰时，应特别注意尽量放置于不易接触到的位置。

（3）色彩和谐，质感协调

选用花卉装饰时应注意其色彩要与室内家具、墙面的颜色相协调。选择的花卉容器的色彩和质感也应与花卉植物、家具、墙面等的色彩和质感相协调，才能展现花卉装饰的美感。

（4）管理到位，适时更换

由于花卉植物装饰具有一定的生命周期（特别是一二年生花卉和切花等），所以配置完后需要定期进行管理或更换，保持装饰的美化效果。如切花的花或枝叶衰老萎蔫时形态和色彩丧失美感，而且容易招惹蚊虫，应及时清理更换。

二、不同场景下的室内花卉装饰

室内花卉装饰方法应根据建筑风格、功能、朝向和结构、大小、高低、装饰风格以及个人爱好等因素灵活掌握。空间宽敞明亮的酒店大堂、中庭以及营业厅等，宜选用体量高大的花卉，辅以少量色彩鲜艳的盆栽花卉，烘托环境气氛，给人们带来亲切温暖的感受。家庭室内空间相对较小，装饰上应以中、小盆栽为主，且要选择较为耐阴的种类，但数量不可太多。

花卉装饰还应在充分考虑室内空间主要功能的前提下，依据花卉的生态习性及美学原理，采用不同艺术手法，适量、均衡、合理地进行，使室内空间变得高雅、温馨、充满生机，达到美化室内空间的效果，但也不可装饰得太多太杂，以免影响人们的活动，甚至造成室内空间采光暗淡，影响气氛。

1. 家庭室内花卉装饰

（1）客厅花卉装饰

客厅是家庭日常活动和接待宾客的主要场地。由于客厅的大小、设计风格差别很大，因此花卉装饰时要求庄重，同时兼顾美观大方。可选用新奇、高大、色彩绚丽的植物种类，如巴西木（学名香龙血树，*Dracaena fragrans*）、散尾葵（*Dypsis lutescens*）、垂叶榕（*Ficus benjamina*）等。在茶几、柜台等处可适当配置一些娇小玲珑、色彩鲜艳的植物种类，如黑叶芋（*Alocasia amazonica*）、观赏凤梨等，或配上瓶插鲜花，起到点缀的效果。这样组合既能突出客厅布局主题，又可使室内四季常青，充满生机。

客厅迎门处可摆放造型精巧、形似"迎客松"的五针松（学名日本五针松，*Pinus parviflora*）或罗汉松（*Podocarpus macrophyllus*）盆景（图10-16A），表达主人的好客之意；茶几上可摆放君子兰、仙客来和兰花等花卉，摆设时不宜置于桌子正中央，以免影响主人与客人的视线；墙角处宜摆放四季常绿的白掌（*Spathiphyllum floribundum* 'Clevelandii'）、万年青（*Rohdea japonica*）、也门铁（*Dracaena arborea*）和株型较大的散尾葵、绿萝（*Epipremnum aureum*）、心叶藤（学名心叶蔓绿绒，*Philodendron hederaceum*）、马拉巴栗、巴西木、棕竹（*Rhapis excelsa*）等，使室内富有生气。若客厅较大，可利用局部空间塑造"立体花园"。布置时，除突出主体花卉，表现主人性格外，还可采用吊挂花盆、花篮的手法，借以平衡画面、装饰空间。

（2）卧室花卉装饰

卧室是人们休息和睡眠的主要场所，由于陈设的家具较多导致空间有限，卧室的花卉配置以点缀为主，花卉装饰的种类不宜过多。卧室光线不可太强，要求环境清雅、宁静、舒适，植物配置要以冷色调为主，少而精，多以1～2盆色彩素雅、株型矮小的植物为主，如文竹（*Asparagus setaceus*）、吊兰、镜面草（*Pilea peperomioides*）和冷水花（*P. notata*）等，忌色彩艳丽，香味过浓，气氛热烈。此外，也可根据居住者的年龄或性格等选配植物（图10-16B）。

（3）书房花卉装饰

书房是读书、写作，有时兼做接待客人的地方，力求宁静、雅致、整洁并带有一点古朴和勤奋之感。书房的花卉布置不宜过于醒目。书房要根据主人的志趣和爱好选择花卉，使人强烈地感受到高雅、清新的氛围，在选材上尽量不用艳丽多彩的花卉，多用幽雅素淡、造型精美的花卉（图10-16C）。一般可在写字台上摆设一盆轻盈秀雅的文竹、网纹草（*Fittonia albivenis*）、吊兰等植物，以调节视力、缓解疲劳，有利于主人集中思想，触发想象力。可选择株形下垂的悬垂植物，如常春藤（*Hedera nepalensis* var. *sinensis*）、吊竹梅（*Tradescantia zebrina*）等，挂于墙角或自书柜顶端飘然而下；也可选择适宜位置摆上一盆攀缘植物，如琴叶喜林芋（*Philodendron panduriforme*）、黄金葛（*Epipremnum aureum* 'All Gold'）等，给人以积极向上、振作奋斗之激情。如果书房内有电脑、打印机等设备，则更要多放花卉以有效清除书房内多种污染物，每10 m² 至少摆放治污花卉1～2种。可以摆放的花卉有常春藤、铁树（学名苏铁，*Cycas revoluta*）、吊兰、非洲菊、龙血树（*Dracaena draco*）、万年青等用于吸收分解有害物质。

图 10-16　家庭室内花卉装饰

A. 客厅花卉装饰；B. 卧室花卉装饰；C. 书房花卉装饰

2. 酒店花卉装饰

（1）大堂花卉装饰

大堂是人们进入酒店的必经之地，其布置非常重要。大堂门口常以对称排列的方式配置色彩丰富的盆花，以烘托热情的迎客气氛。在大堂内则常以体型较大的花卉结合各类造型进行布景，吸引宾客的目光，给人绚丽典雅的感觉（图 10-17A）。

（2）中庭花卉装饰

许多酒店都有宽敞的中庭，附近通常开设休息区、小餐厅、茶室等。在中庭进行花卉装饰能丰富空间的层次感，营造自然而富有趣味的活动空间，常选用色彩斑斓的花卉结合山石、水池和各类艺术作品进行造景（图 10-17B）。

（3）茶室和餐厅花卉装饰

各类茶室和餐厅是人们就餐休闲的场所，适当的花卉装饰不仅能给人们带来愉悦的心情，还能增进人们的食欲，通常适宜采用暖色调的花卉装饰进行布置。如在餐桌上摆放红、橙、黄色系的插花能渲染一种自然、温馨的气氛，给人们在就座等待或进食时带来一种舒适的感觉（图 10-17C）。

（4）过道和楼梯花卉装饰

过道和楼梯通常由于较狭窄，常形成缺乏生机的阴暗空间，适当的花卉装饰可以改善和调整这些阴暗空间的环境气氛（图 10-17D）。

图 10-17　酒店花卉装饰

A. 大堂花卉装饰；B. 中庭花卉装饰；C. 餐厅花卉装饰；D. 过道花卉装饰

3. 其他商务公共空间花卉装饰

（1）办公场所花卉装饰

办公场所的花卉装饰能有效地缓解人们因长期处在室内密闭条件而感到的疲劳，调节人们的工作状态。办公场所内空间较密闭，所以主要采用养护简单、室内摆放时间长的各类观叶花卉，常用的植物有绿萝、文竹、万年青、龙血树等。由于人员走动频繁、办公设施陈设密集，办公场所的花卉装饰通常利用墙角、窗台、办公桌一角和休息区等空间进行。办公场所空间较大时还可以利用较大的盆栽植物来划分空间。

（2）营业场所花卉装饰

由于营业场所人员来往较多，植物的养护难以进行，通常在宽敞部位、休息厅、墙角等处布置一些硬叶植物。在重要的节假日或宣传活动中，常在营业场所入口、楼梯拐角、平台等空间装饰盆花或大型的组合盆栽景观。在一些展厅或橱窗中，也常使用花卉装饰作为陪衬或背景以吸引顾客注目。

三、室内花卉装饰的主要形式

1. 插花

插花（flower arrangement）是以切花花材为主要素材，通过艺术构思、适当的剪裁整形及摆插来表现其活力与自然美的花卉装饰形式，是最优美的空间艺术之一。插花并不是单纯的花材组合，也不是简单的造型，它要求以形传神，形神兼备，把各种花材按照插花主题和立意进行构思和造型，形成富于变化、对比鲜明、协调统一、充满韵律的优美作品。插花常用来点缀厅堂、卧室、几案或悬于墙壁上观赏，不仅具有实用性、知识性和趣味性，可以寄托人们的美好愿望，带给人们喜悦与欢乐，又可提高自身的文化修养，提高人们的生活品质。采用插花进行室内装饰时应注意插花大小与室内环境大小的比例关系，大环境用大型插花，而小环境使用小型插花。不同功能的房间应使用不同风格的插花，客厅插花要求色彩搭配靓丽，而卧室和书房插花就要求色彩淡雅柔和（图10-18）。插花的风格要与室内装修和家具风格相协调，中式家具宜搭配东方式插花，西式家具宜搭配西方式插花，现代式家具宜搭配现代或抽象式插花。插花的构图形式与插花摆放的位置密切相关，靠墙可用单面观赏花型，放中央则需要四面观赏花型。另外，插花色调与室内环境的色调也需要相互协调。

视频资源 10-1
中国宋代插花
艺术特点
图集 10-1
东西方插花的
区别

图 10-18　不同应用类型的插花
A. 厅堂插花；B. 现代客厅插花；C. 卧室插花；D. 书房插花

2. 组合盆栽

组合盆栽（combined pot culture）是指根据花卉色彩、株形等特点，经过一定的构图设计，将数株一种或多种花卉集中栽植于容器中的花卉装饰形式（图10-19）。不同花卉相互配合，可以使盆栽的观赏特征相互补充，如用低矮茂盛的花卉可遮掩其他花卉因分枝少、花葶高、下部不饱满的缺点，也可以花、叶互衬或花、果相映，形成一组较单株植物

图 10-19　组合盆栽
A. 作品"春风"；B. 作品"归巢"

观赏特征更丰富的微型景观。

组合盆栽因大小不一、形式多样、趣味性强而广受欢迎，主要应用于家庭室内、办公场所、营业场所等室内空间的装饰美化。选择组合盆栽花卉种类时，应根据作品的用途、所装饰环境的特点和主要受众类型等选择合适的花卉种类，并充分考虑植物的生态习性、观赏特性和文化特征。选择容器时，要从作品的构图需求、表达主旨、花材和容器的协调关系、色彩、质感等方面考虑。为了便于造景，组合盆栽通常选用长方形种植槽式容器，其大小、材质和色彩丰富多样，但需根据作品大小不同、配置的简繁不同选择。各种形式的容器如陶罐、竹筐、蚌壳、小木鞋等富有自然情趣或生活气息的容器亦可使用。

组合盆栽常常会应用一些装饰品，以强化作品的立意，增加作品的趣味性。常用的如石头、枯木、松果、贝壳、藤等可以增加作品的自然美感；缎带、蜡烛、绳子、包装纸、金属线、小玩偶、小模型等可为作品点题，增加趣味性，烘托主题气氛。但装饰品不可滥用，以免画蛇添足，影响花卉整体的观赏效果。

3. 艺栽

艺栽（artistic culture）是以适于在生长过程中进行造型处理的花卉为材料，经过一定的艺术构思和进行造型处理后，种植在各类容器中，成为一种富有和谐、趣味性强的花卉装饰形式（图 10-20）。它集盆景、盆栽和插花艺术之长而自成一体，瑰丽多姿，变化丰富，是伴随现代快节奏的都市生活而出现的一种花卉装饰形式。

4. 瓶景

瓶景（bottle garden）是指将小型植物栽种在封闭或相对开敞的透明瓶中形成的

图 10-20　艺栽
A. 篱笆型富贵竹盆栽；B. 发辫型发财树盆栽

植物景观和装饰形式，其艺术性强，给人清新的感觉（图10-21）。由于瓶景内相对封闭且空间狭小，配置植物时常选用体型较小、生长缓慢、耐荫耐湿的植物种类，如苔藓植物、肾蕨（*Nephrolepis cordifolia*）、网纹草、冷水花等。

图 10-21　瓶景

5. 盆景

盆景（potted landscape）是我国独特的传统园林艺术之一，它是我国的盆栽逐步发展到一定阶段后升华为盆栽技术与造景艺术巧妙结合的产物（图10-22）。盆景是用植物、山石及容器等材料，经过艺术加工、合理布局，将大自然的优美景色形象地浓缩于盆中的一种造型艺术。因其姿态优美生动，又讲究意境，所以人们把盆景誉为"立体的画，无声的诗"。

盆景是一种优美的、珍贵的艺术形式，具有很高的艺术价值，其素材既有珍贵的植物，又有精工细作且古老的盆钵和几架，所以还具有一定的文物价值。此外，盆景还具有美化环境、科普教育、促进旅游、陶冶情操等实用价值。盆景园为不少风景名胜区吸引了大量游客，极大促进了旅游业发展。

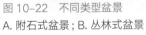

图 10-22　不同类型盆景
A. 附石式盆景；B. 丛林式盆景

思考题

1. 园艺产品应用与装饰的基本原理是什么？
2. 什么是都市园艺？
3. 什么是观光园艺？包括哪几种类型？
4. 什么是家庭园艺？包括哪几种类型？
5. 花卉装饰的目的和意义是什么？
6. 露地花卉装饰有哪几种类型？
7. 室内花卉装饰的特点与要求是什么？有哪几种场景形式？

参考文献

陈祺，刘慧，张中社. 庭园植物宝典 [M]. 北京：化学工业出版社，2009.

陈璋，陈仲光. 室内花卉装饰技巧与实例 [M]. 福州：福建科学技术出版社，1999.

成善汉，周开兵. 观光园艺 [M]. 合肥：中国科学技术大学出版社，2007.

董丽. 园林花卉应用设计 [M]. 4 版. 北京：中国林业出版社，2020.

黎佩霞，范燕萍. 插花艺术基础 [M]. 北京：中国农业出版社，2002.

周玉敏，杨治国. 花卉生产与应用 [M]. 武汉：华中科技大学出版社，2011.

第十一章

设施园艺

第一节　设施园艺的概
　　　　念和重要作用
第二节　设施园艺发展
　　　　历史、现状与
　　　　趋势
第三节　我国主要设施
　　　　类型、性能与
　　　　应用
第四节　设施主要环境
　　　　调节

　　寒冷的冬季，吃着新鲜的蔬菜瓜果，欣赏着娇艳的鲜花，是前人对园艺与生活的美好愿望。当下，设施园艺已经实现这一美好愿望并持续为人们创造着美好的生活。以温室和大棚等为主的设施园艺在我国发展迅速，蔬菜、果树和花卉设施栽培面积不断扩大，为提高我国人民生活质量做出了突出贡献。充分认识设施园艺的发展历史与现状，对进一步提高我国的设施园艺技术水平，实现设施园艺现代化建设具有重要意义。设施园艺突破了季节、地域、土壤等多方面的限制，实现了北方冬季寒冷与南方夏季炎热等气候条件下的主要园艺植物生产，也可在荒漠、滩涂等不可耕种土地上进行生产，改变了农民"面朝黄土背朝天"的传统农业生产模式，提高了农民收入，丰富了城乡居民的"菜篮子""果盘子"与"花房子"，成为园艺产业现代化发展的重要方向。

丰富多彩的设施园艺

设施园艺的概念和重要作用

一、设施园艺

设施园艺（protected horticulture）是园艺栽培的一个分支，荷兰等国家称之为温室园艺（greenhouse horticulture），在我国主要是指在不适宜园艺植物生长发育的季节或地区，利用保温、防寒或遮阳、降温、防雨等各种设施，人为地创造适宜的小气候环境，进行园艺植物（主要包括蔬菜、果树、花卉等）的栽培生产。由于的生产季节往往是在露地自然环境下难以生产的季节，如北方寒冷的冬季、南方炎热的夏季，因此设施栽培又称"不时栽培"或"反季节栽培""错季栽培"等。我国最

图 11-1　工厂化农业（日本千叶大学的植物工厂）

早的设施园艺主要是蔬菜设施栽培，主要采用塑料拱棚等保护设施营造小气候环境，进而在不适宜蔬菜栽培的季节进行保护性栽培。因此，蔬菜设施栽培在我国长期以来也被称为"保护地栽培"。

随着设施园艺生产技术的发展，另一个概念进入大家的视野，即工厂化农业（图 11-1）。工厂化农业是指在相对可控环境下，采用工业的生产理念和方式进行农业生产的方式，需要有生产标准、生产工艺和生产车间，而且可常年不间断生产，生产出来的产品有品牌、商标、标准、包装。工厂化农业是现代生物技术、现代信息技术、现代环境控制技术和现代新材料不断创新和在农业上广泛应用的结果。目前的农业生产距离工厂化生产还相差甚远，包括发达国家在内的绝大部分设施农业生产仍然达不到真正的工厂化生产，只是进行了一些小规模的展示，其高昂的生产成本决定其难以实现大规模工业化生产。

二、设施园艺在我国经济社会发展中的重要地位

1. 设施园艺在提高人们生活质量中的重要地位

蔬菜、水果和花卉是城乡人民生活中"菜篮子""果盘子"和"花房子"的组成。随着人民生活水平的不断提高，特别是解决了温饱而步入小康之后，人们对园艺产品的周年均衡供应提出了更高要求，发展设施园艺生产成为实现这一目标的重要途径。

（1）蔬菜设施栽培实现了我国蔬菜的周年供应

设施园艺通过一定的保护设施，实现了北方寒冷的冬季（图 11-2）与南方炎热的夏季蔬菜生产，真正做到了周年生产与供应，对我国新鲜蔬菜的稳定供应具有重要作用。

2016年，我国蔬菜设施栽培面积达370.1万hm²，总产量2.6亿t，人年均设施蔬菜占有量近190 kg。设施蔬菜巨大的供应量以及丰富的品种，对稳定蔬菜市场价格、丰富消费者的"菜篮子"、改善市场供应和丰富人民生活起到了积极的作用。

（2）果树设施栽培满足了人们对不耐贮运淡季水果的需求

我国果树栽培主要以露地栽培为主，而设施水果多以时令性水果为主，产品多不耐贮运，通过春提早、秋延后生产，满

图11-2　北方冬季日光温室番茄生产

足了人们对不耐贮运淡季水果的需求。目前果树设施栽培以草莓、葡萄和核果类果树为主，南方热带和亚热带果树也有一定规模。设施栽培获得成功的果树有草莓、葡萄、桃（油桃、毛桃、蟠桃）、杏、樱桃（包括中国樱桃、欧洲甜樱桃）、李、柑橘、无花果、梨、枣（毛叶枣、晚熟脆枣）、番石榴、佛手、香蕉、蓝莓等（图11-3）。其中草莓栽培面积最大，占果树设施栽培总面积的65%以上；葡萄、桃、杏、樱桃次之，其他树种相对较少。截至2015年，全国已有果树设施栽培面积约13.7万hm²，年产量517万t。

图11-3　果树设施栽培
A. 草莓；B. 葡萄；C. 油桃；D. 蓝莓

（3）花卉设施栽培增加了人们生活的色彩

2016 年我国已经成为世界最大的花卉生产国和重要的花卉消费国，全国花卉种植总面积 133.04 万 hm²，花卉设施栽培面积 11.62 万 hm²，其中温室 2.46 万 hm²。花卉设施栽培（图 11-4）在花卉种苗快速繁殖、提早定植、花期调控、品质提高、周年供应和大规模集约化生产等方面起到重要作用，进一步丰富了人们生活的色彩。

图 11-4　花卉设施栽培
A. 月季；B. 百合

2. 设施园艺在经济社会发展中的重要地位

设施园艺作为技术装备水平高、集约化程度高、科技含量高、经济效益高的产业，在提高产品的质量安全水平、带动相关产业发展和促进农民增收致富等方面发挥重要作用，进而推动经济社会发展。据估算，2016 年全国设施蔬菜生产总产值近 1 万亿元，占种植业总产值的 25%，设施蔬菜产业已成为种植业的第一大产业；设施水果产值约 491 亿元；花卉设施栽培面积约 1.2 万 hm²，产值在 430 亿元以上。从效益上看，设施园艺植物的亩产值约为大田作物的 10 ～ 100 倍。发展设施园艺是增加农民收入的重要途径，是乡村振兴建设的支柱产业。目前，全国各地涌现出一批设施园艺小区（图 11-5），设施园艺生产的专业化、集约化、规模化趋势日趋明显。

图 11-5　集居住与生产于一体的设施园艺小区
A. 内蒙古自治区的日光温室小区；B. 辽宁省的日光温室小区

与露地园艺生产相比，设施园艺生产具有高投入、高产出的特点。大规模的设施园艺生产需要巨大的投入，带动了相关产业的发展。据调查，中国日光温室生产的每亩年平均投入为 8 015.28 元，平均产出为 21 007.11 元，平均产投比约为 2.62；塑料大棚生产的每亩年平均投入为 5 205.00 元，平均产出为 13 692.07 元，平均产投比约为 2.63。

设施园艺是一个劳动密集型产业，同时设施园艺建设、运行、维护带动了农业建材、农业机械、农产品加工、储藏和农业生产管理等产业发展。据估算，设施园艺可提供就业岗位 7 000 万个以上，其中设施园艺植物生产岗位 4 000 万个，生产投入品产业和产品采后处理、贮运等岗位 3 000 多万个。目前，我国园艺产品在国际上仍具有价格优势，近 10 年来蔬菜出口额持续增长，获得了巨大的贸易顺差，2016 年出口额值达到 147 亿元，贸易顺差达到 141.94 亿元。

设施园艺通过应用工程技术，在外界不适宜园艺植物生长的条件下，创造了较适宜园艺植物栽培的小气候环境。目前，在我国北方主要发展以节能日光温室（图 11-6）为主的冬春茬生产，而在南方地区则发展塑料大棚，通过适当的降温处理，进行越夏生产。因此，在较好的设施条件下，不存在寒冷的冬季与炎热的夏季，实现了园艺植物的周年生产，显著提高了复种指数，使原来每年仅生产 1 茬园艺植物的地方变为生产 2 茬甚至多茬，从而提高了园艺植物产量。在耕地面积有限情况下，设施园艺对于增加园艺植物产量具有重要意义。

图 11-6　节能日光温室
A. 冬季保温覆盖栽培；B. 夏季遮阳栽培

设施园艺作为最接近现代农业生产的产业模式，具有较高的生产效益，不仅能支撑乡村产业发展，还在聚集产业发展人气、改善生态、强化组织等方面发挥积极作用。应实施设施园艺提质增效、提档升级工程，提升机械化及自动化水平，培育新型经营主体，加强对新型农民的培训，全面加强设施园艺的发展，使设施园艺成为农民增收的重点、乡村旅游观光的亮点（图 11-7）、现代农业的着力点，助力乡村振兴战略推进。

3. 设施园艺在资源高效利用中的重要地位

我国的人均自然资源贫乏，设施园艺应当坚持节能、低成本发展的基本路线。无论是过去还是现在，我国的农村、农业与发达国家比较，都有很大差距。要发展设施园艺，必须从我国的实际出发，寻求资源的高效利用，实现可持续发展，走适合我国国情的道路。

农业是一个用水较大的产业，但设施园艺通过采用节水灌溉设备，与传统的灌溉相比节水 50% 以上。目前我国北方着重发展的高效节能日光温室进行蔬菜越冬栽培，是充

图 11-7　设施园艺旅游观光

A. 立体栽培景观；B."番茄树"景观

分利用光能的绿色农业产业。据测算，与连栋温室相比，1 hm² 日光温室每年可节约用煤 900 t 左右（北纬 35°地区 600 t 左右，北纬 40°地区 900 t 左右，北纬 45°地区 1 350 t 左右），全国 77 万 hm² 日光温室蔬菜生产，每年可节约用煤近 7 亿 t。因此，发展设施园艺，对于早日实现我国的碳达峰与碳中和目标具有重要意义。

 ## 设施园艺发展历史、现状与趋势

一、我国设施园艺发展历史、现状与趋势

关于利用保护设施栽培的相关记载最早见于汉代，《汉书·循吏传·召信臣传》中有："太官园种冬生葱韭菜茹，覆以屋庑，昼夜燃蕴火，待温气乃生。"唐代诗人王建《宫前早春》诗："内园分得温汤水，三月中旬已进瓜。"说明唐代已开始利用温泉热水进行瓜类栽培。元代王祯所著的《农书》则记载："至冬，移根藏以地屋荫中，培以马粪，暖而即长。""就归畦内，冬月以马粪覆之，于向阳处，随畦用蜀黍篱障之，遮北风，至春，蔬芽早出"。明代王世懋在《学圃杂疏》中写道："王瓜（即黄瓜）出燕京者最佳，其地人种之火室中，逼生花叶，二月初，即结小实，中官取以上供。"

中华人民共和国成立以来，我国设施园艺发展主要分以下四个阶段。20 世纪 50 年代，在对中国传统的北京阳畦、北京改良温室的结构性能和蔬菜栽培技术调查研究和总结的基础上，我国北方大中城市开始推广应用阳畦、温室设施和栽培技术，总体面积不大。20 世纪 80 年代，辽宁省出现了第一代普通型日光温室——海城感王式日光温室和瓦房店琴弦式日光温室，沈阳农业大学保护地栽培团队从改造海城感王式日光温室入手，研制出第一代节能日光温室，实现了冬季最低气温 -20 ℃地区日光温室黄瓜等喜温果菜类蔬菜的冬季不加温生产，取得了很好的经济与社会效益，是我国温室蔬菜栽培史上的重大突破，从此，我国北方蔬菜设施生产逐渐发展起来。20 世纪 90 年代中期，第二代日光温室——

辽沈 I 型日光温室开始推广应用，各地也研制出多种类型的适合当地的第二代节能日光温室，日光温室面积迅速增加；同时期塑料大棚与小拱棚也发展迅速，至 20 世纪 90 年代末期，设施总面积达到近 200 万 hm²。进入 21 世纪以来，我国设施园艺逐步实现设施结构优化、环境控制自动化及生产机械化、规范化、无害化、标准化及产品优质化，并向智能化方向迈进，面积总体仍呈增加趋势，至 2016 年蔬菜设施栽培面积达到 370 万 hm²。

与蔬菜设施栽培面积迅速增加的现象相同，花卉设施栽培面积近年来也增加迅速，2008 年花卉设施栽培面积 6.4 万 hm²，2017 年超过 12 万 hm²，面积增长近 2 倍。

目前我国设施园艺的主要设施类型为塑料大棚与日光温室，比较简易的小拱棚仍具一定面积，但连栋温室在生产上仍较少（图 11-8，图 11-9）。在我国北方形成了一批上千亩的日光温室小区。

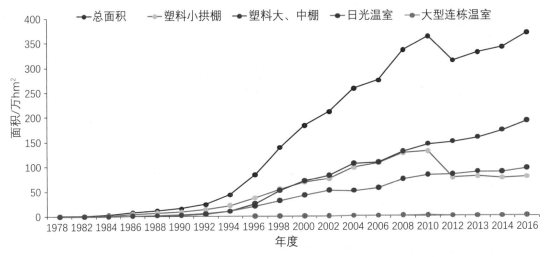

图 11-8　我国蔬菜设施栽培面积历年变化（1978—2016）

图 11-9　我国主要设施类型
A. 塑料小拱棚；B. 塑料大棚；C. 日光温室；D. 连栋温室

二、国外设施园艺发展历史、现状与趋势

世界设施园艺的发展史最早可追溯到罗马帝国时期，据罗马帝国历史学家老普林尼的记载，可使用云母片作为覆盖材料来生产黄瓜。另外，公元14～37年间罗马的农学家科拉姆莱（Columella）和诗人马泰阿（Martial）也提出利用覆盖云母片的木箱来生产黄瓜的方法。而现代设施园艺的发展始于16～17世纪的欧洲，如在17世纪初，法国亨利四世建造了向阳的拱形房屋种植早熟豌豆。1903年，世界第一栋用于园艺植物商品化、规模化生产的玻璃温室在荷兰建成。20世纪30年代，美国率先研制出透明塑料薄膜，极大地推动了塑料薄膜温室与大棚的发展。1967年，荷兰国立工学研究所的Germing，首创Venlo（芬洛）型连栋玻璃温室，这种温室结构简洁坚固，透光量大，经过不断优化改进，成为荷兰连栋玻璃温室的主流类型。

截至2017年底，世界设施园艺面积已达460万 hm^2。从分布地区来看（表11-1），亚洲面积最大，其中中国为设施园艺第一大国，总面积达370万 hm^2。从设施类型来看，主要园艺设施类型有温室与大棚两类，Venlo型连栋玻璃温室是高投入、高产出、高能耗的代表（图11-10A），目前总面积较小；而成本相对较低的塑料薄膜温室成为目前温室的主流方案，如以色列、西班牙等国大面积发展成本相对较低的塑料薄膜温室（图11-10B，C），中国的塑料薄膜日光温室面积增长迅速，成为温室生产的主要类型。另外，塑料薄膜大棚设计简单，成本较低，近年来在世界各地发展迅速。

设施园艺已成为实现园艺产品周年供应的重要手段，具有广阔的发展前景。设施园艺生产正在向大型化、数字化、智能化方向发展，但设施园艺生产发展主要受经济效益的影响。如何充分利用太阳的光热资源，发展低能耗的高效节能园艺设施，利用经济实用的环

图11-10　荷兰、以色列、西班牙等国的园艺设施

A. 荷兰Venlo型连栋玻璃温室；B. 以色列塑料薄膜温室；C. 西班牙简易塑料薄膜温室

境调控措施与栽培技术，降低生产成本，因地制宜发展设施园艺产业，是各国设施园艺发展的主要方向。

表 11-1　部分国家设施园艺的类型及面积（截至 2016 年底，引自束胜等，2018）*

区域	国家	玻璃温室面积 / hm²	塑料温室面积 / hm²	大棚（含中小拱棚）面积 /hm²	总面积 /hm²
亚洲	中国	9 000	988 500	2 702 535	3 700 035
	日本	1 687	41 574	10 587	53 848
	韩国	405	51 382	12 028	63 815
	印度	—	—	30 000	40 000
	约旦	3	4 474	3 532	8 009
	以色列	—	8 650	15 000	23 650
	土耳其	8 097	41 142	15 672	64 911
	意大利	5 800	37 000	30 000	72 800
	希腊	180	5 600	7 801	13 581
	西班牙	4 800	48 435	—	53 235
	英国	2 747	105	0	2 852
	荷兰	10 800	0	0	10 800
欧洲	法国	2 300	6 900	—	9 200
	德国	3 034	555	111	3 700
	波兰	1 662	5 338	—	7 000
	匈牙利	200	2 500	—	6 500
	罗马尼亚	—	—	—	7 490
	塞尔维亚	382	5 040	—	5 422
	阿尔巴利亚	—	1 000	1 000	2 000
	俄罗斯	500	3 340	—	3 840
	加拿大	870	1 680	—	2 550
北美洲	美国	1 156	7 540	13 006	21 702
	墨西哥	—	23 483		23 483
大洋洲	澳大利亚	15	2 268	—	2 283
	埃及	4 032	2 037	14 053	16 094
	南非	60	350	9 300	9 710
非洲	阿尔及利亚	—	150	13 000	13 150
	肯尼亚	—	3 500	—	3 500
	埃塞俄比亚	—	—	39 650	39 650

*：“—”表示未统计或没有。

我国主要设施类型、性能与应用

我国园艺设施类型多样，常见的设施主要有连栋温室、日光温室、大中棚、小拱棚、阳畦等，其中面积最大的是塑料大棚与日光温室，下面重点以这两种设施类型介绍其特点与应用。

一、塑料大棚

塑料大棚俗称冷棚，主要利用竹木、钢材等材料搭成拱形棚并覆盖塑料薄膜，进行植物栽培的一种简易设施。塑料大棚具有结构简单、建造和拆装方便、一次性投资较少等优点，在我国园艺植物栽培中广泛应用。

塑料大棚类型多样，主要以拱形塑料大棚为主，拱形棚中又分为柱支拱形塑料大棚、落地拱形塑料大棚（图11-11）；从骨架材料上又可分为竹木结构塑料大棚、钢架结构塑料大棚和钢竹混合结构塑料大棚等（图11-12）。

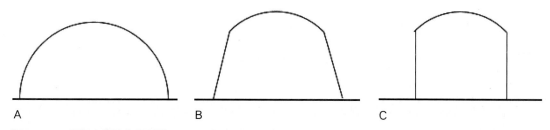

图 11-11　塑料大棚结构示意图
A. 落地拱形塑料大棚；B，C. 不同角度的柱支拱形塑料大棚

图 11-12　不同骨架材料的塑料大棚
A. 竹木结构塑料大棚；B. 钢架结构塑料大棚

1. 塑料大棚结构

（1）竹木结构塑料大棚

竹木结构塑料大棚是我国最早发展的塑料大棚类型，目前已演化出多种类型结构。其一般跨度为 8～12 m，脊高为 2.5～3.0 m，长度为 60～100 m。其骨架由拱杆、拉杆、压杆、立柱组成，因此竹木结构塑料大棚又称"三杆一柱式"塑料大棚（图 11-13）。

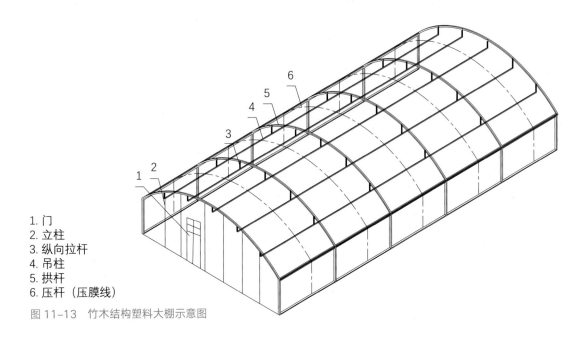

1. 门
2. 立柱
3. 纵向拉杆
4. 吊柱
5. 拱杆
6. 压杆（压膜线）

图 11-13　竹木结构塑料大棚示意图

拱杆支撑棚膜，决定塑料大棚的形状和空间，由竹片或毛竹做成，每 80～100 cm 设立一个。拉杆纵向连接拱杆和立柱、固定压杆，使塑料大棚骨架成为一个整体，多用直径 5～6 cm 的木杆或直径 3～4 cm 的竹竿，也可用直径 8 mm 钢丝来代替。立柱支撑拱杆和棚面，常用直径 7～9 cm 的木杆，纵横成直线排列，顺塑料大棚延长方向每 3 m 一排；为减少立柱数量，可适当加粗拉杆，其上安装小立柱来代替部分立柱，称其为悬梁吊柱式结构。压杆是用 1 cm 左右粗细竹竿压在膜外，与拱杆绑在一起固定棚膜，目前多用压膜线代替。

竹木结构塑料大棚造价低，但其风雪荷载有限，生产风险大；使用年限短，需要不断维修、维护；结构材料粗大，阴影面积大，影响光照；柱体多，难以开展机械化作业，劳动强度高。

（2）钢架结构塑料大棚

钢架结构塑料大棚以钢管或钢筋代替竹木，多采用热浸镀锌的薄壁钢管为骨架，经焊接或组装而成（图 11-14），省去了立柱，栽培空间显著改善。单栋钢架结构塑料大棚一般跨度 8～16 m，脊高为 2.5～3.5 m，长度为 60～100 m。薄壁镀锌钢管装配式塑料大棚近年来在全国各地发展较快，各部件在工厂加工定型后，运输到生产基地快速组装，其具有结构强度较高、耐腐蚀、使用年限长、室内无支柱、操作性好等优点。比较早的装配式塑料大棚有中国农业工程研究设计院（现农业农村部规划设计研究院）研制生产的 GP 系列、中国科学院石家庄农业现代化研究所设计的 PGP 系列、太原生产的 GG-7.5-2.6B

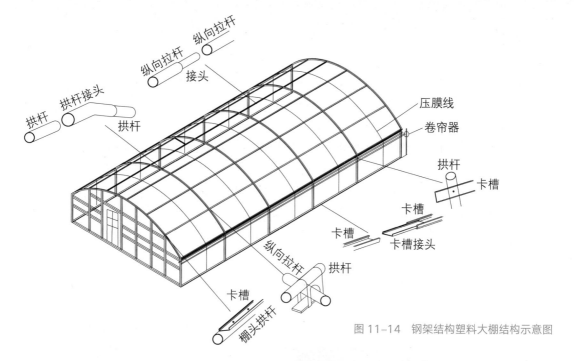

図 11-14　钢架结构塑料大棚结构示意图

型和江苏省的 WX-6 型、JGP-6 型。近年来，一些新型的装配式大棚逐渐推出，在组装的简便性、结构优化与强度等方面都有较大改善。

2. 塑料大棚应用

目前塑料大棚主要用于蔬菜的春季早熟栽培或秋季延后栽培。早春用温室育苗，塑料大棚定植，一般可使果菜比露地栽培提早上市 20～40 d，主要栽培作物有黄瓜、番茄、青椒等。与露地栽培相比，秋季塑料大棚栽培可延长作物的生产时期，如沈阳采收期可持续到 10 月末，这种栽培方式主要种植黄瓜、青椒、番茄、菜豆等。另外，北方气候较为冷凉的地区可利用塑料大棚春秋保温、夏季防雨的特点，采取春到秋长季节栽培，生产期从 4 月中下旬至 10 月底。

塑料大棚也可用于花卉栽培、果树栽培、食用菌栽培、作物育苗、水产养殖、农业观光等（图 11-15）。在北方地区，由于低温期长，塑料大棚利用时间有限（仅比露地栽培提早或延后一个月左右，不能用于越冬生产），而在南方温暖地区使用时间则明显延长，甚至可以越冬生产。

图 11-15　塑料大棚的应用
A. 塑料大棚黄瓜栽培；B. 塑料大棚食用菌栽培；
C. 塑料大棚葡萄栽培

二、温室

温室除具有塑料大棚的骨架与覆盖材料外，一般拥有保温蓄热结构（如日光温室的墙体等）及相对完善的环境调控设备，是各种类型设施中性能最为完善的一种。

1. 温室的类型

按温室透明屋面的形式，温室可分为单屋面温室、双屋面温室、连接屋面温室、多角屋面温室等。其中，单屋面温室可分为一面坡温室、立窗式温室、二折式温室、三折式温室、半拱圆形温室，双屋面温室可分为等屋面温室、不等屋面温室、拱圆屋面温室；连接屋面温室可分为等屋面连栋温室、不等屋面连栋温室等。

按温室骨架的建筑材料，温室可分为竹木结构温室（图 11–16A）、钢筋混凝土结构温室、钢架结构温室（图 11–16B）、铝合金温室等。

按温室透明覆盖材料，温室可分为硬质塑料板材温室（图 11–16C）、塑料薄膜温室和玻璃温室（图 11–16D）等。

图 11–16　不同日光温室类型
A. 竹木结构塑料薄膜日光温室；B. 钢架结构多连栋塑料薄膜日光温室；C. 硬质塑料板材日光温室；D. 玻璃日光温室

2. 日光温室

单屋面温室包括加温温室和日光温室。由于日光温室不仅白天的光和热是来自于太阳辐射，而且夜间的热量也基本上是依靠白天贮存的太阳辐射热量来供给，所以日光温室又称不加温温室。目前日光温室已成为我国温室的主要类型。

日光温室发源于 20 世纪 80 年代后期的辽宁海城与瓦房店，是一种以太阳辐射能为主要热源，具有优良的保温和蓄热构造的单屋面塑料节能温室。20 世纪 80 年代末期经瓦房店传往山东、河北等地，后在东北、华北、西北等高寒、干旱地区广泛应用。

日光温室优型结构的特点主要包括以下几个方面：①具有良好的采光屋面，能最大限度地透过太阳光；②保温和蓄热能力强，能够在温室密闭的条件下，最大限度地减少温室散热，温室效应显著；③温室的长、宽、脊高和后墙高、前坡屋面和后坡屋面等结构的规格尺寸及温室规模要适当；④温室的结构抗风压、雪载能力强；⑤温室骨架要求既坚固耐用，又尽量减少其阴影遮光；⑥具备通风换气，排湿降温等环境调控功能；整体结构有利于作物生长发育和人工作业；⑦温室结构要求充分合理地利用土地，尽量节省非生产部分占地面积；⑧在满足上述各项要求的基础上，建造时应因地制宜、就地取材、注重实效、降低成本。

（1）日光温室优型结构的参数确定

主要结构（图 11-17）参数为"五度"，包括温室跨度、温室高度、温室前后屋面角度、温室墙体和后屋面厚度、温室后屋面水平投影长度。根据日光温室优型结构应具备的特点，日光温室优型结构的参数确定应重点考虑采光、保温、作物生长发育和人工作业空间等问题。

温室跨度：指从温室北墙内侧到南向透明屋面底角间的距离。温室跨度的大小，对于温室的采光、保温、作物的生长发育以及人工作业等都有很大影响。在温室高度及后屋面长度不变的情况下，加大温室跨度，会导致温室前屋面角度和温室相对空间的减小，从而不利于采光、保温、作物生长发育及人工作业。

温室高度：温室高度是指温室屋脊到地面的垂直高度。跨度相等的温室，降低高度会减小温室透明屋面角度和比表面积以及温室空间，不利于采光和作物生长发育；增加高度

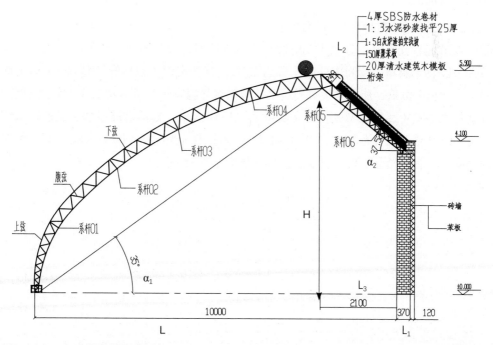

图 11-17 日光温室断面示意图

L. 跨度；H. 高度；α_1. 前屋面角度；α_2. 后坡屋面角度；L_1. 后墙厚度；L_2. 后坡厚度；L_3. 后坡水平投影长度

能够提高温室的采光和作物生长发育空间，但由于散热面积增大，不利于保温。

温室前、后屋面角度：前屋面（又称前坡）角度指温室前屋面底部与地平面的夹角，在一定范围内，增大前屋面与地面交角会增加温室的透光率。对于北纬 32°～43°地区来说，要保证冬至日（北半球一年内太阳高度角最小日）日光温室内有较大的透光率，其温室前屋面角度应确保为 20.5°～31.5°以上。此外，温室前屋面的形状以采用自前底角向后至采光屋面的 1/3 处为圆拱形坡面，后 2/3 部分采用抛物线形屋面为宜。日光温室后屋面（又称后坡）角度是指温室后屋面与后墙水平线的夹角。后屋面角度以大于当地冬至日正午时刻太阳高度角 5°～8°为宜。在北纬 32°～43°地区，后屋面角度应在 30°～40°及其以上，温室屋脊与后墙高度差应在 80 cm 以上。这样的后屋面可使冬至寒冷季节有更多的直射光照射到后屋面上，使后屋面既可吸收贮存热量，避免出现霜冻和凝聚水滴，又可向温室后部地面和作物上反射光线，增加后部光照度。

温室墙体和后屋面的厚度：日光温室的墙体和后屋面既可起到承重作用，又可起到保温蓄热作用。通常墙体最好是温室内侧采用蓄热系数大、外侧采用导热率小的复合材料，如内侧用石墙或砖墙，外侧培土或堆积秸秆柴草等；有条件可采用空心墙或珍珠岩、炉渣等制成的夹心墙。如果是土墙、石墙或砖墙，其总厚度以当地冻土层厚度加 50 cm 为宜；如果是空心墙或夹心墙，则以 12 cm 砖墙 +12 cm 珍珠岩（或炉渣）或 6 cm 空心 + 24 cm 砖墙为宜。后屋面宜采用秸秆、稻草等导热率低的材料，厚度以 40～70 cm 为宜。

温室后屋面水平投影长度：由于温室后坡常采用导热率低的不透明材料而且较厚，因此其传热系数远比前屋面小。这样，后屋面水平投影越长，晚间保温越好。但后屋面水平投影过长，春夏秋太阳高度角较大时，就会出现后屋面遮光现象，而使温室后部出现大面积阴影，影响作物的生长发育。后屋面水平投影过长也会造成前屋面采光面减小，使白天温室内升温过慢。

（2）几种节能日光温室优型结构类型

第一代节能日光温室：起始于 20 世纪 80 年代后期，按照冬至日正午时太阳光合理透过来设计节能日光温室，夜间内外温差可达 25 ℃，首次实现了在最低气温 –20 ℃以上地区不加温生产番茄、黄瓜、茄子等果菜类蔬菜，且单日光温室年产量达到 15 t。代表类型有一坡一立式日光温室（瓦房店琴弦式日光温室）（图 11–18A）、短后坡高后墙半拱形竹木结构日光温室（改良感王式日光温室）（图 11–18B）、鞍 II 型日光温室（图 11–18C）等，根据不同地理纬度，节能日光温室的结构参数会略有调整（表 11–2）。

表 11–2　第一代节能日光温室参数

纬度	跨度 /m	脊高 /m	后墙高 /m	后屋面水平投影长度 /m	前屋面角度 /°	最小前屋面角度 /°	墙体厚度
北纬 42°～44°	6.0	2.6～2.8	1.8	1.1～1.3	28.0～30.8	20.5～22.5	砖墙：490 mm 黏土砖 土墙：顶部墙宽 2.0 m
	6.5	2.8～3.0	2.0	1.2～1.3	27.8～29.5		
	7.0	3.0～3.2	2.2	1.3～1.5	27.8～30.2		

纬度	跨度/m	脊高/m	后墙高/m	后屋面水平投影长度/m	前屋面角度/°	最小前屋面角度/°	墙体厚度
北纬40°~42°	6.0	2.4~2.6	1.8	1.0~1.1	25.6~28.0	18.5~20.5	砖墙:370mm 黏土砖 土墙:顶部墙宽1.5m
	6.5	2.6~2.8	1.8	1.1~1.2	25.7~27.8		
	7.0	2.8~3.0	2.0	1.2~1.3	25.8~27.8		
北纬38°~40°	6.5	2.4~2.6	1.8	1.0~1.1	23.6~25.7	16.5~18.5	
	7.0	2.6~2.8	1.8	1.1~1.2	23.8~25.8		

图 11-18　第一代节能日光温室
A. 瓦房店琴弦式日光温室；B. 改良感王式日光温室；
C. 鞍 Ⅱ 型日光温室

第二代节能日光温室：起始于 20 世纪 90 年代中期，按照冬至日 10：00～14：00 太阳光合理透过来设计节能日光温室。节能日光温室断面尺寸结构设计注重了保温、蓄热、低成本、10：00～14：00 时段太阳光合理透过等需要，保证节能日光温室夜间内外温差最大可达 30 ℃，实现了在最低气温 -23 ℃以上地区不加温生产番茄、黄瓜、茄子等果菜类蔬菜，单日光温室年产量达到 20 t。代表类型有辽沈 Ⅰ 型节能日光温室（图 11-19）、熊岳第二代节能日光温室、改进冀优 Ⅱ 型节能日光温室等。第二代节能日光温室的结构参数见表 11-3。

图 11-19　第二代节能日光温室

A. 辽沈 I 型节能日光温室外景；B. 辽沈 I 型节能日光温室内景

表 11-3　第二代节能日光温室参数

纬度	跨度 /m	脊高 /m	后墙高 /m	后屋面水平投影长度 /m	前屋面角度 /°	最小前屋面角度 /°	墙体厚度
北纬 42°~44°	7.0	3.5~3.7	2.2	1.4~1.6	32.0~34.4	30.6~32.7	砖墙：490 mm 黏土砖 + 中间夹 120~150 苯板 土墙：顶部墙宽 2.0~2.5 m
	7.5	3.7~3.9	2.4	1.5~1.7	31.7~33.9		
	8.0	4.0~4.2	2.8	1.6~1.8	32.0~34.1		
	10.0	5.0~5.2	3.4	2.0~2.2	32.0~33.7		
	12.0	6.0~6.2	3.7	2.4~2.6	32.0~33.4		
北纬 40°~42°	7.0	3.3~3.5	2	1.2~1.4	29.6~32.0	28.5~30.6	砖墙：370 mm 黏土砖 + 中间夹 110~120 苯板 土墙：顶部墙宽 1.5~2.0 m
	7.5	3.5~3.7	2.3	1.3~1.5	29.4~31.7		
	8.0	3.8~4.0	2.6	1.4~1.6	29.9~32.0		
	10.0	4.8~5.0	3.2	1.8~2.0	30.3~32.0		
	12.0	5.8~6.0	3.8	2.2~2.4	30.6~32.0		
北纬 38°~40°	7.5	3.3~3.5	2.1	1.1~1.3	27.3~29.4	26.4~28.5	
	8.0	3.6~3.8	2.3	1.2~1.4	27.9~29.9		
	10.0	4.6~4.8	2.9	1.6~1.8	28.7~30.3		
	12.0	5.6~5.8	3.5	2.0~2.2	29.2~30.6		
北纬 36°~38°	8.0	3.4~3.6	2	1.0~1.2	25.9~27.9	24.3~26.4	砖墙：370 mm 黏土砖 + 中间夹 80~100 苯板 土墙：顶部墙宽 1.5~1.8 m
	10.0	4.4~4.6	2.6	1.4~1.6	27.1~28.7		
	12.0	5.4~5.6	2.9	1.8~2.0	27.9~29.2		
北纬 34°~36°	10.0	4.2~4.4	2.5	1.2~1.4	23.2~27.1	22.3~24.3	
	12.0	5.2~5.4	2.8	1.6~1.8	26.6~27.9		

　　第三代节能日光温室（图 11-20）：起始于 21 世纪初期，提出了节能日光温室太阳能合理截获的理论和应用方法，改变了以往节能日光温室设计只考虑太阳光合理透过、而不考虑太阳能合理截获的问题；完善了保温和蓄热理论及应用方法，增强了环境调控、人工作业、资源高效利用的意识；节能日光温室断面尺寸结构设计注重了合理保温、合理蓄

图 11-20　第三代节能日光温室
A. 第三代节能日光温室外景；B. 第三代节能日光温室内景

热、低成本、10：00～14：00时段太阳光合理透过、合理太阳能截获、资源高效利用、便于环境调控和人工作业、有利于作物生长等需要。温室夜间内外温差可达 35 ℃，实现在最低气温 -28 ℃以上地区不加温生产番茄、黄瓜、茄子等果菜类蔬菜，单日光温室年产量可达 25 t。第三代节能日光温室的结构参数见表 11-4。

表 11-4　第三代节能日光温室参数

纬度	跨度 /m	脊高 /m	后墙高 /m	后屋面水平投影长度 /m	前屋面角度 /°	最小前屋面角度 /°	墙体厚度
北纬44°～46°	6	3.9～4.2	2.6	1.4～1.6	40.3～43.7	40.4～43.6	砖墙：490 mm 黏土砖 + 外侧贴 120～150 苯板 土墙：顶部墙宽 2.0～2.5 m
	7	4.5～4.8	2.9	1.7～2.0	40.3～43.8		
	8	5.2～5.5	3.2	2.0～2.3	40.9～44.0		
	9	5.8～6.1	3.5	2.3～2.6	40.9～43.6		
北纬42°～44°	7	4.3～4.5	2.8	1.5～1.7	38.0～40.3	38.7～40.4	
	8	5.0～5.2	3.2	1.7～2.0	38.4～40.9		
	10	6.1～6.4	3.8	2.3～2.6	38.4～40.9		
北纬40°～42°	7	4.1～4.3	2.7	1.4～1.5	36.2～38.0	37.0～38.7	砖墙：370 mm 黏土砖 + 外侧贴 110～120 苯板 土墙：顶部墙宽 1.5～2.0 m
	8	4.8～5.0	3.3	1.5～1.7	36.4～38.4		
	10	5.9～6.1	3.8	2.1～2.3	36.8～38.4		
北纬38°～40°	7	3.9～4.1	2.6	1.4～1.4	35.8～36.2	35.4～37.0	
	8	4.6～4.8	3.1	1.5～1.5	35.3～36.4		
	10	5.8～5.9	3.9	1.8～2.1	35.3～36.8		
	12	6.8～7.0	4.2	2.3～2.6	35.0～36.7		
北纬36°～38°	10	5.6～5.8	3.9	1.5～1.7	33.4～35.3	32.5～33.4	砖墙：370 mm 黏土砖 + 外侧贴 80～100 苯板 土墙：顶部墙宽 1.5～1.8 m
	12	6.6～6.8	4	2.0～2.3	33.4～35.0		
北纬34°～36°	10	5.4～5.6	3.5	1.4～1.5	32.1～33.4		
	12	6.4～6.6	3.8	1.8～2.0	32.1～33.4		

装配式现代节能日光温室：2010年以来开始发展，断面尺寸同第三代节能日光温室或采用拱圆形日光温室（图11-21）；在建造方式上主要采用装配式，便捷快速；在设施设备方面，重点配备各种环境控制设施，旨在实现主要环境控制自动化。装配式现代节能日光温室夜间内外温差可达40℃，目标是实现在最低气温-30℃以上地区不加温生产番茄、黄瓜、茄子等果菜类蔬菜且单日光温室年产量30 t的目标。

视频资源11-1
节能日光温室

图11-21　拱圆型装配式现代节能日光温室
A. 拱圆型装配式现代节能日光温室外景；B. 拱圆型装配式现代节能日光温室内景

3. 连栋温室

随着温室向大型化方向发展，连栋温室（覆盖面积多在1 hm² 以上）在生产中的面积逐步扩大。连栋温室空间大，适合机械化作业。同时，大型连栋温室配备了相对完善的环境调控设备，对环境的调控能力进一步增强，在一些配套设施完善的大型连栋温室内，可实现自动化、全天候生产，基本不受外界环境的影响，是园艺设施的最高级类型。

按屋面特点，连栋温室主要分为屋脊型连栋温室（图11-22A）和拱圆型连栋温室（图11-22B）两类。屋脊型连栋温室主要以玻璃作为透明覆盖材料，其代表为荷兰的Venlo型连栋玻璃温室，这种温室大多数分布在欧洲，以荷兰面积最大，目前约为1万 hm²，居世界之首；日本也设计建造了一些屋脊型连栋温室。拱圆型连栋温室主要以塑料薄膜为透明覆盖材料，主要在我国（南方）及美国、法国、以色列、西班牙、韩国等国广泛应用。玻璃连栋温室的透光性与保温性好，适合低温寡照的自然条件，但其造价昂贵，限制了其大面积推广应用。为了降低生产成本，拱圆型连栋温室在生产中发展较快。

连栋温室一般配置通风系统、加热系统、补光系统、帘幕系统、降温系统、灌溉和施肥系统、二氧化碳气肥系统，以及计算机环境测量和控制系统，以保证温室内的温室、光照、湿度、气体等环境条件适宜作物生长发育需要，从而提高作物的产量与质量。

4. 温室应用

温室是各类设施中性能最完善的类型，性能优良的温室可用于目前各种作物的栽培，如喜温茄果类蔬菜、切花、盆栽花卉、观赏树木等，还可用于育苗。

图 11-22 连栋温室
A. 屋脊型连栋温室;
B. 拱圆型连栋温室

设施主要环境调节

第四节

一、光照

1. 设施光照环境特征及对作物的影响

光照环境一般包括光照强度、光质、光照时数、光照分布等特征。设施生产由于覆盖材料的影响,一般室内光照强度较室外光照强度显著降低;从光质来看,可见光与紫外光比例降低,红外光比例增加;北方日光温室低温季节生产,外保温覆盖材料还使得光照时间大大减少(图 11-23);设施内的光照分布也不均匀,一般上部高、下部低、向光一侧光照强度显著强于对侧。

光照环境与作物的光合作用密切相关。光照强度对作物的光合作用影响较大,尤其是番茄、黄瓜、月季等要求较强光照的作物,需要太阳光能最大限度地透入设施内,来满足作物对光照强度的要求。另外,光照时数对作物的开花有影响,即光照时数影响某些作物的花芽分化和发育,如黄瓜在长日照下容易分化雄花,而在短日照下容易分化雌花;菊花等在短日照条件下开花,唐菖蒲、瓜叶菊(*Pericallis hybrida*)等则需要长日照才能开花。光照分布主要影响作物的长势,光照分布不均是设施内作物生长不一致的重要原因。

2. 设施光照环境调节

对于喜强光的作物,如番茄、黄瓜、甜瓜等果菜类蔬菜和月季、康乃馨等观花类花卉,需要改善设施内的光照条件,如优化设施结构,改进透明前屋面角度,最大限度接收太阳光;采用透光率高、防尘性强、抗老化的塑料薄膜或其他良好的透明覆盖材料,最大限度透过太阳光;经常清洁透明覆盖材料表面,增加透光率;雪天及时清扫积雪;在温度

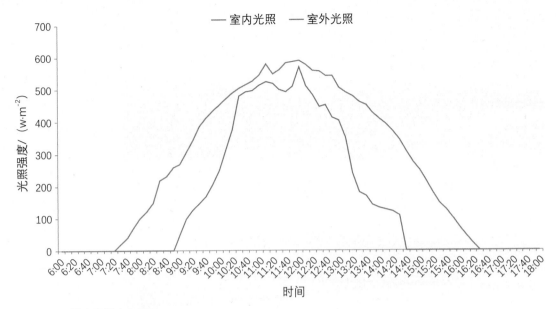

图 11-23 温室光照变化情况

允许的条件下，尽量早揭晚盖草帘，增加光照时间。对于一些经济效益较好的蔬菜，可以进行人工补光（图 11-24）。

对于一些不需要强光的作物，如芹菜等叶菜类蔬菜、蝴蝶兰等花卉，在强光季节需要进行遮光处理，降低设施内的光照强度，同时降低温度，以更好地满足作物正常的生长发育需要。经济实用的方法是使用遮阳网进行遮光处理。

图 11-24 温室人工补光

二、温度

1. 设施温度环境特征及对作物的影响

由于温室效应的影响，设施内的气温明显升高，气温季节性变化减小，气象学意义上的冬季天数明显缩短，夏季天数明显增长，保温性能好的日光温室几乎不存在冬季（室内平均气温 ≤ 10 ℃）。设施内气温日变化大（图 11-25），晴天昼间温度较外界升高幅度明显大于夜间，温室昼夜温差明显大于外界。设施内由于入射光不均匀，且受骨架等结构的遮光影响，气温分布严重不均，呈现出上高下低、中部高四周低、单屋面温室夜间北高南低的特点。相对空气温度，设施内土壤温度较为稳定，中部高于四周，30 cm 以下土温变化很小。

作物的生长发育和维持生命都要求有一定的温度范围，在这个温度范围内存在着最低温度、最高温度和最适温度，这就是所谓的"温度三基点"。以地温为例，地温主要通过对作物根系的生长和活性、对土壤中微生物的活动以及对有机质的分解矿化等施加

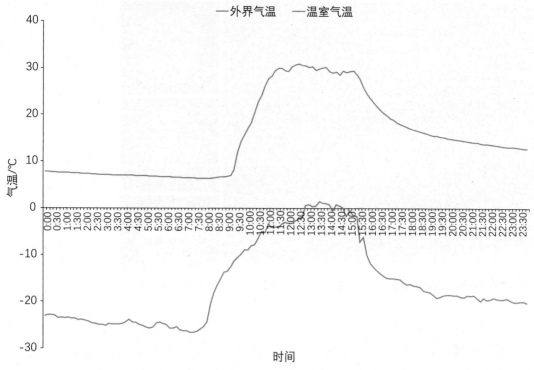

图 11-25　1 月份典型晴天北方设施内气温与外界气温对比

影响，进而影响根系对养分和水分的吸收。如果菜类蔬菜最适地温多在 15～20 ℃，最高温度界限多在 25 ℃，最低温度界限多在 13 ℃（表 11-5）。地温低于 12 ℃时，多数果菜类蔬菜对磷的吸收明显受阻，如番茄会出现叶片背面发紫，植株生长发育不良，且花芽分化期低温还会引起番茄果实易出现畸形（图 11-26）；而地温高于 25 ℃时，由于根系呼吸作用加强，易造成番茄根系衰老，同样也影响根系对水分和养分的吸收。

表 11-5　几种果菜类蔬菜生长发育的最适温度、地温及最高和最低温度（℃）

蔬菜种类	昼间气温		夜间气温		地温		
	最高温度	最适温度	最适温度	最低温度	最高温度	最适温度	最低温度
番茄	35	25～20	13～8	5	25	18～15	13
茄子	35	28～23	18～13	10	25	20～18	13
青椒	35	30～25	20～15	12	25	20～18	13
黄瓜	35	28～23	15～10	8	25	20～18	13
西瓜	35	28～23	18～13	10	25	20～18	13
温室甜瓜	35	30～25	23～18	15	25	20～18	13
普通甜瓜	35	25～20	15～10	8	25	18～15	13
南瓜	35	25～20	15～10	8	25	18～15	13

图 11-26　番茄低温冷害

A. 低温导致番茄植株冷害；B. 低温导致番茄果实畸形冷害

2. 设施温度环境调节

根据作物生长发育对温度的要求，在冬春低温季节主要采取保温与加温措施，夏季高温季节采取降温措施。

保温措施主要是减少设施热量外传，如增加保温被的厚度（图 11-27A）或采用保温性更好的材料，提高保温性能；设置设施内保温覆盖材料（图 11-27B），增加小拱棚等，增加覆盖层数；减少园艺设施缝隙，防止热量外流；在门外建造缓冲间，并随手关严房门；在设施前底角设置防寒沟，填充苯板或稻草等保温材料，防止土壤热量外传等。

加温措施主要包括设置优型温室合理屋面角，采用透光率高的覆盖材料，清洁透明覆盖物等措施，增加温室的采光，提高太阳光的截获量，从而提高温室的温度。也可采用热风加温、炉火加温等直接加温方式，但温室生产成本增加较多。

降温主要通过设施通风换气来进行，必要时可安装风扇，加大通风量，提高降温强度。通过遮光可减少进入园艺设施内的热量，也是有效的降温方式。高温季节大量灌水之后通风排湿，也能迅速降低温室温度。

图 11-27　设施温度调节环境设备

A. 保温被覆盖防寒；B. 内保温覆盖保温；C. 湿帘降温

但室外温度较高时，则需要安装湿帘（图 11–27C）才能有效降低室内温度。

三、湿度

1. 设施湿度环境特征及对作物的影响

设施内空气的绝对湿度和相对湿度一般都大于露地，且相对湿度的日变化大（图 11–28）。由于相对湿度与温度相关，设施内一天中温度变化较大，对相对湿度的影响也较大。白天特别是中午前后，设施内气温高，相对湿度较小；而到夜间，由于温度迅速下降，空气相对湿度增高，常常达到饱和状态，而且持续时间长。设施内空气湿度依设施的大小而变化，设施的容积大，空气相对湿度较小，而且空气相对湿度的日变化也较小，但局部湿度差异较大。

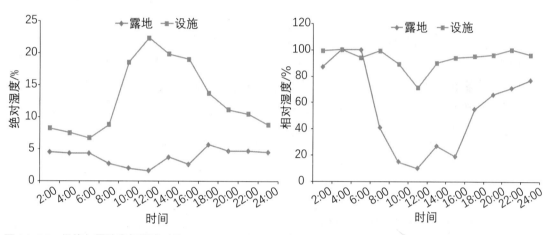

图 11–28　设施与露地空气湿度对比

园艺作物生长需要一定的空气湿度（表 11–6）。空气湿度增加，作物蒸腾量减小，不易造成缺水，因此作物发育较好；但空气湿度过大，容易使作物茎叶生长繁茂，造成徒长，影响开花结实。另外，空气湿度过大，容易发生病害，如黄瓜霜霉病，番茄叶霉病、晚疫病，月季白粉病等。

表 11–6　设施栽培主要园艺作物所需的空气相对湿度

园艺作物	空气相对湿度	园艺作物	空气相对湿度
番茄	50%～65%	黄瓜	65%～90%
茄子	70%～80%	西瓜	50%～60%
青椒（辣椒）	60%～70%	甜瓜	50%～70%
菜豆	65%～75%	有棱丝瓜	80%～90%
豇豆	65%～75%	甘蓝	80%～90%
豌豆	60%～90%	花椰菜	80%～90%

园艺作物	空气相对湿度	园艺作物	空气相对湿度
莴苣	60%～85%	芹菜	60%～90%
韭菜	60%～70%	菠菜	80%～90%
桃	50%～80%	欧洲甜樱桃	50%～80%
李	45%～80%	葡萄	60%～80%
杏	45%～80%	草莓	50%～90%
瓜叶菊	70%～80%	百合	80%～85%
菊花	75%～85%	月季	75%～80%

2. 设施湿度环境调节

设施内的空气湿度过大，是设施内病害较为严重的重要原因，也成为设施内蔬菜等作物用药量相对较大的原因。因此，设施内的空气湿度管理主要是除湿问题。除湿的方法较多，如减少灌水可抑制土壤表面蒸发和作物蒸腾，提高室温和空气温度饱和差；地膜覆盖也能抑制土壤表面水分蒸发，从而降低空气相对湿度；采用透湿性和吸湿性良好的保温幕材料，能够防止内表面结露，避免露水落在作物体上，从而降低空气湿度；利用稻草、麦秆、吸湿性保温幕等自然吸附水蒸气或雾，达到降低空气湿度目的；在设施内温度较高时，通过通风换气，可以降低空气湿度等。

四、CO_2

1. 设施 CO_2 环境特征及对作物的影响

露地空气中的 CO_2 浓度的变化很小，基本上稳定在 360 μL/L 左右。但设施是一个相对封闭的空间，作物生长量大，对设施内的 CO_2 浓度影响较大（图 11-29）。一天内的最高值，大约高达 600～1 000 μL/L；日出半小时后，由于作物光合作用大量吸收 CO_2，CO_2 浓度急剧下降，迅速达到外界空气中的 CO_2 浓度；在不放风的情况下，到中午 12 点前后，CO_2 浓度下降到一天内的最低值，约 200 μL/L 以下。日落之后，作物的光合作用停止，但作物和微生物等生物的呼吸作用还在不断进行，因此，二氧化碳浓度不断上升，直到次日的日出时又达到最高值。

CO_2 是作物光合作用的重要物质之一。因此，在冬季的设施栽培中，中午前后若不能及时通风，常常会使作物处于"CO_2 饥饿"状态，从而影响作物的生长发育。若环境 CO_2 浓度在作物的 CO_2 饱和点（表 11-7）之下，增加 CO_2 浓度会显著提高作物的生长量。

表 11-7 园艺作物光合作用的 CO_2 补偿点与饱和点

种类	品种	CO_2 补偿点 /μL·L^{-1}	CO_2 饱和点 /μL·L^{-1}
黄瓜	'新泰密刺'	51.0	1 421.0
西葫芦	'阿太一代'	50.1	1 181.0
番茄	'中蔬 4 号'	53.1	1 985.0

种类	品种	CO_2 补偿点 /$\mu L \cdot L^{-1}$	CO_2 饱和点 /$\mu L \cdot L^{-1}$
茄子	'鲁茄 1 号'	51.1	1 682.0
辣椒	'茄门椒'	35.0	1 719.0
大白菜	'鲁白 8 号'	25.0	950.0
甘蓝	'中甘 11 号'	47.0	1 441.0
花椰菜	'法国雪球'	57.3	1 595.1
菠菜	'圆叶菠菜'	42.3	978.0
大蒜	'苍山大蒜'	50.0	1 411.0
韭菜	'791'	48.5	1 347.0
莴笋	'济南莴笋'	53.0	1 370.0
结球莴苣	'皇帝'	56.7	1 376.6
菜豆	'丰收 1 号'	52.3	1 497.0
马铃薯	'泰山 1 号'	57.5	1 470.0
姜	'莱芜姜'	53.5	1 495.0
草莓	'鬼怒甘'	91.7	943.3
葡萄	'红双味'	54.6	1 700.0
樱桃	'佐藤锦'	90.5	1 232.5
杏	'凯特'	60.3	682.0
桃	'庆丰'	55.5	716.7
月季	'冰山'	84.8	1 135.9
菊花	'神马'	65.0	1 200.0

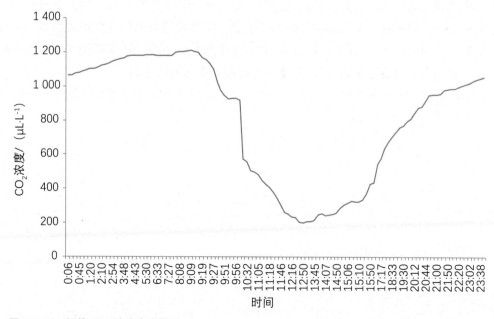

图 11-29 设施 CO_2 浓度变化情况

2. 设施 CO₂ 浓度调节

由于 CO_2 是作物光合作用的重要原料，因此在一定范围内增加 CO_2 浓度对提高作物的产量与品质具有重要意义。在冬季中午前后，当室内 CO_2 浓度较低时，可打开温室通风口，通过通风换气法迅速补充 CO_2。另外，通过向土壤增施玉米秸秆、稻草秸秆等有机物料，加强土壤微生物活动，也可显著提高设施内 CO_2 浓度。在一些条件较好的设施，若条件允许，也可直接利用 CO_2 气瓶向设施施用。

五、土壤

1. 设施土壤环境特征及对作物的影响

由于设施内缺少酷暑、严寒、雨淋、暴晒等自然因素的影响，加上设施栽培时间长、施肥多、浇水少、连作障碍严重等一系列栽培因素的影响，设施土壤的性状较易发生酸化、盐渍化等问题。

土壤酸化是指土壤 pH 明显呈酸性的现象。土壤酸化会对作物生产带来不利影响，导致产量降低。主要原因有以下三个方面：①土壤酸化可直接破坏根的生理机能，导致根系死亡。②降低土壤中磷、钙、镁等元素的有效性，间接降低这些元素的吸收率，诱发缺素症状。③抑制土壤微生物活动，肥料的分解、转化缓慢，肥效低，易发生脱肥。

土壤盐渍化是指土壤溶液中可溶性盐的浓度明显过高现象。土壤盐渍化使作物生长缓慢、分枝少；叶面积小、叶色加深，无光泽；容易落花落果。危害严重时，植株生长停止、生长点色暗、失去光泽，最后萎缩干枯；叶片色深、有蜡质，叶缘干枯、卷曲，并从下向上逐渐干枯、脱落；落花落果；根系变褐色坏死。

2. 设施土壤环境调节

引起土壤酸化与土壤盐渍化的原因比较多，其中施肥不当是主要原因，偏施氮肥影响最大。因此，预防土壤酸化的首要措施是科学合理施肥，氮素化肥和高含氮有机肥的一次施肥量要适中，应采取"少量多次"的方法施肥。其次要增加秸秆有机肥的投入，改良土壤，促进根系生长，提高根的吸收能力。对已发生酸化的土壤，应采取淹水洗酸法或撒施生石灰中和的方法提高土壤的 pH，并且不得再施用生理酸性肥料。

对于土壤酸化与土壤盐渍化严重的土壤，可改用营养基质换土栽培（图 11-30A），或进行无土栽培（图 11-30B）。

图 11-30　设施园艺生产中防止
土壤障碍的栽培形式
A. 营养基质袋培；B. 岩棉无土栽培

1. 何谓设施园艺？其在国民经济中的作用与意义是什么？

2. 塑料大棚和温室的结构差异是什么？

3. 设施主要环境特征及调控措施有哪些？

丁小明，魏晓明，李明，等. 世界主要设施园艺国家发展现状 [J]. 农业工程技术，
　　2016，36（1）：22-32.

高东升. 中国设施果树栽培的现状与发展趋势 [J]. 落叶果树，2016，48（1）：1-4.

辜松，张跃峰，丁小明，等. 实用主义指引的设施园艺工厂化—美国设施园艺产业
　　考察纪实 [J]. 农业工程技术，2016，36（1）：68-74.

蒋卫杰，邓杰，余宏军. 设施园艺发展概况、存在问题与产业发展建议 [J]. 中国农业科学，2015，48（17）：3515–3523.

李天来，许勇，张金霞. 我国设施蔬菜、西甜瓜和食用菌产业发展的现状及趋势 [J]. 中国蔬菜，2019（11）：6–9.

李天来. 日光温室蔬菜栽培理论与实践 [M]. 北京：中国农业出版社，2013.

李天来. 我国日光温室产业发展现状与前景 [J]. 沈阳农业大学学报，2005（2）：131–138.

李颖. 图说棚室萝卜马铃薯栽培关键技术 [M]. 北京：化学工业出版社，2015.

齐飞，李恺，李邵，等. 世界设施园艺智能化装备发展对中国的启示研究 [J]. 农业工程学报，2019，35（2）：183–195.

齐飞，魏晓明，张跃峰. 中国设施园艺装备技术发展现状与未来研究方向 [J]. 农业工程学报，2017，33（24）：1–9.

束胜，康云艳，王玉，等. 世界设施园艺发展概况、特点及趋势分析 [J]. 中国蔬菜，2018（7）：1–13.

孙锦，高洪波，田婧，等. 我国设施园艺发展现状与趋势 [J]. 南京农业大学学报，2019，42（4）：594–604.

运广荣. 中国蔬菜实用新技术大全 [M]. 北京：中国科学技术出版社，2004.

张福墁. 设施园艺学 [M]. 北京：中国农业大学出版社，2001.

张彦萍. 设施园艺 [M]. 2版. 北京：中国农业出版社，2010.

第十二章
智慧园艺

第一节　智慧园艺的概
　　　　念和内涵
第二节　园艺信息获取
　　　　与分析
第三节　生产智能化
第四节　经营和服务智
　　　　慧化

现如今"智慧技术"已渗透到我们的生活之中，在园艺领域，传统园艺正逐渐向智慧园艺的方向转变。想象一下在将来，农户只需要操控电脑、点点手机，园艺生产的各项工作将自动完成，能够实现全天候、全空间、全过程的无人化作业，这就是智慧园艺的未来。

智慧园艺示意图

第一节　智慧园艺的概念和内涵

　　智慧园艺是信息化与园艺生产深度融合发展的必然，其内涵主要包括"感、移、云、大、智"五个层次。"感"是指感知技术，感知技术是实现农业信息化、农业现代化的先决条件，是获取信息的首要技术。"移"是指移动通信技术，5G是第五代移动通信技术的简称，它带来的将不仅是网速的提升，毫秒级的时延和每平方千米上百万个连接，更是真正实现万物互联和大容量数据实时传输的时代。"云"是指云计算，即由位于网络中央的一组服务器把其计算、存储、数据等资源以服务的形式提供给请求者，以完成信息处理任务的方法和过程。常见的云计算服务实例如下：通过所使用的云计算服务，把资料存放在网络上的服务器中，通过浏览器浏览云计算服务网页，并使用网页上提供的工具开展各种计算和工作。"大"是指大数据，是具有数量巨大、类型多样（既包括数值型数据，也包括非数值型数据）、处理时效短、数据源可靠性保证度低等综合属性的海量数据集合。大数据技术是指从各种类型的数据中快速获得有价值信息的能力。适用于大数据的技术包括大规模并行处理数据库，分布式文件系统，分布式数据库，云计算平台，互联网和可扩展的存储系统。"智"是指智慧与智能，人工智能是研究如何制造出人造的智能机器或者智能系统，来模拟人类智能活动，以延伸人脑功能的学科。通俗地说，就是人工智能要使计算机不只是能快速执行人们预先设定好的一系列有顺序的命令（程序），而且要让计算机变得聪明伶俐——即有"思维""判断"和"决策"的能力，完成该由人脑做的一部分具有智能的事情。

　　智慧园艺是针对园艺作物生产，通过生物技术、工程技术、信息技术和管理技术的深度融合和集成应用，实现园艺作物生产过程的精准感知、定量决策、智能作业与智慧服务，大幅提高土地产出率、资源利用率和劳动生产率，全面提升园艺产品质量效益和促进园艺产业可持续发展。

　　从微观角度，智慧园艺就是通过传感技术、融合处理、分析决策、反馈控制的有效集成，对环境温湿度、土壤水分养分等因素进行实时监测、预警与调控，对园艺作物病害、虫害、长势及自然灾害等实时监测、预警与调控，对生产设施和作业装备进行精准调控、指挥与协同，为园艺作物生产提供科学化决策、精准化生产、精细化管理、智能化作业和智慧化个性化服务，实现合理使用农业资源、降低生产成本、改善生态环境、提高园艺产品产量和品质。从宏观角度，智慧园艺通过分析生产、市场、消费与价格等领域的大数据，对园艺产品周年生产、品种区域布局、种植结构、产量与品质等进行科学分析与指导，实现资源利用高效化、经济效益最大化。

第二节　园艺信息获取与分析

　　数字化是智慧化的基础，数字化的关键是获取准确的信息。园艺信息获取是指采用物理、化学、生物、遥感等技术手段获取农业环境信息、植物生命体信息、农机装备信息、农业遥感信息、农产品市场信息等。

一、作物生长发育模型

　　作物生长发育模型可分为功能模型与结构模型两大类。功能模型是基于作物生长和产量形成的生物物理、生物化学及生理生态过程而建立的，模拟过程和结果均采用抽象的数字表达。例如，由光合作用驱动的作物生长发育功能模型，一般包括生育期的模拟、叶面积的模拟、冠层辐射传输的模拟、光合作用的模拟、呼吸作用的模拟、干物质分配的模拟、产量与品质形成的数值模拟等 7 个部分。结构模型则是利用可视化与虚拟现实技术建立的，侧重于对作物外观形态及表面各个部分的三维（3D）结构的详细描述，模拟过程与结果采用真实生动的 3D 图像进行可视化表达。自 20 世纪 80 年代开始，欧美国家的科学家在借鉴大田粮食作物生长发育模型研究方法的基础上，针对园艺作物的特点，开始探索研究园艺作物生长发育模型。如荷兰、以色列和美国等国通过对作物生长发育与环境、营养定量关系的长期研究，构建了番茄、黄瓜等作物的生长发育模型（如 TOMSIM、TOMGRO 等）；荷兰、以色列等国相继开发出以环境、营养与生理信息为基础、以最大生物量为目标函数的智能决策系统；美国还率先提出可与植物"对话"的技术（speak plant approach to environment control，SPA），通过生物与环境传感器进行植物生理生态信息的获取，并与各种决策模型相结合，实现对植物生产过程的智能化管控。我国在 20 世纪末开始了园艺作物生长模型的探索研究，虽起步较晚但发展较快。自 20 世纪 90 年代以来，随着可视化和虚拟现实技术的发展，结构模型逐渐成为作物模型的研究热点，结构模型逐渐向机理性方向发展，并出现了与功能模型相耦合的趋势。图 12-1、图 12-2 是作物三维重建模型。

图 12-1　盆栽和高架草莓植株三维重建模型（刘刚等，2017）

A. 盆栽彩色图；B. 盆栽深度图；C. 盆栽配准图；D. 盆栽模型图

E. 高架彩色图；F. 高架深度图；G. 高架配准图；H. 高架模型图

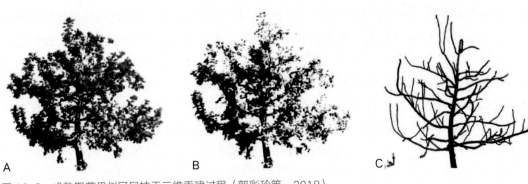

图 12-2　成熟期苹果树冠层枝干三维重建过程（郭彩玲等，2019）
A. 点云数量；B. 枝干点云数量；C. 枝干三维重建

二、作物表型监测技术

作物表型监测技术是育种领域的关键技术，高通量的精确表型监测有助于加速育种进程。图像处理技术通过相机获取目标图像并进行去噪、增强、复原、分割等处理，完成对目标物表型的描述和对特定参数的测量分析。新兴的三维扫描、深度成像、激光雷达等智能监测技术，能够精确获取作物空间形态数据，在高通量作物表型监测中具有广阔的应用前景。我国作物表型监测技术在自主集成研发和商业化应用方面均有良好的基础。在作物表型监测技术基础上研发的作物考种自动测量设备，通过集成传感器、计算机视觉、智能信息处理等软硬件技术，已实现数据采集和基于大数据的分析处理，用于计算作物果穗参数等指标。

高通量、自动化、高分辨率的作物表型信息采集平台与分析技术对于加快作物改良和育种、提高产量和抗病虫害能力至关重要。目前室内表型信息采集平台较为成熟，而田间表型信息采集与分析受限因素太多，难度更大。在过去的十几年里，新型相机、传感器、自动化装备、图像处理系统等为快速、准确、非侵入性的检测田间作物整株或冠层级别的形态及物理特性的表型提供了丰富的工具和手段，作物表型相关研究得到了快速发展。目前田间作物表型系统一般具备以下特点：①表型信息采集平台高度的装备化和自动化，无论是地基、空基还是天基平台，都可以在相对较短的时间内快速筛选和扫描大量的作物，大大提高了信息获取效率。②表型信息获取所使用的传感器多为非侵入性传感器，如激光雷达、超声传感器、RGB 相机、深度相机、光谱仪等，这样不会对作物的生长状态和生理结构构成干扰。③表型信息获取过程中数据采集维度较高，在信息采集过程中，可以通过平台搭载的多种传感器一次性获取不同类型的表型特征，这样便于以后分析不同特征之间的相互关系，有利于将注重作物功能性的基因研究和注重作物结构的表型研究进行有机结合。④表型信息解析技术手段丰富，利用计算机视觉、信号处理、机器学习和统计分析等方法和相对丰富的技术手段和工具，对采集到的表型信息从数学和图像等不同的角度进行分析和处理。

三、无损检测技术

无损检测技术是指在不损坏被检测对象的前提下，利用被检测对象外部特征和内部结构所引起的对热、声、光、电、磁等反应的变化探测其性质和数量的变化。根据检测原理不同，无损检测大致可分为光学特性分析法、声学特性分析法、机器视觉技术检测法、电学特性分析法、电磁与射线检测法五大类，涉及近红外光谱、射频识别、超声波、核磁共振、X光成像、X光衍射、机器视觉、高光谱成像、电子鼻、生物传感器等技术。无损检测具有如下优点：①所检测的对象可以反复用于检测，便于必要的连续跟踪测定。②可检测外观品质，也可检测内部品质。③检测速度快，能够实现农产品品质的在线检测。④操作简便，无须具备专业知识。⑤节约试剂，绿色环保。

四、物联网技术

物联网技术是指采用精准传感器获取作物和环境信息，通过收集大数据建立数据化模型等，完成实时监测和智能化管理。农业传感技术是物联网的基础，农业传感技术是指运用各类传感器、射频识别（RFID）、视觉采集终端等感知设备实时采集信息，为农业生产、管理决策提供数据支撑。

农业传感技术具有很强的针对性，主要针对农业生产过程或农机运行状态进行数据采集和实时监测。在农业环境信息实时感知方面，光、温、水、气、热等环境信息感知技术比较成熟，利用电化学技术、光学检测技术、近红外光谱分析技术、多孔介质介电特性、微流控技术、微小信号检测技术等现代检测理论和方法，研究开发了土壤养分与水分、土壤理化特性等农田环境和生物信息的快速采集技术。例如，通过分析土壤成分来确定施肥量和灌溉量，通过分析植物样本确定作物成熟程度以判断采收时间，利用 CO_2、O_2、温度传感器来确定是否需要

图 12-3　气象站

通风以调节温、光、气等条件以提高光合作用效率等。图 12-3、图 12-4 是在华中农业大学试验田物联网系统使用的设备，该系统由传感器、采集器、供电设备、软件组成。传感器包括空气温度、湿度、风速、风向、雨量、光照、土壤温度和土壤水分传感器等，数据采集器采用便携式多通道气象环境数据记录仪。在农机设备信息实时感知方面，通过在机械设备上安置传感器，可以对设备的运行状态和运动动作进行实时监测。华中农业大学试验田物联网系统使用的农机机载物联网设备（图 12-5）如下。

（1）北斗农机终端（含网络、定位天线）

集成 BDS/GPS 双模定位芯片，定位频率高，可实时记录农机行驶轨迹；防水、防尘、

防震，满足农机作业环境的特殊要求；集成 4G 移动网络模块，可实时上传终端数据，支持远程控制和升级，方便维护；盲区补传：内置大容量存储模块（非 SD 存储卡），可缓存农机作业数据；当作业地区无网络信号时，可实现作业数据自动存储，不会丢失；当有网络信号时，历史作业数据自动上传。

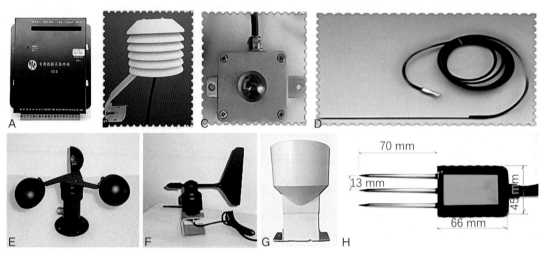

图 12-4　田间传感器

A. 气象站专用采集板；B. 专用温湿度传感器；C. 照度传感器；D. 土壤温度传感器
E. 风速传感器；F. 风向传感器；G. 雨量传感器；H. 土壤水分传感器

图 12-5　农机机载物联网设备

A. 北斗农机终端；B. 高清拍照设备；C. 深度传感器和机具识别卡；D. 深度显示器；E. 机载传感器全套设备

（2）高清拍照设备

内置基于农机作业场景分析的自动拍照控制算法，提高有效照片比例，减少不必要的数据流量消耗。采用广角镜头、JPEG编码，可提供清晰度高和较宽广的视景。拍摄效果好，满足农机作业现场监控和作业质量核查要求。具备防水、防尘、防震等特性。

（3）深度传感器、机具识别卡

实时测量并上传农机作业深度，集成机具识别模块，自动获取机具的类型、高度、宽幅等基本信息。机具识别卡采用无线感应技术，机具上无须布线，只需安装电子标签，便可自动识别，机具更换安装简便。电子标签采用防拆设计，拆除即损毁，防止作弊。具备防水、防尘、防震等特性。

（4）深度显示器

实时显示农机作业深度。实时显示农机终端工作状态，绿灯表示网络、定位状态正常，红灯表示网络、定位状态异常，当屏幕显示"ERROR"时，表示终端或传感器故障。具备防水、防尘、防震等特性。

作物病虫害会给农户造成巨大的损失，传统的"地毯式"大面积喷施化学农药的防治方法，造成环境恶化和污染加剧，还导致大量农药残留，危害消费者健康。物联网技术已在病虫害远程诊断方面得到广泛应用，例如华南农业大学团队设计了橘小实蝇智能精准测报系统，该系统基于嵌入式机器视觉和人工智能技术，辅以红外传感检测技术，对果园橘小实蝇虫害进行现场精准测报（图12-6）。

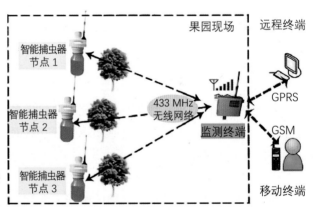

图12-6　橘小实蝇智能精准测报系统的物联网架构
（李震等，2015）

对植物生理信息的采集主要包括表观信息（如作物生长发育状况等可视的物理信息）的获取和内在信息（如叶片及冠层温度、叶水势、叶绿素含量、养分状况等借助于外部手段获取的物理和化学信息）的获取。作物生理信息感知研究主要集中于植物电信号技术、计算机视觉和图像处理技术、光谱分析与遥感技术、叶绿素荧光分析检测技术等。近年来，我国开发了各种植物生理传感器，实现对茎直径、株高、叶片厚度、叶片面积和果实直径等植物外部特征的检测，以及茎液流速度和叶片内各物质比例等内部生理特征的检测，利用感知数据来指导精准灌溉、施肥以及病虫害防治等，可使植物始终处于最佳生长状态，同时也可以达到节约水分和肥料的目的。例如浙江大学多个科研团队利用芯片级别的微纳米加工工艺，联合制备了一款植物可穿戴式传感器，通过将柔性穿戴技术应用到植物体表，成功在自然生长状态下，持续监测植物体内水分的动态传输和分配过程（图12-7，图12-8）。

图 12-7　植物可穿戴式茎流传感器（Chai Y 等，2020）

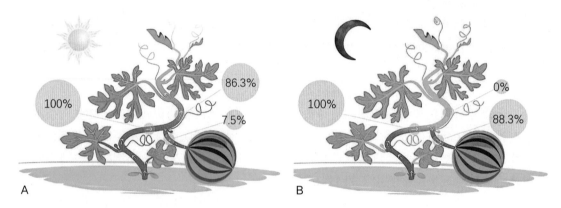

图 12-8　成熟期西瓜昼夜西瓜茎流和水分分配监测（Chai Y 等，2020）
A. 传感器监测到白天茎流只有少部分流入果实；B. 传感器监测到夜晚茎流大部分流入果实

五、遥感技术

　　天空地一体化的果园智能感知系统主要包括多源卫星遥感影像快速处理系统、无人机智能感知系统、地面传感网智能感知系统、互联网智能终端调查系统和天空地遥感大数据管理平台等五大子系统。

　　（1）多源卫星遥感快速处理系统

　　利用高效的金字塔算法、高精度图像配准算法、退化函数提取算法、图像恢复算法和基于深度学习的超分辨率重建算法，实现 Landsat、HJ、MODIS、NOAA 和国产高分系列卫星等国内外多源卫星遥感数据的快速浏览、辐射校正、几何校正、多光谱和全色影像的融合、镶嵌、裁剪、图像恢复和超分辨率重建，为大区域果园种植和空间分布调查提供支撑。

　　（2）无人机智能感知系统

　　利用遥感、地理信息系统、全球定位系统、互联网等技术，基于车载遥感平台，集成三维地理信息与任务规划、无人机遥感获取、多平台融合的果园监测快速处理和数据远程传输等核心功能，为果园生产提供近低空、有效的全流程移动式遥感解决方案。

　　（3）地面传感网智能感知系统

　　通过物联网和传感器技术建立无人值守的果园环境和果树生产信息自动、连续和高效获取。直接获取的果园环境信息包括气候、土壤、地形等参数，其中气候参数包括空气温湿度、风速、风向、光合有效辐射强度、降雨量等指标，土壤因子参数分层温湿度、有机质、重金属等指标，地形因子包括海拔、坡度、坡向、高度等地形特征指标。同时，还可以获取果树长势、果树枝型、萌芽日期、开花日期、结果日期、枝果比例、花果比例、病虫害等果树生长指标。

（4）互联网智能终端调查系统

通过手机、平板电脑、移动电脑等终端平台，基于地图、遥感影像等空间信息，进行果农经营地块确认，并针对地块进行果园图像和视频、生产决策信息采集。该系统能够弥补地图/遥感影像只能反映地块自然属性特征的不足，通过获取个体果农生产决策信息，实现"人—地"信息结合，为果园大数据研究与应用提供基础数据支撑。

（5）天空地遥感大数据管理平台

搭建云平台实现多源卫星遥感数据、无人机数据、地面传感网数据、历史数据以及其他空间数据的统一管理、显示、存储和可视化表达；基于大数据和云计算技术，利用深度学习算法实现果园生产智能诊断分析，解决当前数据人工处理的低效率问题。

例如，对于农业监测而言，利用无人机搭载多光谱相机，相较于人眼观察能提供更多准确的指向性信息。在农作物生长的各个阶段，多光谱影像皆可提供许多蕴藏于电磁光谱中人眼不可见的信息，这些信息连同后续分析出的 NDVI 等植被指数数据，可帮助农业从业者及时作出应对策略。

例如，准确识别果树并统计果树数量对监测果树长势、果园产量估算以及种植管理至关重要。相较于传统的人工统计费时费力且主观性强的特点，遥感技术以其经济性强、持续性好、可靠性高的特点，可以提供大面积、长时期必要的果树信息数据，成为保证果树数量可持续统计的重要方式。有研究将无人机密集点云产生的 DSM 影像作为辅助数据加入果树识别与计数研究中，结合利用果树冠层直径对果树的识别算法，可以在不用人为对影像研究区进行勾画的情况下，利用单次无人机拍摄的一组数据（DSM 和正射影像）实现对果树的识别与计数。

第三节　生产智能化

一、自动驾驶

园艺作物生产使用的农机可以实现自动导航和自动驾驶（图 12-9，图 12-10）。自动导航检测单元负责农机当前位置与姿态的检测。控制单元是导航系统的核心，负责导航路径规划及路径跟踪控制。执行单元是农机转向的执行机构，其作用是将转向控制器的控制信号转换为对农机转向轮的转向力矩，使转向轮发生转动；转向执行机构一般有机械式和液压式两种。监控单元是导航系统的人机交互界面，一般由一台田间计算机承担；田间计算机的主要功能包括系统参数设定、导航任务管理、导航状态监视等。

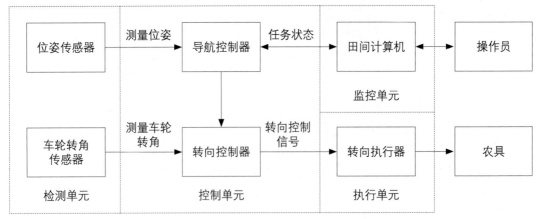

图 12-9　现代农机自动导航系统的典型结构（胡静涛等，2015）

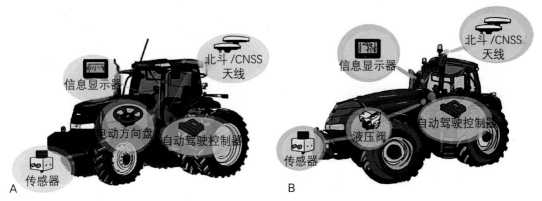

图 12-10　自动驾驶系统
A. 电动方向盘自动驾驶系统；B. 液压自动驾驶系统

二、智能植保

1. 地面智能植保

如果果树与果树之间存在一定的间隔，在喷雾机一直工作的情况下，会浪费药液并造成严重污染。如果在喷雾机上安装检测果树的传感器，当它检测到有果树存在时，喷雾机开始进行喷雾；相反，当传感器没有检测到果树时，则立刻停止喷雾，这就是"对靶喷雾"的方法。更精确的喷雾还要通过检测果树的形状，并根据其形状和位置实现对靶精确喷雾。

中国农业大学联合企业研制出果园自动仿形变量喷雾机，该机通过扫描角度为 270°的 LiADR 激光传感器实时获取树冠特征信息，并根据冠层分割模型及变量决策算法实时调节风机风量和喷头流量，进而实现自动仿形变量喷雾。工作时，以 LiADR 激光传感器为探测源不间断的扫描机具两侧的果树冠层，控制系统将收集到的点云信息进行处理，同时根据果树冠层边界、密度及体积特征将果树冠层分割成若干个冠层单元，通过冠层单元体积所需风量及喷量改变电机及电磁阀的脉冲宽度调制（pulse width modulation，PWM）占空比，实时调控电动风机出风量及喷头喷量。该机实现了自动对靶、仿形变量喷雾，提高了农药利用率（图 12-11，图 12-12）。

图 12-11　果园自动仿形变量喷雾机（何雄奎，2020）

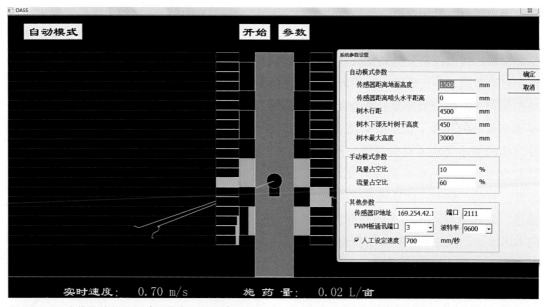

图 12-12　上位机控制界面（何雄奎，2020）

2. 无人机应用

（1）AI 果树识别

以植保无人机为例，首先对果园进行航拍，将航拍照片导入图像处理软件建图，利用 AI 技术高效精准地识别出果树、障碍物、电线杆、建筑物、水面、地面等物体，并使用不同的颜色将它们标注出来，最后形成果园三维模型。

（2）三维航线与高空作业

根据果园三维模型中果树的精确定位和高度信息，无人机迅速生成三维航线。与普通航线不同，三维航线是会根据果树的高低起伏进行高低变化的飞行航线，果树顶端和植保机之间的相对距离保持不变。另外，利用 AI 精确识别，在空地和有障碍物区域，三维航线显示为不同颜色，无人机在执行此区域作业时将停止喷洒。

三、智能水肥管理

目前，很多发达国家的水肥一体化设备已采用互联网技术、EC/pH 综合控制系统、气候控制系统、循环加热降温系统、自动排水反冲洗系统、喷雾控制系统等；全自动混配肥，精准、智能化灌溉施肥管控一体化的产品已成规模化生产。我国正在开展自动化精量灌溉施肥机研制与开发，采用了可编程控制器（programmable logic controller，PLC）控制技术、PWM 调节技术、模糊逻辑控制、在线监测系统，实现精确配肥与灌溉。

四、智能分选

果蔬分级是提高果蔬附加值和竞争力的重要方式。进入 21 世纪以来，利用计算机视觉技术进行农产品的自动分级等方法得到了快速发展。计算机视觉技术主要模拟了人类视觉的产生原理，利用摄像头进行图像采集，通过计算机和计算机视觉算法对图像进行数字信息提取，并由控制分类器完成分级任务。相较于传统分级技术，利用计算机视觉实现农产品自动分级，不仅能够大幅度降低劳动力成本，提高生产效率，而且可以得到稳定的分级质量和可靠的分级结果。智能分选分级装备运用大量智能 IT 和快速无损检测技术，在不损伤果品的前提下识别出果蔬含糖量、含酸量等内部生理指标，将每类产品单独称重并分选到指定类别或重量等级，高效取代人工分拣。国家农业信息化工程技术研究中心研发的南丰蜜橘品质分选线可实现果实的清洗、打蜡、烘干、计算机视觉检测分级、输送、装卸全自动化。中国农业大学研发的 NIRmagic 便携式水果无损伤检测设备，可实现生长期果实内含成分监测、采收期预测、采后优质果品筛选（图 12-13）。中国农业大学与企业联合研发的 AS 系列分选机，针对农产品外观特性及处理要求，可完成水果、蔬菜等原料缺陷个体的自动化剔除。目前，AS 系列分选机已用于柑橘罐头、黄桃罐头生产。

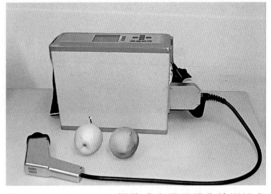

图 12-13　NIRmagic 便携式水果无损伤检测设备（中国农业大学韩东海团队）

五、农业机器人

近年来，温室管理机器人研发极为活跃，采收机器人、施肥机器人、嫁接机器人、除草机器人等农业机器人不断推出，正进入应用阶段。

从 20 世纪 60 年代中期提出柑橘智能化的机器人采收概念至今，技术上尚未获得重大突破。目前本领域从技术需求上可分为两个层次：①围绕老果园或传统建园模式下园艺产品采收对装备的迫切需求，开发灵活多样的采收升降平台、产地预处理平台或针对加工原料的机械采收装备。②针对山地园区的采后集散运输系统。这些实用装备与人们设想或教科书预期的机器人采收远景目标还有很大的差距。近年来，在迫切的产业需求和巨大的市场潜力驱动下，国内外一大批科研团队致力于攻克相关技术瓶颈，在果实成熟度识别和柔性采收系统研发领域已取得很好的进展，如在蓝莓、苹果、柑橘、番茄等产业领域均有采收机器人实验样机面世的报道（图12-14）。今后采收机器人的发展要实现以下目标：①精准识别、精确定位；②在满足性能的前提下，提高可靠性，便于应用于更加复杂多变的作业对象

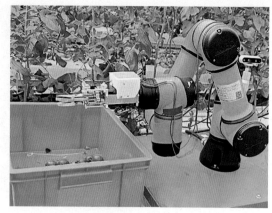

图 12-14　番茄采收机器人（华南理工大学张勤团队）

以及作业环境；③降低操作难度和生产成本；④采用开放式的控制系统，提高采收机器人的通用性。

在樱桃生产领域，Kanae 研制出樱桃采收机器人，主要部件包括 4 自由度机械手、三维视觉传感器、末端执行器、计算机以及导轨装置。机械手设计成 4 轴关节式，其中 1 轴可上下移动，另外 3 轴可左右移动，具有 4 个自由度；该机械手可以在樱桃树干四周运动，确保末端执行器能够到达树干四周进行采收。三维视觉传感器安装在机械臂 b 上，可以随着机械手一起移动，从而可以从不同位置和方向对树干进行扫描，减小视觉死角。三维视觉传感器上装有红外和近红外激光二极管，实时扫描目标，获得图像并经过计算机处理后，识别果实所在方位和障碍物，并确定末端执行器的合理运动轨迹进行摘果动作，有效避免碰撞障碍物。末端执行器运动至果实所在位置后，真空吸尘器通过管道向末端执行器提供一定的负压，将果实固定吸附在末端执行器的真空管口；末端执行器机械指夹住果梗，将果实连同果梗一起从树上摘下，送至果箱，完成单次采收过程。

许多花卉种苗是通过扦插进行生产的，图12-15 展示了一种菊花种苗扦插智能化决策系统，系统通过机器视觉技术实现种苗的捡拾和扦插。

种苗分级和补苗是均一化生产、高价值销售的重要保证，分级机和补苗机在欧美国家种苗生产中广泛使用（图12-16），也为高品质自动化移植打下基础。

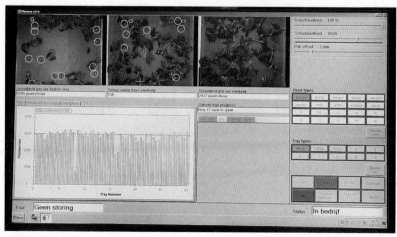

图 12-15　菊花种苗扦插智能化决策系统

图 12-16　种苗分级移植作业

　　自动嫁接技术的优点包括克服保护地瓜菜低温障碍和连作障碍，大幅度提高劳动生产率，降低劳动强度，保证蔬菜的稳产和高产，实现蔬菜育苗产业化、规模化和工厂化。中国农业大学研制的 2JSZ-600 型蔬菜自动嫁接机器人，实现了砧木和接穗的取苗、切削、接合、嫁接夹固定、排苗作业的自动化（图 12-17）。目前自动嫁接机器人推广过程中遇到的主要问题在于嫁接的作业对象是种苗，而我国现有传统种苗生产模式大多以人工作业为主，各生产环节与机器人嫁接要求不匹配，需要颠覆传统生产模式，改造升级新型育苗方法和生产模式，为机器人嫁接提供结构化、标准化作业环境。此外，当前国内外蔬菜嫁接机器人技术研究已取得了重大突破（表 12-1），发达国家育苗环境控制技术和生产模式相对完善，但由于嫁接机器人研究成本高，以及受需求量稍弱等因素限制，尚未实现产业化应用。今后需要优化现有技术，开发低成本、可靠性高及实用性强的嫁接机器人。

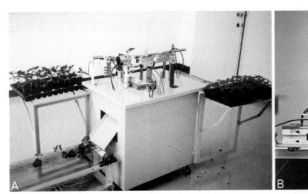
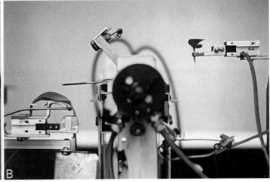

图 12-17　蔬菜自动嫁接机器人（中国农业大学张铁中团队）
A. 自动嫁接机器人外观；B. 自动嫁接机器人切除砧木、穗木生长点的部件

表 12-1　国内外典型嫁接机器人信息（张凯良等，2017）

国家	研发机构	型号	自动化程度	嫁接效率/株·h⁻¹	成功率/%	操作人数	嫁接方法	夹持物	适用对象
日本	井关农机株式会社	GRF800-U	全自动	800	95	1	贴接法	嫁接夹	葫芦科穴盘苗
日本	井关农机株式会社	GR803-U	半自动	900	95	3	贴接法	嫁接夹	葫芦科穴盘苗
荷兰	ISO Group	ISO Graft 1200	半自动	1 050	99	1	平接法	橡胶夹	茄科穴盘苗
荷兰	ISO Group	ISO Graft 1100	半自动	1 000	95	2	平接法	橡胶夹	茄科穴盘苗
荷兰	ISO Group	ISO Graft 1000	全自动	1 000	95	2	平接法	三角套管夹	茄科穴盘苗
西班牙	Conic System	EMP-300	半自动	300	95	1	贴接法	套管夹	茄科穴盘苗
意大利	Atlantic Man. SRL	GR300 /3	手动	300	98	1	贴接法	嫁接夹	葫芦科穴盘苗
意大利	Atlantic Man. SRL	GR300	手动	300	98	1	贴接法	嫁接夹	茄科穴盘苗
韩国	Helper Robotech	GR-800CS	半自动	800	95	2	贴接法	嫁接夹	葫芦科、茄科穴盘苗
中国	中国农业大学	2JSZ-600	半自动	600	95	2	贴接法	嫁接夹	葫芦科幼苗
中国	中国农业大学	BMJ-500II	半自动	300	92	1	贴接法	嫁接夹	葫芦科营养钵苗
中国	华南农业大学	2JC-600B	半自动	600	92	2	插接法	无	葫芦科幼苗
中国	北京农业智能装备技术研究中心	2TJ-800	半自动	800	95	2	贴接法	嫁接夹	葫芦科、茄科穴盘苗

　　未来农业机器人将朝着智能农业机器人的方向发展，智能农业机器人技术是农业机器人技术融合人工智能、信息、云计算、大数据等技术在农业生产中的综合运用。智能农业机器人技术带动的产业升级，将为改善农民生活开拓新空间，让务农不再苦、不再累，同时也将缓解人口老龄化带来的劳动力短缺问题。此外，智能农业机器人技术还将给农业带来一场新的产业变革：①农作物生产全程自动化、无须人力干预的现代化农场；②农作物无须种植在室外田地，而是种植在室内生产工厂（即智慧农业工厂），可在人造、可控的非典型农业环境中生产各种农作物，整个生产过程以及后续的加工、传送、运输也都依赖于室内智能农业机器人的协同操作。未来智能农业机器人的天 – 空 – 地一体化感知和作业体系如图 12-18 所示。

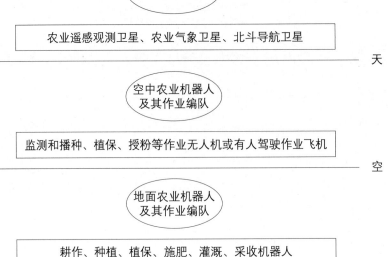

图 12-23　未来智能农业机器人的天 – 空 – 地一体化感知和作业体系

六、植物工厂

植物工厂是一种采用人工光源与营养液栽培技术，在密闭可控且几乎不受外界气候条件影响的环境下，进行植物周年连续工厂化生产的高效农业系统。其主要特征为：①建筑结构为全封闭式，密闭性强，隔热性好；②只利用人工光源，光环境稳定；③室内光照、温度、湿度、CO_2 浓度以及营养液电导率（EC）、酸碱度（pH）、溶氧（DO）和液温等均可进行精确控制，可实现周年均衡生产；④采用营养液水培栽培方式，完全不用土壤；⑤可以有效地抑制病原微生物侵入，不使用农药；⑥设施建设、技术装备投入以及运行成本相对较高。

垂直智慧植物工厂技术，是科学家为应对未来人口压力及资源匮乏所提出的一个新概念，核心是充分利用资源与空间，使单位面积产量最大化。这一概念最早由美国哥伦比亚大学教授迪克逊·德斯帕米尔提出。德斯帕米尔希望在由玻璃和钢筋建成的、光线充足的建筑物里种植本地作物。他认为到 2050 年，全球人口总数将增至 92 亿，其中 80% 都将居住在城市中，新增人口的食物保障将会是很大的挑战性问题。根据德斯帕米尔的构想，利用垂直农业技术，城市内一幢 30 层的摩天大楼能够养活 5 万名纽约曼哈顿区的居民，建设 160 座同样的建筑物，就能为纽约所有居民提供全年的粮食。未来垂直智慧植物工厂生产方式将向三维垂直空间拓展，会大幅提升植物工厂资源利用效率、单位面积食物产能和智慧化管控水平，将突破大厦型垂直植物工厂结构与新材料技术、基于植物光配方的高光效 LED 光源创新及其智能光环境调控技术、多层立体营养液栽培及其营养液管控技术、太阳能 – 风能高效获取与利用技术、有机废弃物处理及资源化利用技术、植物种苗移栽单元空间转运与采收机器人技术、垂直植物工厂环境 – 营养 – 生物信息获取及智能决策与管控等技术，创制出先进的垂直智慧植物工厂及其成套的多层立体无土栽培技术装备、人工照明技术装备、智能环境控制技术装备、植物生产空间自动化管控技术装备。

华南农业大学学者结合温室生产，构建了植物工厂立体栽培种苗智能生产系统，该智能系统可进行温度、湿度、光照、营养液供给、品质检测、操作人员作业管理、种植板自动立体输送、精量播种等调节和作业，智能系统主要由植物工厂结构单元、温湿度控制单元、光环境控制单元、水肥一体化供给单元、品质检测单元、操作人员管理单元、自动化生产装备单元、控制系统远程监控管理单元构成（图12-19）。

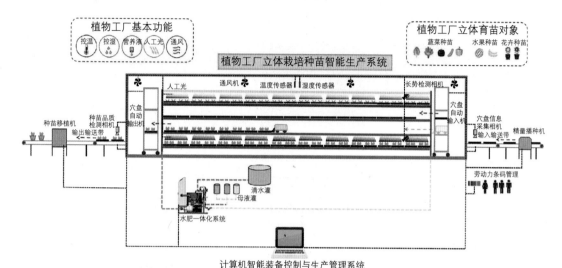

图12-19　植物工厂立体栽培种苗智能生产系统（辜松等，2020）

第四节　经营和服务智慧化

一、农产品可追溯体系和区块链技术

溯源指从供应链下游向上游识别产品来源，追踪是指从供应链上游到下游的信息采集过程，溯源和追踪共同构成产品的可追溯体系。建设可追溯体系，实现产品来源可查、去向可追、责任可究，是强化全过程质量安全管理与风险控制的有效措施。当前，覆盖全国的重要农产品可追溯体系正在加快建设，全国可追溯体系数据统一共享交换机制正在形成。射频识别（RFID）电子标签构成可追溯电子信息系统的硬件基础，其可通过无线电信号识别特定目标并读写相关数据，全面记录产品从源头产地到终端消费的冷链全过程。运用农产品质量可追溯系统，可实现对农业生产（产地环境、生产流程）、流通（物流、冷链贮藏）监控和农产品质量的追溯管理、条形码标签设计和打印、基于网站和手机平台的质量安全溯源等功能。如今，只需要手机扫描蔬菜的二维码即可对其产地、生产者、生产投入的使用情况、检测情况进行追溯。

区块链是近年来迅速发展的新兴信息技术，是分布式数据存储、点对点传输、共识机

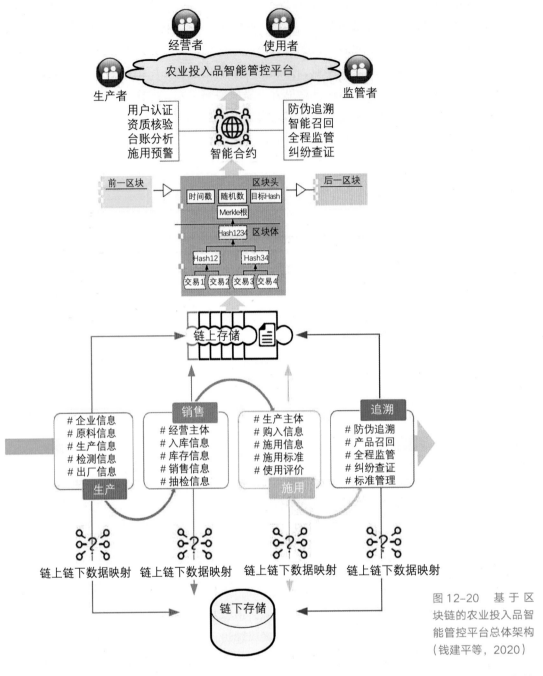

图 12-20 基于区块链的农业投入品智能管控平台总体架构（钱建平等，2020）

制、加密算法等计算机技术的新型应用模式。基于区块链技术的农产品追溯系统，所有的数据一旦记录到区块链账本上将不能被改动，依靠不对称加密和数学算法的先进科技，使得信息更加透明。农业区块链应用将获取的农场、加工、物流、销售信息纳入区块链平台，通过区块链技术的智能合约、分布式账本、防篡改等技术特点，记录全流程数据，建立真实可信的农产品溯源链。图 12-20 是以农业投入品生命周期的"生产 – 销售 – 施用"等核心环节为基础，以实现智能化管控和全程追溯为目标构建的农业投入品智能管控平台。这一平台既有利于增强农业投入品监管能力，又能提升追溯可信度，为农业投入品的合规生产、合法经营、合理施用提供技术支撑。

二、大数据平台

农业大数据是在现代农业生产、经营、管理等各种活动中形成的，具有潜在价值的、海量的、"活的"数据集合。农业大数据服务主要包括大数据资源建设与共享、大数据计算与分析处理和大数据服务应用。大数据资源建设与共享以农业农村部及各省市区农业农村厅为主，多个部门配合，建设和存储了从中央到地方的一系列涉农数据资源。大数据处理更加注重从海量数据中寻找相关关系和进行预测分析，包括数据清洗、尺度转换、多源数据融合、分布式存储与管理、关联分析与预测等方面。大数据分析技术目前进入大平台处理阶段，主要是基于 Hadoop 等分析平台，同时结合统计软件进行并行计算。近年来，内存计算、边缘计算等逐渐成为高实时性大数据处理的重要技术手段和发展方向。从基本的数据查询、分析、计算，到批处理和流式计算，再到迭代计算和图计算，农业数据处理正从传统的数据挖掘、机器学习、统计分析向智能分析预警模型系统等演进。目前我国大数据服务技术已在个性化信息推送、用户行为分析、舆情监测等方面广泛应用。

三、智慧农业管理系统

智慧农业管理系统主要包括农机管理和生产管理两个方面，农机管理系统将北斗信息终端等装备于农业机械，通过系统平台为机械化播种、移栽、植保、采收、深松、秸秆还田等农机作业，提供作业数据采集、自动化处理、统计分析、精细化管理等服务，为农机作业管理工作提供一套科学公正、行之有效的解决方案。以湖北省北斗农机信息化智能管理系统为例，系统利用数字通信网络、北斗卫星导航系统和地理信息系统技术，实时展示作业农机的位置、速度、农机状态等信息，记录农机的行驶轨迹并实现回放，实时展示、统计单机和区域内的作业面积；管理者可以综合考虑作业进度、农机投入情况、地理分布情况等因素进行科学调度。

生产管理系统以某智慧农业系统为例，系统基于 GIS 可视化地图，选择作物种植季，通过生产规划、作物模型、生产资料等模块，可快速了解全局信息。该系统可支持物联设备、智能农机、农业自动驾驶仪、控制阀、水位传感器等多种农业装备，通过感知与精准农业任务执行将物理信息数字化，提供多维数据源。系统能进行全程农事记录，实时监看选中地块的生产规划执行进度与结果，清晰展现不同类型农事任务的完成情况，包括作业面积、地块数量、农资用量等。通过拍摄高清农田地图，选中所需分析区域，利用地面高程信息分析视觉化展示地势平整程度，可直观检测平地仪作业情况。通过搜索地块编号、作物种类、生产要素或关键指标，可进行检索追踪，实现信息追溯、监管精准高效。

四、智能化交易

未来，农产品电子商务和订单农业、拍卖等交易方式将成为主流交易方式。以昆明国际花卉拍卖交易中心为例（图 12-21），自 2002 年成立至今，已经发展成全亚洲最大的鲜花拍卖交易市场，它融入了世界最先进的荷兰花卉"降价式拍卖系统"，平均每天交易量接近300万枝，高峰时期单日交易量就超过600万枝。这些鲜花经过拍卖交易，不仅销往北京、上海、广州、深圳等国内城市，还漂洋过海运往俄罗斯、澳大利亚、新加坡、泰国、越南等国家。拍卖市场拥有5.4万 m^2 的交易场馆，9个交易大钟，900个交易席位，有2.5万个花卉生产者（供货商）会员和3 100多个产地批发商（购买商）会员。

图12-21　昆明国际花卉拍卖交易中心
A. 拍卖大厅；B. 交易数据实时显示；C. 待拍卖的鲜花

思考题

1. 请列举信息智能获取与分析技术在园艺领域的应用案例。
2. 请列举园艺作物生产智能化的典型案例。
3. 请列举园艺作物经营和服务智慧化的典型案例。
4. 请充分发挥你的想象力，畅想一下未来园艺作物的生产图景。

参考文献

"中国工程科技 2035 发展战略研究"项目组. 中国工程科技 2035 发展战略：农业领域报告 [M]. 北京：科学出版社，2019.

曹玉栋，祁伟彦，李娴，等. 苹果无损检测和品质分级技术研究进展及展望 [J]. 智慧农业，2019，1（3）：29-45.

程曼，袁洪波，蔡振江，等. 田间作物高通量表型信息获取与分析技术研究进展 [J]. 农业机械学报，2020，51（S1）：314-324.

高焕文. 农业机械化生产学（上册）[M]. 北京：中国农业出版社，2002.

高亮之. 农业模型学 [M]. 北京：气象出版社，2019.

辜松，刘厚诚，谢忠坚，等. 数字化生产植物工厂的构建—以华南农业大学植物工厂为例 [J]. 农业工程技术，2020，40（7）：10-13.

郭彩玲，刘刚. 基于颜色取样的苹果树枝干点云数据提取方法 [J]. 农业机械学报，2019，50（10）：189-196.

韩长赋. 新中国农业发展 70 年：科学技术卷 [M]. 北京：中国农业出版社，2019：924-949.

何雄奎. 中国精准施药技术和装备研究现状及发展建议 [J]. 智慧农业（中英文），2020，2（1）：133-146.

胡静涛，高雷，白晓平，等. 农业机械自动导航技术研究进展 [J]. 农业工程学报，2015，31（10）：1-10.

李福根，段玉林，史云，等. 利用单次无人机影像的果树精准识别方法 [J]. 中国农业信息，2019，31（4）：10-22.

李震，洪添胜，文韬，等. 基于物联网的果园实蝇监测系统的设计与实现 [J]. 湖南农业大学学报（自然科学版），2015，41（1）：89-93.

刘刚，张雪，宗泽，等. 基于深度信息的草莓三维重建技术 [J]. 农业机械学报，2017，48（4）：160-165，172.

钱建平，余强毅，史云，等. 基于区块链的农业投入品智能管控平台设计 [J]. 农业大数据学报，2020，2（2）：38-46.

王儒敬，孙丙宇. 农业机器人的发展现状及展望 [J]. 中国科学院院刊，2015，30（6）：803-809.

杨其长. 我国智能设施园艺技术突破之路在何方？[J]. 中国农村科技，2018（1）：37-39.

杨其长. 植物工厂发展史 [J]. 生命世界，2019（10）：4-7.

张慧春，周宏平，郑加强，等. 植物表型平台与图像分析技术研究进展与展望 [J]. 农业机械学报，2020，51（3）：1-17.

张凯良，褚佳，张铁中，等. 蔬菜自动嫁接技术研究现状与发展分析 [J]. 农业机械学报，2017，48（3）：1-13.

赵春江. 中国智能农业发展报告 [M]. 北京：科学出版社，2017.

CHAI Y, CHEN C, LUO X, et al. Cohabiting plant - wearable sensor in situ monitors water transport in plant [J]. Advanced Science，2021, 8(10), 2003642.

VALCKE R. Can chlorophyll fluorescence imaging make the invisible visible? [J]. Photosynthetica, 2021, 59 (S1): 381-398.

YAO L L, KOWALCHUK G, ZEDDE R. Recent developments and potential of robotics in plant eco-phenotyping [J]. Emerging Topics in Life Science, 2021, 5(2): 289-300.

第十三章
康养园艺

第一节 康养园艺的
　　　 概念和内涵
第二节 味道与营养
第三节 芳香与健康
第四节 触觉与体验

　　园艺植物让地球五彩缤纷，让季节变换色彩，深刻影响着人类文明，融入膳食、民俗、医药和文化之中。园艺在文化、休闲、旅游、养生、医疗等服务美好生活方面的需求在快速增加。康养园艺面向人民群众健康，探索基于色香味触的康养园艺模式，通过多学科交叉、协同创新等途径为保持和恢复人的最佳健康状态提供综合解决方案，为国民健康做出贡献。人们从园艺植物中摄取基本的营养需求，同时其色彩和香气都对人类的健康具有重要价值。此外，栽培植物与园艺操作活动是对亚健康人群心理、身体等方面进行调整的一种有效方法。

室外种植活动

第一节　康养园艺的概念和内涵

一、康养园艺的概念

康养园艺是利用园艺植物及园艺活动，通过人体多途径感受，获得身心和谐，从而以非医疗方式改善健康水平，是一项园艺与医学相结合的辅助手段，是具有交叉学科特征的实践型科学。作为一门交叉学科，康养园艺融合了园艺学、中医学、公共卫生学、护理学、心理学的理论方法，拥有多元化的视角，面向人民群众健康，体现园艺在服务人们生命与健康领域的贡献。

二、"康"的内涵

"康"作为名词在古汉语中可泛指大道，《尔雅·释宫》中有"五达谓之康，六达谓之庄"，意思是通达五方的大路称为"康"，"康庄大道"一词即指的是开阔平坦、四通八达的大道。"康"作为形容词，词义较为丰富，有安好的、安乐的、和谐的含义，如成语"康哉之歌"指的是太平颂歌，可引申为昌盛、富足的意思。"康"亦有健康、身体强健的含义，《尚书·洪范》中有"一曰寿，二曰富，三曰康宁，四曰攸好德，五曰考终命"，其中"康宁"指的是身体健康、内心安宁。《孔雀东南飞》中有"命如南山石，四体康且直"，韩愈《送李愿归盘谷序》中有"饮且食兮寿而康，无不足兮奚所望！"皆体现了"康"在汉语中与健康相关联的内涵。

中医对"康"的理解源自"大道"，引申为人体的经络，指能量在体内的蓄积和流动，称体内滋润和谐的状态为"康"，强调代谢状态的通畅顺达。世界卫生组织将健康定义为"健康不仅为疾病或赢弱之消除，而系体格、精神与社会之完全健康状态。"中西方对健康的理解均强调人体在生理和心理方面的平衡，是一种适应生活、精气充盛的"状态（state）"。

三、"养"的内涵

《说文解字》中有"养，供养也"的表述。甲骨文和金文中"养"的字形像手执鞭驱羊，有豢养、放牧的意思，后引申为供养、抚育、保养之意。《礼记·郊特牲》中有记载"凡食养阴气也，凡饮养阳气也"，体现了古人的饮食养生观，蕴含合理搭配的观念。《周礼·天官·疾医》论述了"以五味五谷五药养其病"，肯定了食物在维持机体活力方面的重要性。

"养"还有培养、修养的意思，如"养精蓄锐""修身养性"等成语，就体现了古人希望通过"养"这种具有禅意的过程使身心达到完美的境界。韩愈《答李翊书》所述"养其根而俟其实，加其膏而希其光"，以培育树木做比喻，谈到如何加强学习和修养，可视为

"养"字本义的延展。巧合的是，与"养"所对应的英文单词"cultivate"既有栽种、栽培的意思，也有培养的含义，指通过努力获得特定的技能、态度或品质。从中西方的语义可以看出，"养"具有时间性和阶段性的特征，指有助于增强身心健康的生活方式或活动。

四、康养园艺的构成

康养园艺通过"味道与营养""色彩与心理""芳香与健康""触觉与体验"等四个方面，促进人们身心健康的提升。采用药食同源的园艺植物可调理免疫性疾病、心血管疾病及亚健康患者的体质和精神状态；结合色彩的自身属性和表象特征，通过色彩在人们意识中的存留印象，利用园艺植物的特定色彩，可刺激人们的心理反应，有效调节人们的情绪和感受；从药用植物或芳香植物中提取的香料、精油、香水等芳香物质，具有美容、保健、减压和提神等功效；通过造景和花园营造，以及插花、盆景等园艺体验活动，可以有效地预防疾病与调节人们的情绪。

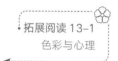

拓展阅读 13-1
色彩与心理

第二节　味道与营养

园艺产品富含类胡萝卜素、黄酮类化合物、多酚、柠檬苦素类似物等多种生物活性功能成分。随着园艺产品在饮食结构中占的比重越来越大，人们更加关注园艺产品的健康功效，对营养、保健等品质方面的要求日益提高。

一、五味五脏

我国古代就有"药膳"的说法，它起源于传统的饮食和中医食疗文化，是将中药与某些具有药用价值的食物相配伍，采用独特的烹调技术制作而成的具有一定色、香、味、形的美味食品，既具有较高的营养价值，又可防病治病、保健强身、延年益寿。例如，《十药神书》中的大枣人参汤具有益气补血，助阳润肠等作用；《遵生八笺》中的黄精饼具有补肺清肺作用；明代医药学家李时珍的《本草纲目》中除了记载了数以百计的可供药用的食物以外，还有相当多的食疗药膳方，例如用茴香（*Foeniculum vulgare*）、赤小豆（*Vigna umbellata*）等十多种食物和猪脂制成丸以治疗劳倦、各种米粥治脾胃病症等。上述都是药膳的典例，是古人遗留下来宝贵的文化遗产。

中医对饮食与人体健康之间的关系有一套完整的理论，可概括为"四气"和"五味"。"四气"又名四性，是指食物中的寒、凉、温、热四种特性。寒、凉的食物多有清热、解毒、滋阴、泻火、凉血的作用，如绿豆、西瓜、苦瓜、竹笋、梨、藕、芹菜等；温、热的食物多有温中、散寒、助阳等作用，如荔枝、龙眼、韭菜、生姜、辣椒等；也有一些食物性质平和，介于寒凉、温热之间，称作平性，在配伍中使用广泛。

"五味"是指食物具有酸、甘、苦、咸、辛五种不同的味。《周礼·天官》记载："春发散宜食酸以收敛，夏解缓宜食苦以坚硬，秋收敛宜吃辛以发散，冬坚实宜吃咸以和软"。中医认为酸收，苦坚，辛散，咸软，甘缓，五味对于阴阳之气有着不同的调节作用，各自主管的脏腑、经脉也不同。酸养肝，苦养心，甘养脾，辛补肺，咸滋肾。酸性温，可以泻肝胆，降肝火，同时也能补肺敛心神。柑橘、乌梅等是常见的酸味园艺产品。苦味一方面可以泻心火，排痰浊，另一方面则能补肾生津，茶叶、莲心、百合等是常见的苦味园艺产品。甘味包括甘、淡、甜，是补脾胃的，甘草（*Glycyrrhiza uralensis*）、大枣、甘蔗、甜瓜等甘味食物可以用来缓解辛味对脾胃的刺激。辛味可以宣肺，具有发散、行气、行血等作用，生姜、陈皮等是常见的辛味园艺产品。咸味食物具有软坚润下的作用，可以润肾益心，如紫草（*Lithospermum erythrorhizon*）、肉苁蓉（*Cistanche deserticola*）、海带、紫菜等。

五脏之气相生相克，过甘会削弱肾与膀胱，过咸伤肺，过辛损脾胃，因此中医在五味的使用中会通过"君臣佐使"的配伍原则来平衡五味，调和五脏。药食同源，食以养生，对日常饮食中的园艺产品中的功能成分进行系统化的研究，按照彼此互相滋生、互相制约、补偏救弊的原则进行膳食搭配，对于提升人们的健康水平将大有助益。

在中医食养的应用中，各种药物、食物的性味归经，是前人在长期的临床试验中观察总结出来的。如大枣性温、味甘，归脾经、胃经、心经，补中益气、养血安神，用治脾虚食少、气血津液不足、乏力便溏；生姜味辛，性温，归肺经、胃脾经，有散寒解表、降逆止呕、化痰止咳的功效，用治风寒感冒，胃寒呕吐，寒痰咳嗽等症。从《黄帝内经》开始，东汉成书的《神农本草经》、唐代孟诜的《食疗本草》、唐代孙思邈的《千金要方·食治》、宋代陈直的《养老奉亲书》、元代忽思慧的《饮膳正要》到明代李时珍的《本草纲目》，药物或食物的性味归经理论得以一步步完善，对现代园艺产品功能成分应用的实践具有一定的指导意义。

二、膳食营养

随着科技的进步，人们生活水平的提高，膳食、营养与人类的健康越来越被重视，合理营养与膳食是预防和治疗慢性疾病的重要手段。中国营养学会编著的中国居民平衡膳食宝塔（2022）展示了科学合理的每日营养摄入结构（图 13–1）。

欧洲癌症与营养前瞻性调查小组历时近 10 年调查了 10 个国家的 100 多万人口，发现食用水果和肺癌的发展具有明显的负相关关系，因此建议人们多食用水果。日本静冈柑橘产区的妇女患乳腺癌的几率比其他地区低很多，这与温州蜜柑中的功能成分密切相关。至今，科学家对植物来源的多种功能性成分开展了大量的动物实验、病理观察和临床实验，发现了一些对人体有独特功效的功能成分，初步揭示了这些功能成分作用机理，并在此基础上开发了具有预防和治疗功效的功能性食品。

现代功能食品的概念来源于日本，日本厚生劳动省根据一些大学以及农渔业部开展多年的有关食物生理调节功能的研究，于 1988 年提出功能食品的概念。现今我国对功能食

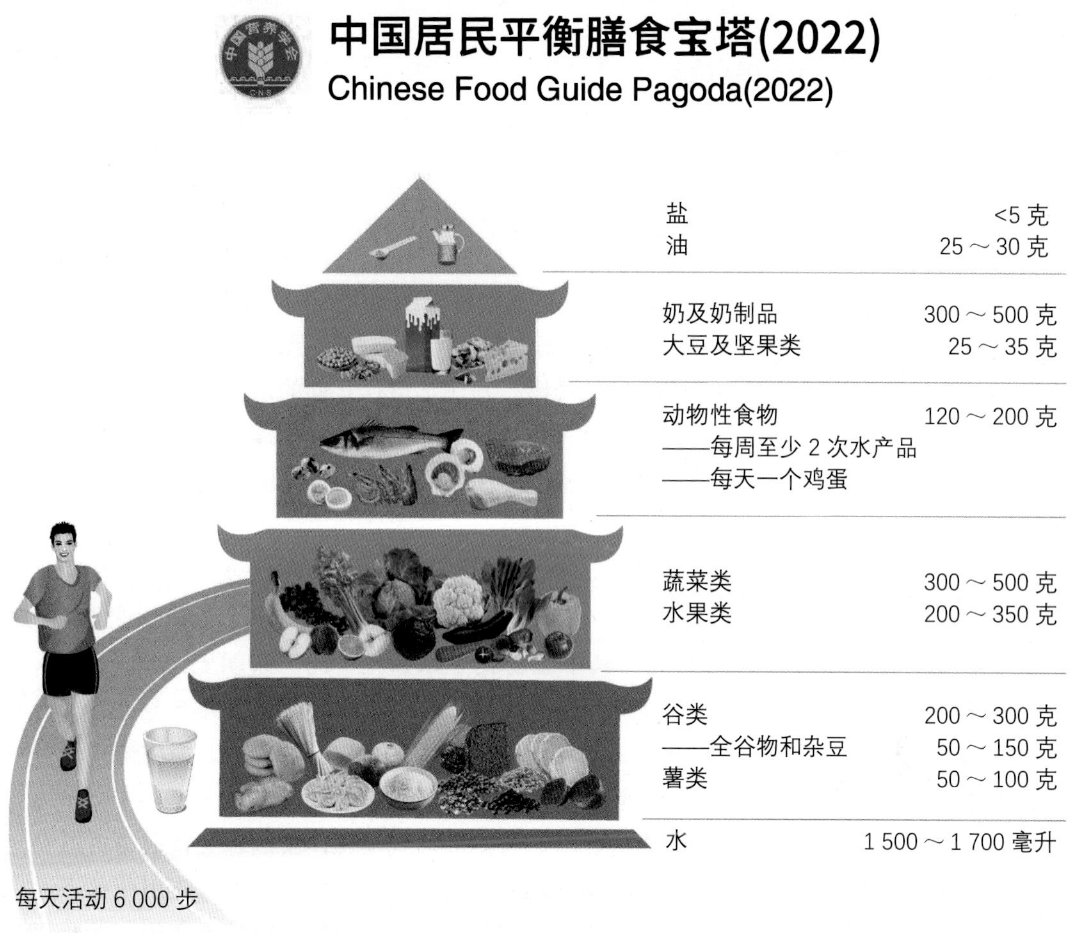

中国居民平衡膳食宝塔(2022)
Chinese Food Guide Pagoda(2022)

盐	<5 克
油	25～30 克
奶及奶制品	300～500 克
大豆及坚果类	25～35 克
动物性食物	120～200 克
——每周至少 2 次水产品	
——每天一个鸡蛋	
蔬菜类	300～500 克
水果类	200～350 克
谷类	200～300 克
——全谷物和杂豆	50～150 克
薯类	50～100 克
水	1 500～1 700 毫升

每天活动 6 000 步

图 13-1　中国居民平衡膳食宝塔〔中国营养学会编制，2022〕

品的定义是指具有营养功能、感觉功能和调节生理活动功能的食品，它的范围包括：增强人体体质（增强免疫能力，激活淋巴系统等）的食品；防止疾病（高血压、糖尿病、冠心病、便秘和肿瘤等）的食品；恢复健康（控制胆固醇、防止血小板凝集、调节造血功能等）的食品；调节身体节律（神经中枢、神经末稍、摄取与吸收功能等）的食品和延缓衰老的食品。具有上述特点的食品，都可称为功能食品。

　　科学研究表明，摄入多样化的营养物质和功能成分是保持健康的最佳途径。科学家已经分离开发出许多植物来源的功能成分片剂作为膳食补充剂，包括烯丙基硫化物（大蒜）、异黄酮（大豆）、花青素（越橘提取物）、甘草甜素（甘草）等等。许多功能食品的功能验证，不仅需要精心设计功能验证试验，还需要大量的科学研究、临床实验证明以及人群调查来确认。功能食品与功能成分的开发与研究是一个具有挑战性的领域，涉及营养学、食品化学、医学及分子生物学等多学科。

芳香与健康

一、芳香疗法简介

芳香疗法（aromatherapy）是指使用植物或动物中的芳香成分，通过嗅吸、按摩、熏香等方式来帮助体验者改善生理或心理健康状况的治疗方法，是康养园艺的重要组成部分。芳香疗法通常被认为是相对安全且低风险、与医学治疗互补的治疗方法。随着研究的深入，芳香疗法的功效逐步明确，包括改善皮肤、内分泌系统、免疫系统、心脑血管、神经系统的健康状况，同时具有提振精神、消除疲劳等心理健康方面的功效。因此，芳香疗法已广泛应用于心理健康、美容保健等方面。

西方芳香疗法主要以香料、精油、香水等为载体，派生出了英系和德系两大流派。二战后，英国率先引进芳香疗法，在美容与日常应用上进行推广。而德国凭着雄厚的化学基础，对精油成分进行研究，其中生物化学家茹丝·冯·布朗史万格（Ruth von Braunschweig）发明的"精油化学蛋图"成为众多芳香疗法学习者重要的参考工具。玛格丽特·德姆莱特纳（Margret Demleitner）将芳香疗法带到了德国的诊所。因此德系芳香疗法主要用于医院，仅限于医生和护士使用，一般人建议使用熏香或扩香。

中国的芳香疗法主要通过芳香中医药材、香薰等形式呈现。中国香文化最早可追溯至史前六千多年的石器时代，最早出现在祭祀等神圣的仪式上。中国的芳香应用萌芽于远古祭祀之礼，起始于春秋佩香之德，成型于汉代和香之贵，成熟于盛唐用香之华，普及于两宋燃香之广，完善于明清品香之势，衰败于乱世征战之忧，回春于安定和谐之世。《神农本草经》全书记载了 365 种药物，其中有很大一部分的药材属于芳香类植物。后来的《黄帝内经》始载有"香入脾"一说，即脾胃可以被香气调节，后世中医学家以此说为基础，在实践中总结，提出芳香化湿、芳香醒脾的中医理论。到明代李时珍所著的《本草纲目》，其中有"线香"入药记载："今人合香之法甚多，惟线香可入疮科用。其料加减不等，大抵多用白芷、芎䓖、独活、甘松、山柰、丁香、藿香、藁本、高良姜、角茴香、连乔、大黄、黄芩、柏木、兜娄香末之类，为末，以榆皮面作糊和剂，以唧筒笮成线香，成条如线也。"此外《本草纲目》中记载了大量的芳香植物，包括草部的"芳草类"、木部的"香木类"等。因此中国的芳香疗法与中医紧密关联，起到预防和治疗疾病的作用；同时与品茶、花艺等传统艺术一道，可以修身养性，提升生活品质。

综上所述，中国芳香疗法历史悠久，常与中医理论结合，多采用针灸、推拿、香薰等方法进行治疗；西方芳香疗法在发展中不断进行芳香成分和功能的研究，常使用精油进行嗅吸、按摩、口服等方法开展治疗。

二、芳香成分简介

芳香植物中的芳香成分复杂且种类繁多，一般是由几十种到几百种化合物组成的复杂混合物，包括芳香类、醇类、萜烯类、酯类、醛类以及酮类等化合物。一般来说，这些化合物可溶于有机溶剂，如醇类化合物和乳化剂等。同时，芳香植物中的芳香成分具有多种康养保健功效，如杀菌、消炎、抗病毒、抗氧化、解痉挛、抗抑郁以及助睡眠等。每种精油芳香成分和治疗特性与组成精油分子的复配和浓度有关。

1. 萜类

萜类化合物是由不同数目的异戊二烯结构单元首尾相连而构成骨架的化合物及其衍生物，包括单萜、倍半萜、双萜等。精油中以单萜和倍半萜为主。单萜常见于唇形目、菊目、无患子目植物，有蒎烯、莰烯、柠檬烯、月桂烯、水芹烯等。倍半萜常见于木兰目、牻牛儿苗目植物，有 α- 松油烯、β- 石竹烯、金合欢烯、桂烯等。单萜有镇痛、杀菌、抗病毒、消炎、镇静等作用；倍半萜类具有镇痛、杀菌消毒、抗炎症、降血压等作用。该类代表性的芳香植物有桂花、樟（*Cinnamomum camphora*）和柑橘等。

2. 醇类

醇类是精油中的第二大成分，常见的有松油醇、香叶醇、芳樟醇、桉叶醇、己醇、薄荷醇等。由单萜形成的醇类具有较强的杀菌、抗感染、抗病毒及增强免疫力等作用。由倍半萜形成的醇类，可促进血液循环，并增强心脏循环机能，减缓器官老化。代表性芳香植物有玫瑰（*Rosa rugosa*）、香茅草（学名柠檬草，*Cymbopogon citratus*）等。

3. 酯类

酯类是精油中的有机酸和醇类发生反应生成的，其种类决定了精油的香气品味。如，乙酸异戊酯具有梨的香气，醋酸香叶酯反映了玫瑰香，乙酸苄酯有茉莉花的香气，乙酸乙酯有桃的香气，丙酸肉桂酯则具有葡萄的香气，丁酸甲酯有菠萝的香气。精油的香气多有几种或十几种酯类共同决定，所以气味多变，同一种植物精油还可能由于采收、加工等不同因素影响而在气味上产生差异。酯类的作用效果比较温和，在人体使用方面危险性低，一般具有抗炎症、治疗皮疹的作用。代表性芳香植物有胡椒木（*Zanthoxylum* 'Odorum'）、薰衣草等。

4. 酚类、醛类、酮类

三者在精油中也有分布。酚类具有一个苯酚环，比醇类的活性强，如大茴香脑、甲基丁香酚、香芹酚、百里香酚等，都有较强的杀菌消毒效果，可以抗感染、增强人体免疫力。醛类中如柠檬醛、枯茗醛等，是具有强烈香气的化合物，和醇类具有同样的抗菌、抗感染作用，但不具有防腐功能。酮类当中如樟脑酮、小茴香酮、薄荷酮、菊酮、侧柏酮、胡薄荷酮等，对于敏感体质特别是孕妇、体弱者慎用，易造成不良反应。酮类化合物在具有一定的镇痛、抗凝血、抗炎症等作用的同时也具有一定的毒性，出于安全性考虑，含酮类化合物较高的精油不经常直接作用于人体。代表性芳香植物有百里香（*Thymus mongolicus*）、茉莉花、薄荷（*Mentha canadensis*）等。

三、芳香疗法应用

1. 人体吸收方式

芳香疗法作用人体的方式主要有两种，即通过呼吸器官吸收或者皮肤吸收，其依赖于

嗅觉和触觉进行芳香植物中的芳香成分的
吸收与代谢。

（1）通过呼吸器官吸收

芳香植物中的芳香成分可以通过嗅吸
的方式经由呼吸系统进入人体，从而产生愉
悦舒缓的效果。精油受热后，会蒸发到空气
中，对空气净化和杀菌有很好的效果。具有
功效的精油通过嗅吸进入呼吸器官的粘膜，
被吸收进入毛细血管，同时刺激嗅觉区，促
进免疫化学物质释放，可以增加人体免疫
力，配合音乐还能达到缓解压力等功效（图
13-2）。研究表明，吸入薰衣草香薰可以显
著降低心脏手术患者的焦虑水平，同时也可
以减轻血液透析患者的疲劳感，以及对中老年人抑郁症干预具有重要意义。

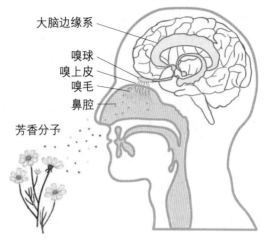

图 13-2 芳香物质嗅吸的作用机制

（2）通过皮肤吸收

皮肤吸收依赖于按摩、冷敷、热敷的涂抹，使皮肤直接吸收精油。涂抹是将精油用植
物油、乳液等介质稀释，涂抹在需要处，如脸部、腹部、脚底等。按摩常以精油热敷，借
由热力配合手足、全身的按摩，加速精油成分吸收到皮肤、血液中，人体的某些部位和穴
位得到刺激，使疼痛、僵硬的肌肉关节得到缓解，达到活血化瘀、疏通经络、调整脏器气
血的功能（图 13-3）。

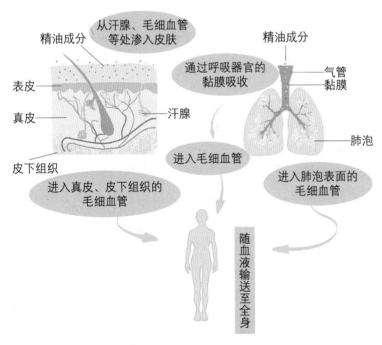

图 13-3 香气物质进入人体的
途径和代谢途径

2. 芳香疗法应用场景

（1）按摩及水疗

按摩指通过推、揉、按、捏、拿、摩、压等手法来刺激穴位、皮肤、神经等达到治疗的目的，水疗（SPA）泛指使用水、精油、药草包、热石等，介由冲击、嗅吸、按摩、浸浴、热敷、仪器导入、心理暗示等，达到身心放松甚至疗愈的目的。

（2）香薰

将少量精油滴入盛有八分满热水的香薰炉中，房间较大可以适当增加使用量。精油受热后，会蒸发到空气中，对空气净化和杀菌有很好的效果。大多数精油都可以放入香薰炉中，可以增加人体免疫力，配合音乐还能达到缓解压力等功效。

（3）艾灸

施灸过程中艾绒燃烧，促进芳香成分挥发进而温经活络。艾灸在改善情绪、增强免疫力、治疗焦虑失眠、咳嗽感冒等方面有一定的效果。

第四节　触觉与体验

康养园艺中的触觉，是指亲手栽培园艺植物或利用园艺植物产物进行触觉感知的相关活动。人们利用植物的方法分为"培育"（栽培、养护）、"猎取"（用五官感觉感受、收获等）、"创造"（使用植物材料做出某种东西）。

一、触觉感知

通常被描述为触觉的一组感受可以被分为"触感"（触摸的感觉和皮肤表面的感觉）和"动感"（深层压力的感觉）。这两种感觉在物理压力上有所不同，一些位于皮肤表面、表皮层、真皮层和皮下组织的神经末梢负责触感，即触摸、压力、冷、热和痒等感觉。深层的压力是通过肌肉、肌腱和关节中的神经纤维感受到的，这些神经纤维的主要作用就是感受肌肉的拉伸和放松。和肌肉的机械运动有关的"动感"（重、硬、黏等）是通过施加在手、下颚、舌头上的肌肉的力产生的，或者是由于对样品的处理、咀嚼等而产生的拉力造成的。嘴唇、舌头、面部和手的敏感性要比身体其他部位更强，因此通过手和嘴唇舌头可经常感受到比较细微的颗粒大小、冷热和化学感应的差别。因此，康养园艺触觉活动中，与植物建立关系的方法有两种，即通过触觉感知进行的感觉体验和与植物积极建立关系的动作体验。

触觉是很重要的感觉，它对记忆和感性有很深影响，会刺激大脑皮层的感觉区和运动区，可以通过触觉感知认识立体感以及材料的性质。植物不同部位（如树皮、叶、花、果实、种子等）、不同质地（平滑、粗糙、茸毛、坚实、薄脆、肉质等）等，均能为人们提供不同的触觉感受。康养园艺触觉活动有将高涨的亲自然情感"接地"，以及缓解压力的作用。温度、硬度、形态、颜色变化、气味等的刺激沿神经元向上传递，直到神经中枢，信息传导至大脑皮层的感觉区，然后转换成手的触觉活动。这样，抽象感情变成具体意志，传导至植物、土壤和自然中。

二、触觉实践

康养园艺是把自己融入自然环境中，主要依靠植物或者围绕植物展开活动而实现身心获益；是以植物本身或某种园艺活动作为康养的媒介，进行植物的培育活动，根据植物自身的遗传特性，与植物生长建立管理关系，并根据时间、场所及需要对植物进行管理。因此，培育植物和加工植物产品过程中发生的所有动作和行为，均是康养园艺中触觉的表现手法。例如植物的栽培养护、插花、盆景、制作标本、压花、甚至造园等。需要注意的是，选择植物时，要留意植物是否有刺有黏液；另外要避免选择有毒植物，以免误食发生意外。

1. 压花

压花又称平面干燥花，是利用物理和化学方法，将植物的根、茎、叶、花、果实、树皮等经过脱水、保色、压制和干燥处理而成平面花材，经过巧妙构思，制作成精美的装饰画、卡片和生活日用品等植物制品（图 13-4）。每一名参与者在专业老师的指导下，根据自己的想象在底板上进行规划设计，精心选材，仔细粘贴，平心静气地完成自己的作品。只需注重参与者的操作过程，让他们感受到压花制作的乐趣，促进身心协调发展，不去衡量作品的好坏。

图 13-4　压花

2. 插花

由经验丰富的花艺师进行现场培训、指导和花艺展示，然后组织参与者进行欣赏和实践（图 13-5）。活动中，花艺师对花艺制作相关知识和花文化进行讲解，唤起参与者对插花活动的热爱，让他们通过欣赏插花作品来体验生命的真实与灿烂。

3. 室外种植活动

组织参与者到室外场地进行植物的播种、移植、修剪和收获等一系列活动。通过培育植物，不仅能增加身体活动量，活动四肢筋骨和关节，而且能感受到植物的生长、收获产

图 13-5　插花

物、增强自信，感觉体验与动作体验并存。

4. 室内种植活动

主要指利用容器栽培适宜生长于室内且容易成活的植物，最终在室内展示种植的成果，使参与者有一个感性认识，加上对各种作品的鉴赏，令参与者放松下来，进一步消除各种不良情绪的影响。参与者共同经历，分享产物，产生共鸣，培养与他人的协调性，提高社交频率。

5. 利用种子制作图案

主要指利用种子的不同颜色、不同大小、不同形状，可以制作出各种图案，达到放松目的。利用种子制作图案一般适用于儿童和老年人在室内开展活动，其注重手部精细动作的锻炼、培养专注力、提升注意力、提高创作力。开展此活动时一般以大粒种子为好，也可以与粮食作物的种子结合在一起应用。

6. 花园设计制作

主要指根据设计意图，将植物以地栽或盆栽形式配置于有限空间内（如阳台、家庭小花园等）。此实施过程是一个开放、互动并具有全程参与性的过程，可形成很好的交流沟通形式。参与者可以表达自己的意愿，集思广益，并参与实地施工。这样的触觉实施过程不仅体现了以参与者"个人发展"为基础的个性化服务需求为出发点，也为公众提供了一个了解和学习绿色住宅康养园艺的机会，甚至儿童也可积极参与，为下一代教育做了最好的实践演示。一般花园的面积不能太大，目前推出的"一米花园"的大小和工作量就非常合适（图 13-6）。

图 13-6　一米花园设计制作

三、触觉功效

园艺活动对身心健康的益处很多。康养园艺借由实际接触和运用园艺材料，维护、美化植物和生活环境，让身体活动，同时享受这个过程，进而疏解压力与复健心灵。

1. 健康功效

人的身体如果不频繁地进行"使用"，身体机能则会出现衰退现象，而园艺活动是防止身体衰退的最好措施。农耕作业和园艺操作有利于身体健康，这远在古埃及时期就被人们所了解，之后又作为一种健康生活方式被普及到全世界。参与园艺活动时，身体会不断地运动，产生大量感觉体验和动作体验，每一种体验都能让身体得到锻炼、促进血液流动、训练平衡能力、协调四肢运动、使心脏有节奏地跳动、促进大脑快速反应思考。

在整个触觉体验过程中，参与者付出劳动，植物则反馈给参与者绿叶、花朵、硕果，这样形成一个良性循环，付出后得到回报，让参与者每一次都是用一种享受的心态来参与园艺活动。在触觉体验过程中，人脑会产生多巴胺，让人心情愉悦、沉醉其中、将不快之事抛诸脑后，起到修炼身心、增强体质、消除挫折情绪的功效，是各种疾病的有效"预防药"。

2. 精神功效

园艺所具有的精神功效，从1950年开始就在美国被运用和研究。人经常会有这样的经历：看到或接触花草树木时，紧张和不安情绪会缓解，心情会放松。这些都是通过触觉等感官与植物建立联系时，无意识中产生的本能欲望的满足。

近藤三雄（1978）总结了通过园艺触觉体验所获得的心理和生理效果：由植物所具有的生命感中得到的快感；由树木等构成打造的氛围而引起的情绪表达；想在有植物的环境中跳跃、活动的跃动感和心情的高涨；接近接触植物时的喜悦、兴奋、释放、清醒和惊讶等。另外，在栽培和管理植物时，人会产生各种疑问和好奇心。在这些触觉体验活动中，不仅可以与人交流获得信息，还能学习心得技术、增强好奇心、使观察力更为敏锐。在思考、选择和决定植物种类、放置场所等过程中，可以培养思考力、判断力、注意力、决断力。

许多园艺活动包含创意元素，它能刺激参与者发挥创意潜能。例如在插花、盆景设计等园艺活动中，参与者各自发挥艺术创意，每件制成品都独一无二，无可比较，这能给予参与者满足感和成功感。

植物的生长是一项温和而缓慢的过程，因此长期从事园艺活动会调和急躁、缺乏耐心的个性。美国得克萨斯州的青少年管教中心，一群青少年把中心门口一大片荒地变成了一个漂亮的花园。这些青少年都因为犯罪问题被强制管教，但他们却被园艺团结在一起，平心静气，同心协力，在这个建造花园的过程中，培养了他们的耐性与注意力，团队感自然而然地形成。

与植物积极建立关系，也能促进人的精神发育。例如，所护理的植物可以让人产生对生物的热爱，增强自身的责任感和管理意识。通过专心致志照顾植物，可以忘记身心的疼痛和烦恼，是一种转换心情和娱乐的好方法。当自己照顾的植物开花结果，参与者也能体会到满足感和成就感，从而产生自信，自尊心和自我评价也会提高。这样的前进意识能在大脑内产生效果，增强自身的治愈力和免疫力。

3. 社会功效

康养园艺能够帮助现代人走出"自己的孤岛"，当人能够与自然沟通的时候，人与人的距离便不再遥远。作为一种爱好和生活方式，园艺触觉体验可以帮助人与年龄、经历、背景完全不同的人以康养园艺为话题，找到交流的场所和机会，通过以下形式感觉到生活价值，创造出生机勃勃的和谐社区环境：①通过共同经历共享产物；②创造维持舒适的居住环境；③培养爱护自然的意识和习惯；④增强公共道德观念；⑤陶冶情操提高生活品质。例如上海近年来积极推广的社区花园营造，以更乡土更丰富的生境营造更新了人与自然的连接，以日臻完善的方式实现了康养园艺美好家园的共建共享。

同时，康养园艺作为环境教育和感性教育的一个环节，近年来也备受关注。除了日本的农业教育学会外，美国的人与植物协会（People-Plant Council）也积极推行环境教育。从感性教育的立场上看，电视和电脑的普及使人们接触信息的机会增多，人们可以用非实物体验了解事物。园艺触觉体验，正是能将这种非实物体验带入真实感受的媒介之一，能让人们切实对生物的生命力和奇异性感到惊讶，从而引导人们理解生命的意义。

思考题

1. 健康的内涵是什么？
2. 康养园艺改善健康的途径有哪些？
3. 你对哪一类园艺活动感兴趣？其潜在的健康价值是什么？
4. 芳香疗法作用于人体的途径和功效有哪些？

参考文献

陈飞虎. 建筑色彩学 [M]. 北京：中国建筑工业出版社，2007.

程蓉洁，冷先平，孙霖. 色彩构成 [M]. 2 版. 武汉：华中科技大学出版社，2005.

李树华. 园艺疗法概论 [M]. 北京：中国林业出版社，2011.

马兆成，徐娟. 园艺产品功能成分 [M]. 北京：中国农业出版社，2015.

王雪薇，凡鸿，李丹. 色彩设计原理 [M]. 北京：北京理工大学出版社，2014.

郑重声明

高等教育出版社依法对本书享有专有出版权。任何未经许可的复制、销售行为均违反《中华人民共和国著作权法》，其行为人将承担相应的民事责任和行政责任；构成犯罪的，将被依法追究刑事责任。为了维护市场秩序，保护读者的合法权益，避免读者误用盗版书造成不良后果，我社将配合行政执法部门和司法机关对违法犯罪的单位和个人进行严厉打击。社会各界人士如发现上述侵权行为，希望及时举报，我社将奖励举报有功人员。

反盗版举报电话　　(010)58581999　58582371

反盗版举报邮箱　　dd@hep.com.cn

通信地址　　北京市西城区德外大街 4 号
　　　　　　高等教育出版社法律事务部

邮政编码　　100120

读者意见反馈

为收集对教材的意见建议，进一步完善教材编写并做好服务工作，读者可将对本教材的意见建议通过如下渠道反馈至我社。

咨询电话　　400-810-0598

反馈邮箱　　gjdzfwb@pub.hep.cn

通信地址　　北京市朝阳区惠新东街 4 号富盛大厦 1 座
　　　　　　高等教育出版社总编辑办公室

邮政编码　　100029

防伪查询说明

用户购书后刮开封底防伪涂层，使用手机微信等软件扫描二维码，会跳转至防伪查询网页，获得所购图书详细信息。

防伪客服电话　　(010)58582300